# Excel + VBA für Ingenieure

Harald Nahrstedt

# Excel + VBA für Ingenieure

Programmieren erlernen und technische
Fragestellungen lösen

7., aktualisierte und erweiterte Auflage

 Springer Vieweg

Harald Nahrstedt
Möhnesee, Deutschland

ISBN 978-3-658-41503-7      ISBN 978-3-658-41504-4   (eBook)
https://doi.org/10.1007/978-3-658-41504-4

Die Deutsche Nationalbibliothek verzeichnet diese Publikation in der Deutschen Nationalbibliografie; detaillierte bibliografische Daten sind im Internet über http://dnb.d-nb.de abrufbar.

Planung/Lektorat: Ellen Klabunde
Springer Vieweg ist ein Imprint der eingetragenen Gesellschaft Springer Fachmedien Wiesbaden GmbH und ist ein Teil von Springer Nature.
Die Anschrift der Gesellschaft ist: Abraham-Lincoln-Str. 46, 65189 Wiesbaden, Germany

# Excel + VBA für Ingenieure

## Warum dieses Buch

Ursprünglich war BASIC (Beginners All Purpose Symbolic Instruction Code) eine einfache Programmiersprache für Anfänger. Mit den ersten PCs gab es viele unterschiedliche Dialekte, die nicht immer die Regeln einer guten Programmierung berücksichtigten. Inzwischen bekommt jeder Anwender eines Office-Pakets ohne zusätzliche Anschaffungskosten eine Entwicklungsumgebung für VBA (Visual Basic for Application). Neben den Anwendungen unter Microsoft bieten auch andere Firmen eine VBA-Schnittstelle in ihren Programmen an, so dass ein Datentausch auch über die Office-Welt hinaus möglich ist. VBA ist eine ereignisorientierte und auch ansatzweise eine objektorientierte Programmiersprache. Sie zu erlernen fällt besonders leicht, da sie immer in einer Anwendungsumgebung eingebettet ist und deren Aufgaben sich mit VBA leicht automatisieren lassen. Gerade für den Anfänger bietet die Entwicklungsumgebung hilfreiche Unterstützung durch integrierte Informationen und Funktionen.

Von allen Office-Anwendungen wird insbesondere die Anwendung Excel im Ingenieurbereich vielfach eingesetzt, oft auch ohne Kenntnisse der Entwicklungsmöglichkeiten. Sie hat sich, so wie es die Werkzeuge Bleistift und Taschenrechner auch einmal geschafft haben, einen festen Platz als Arbeitswerkzeug im Ingenieurwesen, und nicht nur dort, erobert. Was liegt also näher, die Möglichkeiten von VBA unter Excel an Beispielen aus der Praxis darzustellen. Leider können aus Platzgründen nicht alle Ingenieurbereiche betrachtet werden. Ich habe mich auf einige klassische Bereiche beschränkt. Mit dem daraus Gelernten dürfte es dem Leser aber leichtfallen, diese auch in anderen Gebieten mit anderen Aufgaben anzuwenden.

Ziel dieses Buches ist es, sowohl dem Ingenieurstudenten als auch dem praktizierenden Ingenieur Wege und Möglichkeiten der Entwicklung eigener Programme zu zeigen. Die dargestellten Beispiele können mit den vermittelten Kenntnissen aus diesem Buch weiter ausgebaut und den vorhandenen Praxisproblemen angepasst werden. Dazu empfehle ich das schrittweise Vorgehen von den mathematischen Grundlagen, über die Darstellung des Algorithmus bis hin zur Programmierung und der Anwendung in Beispielen. Mit dieser inzwischen siebten Auflage bestätigt sich dieses Konzept. Zahlreiche Rezensionen bescheinigen mir die Effektivität meiner Arbeit.

## Versionen

Diese Auflage wurde mit der Version 2021 überarbeitet, ergänzt und auch auf den Versionen 2016 und 2019 getestet. Ich übernehme keine Haftung für Folgen die sich aus dem Einsatz der Programmcodes ergeben.

## Zum Aufbau

Das erste Kapitel gibt eine Einführung in VBA und lehrt die Grundlagen der Programmierung. Das zweite Kapitel lehrt die Handhabung der Entwicklungsumgebung und bietet Hilfsprogramme für den Einstieg. Beide Kapitel sind für Autodidakten gut geeignet. In den nachfolgenden Kapiteln finden Sie ausgesuchte Anwendungsbeispiele aus verschiedenen Ingenieurbereichen. Neben einer grundlegenden Einführung in das jeweilige Thema, werden die Schritte von der Erstellung des Algorithmus bis zur Anwendung anschaulich dargestellt. Einzelne Kapitel wurden teilweise ergänzt. Hinzugekommen sind die Kapitel über Berechnungen aus der Energietechnik, der Umwelttechnik und der Aufbereitungstechnik.

## Danksagung

Ich danke all denen im Hause Springer-Vieweg, die stets im Hintergrund wirkend, zum Gelingen dieses Buches beigetragen haben. Insbesondere gilt mein Dank Ellen-Susanne Klabunde und Susanne Schemann, die mich redaktionell begleitet haben.

## An den Leser

Auf meiner Homepage www.harald-nahrstedt.de befinden sich kostenlose Downloads, die im Buch mit ihrem Dateinamen stehen und mit dem Ordnersymbol 🗁 gekennzeichnet sind. Dort findet der Leser auch Ergänzungen und Beispiele aus anderen Büchern. Für den Einstieg in VBA an technisch orientierten Schulen empfehle ich mein Buch *Excel + VBA für den Unterricht*.

Möhnesee, April 2023

Harald Nahrstedt

# Excel + VBA für Ingenieure

## 1 Einführung in VBA

1.1 Die VBA-Entwicklungsumgebung ................................................................. 1
    1.1.1 Der Visual Basic-Editor ................................................................. 2
    1.1.2 Projekt und Projekt-Explorer ........................................................ 3
    1.1.3 Der Objektkatalog ........................................................................ 4
    1.1.4 Das Eigenschaftsfenster ............................................................... 4
    1.1.5 Weitere Hilfsfenster ..................................................................... 5
1.2 Objekte ............................................................................................................ 6
    1.2.1 Objekte, allgemein ...................................................................... 6
    1.2.2 Anwendungen und Makros ........................................................... 7
    1.2.3 Steuerelemente in Anwendungen ................................................ 9
    1.2.4 Formulare und Steuerelemente .................................................... 11
    1.2.5 Module ......................................................................................... 16
1.3 Die Syntax von VBA ....................................................................................... 16
    1.3.1 Konventionen ............................................................................... 16
    1.3.2 Prozeduren und Funktionen ......................................................... 17
    1.3.3 Datentypen für Konstante und Variable ...................................... 18
    1.3.4 Parameterlisten ............................................................................ 19
    1.3.5 Benutzerdefinierte Aufzähl-Variablen ........................................ 21
    1.3.6 Benutzerdefinierte Datentypen .................................................... 21
    1.3.7 Operatoren und Standardfunktionen ........................................... 22
    1.3.8 Strukturen für Prozedurabläufe ................................................... 24
    1.3.9 Geltungsbereiche .......................................................................... 25
    1.3.10 Fehlerbehandlung in Prozeduren ............................................... 26
1.4 Algorithmen und ihre Darstellung ................................................................. 27
    1.4.1 Der Algorithmus .......................................................................... 27
    1.4.2 Top-Down-Design ........................................................................ 28
    1.4.3 Datenflussdiagramm .................................................................... 29
    1.4.4 Struktogramm .............................................................................. 30
    1.4.5 Aktivitätsdiagramm ..................................................................... 31

1.5 Objekte unter Excel .................................................................. 34
    1.5.1 Application-Objekt ........................................................... 34
    1.5.2 Workbook-Objekte ........................................................... 35
    1.5.3 Worksheet-Objekte ........................................................... 36
    1.5.4 Range-Objekte ................................................................ 37
    1.5.5 Zeilen und Spalten ........................................................... 38
    1.5.6 Zellen und Zellbereiche .................................................... 38
    1.5.7 Objektvariable .................................................................. 42
1.6 Eigene Klassen und Objekte ...................................................... 46
    1.6.1 Klassendiagramm .............................................................. 46
    1.6.2 Sequenzdiagramm ............................................................. 48
    1.6.3 Definition einer Klasse ..................................................... 49
    1.6.4 Konstruktor und Destruktor ............................................... 50
    1.6.5 Instanziierung von Objekten ............................................. 50
    1.6.6 Das Arbeiten mit Objekten ............................................... 52
    1.6.7 Objektlisten ...................................................................... 56
    1.6.8 Schnittstellen .................................................................... 60
    1.6.9 Events und Excel-Objekte ................................................. 64
    1.6.10 Events und eigene Objekte .............................................. 66

# 2 Aktionen und Prozeduren

2.1 Excel einrichten ....................................................................... 69
    2.1.1 Neue Excel-Anwendung öffnen ......................................... 69
    2.1.2 Der Excel-Anwendung einen Namen geben ....................... 70
    2.1.3 Den Namen eines Excel-Arbeitsblatts ändern ..................... 70
    2.1.4 Neues Excel-Arbeitsblatt erstellen ..................................... 70
    2.1.5 Objekt-Namen ändern ....................................................... 71
    2.1.6 Symbolleiste ergänzen ...................................................... 71
2.2 VBA-Hilfen .............................................................................. 74
    2.2.1 Prozeduren mit Haltepunkten testen ................................. 74
    2.2.2 Das Codefenster teilen ...................................................... 74
    2.2.3 Makros im Menüband ........................................................ 75
    2.2.4 Prozeduren als Add-In nutzen ........................................... 77
    2.2.5 Eigene Funktionen schreiben und pflegen .......................... 78
    2.2.6 Zugriff auf Projekt-Objekte .............................................. 79
2.3 Hilfsprozeduren ....................................................................... 81
    2.3.1 Listenfeld mit mehreren Spalten ....................................... 81
    2.3.2 Die ShowModal-Eigenschaft ............................................. 83
    2.3.3 DoEvents einsetzen ........................................................... 84
    2.3.4 Wartezeiten in Prozeduren planen ..................................... 85
    2.3.5 Zyklische Jobs konstruieren ............................................. 87
    2.3.6 Steuerelemente zur Laufzeit erzeugen ............................... 88
    2.3.7 Informationen zum Datentyp ............................................. 90

# 3 Berechnungen aus der Statik

3.1 Kräfte im Raum ....................................................................... 93
    3.1.1 Kraft und Moment ............................................................ 93

      3.1.2 Resultierende .................................................................. 94
3.2 Kräfte in Tragwerken ............................................................. 100
      3.2.1 Knotenpunktverfahren ...................................................... 100
      3.2.2 Anwendungsbeispiel Eisenbahnbrücke ............................ 101
      3.2.3 Bestimmung von ebenen Tragwerken ............................ 104
      3.2.4 Eisenbahnbrücke ........................................................... 106
3.3 Biegeträger ......................................................................... 110
      3.3.1 Einseitig eingespannter Biegeträger mit Punkt- und Streckenlast ...... 110
      3.3.2 Beidseitig fest eingespannter Träger mit Streckenlast ..................... 116

# 4 Berechnungen aus der Dynamik

4.1 Massenträgheitsmomente ...................................................... 121
      4.1.1 Beschleunigte Drehbewegung ......................................... 121
      4.1.2 Axiale Massenträgheitsmomente ..................................... 122
4.2 Mechanische Schwingungen .................................................. 131
      4.2.1 Freie gedämpfte Schwingung .......................................... 132
      4.2.2 Erzwungene Schwingungen ........................................... 136
4.3 Freier Fall ........................................................................... 138
      4.3.1 Die Klasse Freier Fall .................................................... 139
      4.3.2 Indizierte Objektliste .................................................... 140
      4.3.3 Die Objektliste Collection ............................................. 140
      4.3.4 Die Objektliste Dictionary ............................................ 141

# 5 Festigkeitsberechnungen

5.1 Zusammengesetzte Biegeträger ............................................. 143
      5.1.1 Schwerpunkt zusammengesetzter Rechteckquerschnitte ......... 143
      5.1.2 Spannungen am Biegeträger ........................................... 144
      5.1.3 Schweißnahtspannungen ............................................... 144
5.2 Die Monte-Carlo-Methode .................................................... 150
      5.2.1 Abmessungen eines Biegeträgers .................................... 150
      5.2.2 Flächenbestimmung ...................................................... 152
5.3 Bestimmungssystem ............................................................ 153
      5.3.1 Klassen und ihre Objekte .............................................. 153
      5.3.2 Belastungsfall Einzelkraft ............................................. 156
      5.3.3 Polymorphie ................................................................ 164
      5.3.4 Vererbung ................................................................... 171
5.4 Werkstoff-Sammlung ........................................................... 174
      5.4.1 Gruppierung von Spalten und Zeilen ............................... 174
      5.4.2 Die Klasse Werkstoffe .................................................. 176

# 6 Berechnungen von Maschinenelementen

6.1 Volumenberechnung ............................................................ 179
      6.1.1 Finite Elemente ........................................................... 179
      6.1.2 Formular ..................................................................... 180
6.2 Durchbiegung ..................................................................... 182
      6.2.1 Abgesetzte Achsen und Wellen ...................................... 182

6.2.2 Belastungsfälle ..................................................................... 184
6.2.3 Berechnungsalgorithmus ..................................................... 184
6.2.4 Beidseitig aufliegende Wellen ............................................ 186
6.2.5 Dreifach aufliegende Welle ................................................ 187
6.2.6 Auswertungsteil ................................................................. 187
6.2.7 Berechnungsbeispiel .......................................................... 192

# 7 Berechnungen aus der Hydrostatik

7.1 Hydrostatischer Druck .......................................................... 199
   7.1.1 Ableitung der Differentialgleichung ................................ 199
   7.1.2 Druckverlauf ..................................................................... 200
7.2 Druckübersetzung ................................................................. 201
   7.2.1 Prinzip ............................................................................... 201
   7.2.2 Kraftverhältnisse .............................................................. 202
   7.2.3 Kolbenwege ...................................................................... 203
7.3 Seitendruckkraft .................................................................... 204
   7.3.1 Betrachtung eines Flächenelements ................................ 204
   7.3.2 Abhängigkeit von Seitendruckkraft und Neigungswinkel ............... 205

# 8 Berechnungen aus der Strömungslehre

8.1 Rotation von Flüssigkeiten ..................................................... 207
   8.1.1 Ableitung der Differentialgleichung ................................ 207
   8.1.2 Algorithmus ...................................................................... 209
   8.1.3 Rotierender Wasserbehälter .............................................. 210
8.2 Laminare Strömung ............................................................... 211
   8.2.1 Strömungsverhalten ......................................................... 211
   8.2.2 Algorithmus ...................................................................... 213
   8.2.3 Rohrströmung ................................................................... 215

# 9 Berechnungen aus der Thermodynamik

9.1 Nichtstationäre Wärmeströmung ........................................... 219
   9.1.1 Temperaturverlauf in einer Wand .................................... 219
   9.1.2 Algorithmus ...................................................................... 222
   9.1.3 Anwendungsbeispiel ......................................................... 226
9.2 Temperaturverteilung ............................................................ 228
   9.2.1 Differenzen-Approximation ............................................. 228
   9.2.2 Temperaturen in einem Kanal .......................................... 229
9.3 Zustandsgleichungen ............................................................. 232
   9.3.1 Grundlagen ........................................................................ 232
   9.3.2 Isochore Zustandsänderung .............................................. 234
   9.3.3 Isobare Zustandsänderung ................................................ 234
   9.3.4 Isotherme Zustandsänderung ............................................ 235
   9.3.5 Adiabatische Zustandsänderung ....................................... 235
   9.3.6 Berechnung von Kreisprozessen ...................................... 236
   9.3.7 Der Carnotsche Kreisprozess ........................................... 237

# 10 Berechnungen aus der Elektrotechnik

10.1 Gleichstromleitung ........................................................................... 243
    10.1.1 Widerstand ............................................................................ 243
    10.1.2 Spannungs- und Leistungsverlusten ...................................... 244
    10.1.3 Anwendungsbeispiel ............................................................. 247
10.2 Rechnen mit komplexen Zahlen ......................................................... 248
    10.2.1 Die komplexe Zahl ................................................................ 248
    10.2.2 Rechner für komplexe Zahlen ............................................... 249
    10.2.3 Testrechnung ........................................................................ 251
10.3 Wechselstromschaltung .................................................................... 252
    10.3.1 Gesamtwiderstand ................................................................ 252
    10.3.2 Bestimmung des Gesamtwiderstandes ................................... 252
    10.3.3 Experimenteller Wechselstrom ............................................. 253
10.4 Widerstands-Kennung ....................................................................... 254
    10.4.1 Farbcode ............................................................................... 254
    10.4.2 Formular ............................................................................... 255

# 11 Berechnungen aus der Regelungstechnik

11.1 Regler-Typen .................................................................................... 257
    11.1.1 Regeleinrichtungen ............................................................... 257
    11.1.2 P-Regler ............................................................................... 258
    11.1.3 I-Regler ................................................................................ 259
    11.1.4 PI-Regler .............................................................................. 259
    11.1.5 D-Regelanteil ....................................................................... 260
    11.1.6 PD-Regler ............................................................................. 261
    11.1.7 PID-Regler ........................................................................... 261
    11.1.8 Algorithmus ......................................................................... 262
    11.1.9 Regler-Kennlinien ................................................................ 266
11.2 Fuzzy-Regler .................................................................................... 267
    11.2.1 Fuzzy-Menge ....................................................................... 268
    11.2.2 Regelverhalten eines Fuzzy-Reglers ...................................... 268
    11.2.3 Temperaturregler .................................................................. 271

# 12 Berechnungen aus der Fertigungstechnik

12.1 Spanlose Formgebung ....................................................................... 275
    12.1.1 Stauchen ............................................................................... 275
    12.1.2 Bestimmung der Staucharbeit ............................................... 277
    12.1.3 Stauchen eines Kopfbolzen ................................................... 279
12.2 Spanende Formgebung ...................................................................... 281
    12.2.1 Längsdrehen ......................................................................... 281
    12.2.2 Algorithmus ......................................................................... 282
12.3 Bauteile fügen .................................................................................. 283
    12.3.1 Grundlage ............................................................................. 283
    12.3.2 Spannungen und Fugenpressung ........................................... 284
    12.3.3 Belastungsoptimaler Fugendurchmesser ............................... 285
    12.3.4 Numerische Lösungsmethode ................................................ 286

12.3.5 Algorithmus ............................................................ 287

12.3.6 Anwendungsbeispiel .................................................. 289

# 13 Berechnungen aus der Antriebstechnik

13.1 Geradverzahnte Stirnräder .............................................. 291

    13.1.1 Hertzsche Pressung ................................................ 291

    13.1.2 Bestimmung der Flankenbelastung ............................ 292

13.2 Schneckengetriebe ....................................................... 296

    13.2.1 Lagerreaktionen .................................................. 296

    13.2.2 Bestimmung der Lagerbelastungen ............................ 298

    13.2.3 Anwendungsbeispiel ............................................. 301

# 14 Berechnungen aus der Fördertechnik

14.1 Transportprobleme ...................................................... 303

    14.1.1 Rekursive Prozeduren ........................................... 303

    14.1.2 Das Jeep-Problem ............................................... 303

    14.1.3 Algorithmus ....................................................... 304

    14.1.4 Testbeispiel ....................................................... 306

14.2 Routenplanung ........................................................... 306

    14.2.1 Der Ameisenalgorithmus ....................................... 306

    14.2.2 Modell .............................................................. 307

    14.2.3 Prozeduren ........................................................ 308

    14.2.4 Anwendungsbeispiele ........................................... 312

14.3 Fließbandarbeit ........................................................... 313

    14.3.1 Permutationen .................................................... 313

    14.3.2 Fließbandaufgabe ................................................ 315

    14.3.3 Testbeispiel ....................................................... 318

# 15 Berechnungen aus der Technischen Statistik

15.1 Gleichverteilung und Klassen .......................................... 319

    15.1.1 Klassen ............................................................. 319

    15.1.2 Pseudozufallszahlen ............................................. 320

    15.1.3 Histogramm ....................................................... 321

15.2 Normalverteilung ........................................................ 322

    15.2.1 Dichtefunktion .................................................... 322

    15.2.2 Normalverteilte Pseudozufallszahlen ......................... 323

    15.2.3 Erzeugung normalverteilter Pseudozufallszahlen .......... 323

    15.2.4 Fertigungssimulation ............................................ 325

15.3 Probabilistische Simulation ............................................. 327

    15.3.1 Probabilistische Simulation einer Werkzeugausgabe ...... 328

    15.3.2 Visualisierung der Testdaten ................................... 329

# 16 Wirtschaftliche Berechnungen

16.1 Reihenfolgeprobleme .................................................... 331

    16.1.1 Maschinenbelegung .............................................. 331

16.1.2 Algorithmus von Johnson ............................................................... 332
16.1.3 Testbeispiel .................................................................................. 334
16.2 Optimale Losgröße .......................................................................... 335
16.2.1 Kostenanteile ................................................................................ 335
16.2.2 Bestimmung der optimalen Losgröße ........................................... 336
16.2.3 Testbeispiel .................................................................................. 338

# 17 Berechnungen aus der Energietechnik

17.1 Energieformen ................................................................................ 343
17.2 Arbeit und Leistung .......................................................................... 344
17.3 Berechnung der Energie .................................................................... 345
17.3.1 Potentielle Energie ........................................................................ 345
17.3.2 Kinetische Energie ........................................................................ 345
17.3.3 Rotationsenergie ........................................................................... 346
17.3.4 Elektrische Energie ....................................................................... 346
17.3.5 Magnetische Energie ..................................................................... 347
17.3.6 Thermische Energie ....................................................................... 347
17.3.7 Chemische Energie ........................................................................ 348
17.3.8 Lichtenergie .................................................................................. 349
17.3.9 Kernenergie ................................................................................... 349
17.4 Energieeinheiten .............................................................................. 350
17.5 Solarkollektor ................................................................................. 353
17.6 Windrad .......................................................................................... 356
17.7 Energieertrag aus Erdwärme ............................................................ 357
17.8 Pumpspeicherwerk ........................................................................... 360

# 18 Berechnungen aus der Umwelttechnik

18.1 Lebenszyklusanalyse ....................................................................... 363
18.2 $CO_2$-Emission ................................................................................. 366
18.3 Ampelsimulation .............................................................................. 370
18.4 Elektrosmog .................................................................................... 374

# 19 Berechnungen aus der Aufbereitungstechnik

19.1 Schüttgüter ..................................................................................... 377
19.2 Oberflächen an Schüttgütern ............................................................ 378
19.3 Siebanalyse ..................................................................................... 379
19.4 Schüttgutverteilung .......................................................................... 381
19.5 Verteilungsdiagramme ..................................................................... 382
19.6 Zerkleinern ..................................................................................... 383
19.7 Produktmischung ............................................................................. 385

# Anhang

Literaturverzeichnis ................................................................................ 387
Sachwortverzeichnis Technik ................................................................... 389
Sachwortverzeichnis Excel + VBA ........................................................... 393

# KAPITEL 1

# Einführung in VBA

## 1.1 Die VBA-Entwicklungsumgebung

VBA wurde ursprünglich entwickelt, um Anwendungen (Applications) unter Office anzupassen. Solche Anwendungen sind Word, Excel, Access, Outlook, PowerPoint, Visio, Project u. a. Und darin liegt die Einschränkung. Im Gegensatz zu Visual Basic lässt sich *Visual Basic for Application* nur in einer solchen Anwendung nutzen. Doch VBA ist noch viel mehr als nur eine einfache Programmiersprache. VBA besitzt nicht nur eine integrierte Entwicklungsumgebung (IDE = Integrated Development Environment), sondern ermöglicht auch eine objektorientierte Programmierung (Bild 1-1). Zusätzliche Werkzeuge erlauben das Testen und Optimieren von Prozeduren.

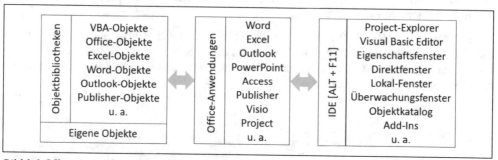

*Bild 1-1. Office-Anwendungen und IDE*

Der Zugang zur IDE erfolgt über die Registerkarte *Entwicklertools*, die nach der Installation von Excel nicht freigeschaltet ist. Die Freischaltung wird wie folgt erreicht:

- Die Registerkarte *Datei* mit einem Mausklick wählen (alternativ Tasten ALT + D)
- In der linken Spalte die Auswahl *Optionen* wählen (ALT + O)
- Im Dialogfenster *Excel-Optionen* in der linken Spalte *Menüband anpassen* wählen
- Im rechten Feld *Hauptregisterkarten* die Option *Entwicklertools* mit einem Mausklick setzen (im Optionsfeld erscheint ein Haken)
- Danach mit der Schaltfläche *OK* das Dialogfenster schließen
- Nun existiert in der Excel-Anwendung die Registerkarte *Entwicklertools*.

© Springer Fachmedien Wiesbaden GmbH, ein Teil von Springer Nature 2023
H. Nahrstedt, *Excel + VBA für Ingenieure*,
https://doi.org/10.1007/978-3-658-41504-4_1

Geöffnet wird die integrierte Entwicklungsumgebung (IDE) aus einer Office-Anwendung heraus wie folgt:

- Registerkarte *Entwicklertools* wählen (ALT + W)
- In der Menügruppe *Code* die Auswahl *Visual Basic* anklicken (ALT + V)
- Es öffnet sich das Fenster der IDE
- Die IDE kann, außer über die Registerkarte *Entwicklertools*, auch mit den *Tasten ALT + F11* aufgerufen werden.

## 1.1.1 Der Visual Basic-Editor

Die IDE wirkt auf den ersten Blick erdrückend. Nicht zuletzt, weil sie aus mehreren Fenstern besteht, die unterschiedliche Aufgaben erfüllen. Beginnen wir mit den üblichen Grundeinstellungen. Die IDE besitzt die Registerkarte *Extras* und darunter die Auswahl *Optionen*. Diese öffnet ein Dialogfenster mit vier Registerkarten. Die nun folgenden Einstellungen werden sich uns erst im Laufe dieses Buches erschließen.

Unter *Editor* (Bild 1-2) werden die Entwicklungsparameter des VBA-Editors eingestellt. Die Tab-Schrittweite setzen wir auf den Wert 3. Alle Optionsfenster werden ausgewählt. Wichtig ist vor allem die Option *Variablendeklaration erforderlich*. Dadurch wird in der Programmierung eine Deklaration aller verwendeten Variablen erzwungen. Ein absolutes Muss für gute Programme. An der ersten Stelle eines jeden sich neu öffnenden Codefensters steht dann immer automatisch die Anweisung:

```
Option Explicit
```

Diese Anweisung steht in allen Codecontainern immer an erster Stelle und wird daher in den folgenden Codelisten nicht mit aufgeführt.

Unter *Editorformat* (Bild 1-2) wird die Schriftart für die Codedarstellung gewählt. Ich benutze hier *Courier New* mit der Schriftgröße 10, weil bei dieser Schriftart alle Zeichen die gleiche Breite besitzen und somit direkt untereinanderstehen. Wichtig ist in erster Linie eine deutliche Lesbarkeit des Programmcodes.

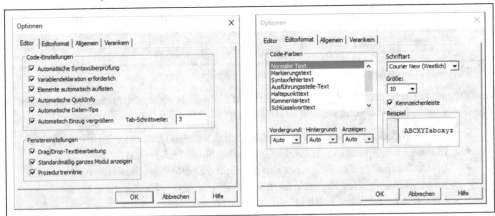

*Bild 1-2. Optionen Editor und Editorformat*

Unter *Allgemein* (Bild 1-3) sind noch Angaben zur Darstellung der Benutzeroberfläche möglich. Die Anordnung von Steuerelementen geschieht in Rastern. Hier habe ich zwei Punkte eingestellt, um die Anordnung von Objekten in einem kleinen Raster zu ermöglichen.

Und im letzten Fenster *Verankern* (Bild 1-3) sind alle möglichen Fenster der IDE aufgeführt. Hauptsächlich benötigen wir zur Entwicklung und Ausführung den Projekt-Explorer und das Eigenschaftsfenster. Das größte Fenster zeigt den Code des jeweils ausgewählten Objekts und wird als VBA-Editor bezeichnet. Mit einem Doppelklick auf ein Objekt im Projekt-Explorer öffnet sich das zugehörige Code-Fenster automatisch. Lediglich die Formulare (*UserForms*) machen da eine Ausnahme. Sie besitzen eine eigene Oberfläche und es kann zwischen Code-Ansicht und Objekt-Ansicht (Bild 1-4) umgeschaltet werden. Alle Einstellungen in den Optionen bleiben bis zu ihrer Änderung bestehen, auch über eine Excel-Mappe hinaus.

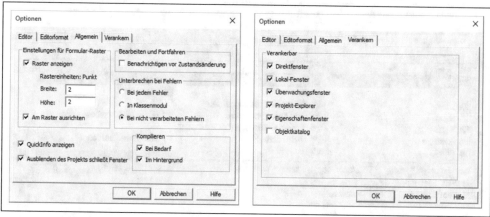

*Bild 1-3. Optionen Allgemein und Verankern*

## 1.1.2 Projekt und Projekt-Explorer

Eine Excel-Anwendung, zu der neben Tabellen auch Benutzerflächen, Programmmodule, Objekte und Prozeduren gehören, wird in der Entwicklungsumgebung als Projekt verwaltet. Das ist die Aufgabe des Projekt-Explorers (Bild 1-4). Jedes Projekt besitzt einen Namen, der beim Neustart einer Excel-Anwendung immer *VBAProjekt* lautet. Jedes Projekt sollte aber einen eigenen aussagekräftigen Namen bekommen, in dem keine Sonderzeichen und Leerzeichen vorkommen. Ziffern sind nur innerhalb des Namens erlaubt.

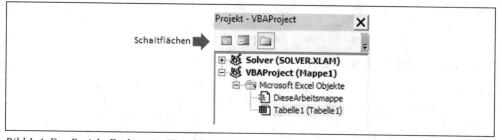

*Bild 1-4. Der Projekt-Explorer im Visual Basic-Editor*

Wichtig ist noch, dass in der Menüleiste des Projekt-Explorers zwei Schaltflächen von großer Bedeutung liegen (Bild 1-4). Mit diesen Schaltflächen wird die Darstellung des aktiven Objekts bestimmt. Also ob im VBA-Editor ein Objekt (z. B. eine Benutzerfläche) als Ansicht oder die zugehörigen Prozeduren als Programmcode dargestellt werden. Ein im Projekt-Explorer ausgewähltes Objekt ist auch immer im VBA-Editor sichtbar, soweit dies von der Art des Objekts möglich ist.

### 1.1.3 Der Objektkatalog

Der Objektkatalog (Bild 1-5), der sich genauso wie alle anderen Fenster in der IDE über die Registerkarte *Ansicht* im Editor einschalten lässt, zeigt die Objekt-Klassen, Eigenschaften, Methoden, Ereignisse und Konstanten an, die in den Objektbibliotheken und Prozeduren dem jeweiligen Projekt zur Verfügung stehen. Mithilfe dieses Dialogfensters lassen sich Objekte der Anwendung, Objekte aus anderen Anwendungen oder selbstdefinierte Objekte suchen und verwenden. Der Objektkatalog wird eigentlich nur bei Bedarf geöffnet.

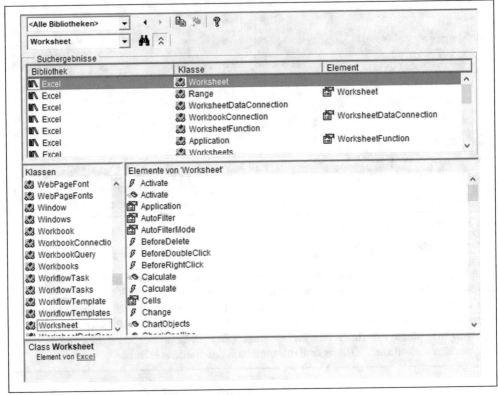

*Bild 1-5. Der Objektkatalog im Visual Basic-Editor*

### 1.1.4 Das Eigenschaftsfenster

Das Eigenschaftsfenster ist für die Entwicklung sehr wichtig. Es listet für das ausgewählte Objekt die Eigenschaften zur Entwurfszeit und deren aktuelle Einstellungen auf. Im oberen Auswahlfenster steht in fetter Schrift das Objekt und dahinter in einfacher Schrift der Objekttyp (Bild 1-6). Das Auswahlfenster lässt sich auch öffnen und es kann ein anderes Objekt aus einer Liste aller vorhanden Objekte ausgewählt werden. Darunter stehen die Eigenschaften, die das ausgewählte Objekt besitzt. Einfacher ist die Auswahl aber durch Anklicken eines Objekts im Projekt-Explorer oder VBA-Editor.

Die angezeigten Eigenschaften lassen sich zur Entwurfszeit durch Anklicken bzw. durch Doppelklick ändern. Werden mehrere Objekte gleichzeitig ausgewählt, dann enthält das Eigenschaftsfenster eine Liste nur der Eigenschaften, die die ausgewählten Objekte gemeinsam besitzen. So müssen mehrere Objekte nicht einzeln geändert werden. Die Darstellung des Eigenschaftsfensters wird unter dem Register *Ansicht* in der IDE geregelt.

Es kann durch Anfassen der Kopfzeile mit der Maus frei verschoben werden. Aber in der Regel ist es an den linken Rand der IDE unterhalb des Projekt-Explorers geheftet.

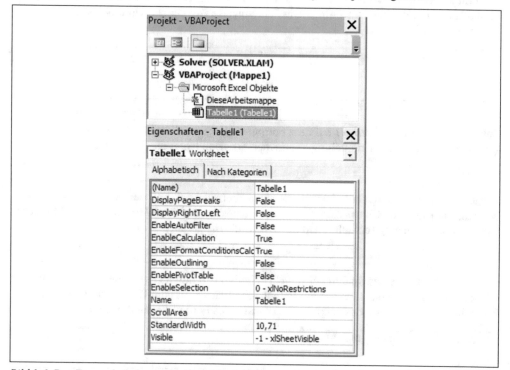

*Bild 1-6. Das Eigenschaftsfenster im Visual Basic-Editor*

## 1.1.5 Weitere Hilfsfenster

Die Direkt-, Lokal- und Überwachungsfenster dienen zum Testen der Programme. Das Direktfenster dient zum Eingeben und zum Ausführen von Programmcode zur Fehlersuche. Das Lokalfenster zeigt alle deklarierten Variablen in der aktuellen Prozedur und deren Werte. Das Überwachungsfenster überwacht Ausdrücke und alarmiert beim Eintreten von Randbedingungen. Zur weiteren Einarbeitung empfehle ich die Literaturhinweise. Für unsere Programmierung sind sie zunächst von untergeordneter Bedeutung.

### Übung 1.1 Neues Projekt anlegen

- Im ersten Schritt wird eine neue Excel-Anwendung geöffnet und die Einstellungen, wie unter 1.1 beschrieben, werden vorgenommen.
- Der Visual Basic-Editor wird geöffnet (ALT + F11).
- Mit einem Mausklick im Projektfenster auf den Projektnamen, kann dieser im Eigenschaftsfenster geändert werden, z. B. *ErstesProjekt*.
- Die Änderung ist anschließend im Projektfenster zu sehen.
- Eine Namensänderung kann beliebig oft durchgeführt werden.

# 1.2 Objekte

## 1.2.1 Objekte, allgemein

Der grundlegende Begriff in der IDE ist das Objekt. Einem Objekt werden Eigenschaften, Methoden und Ereignisse zugeordnet. Die Schreibweise von Objekt, Unterobjekt und Methode oder Eigenschaft ist:

```
Objekt[.Unterobjekt ... ][.Methode]
```

oder

```
Objekt[.Unterobjekt ... ][.Eigenschaft]
```

Soll z. B. ein Textfeld *TextBox1* auf dem Formular *UserForm1* den Text „Dies ist ein Test!" zugewiesen bekommen (Erläuterung kommt später), dann lautet die Anweisung:

```
UserForm1.TextBox1.Text = "Dies ist ein Test!"
```

Ein fester Text wird durch Anführungszeichen gekennzeichnet. Soll der Text nicht angezeigt werden, dann kann die Eigenschaft *Visible* des Textfeldes auf den Wert *False* (Falsch) gesetzt werden. Standardmäßig (default) steht der Wert auf *True* (Wahr).

```
UserForm1.TextBox1.Visible = False
```

Ereignissen von Objekten sind in der Regel Ereignis-Prozeduren zugeordnet. Zum Beispiel ein Klick mit der linken Maustaste auf die Befehlsschaltfläche mit dem Namen *cmdStart* eines Formulars im Entwurfsmodus zeigt im Codefenster des Formulars die Prozedur:

```
Private Sub cmdStart_Click()

End Sub
```

Der Name einer Ereignis-Prozedur besteht immer aus den Namen von Objekt und Ereignis, verbunden durch einen Tiefstrich. Diese Prozedur bekommt dann alle Anweisungen, die ausgeführt werden sollen, wenn die Schaltfläche im Ausführungsmodus angeklickt wird.

Geschieht die obere Textzuweisung im Formular *UserForm1*, auf dem sich auch das Textfeld *TextBox1* befindet, dann genügt es zu schreiben:

```
TextBox1.Text = "Dies ist ein Test!"
```

Es muss also nicht immer die gesamte Objekthierarchie genannt werden, wenn das Objekt eindeutig bestimmt ist. Ebenso gibt es gewisse Grundeinstellungen (Default-Werte), die wir in der Aufzählung von Objekt und Eigenschaft nicht nennen müssen. Bei einem Textfeld ist der Default-Wert *Text* und so genügt es zu schreiben:

```
TextBox1 = "Dies ist ein Test!"
```

damit der Eigenschaft *Text* des Objekts *TextBox1* der konstante Text zugewiesen wird. Objekte in VBA sind Dokumente, Tabellen, Folien, Abfragen etc. Aber auch Fenster, Module, Steuerelemente, Statusleisten, Menüelemente usw. Grundsätzlich ist zwischen Objektlisten und den Objekten selbst zu unterscheiden. Objekte (Workbook, Worksheet etc.) in Objektlisten (Workbooks, Worksheets etc.) werden über ihren Namen oder einen Index angesprochen.

Einige wichtige Objektlisten in Office-Anwendungen:

- Documents enthält alle Word-Dokumente einer Word-Anwendung
- Workbooks enthält geöffnete Excel-Arbeitsmappen
- Worksheets enthält alle Tabellen einer Excel-Anwendung
- Windows enthält alle aktiven Fenster.

Um ein Objekt in einer solchen Objektliste anzusprechen, wird ein Index benutzt. So liefert

```
MsgBox ThisWorkbook.Worksheets(2).Name
```

den Namen des zweiten Arbeitsblattes (eine Eigenschaft des Objekts Worksheet) in der aktuellen Excel-Arbeitsmappe. Die Ausgabe erfolgt mit der Funktion *MsgBox*. Sie zeigt den Namen in einem Dialogfeld und wartet auf eine Bestätigung. Der Zugriff auf ein nicht vorhandenes Objekt erzeugt den Laufzeitfehler 1004. Aus diesen Listen ergeben sich dann je nach Anwendung die Objekte:

- Application – aktives Objekt
- FileSearch – Objekt zum Suchen nach Dateien
- Assistant – Objekt des Office-Assistenten
- Document – Word-Dokument
- Workbook – Excel-Arbeitsmappe
- Presentation – Objektklasse PowerPoint
- MsgBox – Meldefenster
- InputBox – Anzeige eines Eingabedialogs.

Objekten können wir im Eigenschaftsfenster unter *Name* einen anderen Namen zuordnen. Dabei geben wir dem Objektnamen ein Präfix, mit der wir die Objektart kennzeichnen. Dies ist nicht zwingend einzuhalten, dient aber der Übersichtlichkeit im Programmcode. Ein einmal festgelegtes Präfix sollte dann nicht mehr geändert werden. Beispiele:

- tbl – Tabelle (sheet)
- frm – Form (userform)
- mod – Modul (module)
- com – Befehlsschaltfläche (command)
- wbk – Excel-Arbeitsmappe (workbook)
- wsh – Excel-Arbeitsblatt (worksheet).

Ein schneller Zugang zu Eigenschaften und Methoden eines Objekts ist durch das *Kontextmenü* möglich. Dabei wird das Objekt mit einem Klick der linken Maustaste im Entwurfsmodus markiert. Mit einem Klick auf die rechte Maustaste öffnet sich ein Dialogfenster, das sogenannte *Kontextmenü*. Darin werden die wichtigsten Methoden und Eigenschaften des markierten Objekts zur Auswahl angezeigt. Das Kontextmenü existiert auch in der Anwendung.

## 1.2.2 Anwendungen und Makros

Unter Anwendungen sind die Office Programme Word, Excel, Outlook, PowerPoint etc. zu verstehen. In diesen Anwendungen lassen sich Prozeduren und Funktionen programmieren oder mit der Makro-Funktion erzeugen.

Die Makro-Funktion wird mit der Registerkarte *Entwicklertools* und der Auswahl *Makro aufzeichnen* in der Menügruppe *Code* gestartet. Eine zweite Startmöglichkeit besteht darin, über die Registerkarte *Ansicht* unter *Makros* die Auswahl *Makro aufzeichnen* zu wählen. Alle Tätigkeiten in der Excel-Arbeitsmappe werden von da an, wie bei einem Recorder, aufgezeichnet. Gestoppt wird die Aufzeichnung wieder mit der Auswahl *Aufzeichnung beenden* an gleicher Stelle.

### Übung 1.2 Mit der Makro-Funktion eine Kreisfläche berechnen

Betrachten wir die Makro-Funktion an einem einfachen Beispiel.

- Wir öffnen eine neue Excel-Arbeitsmappe.
- In eine beliebige Zelle der *Tabelle1* geben wir den Durchmesser eines Kreises ein. In diesem Beispiel ist es die Zelle B4. Die Eingabe wird mit der Eingabetaste bestätigt.
- Danach ist die Zelle B5 markiert. Sollte die Zelle C4 markiert sein, dann muss eine Grundeinstellung in Excel geändert werden:
  - Über die Registerkarte *Datei*, unter *Optionen* die Gruppe *Erweitert* aufrufen.
  - Bei den Bearbeitungsoptionen unter Markierung nach Drücken der Eingabetaste verschieben die Richtung Unten wählen.
  - Den Vorgang mit *OK* beenden.
- Die Methode *Makro aufzeichnen*, wie zuvor beschrieben, einschalten.
- Im neu geöffneten Dialogfenster als Makroname *Kreis* eingeben. Weitere Angaben sind nicht erforderlich.
- Die Eingabe mit der Schaltfläche OK beenden.
- In der Zelle B5 die Formel = B4 * B4 * 3,1415926 / 4 eingeben und mit der Eingabetaste bestätigen. Die Formel entspricht der allgemeinen Gleichung zur Bestimmung des Inhalts einer Kreisfläche (1.1) mit dem Durchmesser d.

$$A = d^2 \frac{\pi}{4} \tag{1.1}$$

- Die Makroaufzeichnung dort stoppen, wo sie gestartet wurde.

Nun existiert ein sogenanntes Makro. Mit jeder neuen Eingabe im Feld B4 und dem abschließenden Druck auf die Eingabetaste, erscheint in B5 das Ergebnis. Wir können den Wert in B4 auch nur ändern (ohne Eingabetaste) und mit der Registerkarte *Entwicklertools* unter *Makros* (oder ALT + F8) und der Makroauswahl *Kreis* das Makro aufrufen. Es startet wieder eine neue Flächenberechnung.

Das Makro funktioniert auch mit anderen Zellen. Wir wählen eine andere Zelle aus, tragen dort einen Durchmesser ein und bestätigen die Eingabe mit der Eingabetaste. Nach einem erneuten Aufruf des Makros *Kreis* erscheint das Ergebnis in der markierten Zelle.

Wenn wir jetzt die IDE öffnen, befindet sich im Projekt-Explorer ein neuer Ordner *Module* und darin ein neues Objekt *Modul1*. Dieses wurde durch den Makro-Recorder erzeugt. Ein Doppelklick auf *Modul1* im Projekt-Explorer zeigt den Inhalt des Moduls im VBA-Editor.

```
Sub Kreis()
'Makro am TT.MM.JJJJ von Harald Nahrstedt aufgezeichnet
    ActiveCell.FormulaR1C1 = "=R[-1]C*R[-1]C*3.1415926/4"
    Range("B6").Select
End Sub
```

Zeilen, die mit einem Hochkomma beginnen, sind als reine Kommentarzeilen zu betrachten und grün dargestellt. Sie haben keinen Einfluss auf den Ablauf. Die Prozedur selbst beinhaltet zwei Anweisungen.

Die erste Anweisung bezieht sich auf die aktive Zelle (ActiveCell) (in unserem Fall B5) und benutzt den Wert aus der Zeile (Row) davor (R[-1]) und der gleichen Spalte (Column) C. Diese Art der Adressierung bezeichnet man als *indirekt*. Man gibt also keine *absolute* Adresse (B4) an, sondern sagt: Die aktuelle Zeile - 1. Der Vorteil liegt klar auf der Hand. Unser Makro lässt sich auf jede beliebige Zelle anwenden, wie zuvor schon ausprobiert wurde. Der Wert (aus der vorherigen Zelle) wird mit sich selbst multipliziert, dann mit der Kreiskonstanten $\pi = 3.1415926$ und durch 4 dividiert. Das Komma bei der Eingabe von 3,14… wurde durch einen Punkt ersetzt (VBA spricht Englisch). Das Ergebnis wird in der aktuellen Zelle B5 abgelegt. Danach wird die Zelle B6 angesprochen. Die Anweisung *Range("B6").Select* ist überflüssig und kann entfernt werden. Dazu wird die Anweisung markiert und mit der ENTF-Taste gelöscht.

Wir benötigen für diese Prozedur nicht grundsätzlich das *Modul1* und können sie auch direkt in das Codefenster der ausgewählten *Tabelle1* kopieren:

- Dazu markieren wir die gesamte Prozedur in *Modul1* (ohne Option Explicit), wählen mit der rechten Maustaste das Kontextmenü und darin den Befehl *Ausschneiden*.
- Danach führen wir einen Doppelklick im Projekt-Explorer auf das Objekt Tabelle1 aus. Dadurch öffnet sich das Codefenster des Objekts *Tabelle1* im VBA-Editor.
- Wir klicken auf dieses Fenster und rufen wir mit der rechten Maustaste erneut das Kontextmenü auf und wählen *Einfügen*.
- Die Prozedur gehört nun zum Objekt *Tabelle1* und wird im *Modul1* gelöscht.
- Schalten wir in der Schaltfläche des Projekt-Explorers auf Ansicht (Bild 1-4), so sehen wir wieder die Tabelle1.
- Wenn wir mit der Registerkarte Entwicklungstools unter Code die Auswahl Makros (oder ALT + F8) aufrufen, finden wir in der Übersichtsliste den Eintrag *Tabelle1.Kreis*.

Dem Prozedurnamen wird also das entsprechende Objekt vorangestellt. Beide Namen werden durch einen Punkt getrennt, ganz im Sinne der Objektschreibweise (siehe Kapitel 1.2.1).

Nun ist dies eine Übung und wir benötigen das *Modul1* nicht wirklich. Mit einem Klick der rechten Maustaste auf dieses Objekt im Projekt-Explorer öffnet sich das Kontextmenü und wir können *Entfernen von Modul1* wählen, ohne es zu speichern. Vielleicht probieren Sie noch andere einfache Makros aus, um ein Gefühl für die Wirkungsweise zu bekommen. Wählen Sie dazu andere Volumenformeln oder ähnliche Berechnungen.

Die Makro-Funktion kann bei der Entwicklung sehr hilfreich sein. Wenn z. B. ein Diagramm per Prozedur erstellt werden soll, kann zuerst ein Makro den manuellen Vorgang zur Erstellung des Diagramms aufzeichnen. Der so erhaltene Quellcode lässt sich danach anpassen.

## 1.2.3 Steuerelemente in Anwendungen

Es ist sehr mühsam, für den Start einer Prozedur immer den Makro-Befehl aufzurufen. Objekte in Anwendungen, wie Word-Dokumente, Excel-Arbeitsblätter etc., verfügen über die Möglichkeit, als Unterobjekte Steuerelemente aufzunehmen.

Über die Registerkarte *Entwicklertools* in der Gruppe *Steuerelemente* wählen wir *Einfügen*. Es öffnet sich ein Dialogfenster, in dem unter *ActiveX-Steuerelemente* eine Gruppe grafischer Zeichen dargestellt ist (Bild 1-7).

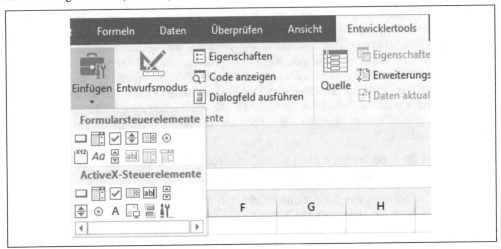

*Bild 1-7. Steuerelemente Toolbox*

Wird der Mauszeiger auf ein solches Element positioniert, dann erscheint ein Hilfstext mit Namen und Hinweisen zu diesem Steuerelement. Durch Anklicken mit der linken Maustaste bekommt der Mauszeiger ein Fadenkreuz, und das Steuerelement kann auf der Oberfläche des Arbeitsblattes angeordnet werden. Dazu an der Position auf dem Arbeitsblatt die linke Maustaste gedrückt halten und zur gewünschten Größe bewegen. Dann die Maustaste wieder freigeben. Später wird dieser Vorgang mit *Aufziehen* beschrieben.

### Übung 1.3 Prozedur mit Schaltfläche starten

- Im Projekt-Explorer die entsprechende Tabelle (hier Tabelle1) markieren und in der Symbolleiste *Objekt anzeigen* (Bild 1-4) auswählen. Damit wird wieder die Tabelle *Tabelle1* sichtbar.
- Über die Registerkarte *Entwicklertools* in der Gruppe *Steuerelemente* die Auswahl *Einfügen* treffen.
- In dem sich öffnenden Dialogfenster in der Gruppe *ActiveX-Steuerelemente* die *Befehlsschaltfläche* mit einem Klick auswählen.
- Den Mauszeiger auf der Tabellen-Oberfläche an der Stelle positionieren, an der eine Befehlsschaltfläche aufgezogen werden soll.
- Der Mauszeiger hat die Form eines Zielkreuzes.
- Mit der linken Maustaste an die Stelle auf der Tabelle klicken, wo sich die linke obere Ecke der Schaltfläche befinden soll.
- Die gedrückte linke Maustaste zur rechten unteren Ecke der Befehlsschaltfläche ziehen.
- Danach die Maustaste wieder freigeben.

- Nun befindet sich auf der Tabellen-Oberfläche eine Befehlsschaltfläche und der Entwurfsmodus ist eingeschaltet. Zu erkennen an der grauen Kennzeichnung der Auswahl *Entwurfsmodus* in der Menügruppe *Steuerelemente*.
- Im Entwurfsmodus können die Eigenschaften der Befehlsschaltfläche im Eigenschaftsfenster geändert werden.
- Mit einem Doppelklick auf die Befehlsschaltfläche im Entwurfsmodus öffnet sich der VBA-Editor, soweit er nicht bereits geöffnet ist. Im VBA-Editor wird die Ereignisprozedur für einen Mausklick auf die Befehlsschaltfläche *CommandButton1_Click* sichtbar.

```
Private Sub CommandButton1_Click()

End Sub
```

- Im Eigenschaftsfenster erhält die Eigenschaft *Caption* den Text *Start Makro*.
- In die Ereignis-Prozedur schreiben wir den Aufruf der Prozedur *Kreis* mit der Methode *Call*. Gewöhnen Sie sich an, die Tabulatortaste einzusetzen und Anweisungen einer Prozedur eingerückt darzustellen. Umso lesbarer werden ihre Codezeilen.

```
Private Sub CommandButton1_Click()
    Call Kreis
End Sub
```

- Die Angabe *Call* kann eigentlich entfallen, weil das System den Namen *Kreis* kennt. Ich trage aber der Übersichtlichkeit wegen in allen Prozeduren die Anweisung *Call* mit ein.
- Beenden wir nun den Entwurfs-Modus mit einem Klick auf die Schaltfläche *Entwurfsmodus* in der Gruppe *Steuerelemente*.

Durch Eingabe eines Wertes in eine beliebige Zelle, den Druck auf die Eingabetaste und die Befehlsschaltfläche *Start* wird die Prozedur *Kreis* ausgeführt und in der aktuellen Zelle steht das Ergebnis. Möglich ist dies durch die Verwendung der indirekten Adressierung.

Probieren Sie auch andere Steuerelemente aus, wie z. B. die TextBox.

## 1.2.4 Formulare und Steuerelemente

Neben dem eigentlichen Anwendungs-Objekt (Tabelle) können zusätzlich Formulare für den Dialog mit dem Anwender erstellt werden. Unter der Registerkarte *Einfügen* in der IDE gibt es im Dialogfenster die Auswahl *UserForm*. Damit stellt die IDE ein neues Formular bereit und blendet gleichzeitig eine Toolsammlung mit vorhandenen Standard-Steuerelementen zur Auswahl ein. Mit einem Klick der rechten Maustaste auf eine freie Stelle des Registers lassen sich noch weitere Steuerelemente anzeigen und auswählen. Sie befinden sich in zusätzlichen Dateien, die mit der Installation von Excel bereitgestellt werden. Nach ihrer Auswahl werden sie ebenfalls mit einem Symbol in der Toolsammlung angezeigt. In dem Eigenschaftsfenster zum Formular (UserForm) befinden sich viele Eigenschaften, die mit der nötigen Vorsicht verändert werden können.

Steuerelemente (eine Klasse von Objekten mit einer grafischen Oberfläche) sind das A und O der Formulare. Sie steuern den eigentlichen Programmablauf. Jedes Steuerelement hat bestimmte Eigenschaften (Einstellungen und Attribute), die im Eigenschaftsfenster angezeigt werden, sobald sie aktiv (mit der Maus angeklickt) sind. Die dort angegebenen Werte lassen sich im Entwurfsmodus verändern oder beim späteren Ablauf durch Wertzuweisung.

Steuerelemente besitzen außerdem verschiedene Methoden (z. B. *Activate*, *Refresh*, *Clear*, *Load*, ...). Eine besondere Art von Methoden sind die Ereignisse, die von einem Steuerelement erkannt werden (z. B. Mausklick, Tastendruck, ...). Ist ein Steuerelement in der Lage, ein bestimmtes Ereignis zu erkennen, dann besitzt es eine entsprechende Ereignis-Prozedur, die mit dem Auftreten des Ereignisses ausgeführt wird (Bild 1-8). Darin können Anweisungen vorgeben, wie das System auf das Ereignis reagieren soll.

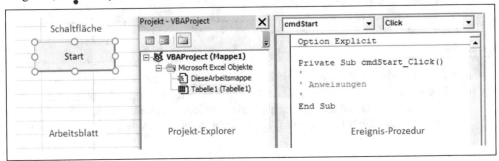

*Bild 1-8. Steuerelement mit zugehöriger Ereignis-Prozedur*

Wird z. B. eine Befehlsschaltfläche angeklickt, so kann in deren Ereignis-Prozedur eine andere Prozedur aufgerufen, eine Auswertung durchgeführt oder ein anderes Formular aufgerufen werden. Ist ein Steuerelement markiert, dann lässt sich mit der F1-Taste weiterer Hilfstext mit Beispielen einblenden.

🗁 7-06-01-02_KreisFormular.xlsm

### Übung 1.4 Formular zur Berechnung einer Kreisfläche erstellen

- Zuerst eine neue Excel-Anwendung öffnen.
- Im nächsten Schritt den VBA-Editor (ALT + F11) öffnen.
- Unter der Registerkarte *Einfügen* die *UserForm* wählen. Im VBA-Editor erscheint ein Formular *UserForm1* zusammen mit einem Fenster Toolsammlung (Bild 1-9).

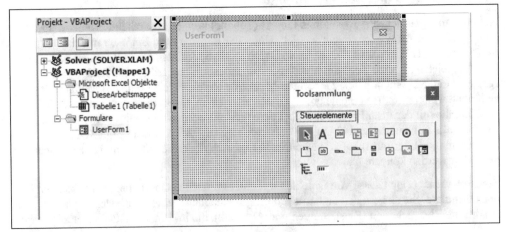

*Bild 1-9. Ein Formular (UserForm) und die Toolsammlung*

- Im Eigenschaftsfenster ändern wir den Formularnamen auf *frmKreis* ab.
- Unter der Eigenschaft *Caption* tragen wir den Text *Berechnung einer Kreisfläche* ein.
- Um die Eigenschaften des jeweiligen Objekts im Eigenschaftsfenster zu sehen, muss das Objekt mit einem Mausklick markiert werden.
- Durch Anklicken und Aufziehen mit der Maus werden nacheinander folgende Steuerelemente auf dem Formular (Bild 1-10) angeordnet. Jeweils zwei Beschriftungsfelder, Textfelder und Befehlsschaltflächen.
- Unter der Eigenschaft *Caption* der Bezeichnungsfelder und Befehlsschaltflächen tragen wir aussagekräftige Bezeichnungen ein.
- Für alle Objekte auf dem Formular (einzeln oder gemeinsam markiert) wird in der Eigenschaft *Font* die Schriftgröße auf 10 abgeändert.

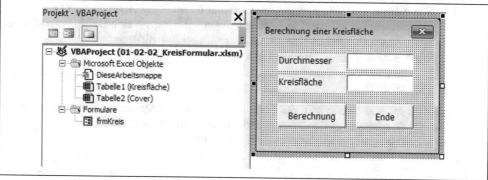

*Bild 1-10. Formular zur Kreisflächenberechnung*

- Die Eigenschaft *Name* der Textfelder wird wie folgt geändert. Das Textfeld für den Durchmesser erhält den Namen *tbxDurchmesser* und das Textfeld für die Kreisfläche den Namen *tbxFläche*.
- Die Befehlsschaltflächen erhalten die Namen *cmdBerechnung* und *cmdEnde*, entsprechend ihrer Beschriftung.
- Mit einem Doppelklick auf die jeweilige Befehlsschaltfläche schaltet der VBA-Editor automatisch auf die Codedarstellung um, die mit der Schaltfläche *Schließen* (☒) wieder verlassen werden kann.
- Das Codefenster zeigt die (noch leeren) Prozeduren *cmdBerechnung_Click* bzw. darunter *cmdEnde_Click*. Diese Prozeduren erhalten die nachfolgend dargestellten Anweisungen. Dabei ist darauf zu achten, dass ein Dezimalpunkt die Vor- und Nachkommastellen einer Dezimalzahl trennt und nicht ein Komma (VBA spricht Englisch).

```
Option Explicit

Private Sub cmdBerechnung_Click()
    Dim dD    As Double
    Dim dA    As Double

    dD = Val(tbxDurchmesser)
    dA = dD * dD * 3.1415926 / 4
    tbxFläche = Str(dA)
    tbxDurchmesser.SelStart = 0
    tbxDurchmesser.SelLength = Len(tbxDurchmesser)
End Sub
```

```
Private Sub cmdEnde_Click()
    Unload Me
End Sub
```

- Danach ist ein Test der Prozeduren möglich:
  - In der Menüzeile des VBA-Editors die Registerkarte *Ausführen* und darin *Sub/UserForm ausführen* wählen. Dadurch wird das Formular eingeblendet.
  - Im Textfeld für den Durchmesser einen beliebigen Wert eingeben.
  - Mit einem Mausklick auf die Schaltfläche *Berechnung* steht das Ergebnis im Textfeld *Kreisfläche*.
  - Das lässt sich beliebig oft wiederholen.
  - Mit der Schaltfläche *Ende* wird das Formular gelöscht.
- Nun wäre es sehr schön, wenn das Formular direkt in der Anwendung (Tabelle) gestartet werden könnte. Die Lösung kennen wir bereits – eine Befehlsschaltfläche in der Anwendung nach Kapitel 1.2.3, erstellt im Entwurfsmodus.
- Nur den Aufruf eines Formulars müssen wir noch kennen lernen. Er lautet:

```
Load (Formularname)
```

- Mit dieser Anweisung wird das Formular in den Arbeitsspeicher geladen und existiert somit. Zu sehen ist es für den Anwender noch nicht. Dazu muss eine weitere Methode ausgeführt werden, die das Formular zeigt.

```
(Formularname).Show
```

- Ist der Name der Befehlsschaltfläche in der Tabelle z. B. *cmdStart*, dann sollte die Prozedur wie folgt aussehen:

```
Private Sub cmdStart_Click()
    Load frmKreis
    frmKreis.Show
End Sub
```

Nach dem Ausschalten des Entwurfsmodus ist die Entwicklung abgeschlossen. Es gäbe noch eine ganze Menge zu verbessern, doch den Platz heben wir uns für später auf. Nur noch zwei Ergänzungen. Damit der Fokus immer im Eingabefeld für den Durchmesser bleibt, bekommen alle anderen Objekte auf dem Formular die Eigenschaft *TabStop = False*. Damit die Eingabe immer markiert bleibt, werden die beiden Anwendungen

```
tbxDurchmesser.SelStart = 0
tbxDurchmesser.SelLength = Len(tbxDurchmesser)
```

verwendet. *SelStart* setzt die Markierung (Selection) an den Anfang des Feldes. *SelLength* bestimmt die Länge der Markierung.

Welche Ereignisse ein Objekt in unserem Projekt kennt, können wir ebenfalls im Codefenster zum Formular erfahren. Im Kopf des Codefensters gibt es zwei Auswahlfelder (Bild 1-11).

Im linken Feld gibt es eine Auswahlliste der vorhandenen Objekte. Wir wählen hier *tbxDurchmesser* mit einem Klick. Im rechten Feld gibt es eine Auswahlliste aller möglichen Ereignisse zu dem ausgewählten Objekt. Hier wählen wir *Change*. Im Codefenster erscheint eine neue Prozedur *tbxDurchmesser_Change*. Diese Prozedur wird immer aufgerufen, wenn sich der Inhalt im Feld *tbxDurchmesser* ändert.

Wenn wir in dieser Prozedur ebenfalls den Aufruf der Berechnungsprozedur platzieren, wird nach jeder Änderung im Eingabefeld die Berechnung aufgerufen.

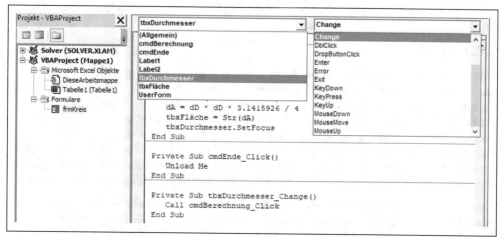

*Bild 1-11. Auswahlfelder für Objekte im Codefenster und deren Ereignisprozeduren*

Damit wird die Schaltfläche *Berechnung* überflüssig.

```
Private Sub tbxDurchmesser_Change()
    Call cmdBerechnung_Click
End Sub
```

Wen es aber stört, dass mit jeder Zahl die Berechnung startet und wer nur nach Druck auf die Eingabetaste eine Berechnung möchte, ersetzt diese Ereignis-Prozedur durch die nachfolgende.

```
Private Sub tbxDurchmesser_KeyDown _
    (ByVal KeyCode As MSForms.ReturnInteger, _
    ByVal Shift As Integer)
    If KeyCode = 13 Then
        Call cmdBerechnung_Click
    End If
End Sub
```

Diese Prozedur liefert als Parameter den ASCII-Code jeder gedrückten Taste. Der Aufruf der Berechnungsprozedur erfolgt, wenn der Tastencode = 13 ist, der Code der Eingabetaste. Eine unangenehme Erscheinung tritt hierbei auf. Durch den Druck auf die Eingabetaste wird der *Fokus* auf ein nachfolgendes Objekt gesetzt und bleibt somit nicht bei dem Eingabefeld. Die Reihenfolge der Objekte zur Fokus-Vergabe wird unter der Eigenschaft *TabIndex* beginnend bei 0 aufsteigend festgelegt. Erst wenn wir allen anderen Objekten unter *TabStop = False* das Recht zum Erhalt des Fokus entziehen, bleibt er beim Eingabefeld.

Befinden sich mehrere Steuerelemente auf einem Formular, so bekommt beim Start das Steuerelement mit dem niedrigsten *TabIndex* den Fokus, der dann je nach Ereignis an andere Steuerelemente weitergegeben wird. Im Kontextmenü eines Formulars gibt es die Auswahl *Aktivierungsreihenfolge*. Darunter kann die Reihenfolge für die Fokus-Vergabe manuell festgelegt werden.

Auch Formulare haben Namen und diese können, wenn wir das Formular anklicken, im Eigenschaftsfenster unter *(Name)* geändert werden. Vor jeden Formularnamen setzen wir die

Kennung *frm* oder ein anderes selbstgewähltes Präfix. Sind Formulare allgemein gehalten, können sie auch in anderen Projekten zur Anwendung kommen. Unter Registerkarte *Datei* mit *Datei exportieren* bzw. *Datei importieren* lassen sich Formulare autonom speichern und einlesen.

### 1.2.5 Module

Module dienen wie die Formulare zur Aufnahme von Prozeduren, die auch bei anderen Projekten eingesetzt werden können. Allerdings besitzen Module keine Oberfläche und damit auch keine Möglichkeit, Steuerelemente aufzunehmen. Ihre einzige Aufgabe ist es, ein Container für Programmcode zu sein und zur Darstellungsmöglichkeit ein Codefenster zu besitzen. Ein Modul haben wir bereits kennengelernt, denn die Makro-Funktion erzeugt Prozeduren ausschließlich in Modulen. Beliebig viele Module können in einem VBA-Projekt eingebunden sein und es lassen sich auch dieselben Module in verschiedenen VBA-Projekten einbinden. Dazu können sie genau wie Formulare autonom exportiert und importiert werden.

Eine weitere wichtige Eigenschaft der Module ist, dass in ihnen mit *Global* deklarierte Variable (am Anfang eines Moduls) auch außerhalb einer Prozedur für das ganze VBA-Projekt Gültigkeit haben. Mehr darüber unter Kapitel 1.3.9 Geltungsbereiche.

# 1.3 Die Syntax von VBA

### 1.3.1 Konventionen

Kommentare im Programmcode werden zeilenweise gekennzeichnet. Eine Kommentarzeile beginnt mit einem Hochkomma oder der Anweisung *Rem* (für Remark). Siehe Prozedur *Kreis* im Kapitel 1.2.2.

Längere Anweisungen können auf mehrere Zeilen verteilt werden. Dazu wird ein Unterstrich gesetzt. **Achtung!** Vor dem Unterstrich muss sich unbedingt ein Leerzeichen befinden. Siehe Prozedur *tbxDurchmesser_KeyDown* im Kapitel 1.2.4.

```
'Dies ist eine Kommentarzeile
Rem Dies ist auch eine Kommentarzeile

'Die nachfolgende Ausgabe-Anweisung ist auf zwei Zeilen verteilt angeordnet
    MsgBox "Dies ist eine Testausgabe! Bitte bestätigen Sie mit ok!" _
        vbInformation + vbOKOnly, "Wichtiger Hinweis"

'In den nachfolgenden Anweisungen werden die Inhalte zweier Variabler x
'und y über den Umweg der Variablen z vertauscht
    z = x: x = y: y = z
```

Eine Zeile kann auch mehrere Anweisungen enthalten. Sie werden dann durch einen Doppelpunkt voneinander getrennt und von links nach rechts abgearbeitet.

Das Einrücken von Programmanweisungen innerhalb bedingter Anweisungen oder Programmschleifen dient nur der Übersichtlichkeit und hat keine Auswirkungen auf die Prozedur.

Ich empfehle dringend diese Schreibweise, denn so werden auch ältere Programme besser lesbar sein.

## 1.3.2 Prozeduren und Funktionen

Prozeduren haben den grundsätzlichen Aufbau:

```
[Private|Public] [Static] Sub Name [(Parameterliste)]
    [Anweisungen]
    [Exit Sub]
    [Anweisungen]
End Sub
```

Der Aufruf der Prozedur erfolgt durch den Prozedurnamen und eventuelle Parameter. Bei den übergebenen Parametern kann es sich um Variable verschiedener Datentypen handeln. Sie sind nur in der Prozedur gültig. Werden Variable am Anfang eines Codecontainers mit *Global* definiert, so gelten sie in allen Prozeduren und Funktionen des gesamten VBA-Projekts. Aber Achtung, es muss immer zwischen lokalen und globalen Variablen unterschieden werden. Mehr dazu unter 1.3.4 Parameterlisten. Eine Prozedur kann jederzeit mit der Anweisung *Exit Sub* beendet werden. Sinnvollerweise in Abhängigkeit von einer Bedingung.

Funktionen sind eine besondere Form von Prozeduren. Ihr Aufbau entspricht dem von Prozeduren mit dem Unterschied, dass der Funktionsname selbst als Variable agiert und einem Datentyp zugeordnet ist.

```
[Public|Private|Friend][Static] Function Name [(Parameterliste)] [As Typ]
    [Anweisungen]
    [Name = Ausdruck]
    [Exit Function]
    [Anweisungen]
    [Name = Ausdruck]
End Function
```

Der Aufruf einer Funktion erfolgt durch den Funktionsnamen und eventuelle Parameter. Eine Funktion kann jederzeit mit der Anweisung *Exit Function* beendet werden.

Die IDE verfügt über eine große Auswahl an Prozeduren und Funktionen in Bibliotheken. Die Attribute *Public, Private, Friend* und *Static* werden im Kapitel Geltungsbereiche erklärt. Im VBA-Editor lassen sich unter Register *Einfügen / Prozedur* im Dialogfenster *Prozedur hinzufügen* (Bild 1-12) Prozedur- und Funktionsrümpfe erzeugen.

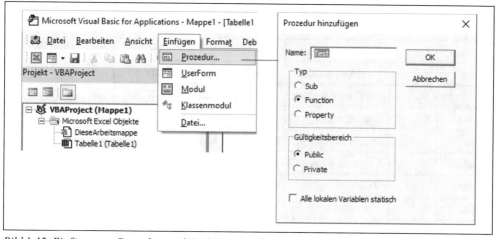

*Bild 1-12. Einfügen von Prozedur- und Funktionsrümpfen*

## 1.3.3 Datentypen für Konstante und Variable

Jedes Programm benötigt die Möglichkeit, Daten zu speichern. VBA bietet zwei Formen, Konstante und Variable. Beide Formen werden durch einen Namen bezeichnet.

Für die Namensvergabe gibt es folgende Regeln:

- erstes Zeichen muss ein Buchstabe sein
- weitere Zeichen können Ziffern, Buchstaben oder Sonderzeichen (keine mathematischen Zeichen und kein Leerzeichen) sein
- maximal 255 Zeichen
- kein VBA Schlüsselwort.

Feststehende Daten werden als Konstante definiert in der Form:

```
Const Name = Wert [ As Datentyp ]
```

VBA und Office stellen eine große Anzahl von Konstanten zur Verfügung, dabei weisen die ersten beiden Buchstaben auf die Anwendung hin. Nachfolgend einige wichtige Konstante:

- vb – VBA-Kontante (vbYes…)
- wd – Word-Konstante (wdAlign…)
- xl – Excel-Konstante (xlFixed…)
- ac – Access-Konstante (acCmd…)
- ms – Office-Konstante (msBar…).

Variable werden mit der Anweisung *Dim* (für Dimension) deklariert und dimensioniert.

```
Dim Name [ As Datentyp ]
```

Die wichtigsten Datentypen stehen in Tabelle 1-1.

*Tabelle 1-1. Die wichtigsten Datentypen in VBA*

| Typ | Kürzel | Bezeichnung | Datenbereich |
|---|---|---|---|
| Byte | | Byte | 0 bis 255 |
| Integer | % | Ganze Zahlen | -32.768 bis 32.767 |
| Long | & | Ganze Zahlen | -2.147.483.648 bis 2.147.483.647 |
| Single | ! | Fließkommazahlen | -3.4E38 - 3.5E38 (7 Ziffern) |
| Double | # | Fließkommazahlen | -1.8E308 - 1.8E308 (15 Ziffern) |
| Currency | @ | Fließkommazahlen | -9.22E14 - 9.22E14 (15V 4N) |
| String | $ | Zeichenketten | 0 - 65535 Zeichen |
| Date | | Datum und Zeit | 01.Jan.100 - 31.Dez.9999 |
| Boolean | | Logische Werte | True (Wahr) oder False (Falsch) |
| Variant | | Beliebige Daten | |
| Object | | | 4 Byte für Adresse (Referenz) |

Um den Datentyp einer Variablen eindeutig zu kennzeichnen, kann dem Namen der Variablen ein datentypspezifisches Kürzel angefügt werden. So ist z. B. die Variable *Zahl%* vom Typ Integer oder die Variable *Text$* vom Typ String. Allerdings rate ich von deren Verwendung ab.

Die meisten Programmierer verwenden für Namen von Variablen ein Präfix (ungarische Notation), ähnlich dem der Systemkonstanten.

- bol – Boolean (Beispiel: bolSichern)
- dtm – Datum oder Zeit (dtmStartZeitraum)
- err – Fehlercode (errDateifehler)
- int – Integer (intZähler)
- ftp – Fließkomma (ftpErgebnis)
- obj – Objektverweis (objDokument)
- str – String/Text (strNachname)

Ich benutze immer nur einen kleinen Buchstaben vor dem eigentlichen Namen. So unterscheide ich zwischen Datenvariable (1 Buchstabe), Systemvariable (2 Buchstaben) und Objektvariable (3 Buchstaben).

Datenlisten (eine Dimension, auch Vektoren genannt) oder Datenfelder (mehrere Dimensionen, auch Arrays oder Matrizen genannt) definieren sich:

```
Dim Name (Dimension 1[, Dimension 2[, …]]) As Datentyp
```

Oft werden die Dimensionen auch als Index bezeichnet und man spricht von einer *indizierten Variablen*. Die Indizes beginnen standardmäßig bei *null*. Ist ein Beginn bei *eins* gewünscht, so erlaubt die Anweisung

```
Option Base {0 | 1}
```

am Anfang eines Codecontainers direkt unter *Option Explicit* eine Festlegung. Die oberen Werte der Indizes lassen sich während des Programmablaufs neu dimensionieren durch die Anweisung:

```
Redim [Preserv] Name (Dimension 1[, Dimension 2[, …]])
```

Die Anweisung *Preserv* rettet, soweit möglich, vorhandene Daten, während die Anweisung *Erase* eine Neuinitialisierung des Arrays vornimmt.

```
Erase Arrayname
```

## 1.3.4 Parameterlisten

Parameter dienen zur Übergabe von Daten zwischen Prozeduren. Der Datentyp eines Parameters wird entweder durch Typkennzeichen oder durch die Anweisung *As* bestimmt. Die Syntax ist nachfolgend dargestellt.

```
[Optional] [ByVal | ByRef] Variable[( )] [As Typ] [= StandardWert]
```

Auch eine gemischte Form ist möglich.

```
Sub Parameterbeispiel
    Dim RefWert As Byte
    Dim ValWert As Byte
    RefWert=4: ValWert=8
    MsgBox "RefWert vor dem Aufruf : " & RefWert
    MsgBox "ValWert vor dem Aufruf : " & ValWert
    Aufruf (RefWert, ValWert)
    MsgBox "RefWert nach dem Aufruf : " & RefWert
    MsgBox "ValWert nach dem Aufruf : " & ValWert
End Sub

Sub Aufruf (ByRef X As Byte, ByVal Y As Byte)
    X = X + 2
    Y = Y + 2
End Sub
```

Bei der Übergabe gibt es zwei Formen, *by Value* und *by Reference*. Jede Variable besitzt eine Adresse im Hauptspeicher. Mit *by Reference*, der Standardübergabe, wird diese Adresse übergeben und mit *by Value* nur der Wert. So lässt sich verhindern, dass alte Werte überschrieben werden.

Sehr anschaulich ist das vorstehende *Parameterbeispiel* mit *Aufruf*. Zum besseren Verständnis nachfolgend der zeitliche Ablauf:

|                    | RefWert (in Beispiel) | ValWert (in Beispiel) | ValWert (in Aufruf) |
|--------------------|-----------------------|-----------------------|---------------------|
| 1. Initialisierung | 4                     | 8                     |                     |
| 2. Aufruf          | 4                     |                       | 8                   |
| 3. Addition von 2  | 6                     |                       | 10                  |
| 4. Beispiel        | 6                     | 8                     |                     |

Die Variablenwerte in der Prozedur Parameterbeispiel sind:

> Vor dem Aufruf: RefWert = 4, ValWert = 8
> Nach dem Aufruf: RefWert = 6, ValWert = 8.

## Optional

Laut Syntax können Parameter ganz oder teilweise mit dem Argument *Optional* belegt werden. Damit wird bestimmt, dass dieser Parameter zur Ausführung der Prozedur nicht unbedingt erforderlich ist. Ist jedoch ein Parameter in der Liste als optional gekennzeichnet, müssen auch alle nachfolgenden Parameter optional deklariert werden. Optionale Parameter stehen also immer am Ende einer Parameterliste.

In dem nachfolgenden Beispiel wird das Volumen eines Würfels (alle Seiten gleich), eines Quaders (Quadrat x Höhe) und eines Blocks (alle Seiten ungleich) nach der Anzahl Parameter berechnet. Zu beachten ist, dass die Auswertungsfunktion *IsMissing* nicht bei einfachen Variablen wie *Integer* und *Double* funktioniert. Daher der Trick mit dem Datentyp *Variant* in der Parameterliste der Funktion.

```
Sub Beispiel()
    Dim Text As String
    Text = "Würfel mit (a=5,5) = " & Str(Vol(5.5)) & vbCrLf
    Text = Text & "Quader mit (a=6,7, b=7,2) = " & _
        Str(Vol(6.7, 7.2)) & vbCrLf
```

```
    Text = Text & "Block  mit  (a=4,8,  b=6.2,  c=5.3) = " & _
        Str(Vol(4.8,  6.2,  5.3))
    MsgBox Text
End Sub

Function Vol(a As Variant, Optional b As Variant, _
    Optional c As Variant) As Double
    If IsMissing(b) Then
        Vol = a * a * a
    ElseIf IsMissing(c) Then
        Vol = a * a * b
    Else
        Vol = a * b * c
    End If
End Function
```

## 1.3.5 Benutzerdefinierte Aufzähl-Variablen

Aufzähl-Variablen, auch als Enumerationen bezeichnet, werden als *Enum-Typ* deklariert. Sie können nur im Deklarationsteil und nicht in einer Prozedur definiert werden. Die Elemente des Typs werden mit konstanten Werten initialisiert und können zur Laufzeit nicht verändert werden. Numerische Werte können sowohl positiv als auch negativ sein, wie im nachfolgenden Beispiel.

```
Enum Bauteilform
    unbekannt = -1
    Rechteckquader = 0
    Dreieckquader = 1
    Zylinder = 2
    Kugel = 3
End Enum
```

Die Aufzähl-Variablen werden wie normale Konstante genutzt. Sie haben ihre Gültigkeit nur auf Modulebene.

## 1.3.6 Benutzerdefinierte Datentypen

Benutzerdefinierte Datentypen sind ein leistungsfähiges Hilfsmittel zur Definition und Nutzung komplexer Datengruppen. Die Definition eines eigenen Datentyps gehört immer in den Deklarationsteil eines Moduls, also am Anfang noch vor den Prozeduren und Funktionen, denn nur dort lässt VBA eine Definition zu. Nehmen wir als Beispiel folgenden benutzerdefinierten Typ mit dem Namen *Material*:

```
Type Material
    Name As String 'Materialname
    EMod As Double 'E-Modul
    QKon As Double 'Querkontraktion
    ZugF As Double 'Zugfestigkeit
    DruF As Double 'Druckfestigkeit
    BieF As Double 'Biegefestigkeit
End Type
```

Wir können nun eine Variable des Typs Material deklarieren in der Form

```
Dim Träger As Material
```

Angesprochen wird eine Variable unter ihrem vollen Namen, ganz im Sinne der Objektschreibweise, z. B.:

```
With Träger
    .Name = "ST 37-2"
    .EMod = 210000
    .QKon = 0.92
    .ZugF = 350.6
    .DruF = 180
    .BieF = 176
End With
```

Benutzerdefinierte Datentypen können nach ihrer Definition wiederum in nachfolgende Definitionen von benutzerdefinierten Datentypen eingebunden werden.

```
Type Bauteil
    Material As Material
    Name     As String
End Type
```

So leistungsfähig benutzerdefinierte Typen einerseits sind, so viel Kopfzerbrechen können sie dem Programmierer andererseits bereiten. Es gilt immer zu bedenken, dass der komplette Datentyp seine Anwendung findet.

## 1.3.7 Operatoren und Standardfunktionen

Nachfolgend sind nur die wichtigsten Operatoren und Funktionen aufgeführt.

*Tabelle 1-2. Operatoren und Standardfunktionen in VBA*

| Operatorart | Zeichen | Bezeichnung |
|---|---|---|
| Numerische Operatoren | = | Wertzuweisung |
| | + | Addition |
| | - | Subtraktion |
| | * | Multiplikation |
| | / | Division |
| | ^ | Potenzieren |
| | \ | ganzzahlige Division |
| | Mod | Modulo (Restwert nach Division) |
| Alphanumerische Operatoren | & | Verkettung alphanumerischer Variabler |
| | + | Wie &, sollte aber nicht verwendet werden |
| Vergleichsoperatoren | = | gleich |
| | > | größer als |
| | < | kleiner als |
| | >= | größer gleich |
| | <= | kleiner gleich |
| | <> | ungleich |
| | Like | gleich (Zeichenketten) |

| Operatorart | Zeichen | Bezeichnung |
|---|---|---|
| | Is | vergleicht Objekt-Variable |
| Logische Operatoren (Funktionen) | Not | Nicht |
| | And | Und |
| | Or | Oder |
| | Xor | Exklusiv Oder |
| | Eqv | logische Äquivalenz zwischen Ausdrücken |
| | Imp | logische Implikation zwischen Ausdrücken |
| Alphanumerische Funktionen | Left | linker Teil einer Zeichenkette |
| | Right | rechter Teil einer Zeichenkette |
| | Len | Länge einer Zeichenkette |
| | Mid | Teil einer Zeichenkette |
| | Str | Umformung numerisch -> alphanumerisch |
| | Trim | löscht führende und endende Leerzeichen |
| Datumsfunktionen | Date | aktuelles Systemdatum |
| | Now | aktuelles Datum und aktuelle Zeit |
| | Month | aktueller Monat als Zahl (1-12) |
| Numerische Funktionen: | Val | Umformung alphanumerisch -> numerisch |
| | Int | Ganzzahl |
| | Exp | Exponent |
| Logische Funktionen (true/false) | IsNumeric | prüft auf Zahl |
| | IsArray | prüft auf Datenfeld |
| | IsEmpty | Variable initialisiert? |
| | IsObject | Objekt-Variable? |
| | IsDate | prüft auf Datum |
| | IsNull | prüft auf keine gültigen Daten (null) |
| | Is Nothing | prüft Existenz einer Objekt-Variablen |
| Dialog Funktionen | InputBox | Eingabe mit Kommentar |
| | MsgBox | Ausgabe mit Aktionen |

Wer sich ausführlicher informieren will, findet in der Literatur neben weiteren Definitionen auch anschauliche Beispiele. Eine weitere Quelle für Informationen ist die Hilfe in der IDE. In der Menüzeile ist sie mit einem Fragezeichen installiert und ein Mausklick öffnet ein Dialogfenster. Durch Eingabe eines Stichwortes liefert eine Suche alle verwandten Themen. Auch hier findet man neben Definitionen anschauliche Beispiele.

## 1.3.8 Strukturen für Prozedurabläufe

### Bedingte Verzweigungen

Bedingte Verzweigungen bieten die Ausführung unterschiedlicher Anweisungsblöcke in Abhängigkeit von Bedingungen an.

```
'Version 1
   If Bedingung Then
       Anweisungsblock 1
   Else
         Anweisungsblock 2
   End If
'Version 2
   If Bedingung1 Then
         Anweisungsblock 1
   ElseIf Bedingung2 Then
         Anweisungsblock 2
   Else
         Anweisungsblock 3
   End If
```

### Bedingte Auswahl

Die Bedingte Auswahl wird auch oft als Softwareschalter bezeichnet, da je nach Inhalt des *Selectors* Anweisungsblöcke ausgeführt werden. Trifft kein Auswahlwert zu, wird der Anweisungsblock unter *Case Else* ausgeführt.

```
Select Case Selector
Case Auswahlwert 1
    Anweisungsblock 1
Case Auswahlwert 2
    Anweisungsblock 2
...
Case Else
    Anweisungsblock x
End Select
```

### Softwareschalter

Die Funktion *Switch* ist vergleichbar mit der *Select Case*-Anweisung. Sie wertet eine Liste von Bedingungen aus und führt die betreffende Anweisung durch.

```
Switch (Bedingung1, Anweisung1[, Bedingung2, Anweisung2 ...])
```

### Zählschleife

Ein Zähler wird ausgehend von einem Startwert bei jedem *Next* um den Wert 1 oder wenn *Step* angegeben ist, um die Schrittweite erhöht, bis der Endwert überschritten wird. Der Anweisungsblock wird für jeden Zählerzustand einmal durchgeführt.

```
For Zähler = Startwert To Endwert [Step Schrittweite]
    Anweisungsblock
Next [Zähler]
```

## Bedingte Schleifen

In bedingten Schleifen werden Anweisungsblöcke in Abhängigkeit von einer Bedingung mehrfach ausgeführt. Wir unterscheiden verschiedene Arten. Die Auslegung einer Bedingung wird durch die folgenden Begriffe gesteuert:

While:   Schleife wird solange durchlaufen, wie die Bedingung richtig (true) ist.
Until:   Schleife wird solange durchlaufen, wie die Bedingung falsch (false) ist.

### Abweisend bedingte Schleife

Anweisungsblock wird möglicherweise erst nach Prüfung der Bedingung ausgeführt.

```
Do While/Until Bedingung
    Anweisungsblock
Loop
```

### Ausführend bedingte Schleife

Der Anweisungsblock wird bereits ausgeführt, bevor die erste Prüfung der Bedingung erfolgt.

```
Do
    Anweisungsblock
Loop While/Until Bedingung
```

### Schleifen über Datenlisten und Objektlisten

Mit dieser Anweisung werden alle Elemente einer Liste angesprochen.

```
For Each Variable in Liste
    Anweisungsblock
Next Variable
```

### Schleifenabbruch

Eine Schleife kann jederzeit mit der Anweisung *Exit* beendet werden

```
For …
    Exit For
Next

Do …
    Exit Do
Loop
```

# 1.3.9 Geltungsbereiche

Durch die Anweisung *Public* wird der Geltungsbereich von Konstanten, Variablen, Funktionen und Prozeduren auf alle Module des Projekts ausgeweitet.

```
'Beispiel: Setzen Sie den Cursor in die Prozedur Test1
'          und rufen Sie Ausführen/UserForm auf
Public Textname

Sub Test1()
   Dim Textname As String
   Textname = "TEST"
   MsgBox Textname, vbOKOnly, "TEST1"
```

```
    Call Test2
End Sub

Sub Test2()
    Dim Textname As String
    MsgBox Textname, vbOKOnly, "TEST2"
End Sub
```

Durch die Anweisung *Private* wird der Geltungsbereich von Konstanten, Variablen, Funktionen und Prozeduren grundsätzlich auf ein Modul beschränkt.

Die Anweisung *Static* und das Schlüsselwort *Static* wirken sich unterschiedlich auf die Lebensdauer von Variablen aus. Mit dem Schlüsselwort *Static* für Prozeduren, wird der Speicherplatz aller lokalen Variablen einmal angelegt und bleibt während der gesamten Laufzeit existent. Mit der Anweisung *Static* werden Variablen in nichtstatischen Prozeduren als statisch deklariert und behalten ihren Wert während der gesamten Laufzeit.

Prozeduren in Klassen (und nur hier) können mit dem Attribut *Friend* versehen werden. Dadurch sind sie auch aus anderen Klassen aufrufbar. Siehe befreundete Klassen.

## 1.3.10 Fehlerbehandlung in Prozeduren

Laufzeitfehler, die bei Ausführung einer Prozedur auftreten, führen zum Abbruch der Verarbeitung. Weil sich diese Fehler normalerweise nicht unter der Kontrolle des Programmierers befinden und auch die angezeigten Fehlertexte oft wenig Aufschluss über den Sachverhalt wiedergeben, geschweige denn Anweisungen zur Fehlerbehandlung, ist es besser, die Möglichkeiten zur Fehlerbehandlung zu nutzen. Dazu gibt es die Fehleranweisung *On Error* und ein *Err*-Objekt. Mit den Anweisungen

```
    On Error GoTo Marke
    Anweisungen
Marke:
    Anweisungen
```

wird nach dem Auftreten eines Fehlers zur angegebenen Programmmarke (*Errorhandler*) verzweigt. Mit der Anweisung

```
    Resume [ Next | Marke ]
```

wird der Programmablauf mit der nächsten Anweisung oder der nächsten Anweisung nach einer Marke fortgeführt. Eine Übersicht der Möglichkeiten zur Fehlerbehandlung zeigt das nachfolgende Flussdiagramm (Bild 1-13).

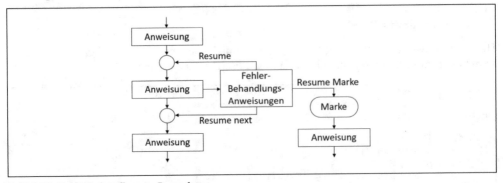

*Bild 1-13. Fehlerbehandlung in Prozeduren*

Die Anweisung *GoTo* hat schon von älteren Basic-Dialekten einen schlechten Ruf und sollte möglichst vermieden werden. Sie erzeugt sogenannten Spaghetti Code, der kaum nachvollziehbar ist. Daher wurde *GoTo* im Kapitel 1.3.8 *Strukturen für Prozedurabläufe* auch bewusst ausgelassen. Außerdem ist ein Programmsprung in der Regel vermeidbar. Lediglich bei Fehlerroutinen hat sich die Variante mit *GoTo* durchgesetzt und es spricht hier im Grunde auch nichts dagegen. Mit dem Auftreten eines ungewollten Fehlers muss ohnehin vom üblichen Prozedurablauf abgewichen werden.

Das *Err*-Objekt verfügt neben den Eigenschaften *Number* (Fehlernummer) und *Description* (Beschreibung) noch über die Methoden *Raise* und *Clear* zum Auslösen und Löschen von Laufzeitfehlern:

```
Err[.{Eigenschaft, Methode}]
```

# 1.4 Algorithmen und ihre Darstellung

## 1.4.1 Der Algorithmus

Der Begriff Algorithmus ist auf den Perser *Abu Ja' far Mohammed ibn Musa al Khowarizmi* zurückzuführen, der um 825 n. Chr. ein Lehrbuch der Mathematik verfasste.

Allgemein ist ein Algorithmus eine Methode zur Lösung eines bestimmten Problems. Grafisch als sogenannte Black Box darstellbar (Bild 1-14), die Eingaben (Input) zu Ausgaben (Output) umformt.

*Bild 1-14. Black Box*

Wenn man sich auch immer noch an einer exakten Definition schwertut, an einen Algorithmus sind sechs Bedingungen geknüpft.

1. Alle verwendeten Größen müssen bekannt sein
2. Die Umarbeitung geschieht in Arbeitstakten
3. Die Beschreibung des Algorithmus ist vollständig
4. Die Beschreibung des Algorithmus ist endlich
5. Alle angegebenen Operationen sind zulässig
6. Angabe der Sprache für die Regeln.

In diesem Buch verstehen wir unter Algorithmus eine eindeutige Vorschrift zur Lösung eines Problems mit Hilfe eines Programms. Auf dem Weg von der Idee zum Programm gibt es zwei sinnvolle Zwischenstationen. Zunächst eine eindeutige Beschreibung des Problems. Diese wird oft mittels Top-Down-Design erstellt und dann folgt eine grafische Darstellung als Flussdiagramm, Struktogramm oder Aktivitätsdiagramm.

Eine besondere Form des Algorithmus soll noch erwähnt werden. Sie wird als Rekursion bezeichnet. Eine Rekursion ist dann gegeben, wenn ein Teil des Algorithmus der Algorithmus selbst ist. So lässt sich z. B. n-Fakultät rekursiv bestimmen aus n-1-Fakultät durch

$$n! = n(n-1)!$$

(1.2)

Hier spielt die Endlichkeit des Algorithmus eine sehr wichtige Rolle, denn die rekursiven Aufrufe müssen ja irgendwann enden.

**Beispiel 1.1** Satz des Heron

Die Fläche eines beliebigen ebenen Dreiecks (Bild 1-15) bestimmt sich nach dem Satz des Heron.

$$A = \sqrt{s(s-a)(s-b)(s-c)}$$
$$s = \frac{a+b+c}{2}$$

(1.3)

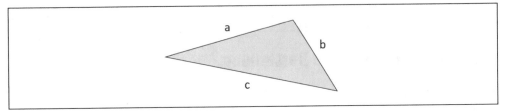

*Bild 1-15. Beliebiges ebenes Dreieck*

Ein Algorithmus zur Bestimmung der Fläche setzt zunächst die Angabe der drei Seiten voraus. Nach Überprüfung der Werte kann mit den angegebenen Formeln der Flächeninhalt berechnet werden. Dieser wird in einem letzten Schritt dann ausgegeben.

## 1.4.2 Top-Down-Design

Zur Verdeutlichung eines Problems und auch zur Suche nach der Lösung bedient man sich auch gerne der Methode des Top-Down-Designs (Tabelle 1-3).

*Tabelle 1-3. Top-Down-Design zur Flächenberechnung eines Dreiecks nach dem Satz des Heron*

| Problem: Flächenberechnung eines beliebigen Dreiecks | | | |
|---|---|---|---|
| Teilproblem 1:<br>Eingabe der Seiten a, b, c | Teilproblem 2:<br>Berechnung des Flächeninhalts | | Teilproblem 3:<br>Ausgabe des Inhalts A |
| Teillösung 1:<br>Eingabe der drei Werte in Zellen einer Tabelle | Teilproblem 2.1:<br>Bilden die drei Seiten ein Dreieck? | Teilproblem 2.2:<br>Bestimmung der Zwischengröße s und des Flächeninhalts A | Teillösung 3:<br>Ausgabe des Flächeninhalts in eine Zelle der Tabelle |
| | Teillösung 2.1:<br>$a < b+c$<br>$b < a+c$<br>$c < a+b$ | Teillösung 2.2:<br>$s = \dfrac{a+b+c}{2}$<br>$A = \sqrt{s(s-a)(s-b)(s-c)}$ | |

Dabei wird ein Problem in kleinere Teilprobleme zerlegt, wenn nötig, einige Teilprobleme wieder in kleinere Teilprobleme und so weiter. Letztlich erhält man kleine überschaubare Teilprobleme und die dazugehörigen Lösungen, die dann meist aus einfachen Anweisungen bestehen. Werden diese wieder zu einer Gesamtlösung zusammengesetzt, ist auch das Gesamtproblem gelöst. Jedenfalls in der Theorie.

Oft werden auch Teillösungen definiert, die sich in anderen Problemlösungen ebenfalls verwenden lassen. Ein Top-Down-Design wird grafisch aufwendig gestaltet. Ich denke, eine einfache Tabellenstruktur erfüllt den gleichen Zweck.

### 1.4.3 Datenflussdiagramm

Flussdiagrammelemente haben wir bereits in Bild 1-13 verwendet. Bild 1-16 zeigt einige grundlegende Flussdiagrammelemente. In einem Datenflussdiagramm (data flow diagram) wird die Bereitstellung und Verwendung von Daten innerhalb von Prozeduren dargestellt. Es existieren verschiedene Notationen zur Darstellung von Datenflüssen. In UML wird dazu ein Aktivitätsdiagramm verwendet (siehe 1.4.5).

Das Datenflussdiagramm ist ein Modellierungsinstrument der Strukturierten Analyse. Eine Sonderform des Datenflussdiagramms zeigt einen stellenorientierten Datenfluss, dabei werden die Elemente in Swimlanes den Stellen zugeordnet. Sie haben den Namen durch ihre Form, die wie Schwimmbahnen aussieht. In Kapitel 1.4.5 Aktivitätsdiagramm wird ein Beispiel dargestellt.

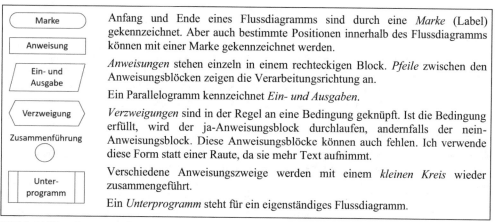

Anfang und Ende eines Flussdiagramms sind durch eine *Marke* (Label) gekennzeichnet. Aber auch bestimmte Positionen innerhalb des Flussdiagramms können mit einer Marke gekennzeichnet werden.

*Anweisungen* stehen einzeln in einem rechteckigen Block. *Pfeile* zwischen den Anweisungsblöcken zeigen die Verarbeitungsrichtung an.

Ein Parallelogramm kennzeichnet *Ein- und Ausgaben.*

*Verzweigungen* sind in der Regel an eine Bedingung geknüpft. Ist die Bedingung erfüllt, wird der ja-Anweisungsblock durchlaufen, andernfalls der nein-Anweisungsblock. Diese Anweisungsblöcke können auch fehlen. Ich verwende diese Form statt einer Raute, da sie mehr Text aufnimmt.

Verschiedene Anweisungszweige werden mit einem *kleinen Kreis* wieder zusammengeführt.

Ein *Unterprogramm* steht für ein eigenständiges Flussdiagramm.

*Bild 1-16.Flussdiagrammelemente*

🗁 7-06-01-03_Diagramme.xlsx

Die Elemente werden entsprechend ihrer zeitlichen Abarbeitung durch Pfeile aneinandergereiht. Als Beispiel betrachten wir ein Flussdiagramm zur Flächenberechnung eines ebenen Dreiecks nach dem Satz des Heron (Bild 1-17).

Ausführliche Symbole und Erstellungsregeln für einen Programmablaufplan (PAP) sind in DIN 66001 und ISO 5807 definiert. Darin wird die Verwendung von Sinnbildern beschrieben, die symbolisch den Ablauf oder die Reihenfolge logischer Operationen wiedergeben, die zur Lösung von Problemen notwendig sind. Ebenfalls werden in der DIN 66001 Symbole für Datenflusspläne definiert.

Einen ähnlichen Abstraktionsgrad wird durch den *Pseudocode* erreicht, der einfacher zu erstellen und auch einfacher zu verändern ist. Er ähnelt einer höheren Programmiersprache, gemischt mit natürlichen Sprachelementen im Rahmen einer mathematischen Notation. Er ist unabhängig von Technologien und oft kompakter und leichter verständlich als ein Programmcode.

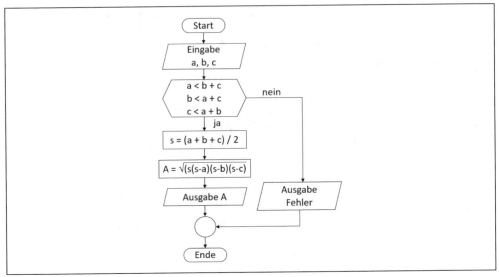

*Bild 1-17. Flussdiagramm zur Flächenberechnung eines ebenen Dreiecks nach dem Satz des Heron*

Flussdiagramme werden oft, unabhängig von Programmabläufen, zur Darstellung von Tätigkeiten und Prozessen benutzt. Mit ihnen lassen sich zum Beispiel Arbeitsabläufe oder Bedienungsabläufe anschaulich darstellen, wie unser Beispiel zur Berechnung des Flächeninhalts eines beliebigen ebenen Dreiecks nach dem Satz von Heron.

### 1.4.4 Struktogramm

Weniger grafisch, aber mindestens genauso aussagekräftig ist ein Struktogramm (Nassi-Shneiderman-Diagramm). Bild 1-18 zeigt die grundlegenden Elemente.

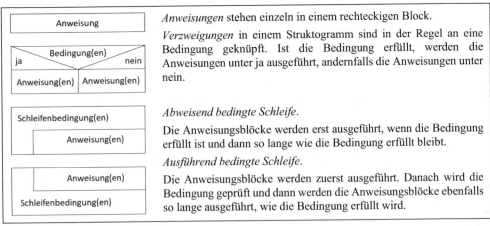

*Anweisungen* stehen einzeln in einem rechteckigen Block.

*Verzweigungen* in einem Struktogramm sind in der Regel an eine Bedingung geknüpft. Ist die Bedingung erfüllt, werden die Anweisungen unter ja ausgeführt, andernfalls die Anweisungen unter nein.

*Abweisend bedingte Schleife.*

Die Anweisungsblöcke werden erst ausgeführt, wenn die Bedingung erfüllt ist und dann so lange wie die Bedingung erfüllt bleibt.

*Ausführend bedingte Schleife.*

Die Anweisungsblöcke werden zuerst ausgeführt. Danach wird die Bedingung geprüft und dann werden die Anweisungsblöcke ebenfalls so lange ausgeführt, wie die Bedingung erfüllt wird.

*Bild 1-18. Struktogramm-Elemente*

Unterprogramme lassen sich durch formale Beschreibungen definieren, die dann in einer weiteren Stufe detaillierter dargestellt werden (Bild 1-19). In Unterprogrammen werden oft bestimmte Funktionalitäten eines Programms zur besseren Übersichtlichkeit zusammengefasst.

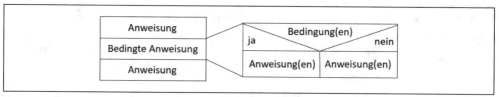

*Bild 1-19. Unterprogrammdarstellung im Struktogramm*

Die stufige Darstellung kann beliebig oft wiederholt werden. Dadurch verliert sie dann etwas an Übersichtlichkeit. Ein Vorteil der Struktogramme gegenüber den Flussdiagrammen ist die Möglichkeit, in den entsprechenden Elementen mehr Text einzutragen (Bild 1-20).

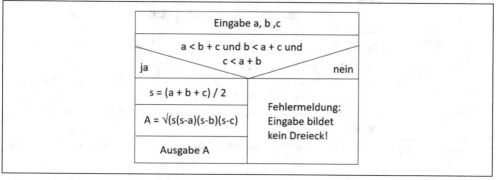

*Bild 1-20. Struktogramm zur Flächenberechnung eines ebenen Dreiecks nach dem Satz des Heron*

## 1.4.5 Aktivitätsdiagramm

Das Aktivitätsdiagramm (activity diagram) gehört zu mehreren Diagrammarten, die unter dem Begriff *Unified Modeling Language* (UML), zu einer Modellierungssprache für Software zusammengefasst sind. Sie unterteilen sich in zwei Gruppen. Das Aktivitätsdiagramm gehört zu den Verhaltensdiagrammen, während das Klassendiagramm, das in diesem Buch unter Objekte beschrieben ist, zur Gruppe der Strukturdiagramme gehört (Bild 1-21).

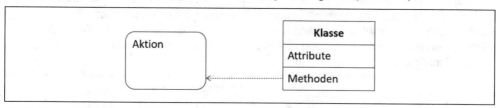

*Bild 1-21. Verbindung zwischen Klassendiagramm und Aktivität*

Das Aktivitätsdiagramm ist eine objektorientierte Adaption des Flussdiagramms. Es beschreibt die Realisierung eines bestimmten Verhaltens durch ein System, indem es dafür den Rahmen und die geltenden Regeln vorgibt. Aktivitätsdiagramme dienen der Modellierung von dynamischen Abläufen und beschreiben Aktivitäten mit nicht-trivialem Charakter und den Fluss durch die Aktivitäten. Es kann sowohl ein Kontrollfluss als auch ein Datenfluss modelliert werden. Die wichtigsten Elemente zeigt Bild 1-22.

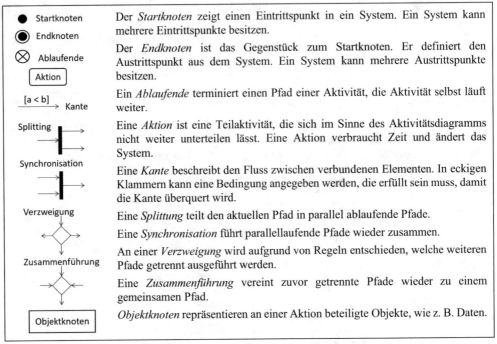

| | |
|---|---|
| ● Startknoten | Der *Startknoten* zeigt einen Eintrittspunkt in ein System. Ein System kann mehrere Eintrittspunkte besitzen. |
| ◉ Endknoten | |
| ⊗ Ablaufende | Der *Endknoten* ist das Gegenstück zum Startknoten. Er definiert den Austrittspunkt aus dem System. Ein System kann mehrere Austrittspunkte besitzen. |
| [Aktion] | |
| [a < b] → Kante | Ein *Ablaufende* terminiert einen Pfad einer Aktivität, die Aktivität selbst läuft weiter. |

Der *Startknoten* zeigt einen Eintrittspunkt in ein System. Ein System kann mehrere Eintrittspunkte besitzen.

Der *Endknoten* ist das Gegenstück zum Startknoten. Er definiert den Austrittspunkt aus dem System. Ein System kann mehrere Austrittspunkte besitzen.

Ein *Ablaufende* terminiert einen Pfad einer Aktivität, die Aktivität selbst läuft weiter.

Eine *Aktion* ist eine Teilaktivität, die sich im Sinne des Aktivitätsdiagramms nicht weiter unterteilen lässt. Eine Aktion verbraucht Zeit und ändert das System.

Eine *Kante* beschreibt den Fluss zwischen verbundenen Elementen. In eckigen Klammern kann eine Bedingung angegeben werden, die erfüllt sein muss, damit die Kante überquert wird.

Eine *Splittung* teilt den aktuellen Pfad in parallel ablaufende Pfade.

Eine *Synchronisation* führt parallellaufende Pfade wieder zusammen.

An einer *Verzweigung* wird aufgrund von Regeln entschieden, welche weiteren Pfade getrennt ausgeführt werden.

Eine *Zusammenführung* vereint zuvor getrennte Pfade wieder zu einem gemeinsamen Pfad.

*Objektknoten* repräsentieren an einer Aktion beteiligte Objekte, wie z. B. Daten.

*Bild 1-22. Die wichtigsten Aktivitätsdiagramm-Elemente*

Die Elemente eines Aktivitätsdiagramms können in ihrer Kombination mehr als es die Elemente von Flussdiagramm und Struktogramm können. So sind durch Verzweigungen des Kontrollflusses gleichzeitig parallellaufende Aktionen möglich. Außerdem können im Aktivitätsdiagramm zusätzlich Verantwortlichkeiten dargestellt werden.

Da Aktivitäten die Darstellung von Aktionen und deren zeitliche Verknüpfung zeigen, können sie auch zur Modellierung von interner Logik komplexer Operationen verwendet werden und damit auch Algorithmen visualisieren. Letztlich lassen sich in Aktivitätsdiagrammen auch Ereignisse behandeln. Eine Aktivität (Bild 1-23) besteht aus Knoten (Aktionen, Kontrollknoten und Objektknoten) und Kanten (Pfeile), die den Kontrollfluss durch die Aktivität darstellen. In der linken oberen Ecke steht der Name der Aktivität. Darunter befinden sich die Parameter mit ihren Typangaben.

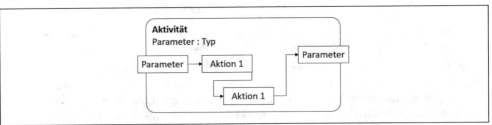

*Bild 1-23. Schema einer Aktivität*

Aktivitäten können komplexe Abläufe darstellen, die oft auch durch unterschiedliche Modellelemente ausgeführt werden. Um die Zuordnung zwischen Aktionen und den verantwortlichen Elementen darzustellen, werden Aktivitätsdiagramme in Partitionen unterteilt (Bild 1-24).

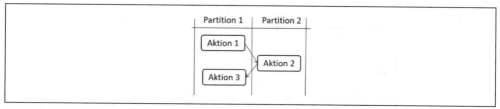

*Bild 1-24. Aufteilung von Aktivitäten nach Verantwortlichen*

Die Partitionen erinnert an die Form von Schwimmbahnen und werden daher auch oft mit dem englischen Wort S*wimlanes* bezeichnet. Sie lassen sich senkrecht, aber auch waagerecht darstellen.

Die Semantik der Modellierung von Aktivitäten ist dem Konzept der Petri-Netze stark angelehnt. So wird daraus das Prinzip der Marken (engl. Token) übernommen, deren Gesamtheit den Zustand einer Aktivität beschreibt. Um verfolgen zu können, welche Aktionen ausgeführt werden, sind die Pfade mit Token belegt (Bild 1-25).

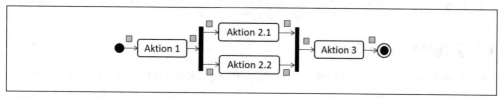

*Bild 1-25. Prinzip des Token-Modells*

Token haben in UML kein Symbol (hier als graues Quadrat dargestellt). Sie sind virtuelle Elemente, die den Kontrollfluss markieren. Token fließen entlang der Kanten vom Vorgänger- zum Nachfolgerknoten. Es werden Kontroll- und Datentoken unterschieden. Kontrolltoken liefern die Ausführungserlaubnis für den Nachfolgeknoten. Datentoken begleiten den Transport von Datenwerten oder Referenzen auf Objekte. Überwachungsbedingungen können die Weitergabe von Token verhindern.

Aktionen lassen sich in weiteren Aktivitätsdiagrammen verfeinern (Bild 1-26). Die zu verfeinernde Aktion wird mit einem Gabelungssymbol (unten rechts) gekennzeichnet. So lassen sich modulare Hierarchien in Aktivitätsdiagrammen verwirklichen.

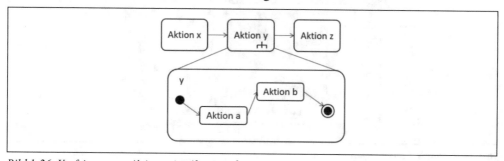

*Bild 1-26. Verfeinern von Aktionen im Aktivitätsdiagramm*

Aktivitätsdiagramme sind sehr vielfältig einsetzbar. Es können auch Beziehungen zwischen Aktivitätsdiagrammen und anderen Diagrammen der UML bestehen. Als Anwendungsbeispiel folgt die Darstellung der Flächenberechnung nach dem Satz des Heron im Aktivitätsdiagramm (Bild 1-27).

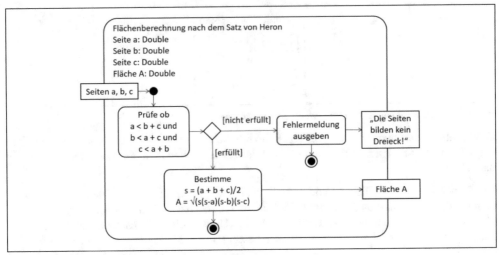

*Bild 1-27. Aktivitätsdiagramm zur Flächenberechnung*

# 1.5 Objekte unter Excel

Excel besteht aus sehr vielen Objekten. Nach der Hierarchie unterscheidet man in Excel das

- Application-Objekt – die gesamte Excel-Anwendung
- Workbook-Objekt – eine Arbeitsmappe
- Worksheet-Objekt – ein Tabellenblatt
- Range-Objekt – Zellenbereich, bestehend aus einer Zelle oder mehreren Zellen
- Cell-Objekt – eine Zelle.

Für die Programmierung ist es wichtig die Objekthierarchie (Bild 1-28) zu kennen. Nur so lässt sich gezielt auf ein Objekt zugreifen.

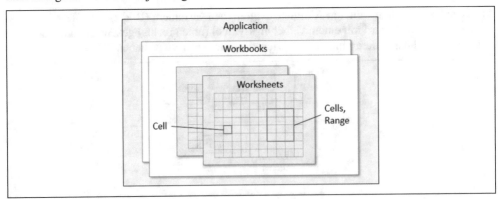

*Bild 1-28. Objekt-Hierarchie in Excel*

## 1.5.1 Application-Objekt

Das Application-Objekt ist das oberste Objekt der Hierarchie. Viele Eigenschaften und Methoden des Application-Objekts sind global, sodass Application nicht mit angegeben werden muss.

*Tabelle 1-4. Die wichtigsten Eigenschaften des Application-Objekts*

| Eigenschaft | Beschreibung |
| --- | --- |
| ActiveCell | aktuelles Range-Objekt |
| ActivePrinter | aktuelles Printer-Objekt |
| ActiveSheet | aktuelles Sheet-Objekt |
| ActiveWindow | aktuelles Windows-Objekt |
| ActiveWorkbook | aktuelles Workbook-Objekt |
| Cells | Range-Objekt, alle Zellen des aktiven Arbeitsblattes |
| Dialogs | Dialogs-Auflistung alle Dialogfelder (Datei-öffnen, -speichern, …) |
| Name | Name der Anwendung |
| Names | Namen-Auflistung, Namen der aktiven Arbeitsmappen |
| Parent | übergeordnetes Objekt |
| Path | vollständiger Pfad der Anwendung |
| Range | Range-Objekt, Zelle oder Zellbereich des aktiven Arbeitsblattes |
| Sheets | Sheets-Auflistung, alle Blätter (auch Diagramme) der Arbeitsmappe |
| Windows | Windows-Auflistung aller Fenster |
| Workbooks | Workbooks-Auflistung der geöffneten Arbeitsmappen |
| Worksheets | Worksheets-Auflistung aller Tabellenblätter der aktiven Arbeitsmappe |

*Tabelle 1-5. Die wichtigsten Methoden des Application-Objekts*

| Methode | Beschreibung |
| --- | --- |
| Calculate | berechnet alle Tabellenblätter neu |
| CalculateFull | erzwingt eine vollständige Berechnung der Daten in allen geöffneten Arbeitsmappen |

Viele Eigenschaften und Methoden, die gängige Objekte der Benutzeroberfläche zurückgeben (wie z. B. die aktive Zelle, eine ActiveCell-Eigenschaft), können ohne den Objektkennzeichner *Application* verwendet werden. Anstelle von

```
Application.ActiveCell.Font.Bold = False
```

können Sie beispielsweise folgendes eingeben:

```
ActiveCell.Font.Bold = False.
```

## 1.5.2 Workbook-Objekte

Das Workbook-Objekt dient dazu, auf ein einzelnes Dokument zuzugreifen. Es ist die Anwendungsmappe, die auch als Datei gespeichert wird.

Soll ein Workbook-Objekt aus der Liste der Workbooks ausgewählt werden, so geschieht dies durch Angabe eines Index als fortlaufende Nummer aller vorhandenen Workbooks, der aber kaum bekannt ist, oder durch Angabe des Workbook-Namens in der Form:

```
Workbooks.Item(1)

Workbooks.Item("Mappe1.xls")
```

Später wird noch gezeigt, wie man ein solch selektiertes Workbook einer Objektvariablen zuordnen kann.

*Tabelle 1-6. Die wichtigsten Eigenschaften des Workbook-Objekts*

| Eigenschaft | Beschreibung |
|---|---|
| ActiveSheet | aktuelles (aktives) Blatt |
| FullName | Vollständiger Pfad einschließlich Dateinamen |
| Name | Dateiname der Arbeitsmappe |
| Names | Namen-Auflistung aller Namen der Arbeitsmappe |
| Parent | übergeordnetes Objekt (Application-Objekt) |
| Path | vollständiger Pfad der Arbeitsmappe |
| Saved | True, wenn Arbeitsmappe seit dem letzten Speichern nicht geändert |
| Sheets | Sheets-Auflistung, alle Blätter der Arbeitsmappe |
| WorkSheets | Sheets-Auflistung, alle Tabellenblätter der Arbeitsmappe |

*Tabelle 1-7 Die wichtigsten Methoden des Workbook-Objekts*

| Methode | Beschreibung |
|---|---|
| Activate | aktiviert eine einzelne Arbeitsmappe |
| Close | schließt eine einzelne Arbeitsmappe |
| PrintOut | druckt eine Arbeitsmappe |
| Save | speichert die Änderungen der Arbeitsmappe |
| SaveAs | speichert mit Angabe von Namen, Dateiformat, Kennwort, Zugriffscode |
| SaveCopyAs | speichert eine Kopie der Datei, ohne die Original-Datei zu ändern |

## 1.5.3 Worksheet-Objekte

Worksheet-Objekte sind die einzelnen Tabellenblätter einer Excel-Anwendung. Häufig auch als Arbeitsblätter bezeichnet, gehört zu jedem Worksheet auch ein Registername, nicht zu verwechseln mit dem Objektnamen. Eine neue Arbeitsmappe besitzt im Projekt-Explorer ein Objekt Tabelle1 (Tabelle1), mit Worksheet-Namen (Register-Namen). Im Kontextmenü eines Registers, kann das Arbeitsblatt eine andere Bezeichnung erhalten.

*Tabelle 1-8. Die wichtigsten Eigenschaften des Worksheet-Objekts*

| Eigenschaft | Beschreibung |
|---|---|
| Application | Application-Objekt |
| Cells | Range-Objekt (Zellenbereich innerhalb des Tabellenblattes) |
| Columns | Range-Objekt, das alle Spalten im angegebenen Arbeitsblatt repräsentiert |

| Name | Name der Tabelle |
|------|------------------|
| Names | Namen-Auflistung aller arbeitsblattspezifischen Namen |
| Parent | übergeordnetes Objekt (Workbook-Objekt) |
| Range | Range-Objekt (Zellenbereich innerhalb des Tabellenblattes) |
| Rows | Range-Objekt, alle Zeilen im angegebenen Arbeitsblatt |
| UsedRange | Range-Objekt, der verwendete Bereich (benutzte Zellen) |

*Tabelle 1-9. Die wichtigsten Methoden des Worksheet-Objekts*

| Methode | Beschreibung |
|---------|--------------|
| Activate | aktiviert eine einzelne Arbeitsmappe |
| Calculate | berechnet ein Tabellenblatt neu |
| Select | markiert ein einzelnes Tabellenblatt |
| PrintOut | druckt das Tabellenblatt |
| Delete | löscht das Tabellenblatt aus der Arbeitsmappe |

Um ein neues Arbeitsblatt zur Auflistung der vorhandenen hinzuzufügen, kann die *Add*-Methode verwendet werden. Im folgenden Beispiel werden in der aktiven Arbeitsmappe zwei neue Arbeitsblätter hinter dem zweiten Arbeitsblatt eingefügt.

```
Worksheets.Add count:=2, after:=Worksheets(2)
```

Mit der Objektangabe Worksheets(Index), wobei Index der Name oder die Indexnummer des Blattes ist, wird ein einzelnes Worksheet-Objekt ausgewählt. Im folgenden Beispiel wird das Worksheet *Tabelle1* aktiviert.

```
Worksheets("Tabelle1").Activate
```

Im Gegensatz zu Worksheets, die eine Objektliste aller Arbeitsblätter darstellt, gibt es in der Objekthierarchie unter Excel noch die Objektliste *Sheets*, die außer allen Worksheets auch alle Diagrammblätter enthält. Die Eigenschaften und Methoden von Sheets sind andere und werden im Objektkatalog beschrieben.

## 1.5.4 Range-Objekte

Range-Objekte beziehen sich auf eine Zelle oder einen Zellbereich. Da VBA nicht über ein Cell-Objekt verfügt, ist dieses Objekt das mit am meisten verwendete.

*Tabelle 1-10. Die wichtigsten Eigenschaften des Range-Objekts*

| Eigenschaft | Beschreibung |
|-------------|--------------|
| Address | Bezug eines Zellenbereichs |
| Application | Application-Objekt |
| Cells | Range("A1").Value = 12, stellt den Inhalt der Zelle "A1" auf 12 ein, Cells(1, 2).Value = 24, stellt den Inhalt der Zelle "B1" auf 24 ein |
| Column | Spalte (am Anfang des angegebenen Bereichs) |

| Count | Anzahl an Zellen im Range-Objekt |
|---|---|
| Font | Font-Objekt, das die Schriftart des Range-Objekts darstellt |
| Formula | Formel des Range-Objekts |
| Parent | übergeordnetes Objekt (Worksheet-Objekt) |
| Row | Zeile (am Anfang des angegebenen Bereichs) |

*Tabelle 1-11. Die wichtigsten Methoden des Range-Objekts*

| Methode | Beschreibung |
|---|---|
| Activate | aktiviert eine einzelne Zelle |
| Calculate | berechnet einen Zellenbereich neu |
| Select | markiert eine Zelle oder einen Zellbereich |

## 1.5.5 Zeilen und Spalten

Zeilen und Spalten, unter VBA als *Rows* und *Columns* bezeichnet, werden mit der *Select*-Methode markiert. Beispiele:

```
Sub Zeile_markieren()
    Rows(3).Select 'markiert dritte Zeile
End Sub

Sub Spalte_markieren()
    Columns(2).Select 'markiert zweite Spalte
End Sub
```

## 1.5.6 Zellen und Zellbereiche

VBA kennt kein Objekt für die einzelne Zelle. Einzelne Zellen zählen als Sonderfall des Range-Objekts. Für die Adressierung von Zellen oder Zellbereichen wird die Range-Methode oder die Cells–Eigenschaft verwendet.

### Direkte Adressierung mit der Range-Methode

Das Argument *Cell* ist eine durch Hochkommata eingeschlossene Bezeichnung für eine einzelne Zelladresse, im Excel–Standardform (A1, B2, C4 usw.), einen einzelnen Zellbereich, der die linke obere Zelladresse und die rechte untere Zelladresse durch einen Doppelpunkt getrennt angibt (B3:D8 usw.), oder eine durch Kommata getrennte Liste mehrerer Zellenbereiche von Adressen (A1:C5, D5:F8 usw.).

```
Object.Range(Cell)
Object.Range(Cell1, Cell2)
```

Beispiele

```
Worksheets("Tabelle1").Range("A1")
Worksheets("Tabelle1").Range("A4:B7")
Worksheets("Tabelle1").Range("B3:D6, D10:F12")
Worksheets("Tabelle1").Range("A1, B2, C3, D4:D5")
```

## Indirekte Adressierung mit der Cells-Eigenschaft

Im Gegensatz zur Adressierung über die Range-Methode bietet diese Alternative die Möglichkeit, Zeilen- und Spaltenindizes zu verwenden. Dies ist insbesondere für berechnete Zelladressen oder die Benutzung von Variablen für Zelladressen ein großer Vorteil. Auch hier sind mehrere Syntaxvarianten möglich:

```
Object.Cells(RowIndex, ColumnIndex)
Object.Cells(Index)
Object.Cells
```

Beispiel:

```
Sub Demo()
    Dim iZeile As Integer
    For iZeile = 1 To 5
        Worksheets(1).Cells(iZeile + 1, iZeile).Value = iZeile
    Next
End Sub
```

## Wertzuweisungen

Die Wertzuweisung an Zellen wird mit Hilfe der Value-Eigenschaft realisiert. Diese Eigenschaft ist für ein Range–Objekt ein Default-Wert, d. h. die Angabe Value zum Range-Objekt kann entfallen. Beispiele:

```
ActiveCell.Value = 100: ActiveCell = 100
Range("A1").Value = "Test": Range("A1")="Test"
Range("B1:C1").Value = 25: Range("B1:C1") = 25
```

## Notizzuweisungen

Zellen können auch Notizen zugeordnet werden. Das ist in der Regel ein erklärender Text, der immer dann erscheint, wenn die Zelle mit dem Mauszeiger berührt wird. Realisiert wird dies über das Comment-Objekt des Range-Objekts mit nachfolgenden Eigenschaften und Methoden. In älteren Excel-Versionen wird eine Notiz als Kommentar bezeichnet.

*Tabelle 1-12. Die Eigenschaften des Comment-Objekts*

| Eigenschaft | Beschreibung |
|---|---|
| Visible | Anzeige des Kommentars (true, false) |

*Tabelle 1-13. Die Methoden des Comment-Objekts*

| Methode | Beschreibung |
|---|---|
| AddComment | Erzeugt einen Kommentar |
| Text | Fügt einen Kommentar hinzu oder ersetzt ihn |
| Delete | löscht einen Kommentar |
| Previous | holt vorherigen Kommentar zurück |
| Next | holt nächsten Kommentar zurück |

Eingefügte Kommentare sind in der Auflistung *Comments* zusammengefasst. Über die Eigenschaft *Visible* werden die Kommentare angezeigt oder ausgeblendet.

Beispiele:

```
'Zelle A1 erhält einen Kommentar, der anschließend angezeigt wird
    Worksheets("Tabelle1").Range("A1").AddComment "Testeingabe!"
    Worksheets("Tabelle1").Range("B2").Comment.Visible = True

'in der nachfolgenden Anweisung wird der neue Text ab der 5. Pos. eingesetzt
    Range("C3").Comment.Text "Neuer Text!", 5, False
    Range("C3").Comment.Visible = True
```

## Einfügen von Zellen, Zeilen und Spalten

Mit den Eigenschaften *EntireRow* und *EntireColumn*, zusammen mit der Methode *Insert* ist das Einfügen von Zellen, Zeilen und Spalten möglich. Mit Hilfe des Arguments *Shift* kann bestimmt werden, in welche Richtung zur aktiven Zelle die übrigen Zellen verschoben werden. Die Richtung wird über die Konstanten *xlDown*, *xlUp*, *xlToRight* oder *xlToLeft* angegeben.

Beispiele:

```
ActiveCell.EntireRow.Insert        'fügt Zeile ein
ActiveCell.EntireColumn.Insert     'fügt Spalte ein

ActiveCell.Insert Shift:=xlToRight  'fügt Zeile ein, alle übrigen Zellen
                                    'werden nach rechts verschoben
```

## Löschen von Zellinhalten

Neben numerischen und alphanumerischen Werten besitzen Zellen auch Formatierungen und Kommentare. Für ein Range-Objekt gibt es daher verschiedene Löschanweisungen.

*Tabelle 1-14. Löschanweisungen für das Range-Objekt*

| Methode | Auswirkung im angegebenen Bereich |
|---|---|
| Clear | Zellen leeren und Standardformat setzen |
| ClearContents | löscht nur Inhalte und Formeln |
| ClearComments | löscht alle Kommentare |
| ClearFormats | löscht alle Formatierungen, die Inhalte bleiben |
| Delete | löscht Zellen und füllt diese mit dem Inhalt der nachfolgenden Zellen auf |

## Bereichsnamen für Range-Objekte vergeben

Einzelnen Zellen oder Zellbereichen kann über die Eigenschaft *Name* des Range-Objekts ein Bereichsname zugeordnet werden.

Beispiele:

```
Range("A1").Name = "Brutto"
Range("B1").Name = "Netto"
Range("D1:E5").Name = "MWSt"
```

Da Bereichsnamen Objekte der Auflistung *Names* sind, kann für die Zuordnung eines Namens auch die *Add*-Methode verwendet werden.

Beispiel:

```
ActiveWorkbook.Names.Add "Test", "=Testeingabe!$A$1"
```

Der Sinn der Deklaration von Bereichsnamen für Range-Objekte liegt in der übersichtlichen Schreibweise.

Beispiel:

```
Range("MWSt")=0.16
```

Bereichsnamen können mit der Methode *Delete* gelöscht werden.

```
Range("Tabelle1").Name.Delete
```

## Suchen in Range-Objekten

Für das Suchen in Zellbereichen gibt es die *Find*-Methode für Range-Objekte. Die Methode gibt ein Range-Objekt zurück, sodass dieses ausgewertet werden muss.

Beispiele:

```
'Sucht im angegebenen Bereich nach der Zelle mit dem Inhalt Wert
'und gibt deren Inhalt an die Variable Suche weiter,
'die anschließend ausgegeben wird
   Suche = Range("B1:M25").Find("Wert").Value
   MsgBox Suche

'Sucht im angegebenen Bereich nach der Zelle Wert
'und gibt die Adresse an die Variable Adresse,
'die dann eine neue Zuweisung erhält
   Adresse = Range("B1:M25").Find("Wert").Address
   Range(Adresse).Value = "Test"

'Anweisung weist der Zelle mit dem gesuchten Inhalt ein Hintergrundmuster zu
   Range("B1:D5").Find("Wert").Interior.Pattern = 5
```

Das Suchen über Zellen nach Bedingungen ist am einfachsten durch Schleifen realisierbar.

Beispiel:

```
'Suche nach numerischen Werten, die größer als 13 sind und dann farbliche
'Kennzeichnung des Hintergrundes
   Sub Suche()
      For Each Zelle In Range("B1:M25")
         If IsNumeric(Zelle.Value) Then
            If Zelle.Value > 13 Then
               Zelle.Interior.ColorIndex = 5
            End If
         End If
      Next
   End Sub
```

# 1.5.7 Objektvariable

Objektvariable sind Variable, die auf ein Objekt verweisen. Sie werden genauso wie normale Variable mit der *Dim*-, *Private*- oder *Public*-Anweisung deklariert unter Zuweisung des Objekttyps.

```
Dim Objektvariable As Objekttyp
```

Mit Objektvariablen wird der Zugriff auf Objekte einfacher und schneller. Es müssen nicht immer alle Objektstrukturen genannt werden. Lediglich die Wertzuweisung unterscheidet sich von der Wertzuweisung normaler Variabler und muss mittels der Anweisung *Set* erfolgen:

```
Set Objektvariable = Objektausdruck
```

Der Einsatz von Objektvariablen erspart vor allen Dingen viel Schreibarbeit, da sie bedeutend kürzer gehalten werden können, als die Objekte unter Excel, mit denen sie referieren. Gibt man ihnen noch Namen, die auf ihre Eigenschaft oder Anwendung schließen, dann wird man schnell den Nutzen dieses Variablentyps schätzen lernen.

Zur Deklaration bietet die jeweilige Office-Anwendung Objekttypen, die in Klassen definiert sind. Wie zum Beispiel in Excel die Klasse Workbook, die zur Bibliothek Excel gehört und bereits mit der Installation von Excel existiert (Bild 1-29).

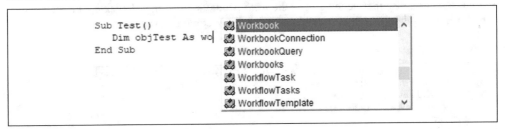

*Bild 1-29. Auswahl aus vorhandenen Klassen*

Bereits bei der Deklaration einer Variablen werden durch die *Intellisense*-Funktion mit den ersten Buchstaben des Objekttyps die Auswahlmöglichkeiten angezeigt und mit jedem weiteren Zeichen eingeschränkt. Mit der späteren Nutzung der Objektvariablen werden, wiederum durch die *Intellisense*-Funktion, nach Eingabe eines Punktes hinter der Objektvariablen die Auswahlmöglichkeiten eingeblendet (Bild 1-30). Die Auswahl besteht aus Unterobjektlisten, Unterobjekten, Eigenschaften, Methoden und Ereignissen, die diese Klasse besitzt.

*Bild 1-30. Auswahl der Elemente eines Objekts*

Je nach Objektmodell können weitere Unterelemente folgen. Die Symbole vor der Auswahl kennzeichnen den Objekttyp.

Im Objektkatalog finden wir Bibliothek, Klasse und Element wieder (Bild 1-31). Dazu werden in den Eingabefeldern oben links die Klasse und das Objekt zur Auswahl eingegeben oder aus der Vorgabeliste ausgewählt. Das Ergebnis der Suche wird in einer Liste dargestellt, in der wiederum durch Mausklick das entsprechende Element ausgewählt wird. Im Feld darunter erscheint noch einmal die Auswahl der Klasse mit ihren Eigenschaften, Methoden und Ereignissen. Darunter erfolgt dann noch die Angabe der Syntax.

Weitere Informationen können noch über das Fragezeichen-Symbol aufgerufen werden. Microsoft zeigt auf bereitgestellten Webseiten neben weiteren Erklärungen auch einige Anwendungsbeispiele.

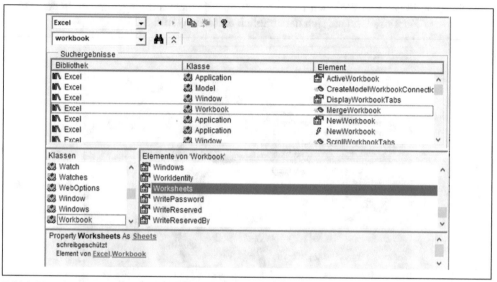

*Bild 1-31. Bibliothek, Klasse und Elemente im Objektkatalog*

Bereits mit der Deklaration wird die Objektvariable direkt an eine Klasse gebunden und diese Form wird als *frühe Bindung* bezeichnet. Es gibt noch die Möglichkeit, eine Deklaration mit dem allgemeinen Objekttyp *Object* durchzuführen (Bild 1-32).

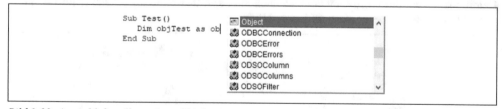

*Bild 1-32. Auswahl des allgemeinen Objekttyps*

Der Objekttyp *Object* ist ein Unterdatentyp des Universaldatentyps *Variant*, sodass statt *Object* auch *Variant* geschrieben werden kann. Die Nachteile einer Deklaration mit Object sind dann

- der VBA-Editor kann keine Auswahl anbieten
- eine Überprüfung der Angaben von Eigenschaften und Methoden findet nicht statt
- die Ausführung ist langsamer.

Die folgende Testprozedur öffnet eine Word-Anwendung, die durch die Objektvariable *objTest* vertreten wird und erstellt darin ein leeres Dokument.

```
Sub Test()
    Dim objTest As Object
    Set objTest = CreateObject("Word.Application")
```

```
      objTest.Visible = True
      objTest.Documents.Add
End Sub
```

Diese Form wird als *späte Bindung* bezeichnet, da ihre Bindung erst mit der Instanziierung erfolgt. Warum man sie dennoch braucht, werde ich nachfolgend erklären.

Die Objektbibliothek von Word hat Excel standardmäßig nicht mit eingebunden. In der *IDE* unter *Extras / Verweise* lässt sie sich nachträglich einbinden (Bild 1-33).

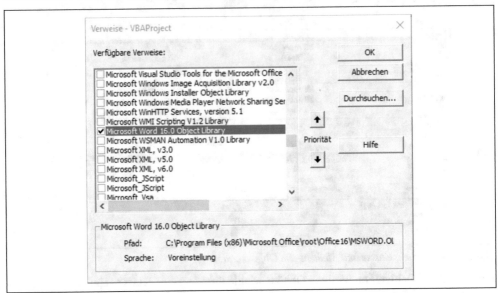

*Bild 1-33. Word Objekt-Bibliothek einbinden*

Damit können wir die Word-Objekte jetzt auch mit der frühen Bindung nutzen (Bild 1-34) und es funktioniert auch wieder die Intellisense-Hilfe.

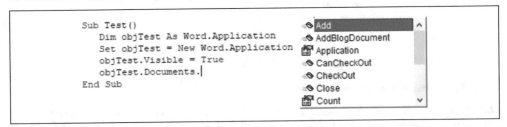

*Bild 1-34. Anbindung von Word-Objekten durch frühe Bindung.*

Doch was passiert, wenn wir die Excel-Arbeitsmappe mit dieser Prozedur an einen anderen Nutzer mit einem anderen PC weitergeben, der die Word-Bibliothek nicht eingebunden hat? Er erhält folgerichtig eine Fehlermeldung. Bei einer Prozedur mit später Bindung passiert das nicht, da hier keine Bibliotheksanbindung verlangt wird. Die Entwicklung einer Prozedur sollte daher möglichst mit früher Bindung durchgeführt werden, die dann vor der Weitergabe in eine späte Bindung umgestellt wird. Dabei müssen auch VBA- und System-Konstante

durch ihren Wert ersetzt werden. Der wird angezeigt, wenn beim Debuggen[1] durch den Code
der Mauszeiger auf die Konstante gestellt wird (Bild 1-35).

```
.Fill.BackColor = vbGreen
               vbGreen = 65280
```

*Bild 1-35. Anzeige des Wertes der Systemkonstanten vbGreen beim Debuggen*

Sollen Objektvariable miteinander verglichen werden, dann ist es längst nicht so einfach wie
mit normalen Variablen. Denn zunächst einmal müssen wir die Frage beantworten, wann sind
zwei Objektvariablen gleich? Sind sie gleich, wenn sie zur selben Klasse gehören, oder
müssen sie gleiche Werte besitzen? Sie sind dann gleich, wenn sie auf die gleiche Instanz
eines Objektes verweisen. Ein Vergleich wird mit dem *Is*-Operator wie im nachfolgenden
Beispiel (Bild 1-36) durchgeführt.

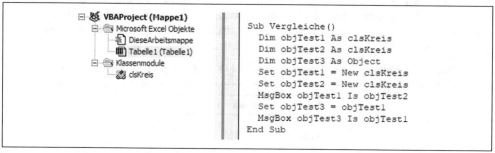

*Bild 1-36. Vergleich von Objektvariablen*

Die erste Ausgabe (MsgBox) liefert das Ergebnis *Falsch*, denn beide Objektvariablen gehören
zwar zur selben Klasse, verweisen aber nicht auf die gleiche Instanz. Die zweite Ausgabe
liefert das Ergebnis *Wahr*, denn durch die Zuweisung *Set* verweisen beide Objektvariablen auf
die gleiche Instanz.

Diese Form der Gleichheit von Objektvariablen beruht auf der Tatsache, dass eine
Objektvariable nichts anderes als die Adresse einer Instanz im Arbeitsspeicher enthält. Der *Is*-
Operator vergleicht nur, ob die beiden Adressen übereinstimmen. Alternativ kann man die
beiden Objektvariablen auch über die (undokumentierte) *ObjPtr*-Funktion vergleichen.

```
MsgBox ObjPtr(objTest1) = ObjPtr(objTest2)
```

Die ObjPtr-Funktion mit der Syntax

```
ObjPtr(Objektname) As LongPtr
```

liefert einen Zeiger auf ein Objekt (die Programmiersprache C++ lässt grüßen), dessen
Adresse wir dann anzeigen können.

```
MsgBox ObjPtr(objTest1)
```

---

[1] Bezeichnet das Testen von Anweisungen im VBA-Editor durch einen Klick auf die Prozedur
und die schrittweise Ausführung mit der F8-Taste.

# 1.6 Eigene Klassen und Objekte

Im vorangegangenen Abschnitt wurden Excel-Objekte mit ihren Eigenschaften und Methoden beschrieben. Aber Objekte finden sich überall im realen Leben. Ein Auto ist so ein Objekt. Es hat Eigenschaften, man spricht hier von Attributen, wie Farbe, Länge, Radabstand, Anzahl Türen, Fensterform. Und es hat Methoden wie Starten, Beschleunigen, Bremsen.

## 1.6.1 Klassendiagramm

Der Hersteller eines Autos gleichen Typs, möchte davon möglichst viele herstellen und benötigt dazu einen Bauplan. Dieser wird in der objektorientierten Programmierung (OOP) als Klasse bezeichnet. Klassen stellen somit ein abstraktes Modell für eine Reihe ähnlicher Objekte dar. Die daraus entstehenden Objekte werden als Instanziierung der Klasse bezeichnet. Der erste Schritt zur Nutzung eigener Objekte ist die Erstellung einer (Software-) Architektur. Diese wird z. B. als Klassendiagramm (UML) erstellt. Darin werden die Beziehungen der Klassen untereinander und die Attribute und Methoden jeder Klasse definiert. In der Objektorientierung ist die Klasse ein abstrakter Begriff zur Beschreibung gemeinsamer Strukturen und Verhalten von Objekten.

Die grafische Darstellung einer Klasse zeigt Bild 1-37 am Beispiel ebener Dreiecke.

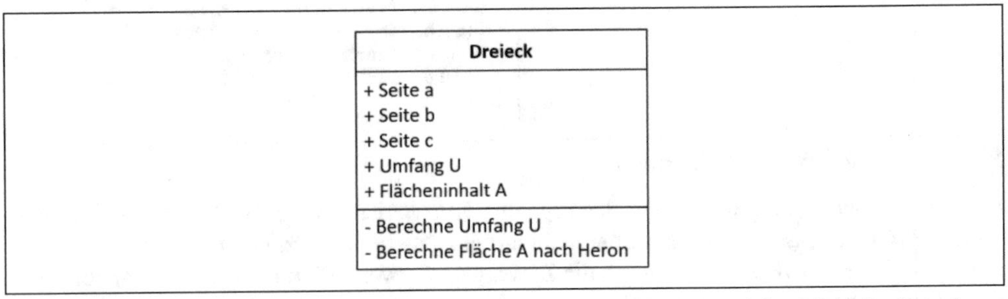

| Dreieck |
|---|
| + Seite a |
| + Seite b |
| + Seite c |
| + Umfang U |
| + Flächeninhalt A |
| - Berechne Umfang U |
| - Berechne Fläche A nach Heron |

*Bild 1-37. Klasse Dreiecke mit den Attributen (Seite, Umfang und Fläche) und den Methoden Berechne*

Klassen werden durch Rechtecke dargestellt, die entweder nur den Namen der Klasse oder zusätzlich auch Attribute, Methoden und Ereignisse darstellen. Dabei werden die Rubriken durch eine horizontale Linie getrennt. Vor den Attributen und Methoden werden sogenannte Modifizierer gesetzt (Tabelle 1-15). Sie beschreiben die Zugriffmöglichkeiten auf die Elemente der Klasse.

*Tabelle 1-15. Modifizierer für Attribute und Methoden*

| Zeichen | Bedeutung | Beschreibung |
|---|---|---|
| – | private | nur innerhalb der Klasse selbst |
| + | public | "von außen" sichtbar, gehört also zur öffentlichen Schnittstelle |
| # | protected | nur innerhalb der Klasse selbst oder innerhalb davon abgeleiteter Klassen |

Zur Modellierung von Klassendiagrammen sind bestimmte Elemente vorgesehen (Bild 1-38).

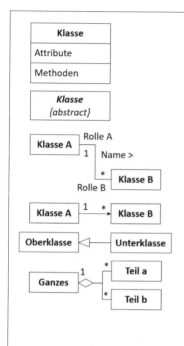

Eine *Klasse* wird vereinfacht als ein Rechteck dargestellt, in dem der Name der Klasse steht. Ausführlicher werden in Rechtecken darunter Attribute und Methoden aufgeführt.

Eine *abstrakte* Klasse wird kursiv geschrieben und besitzt keine Objekte, sondern dient nur der Strukturierung.

Eine *Assoziation* ist eine Beziehung zwischen Klassen. Ihre Objekte tauschen über die Assoziation ihre Nachrichten aus. Sie hat einen *Namen* und kann einen *Pfeil* für die Richtung haben. An den Enden stehen die *Rollen* der Klassen und ihre *Multiplizität*.

Eine *gerichtete* Assoziation hat einen offenen Pfeil und Nachrichten werden nur in dieser Richtung getauscht.

Eine *Vererbung* wird mit einem leeren Pfeil dargestellt. Die Unterklasse erbt die Eigenschaften der Oberklasse.

Eine *Aggregation* ist eine Teile-Ganzes-Beziehung und wird durch eine Raute ausgedrückt. Sind die Teile existenzabhängig vom Ganzen, spricht man von einer *Komposition* und die Raute ist gefüllt.

*Bild 1-38. Die wichtigsten Klassendiagramm-Elemente*

Die Abbildung realer Objekte in der Programmierung hat, nach der prozeduralen und modularen Programmierung, diese noch einmal revolutioniert. Auch VBA erlaubt die Nutzung objektorientierter Strukturen und Klassendiagramme sind die Basis für deren Entwurf. Daher sind sie auch der zentrale Diagrammtyp der UML. Die Grundidee der Objektorientierung ist es, Daten und deren Behandlungsmethoden möglichst eng zu einem Objekt zusammenzufassen. Mitunter ist es sinnvoll, diese Daten und Methoden nach außen hin zu verbergen (zu kapseln). Dann müssen Schnittstellen (Interfaces) definiert werden, damit andere Objekte mit ihnen in Wechselwirkung treten können.

In Klassendiagrammen wird zwischen dem Analyse- und dem Design-Modell unterschieden. Das Analyse-Modell stellt dar, was das System aus Anwendersicht leisten soll. Ausgehend von den Objekten, die sich in der realen Welt befinden. Im Design-Modell wird der Aufbau des Systems unter Berücksichtigung der geforderten technischen Bedingungen bestimmt, damit die im Analyse-Modell festgelegten Eigenschaften realisiert werden. Im ersten Schritt hin zur Modellbildung sollten zuerst die relevanten Use-Cases bestimmt werden, aus denen sich dann die notwendigen Klassen ableiten lassen. Beginnend mit der Erstellung des Analyse-Modells sollte dann baldmöglichst auch das Design-Modell parallel dazu erstellt werden, damit die Wechselwirkung zwischen beiden auch ihre Berücksichtigung findet. Dieser Prozess ist in der Regel evolutionär und führt von einem funktionsfähigen Kern durch iterative Erweiterungen zu einer umfassenden Lösung.

Eine Abwandlung des Klassendiagramms wird zur Darstellung einzelner Objekte genutzt. Diese Darstellung wird als *Objektdiagramm* bezeichnet. Dabei wird der Name des Objekts durch einen Doppelpunkt vom Typ (Klasse) getrennt geschrieben und unterstrichen. Ein Objektdiagramm zeigt den Zustand eines Objekts zu einem fixen Zeitpunkt. Bild 1-39 zeigt zwei Dreieck-Objekte zum Zeitpunkt ihrer Instanziierung.

| Dreieck Instanzspezifikation | |
| --- | --- |
| **Form A: Dreieck** | **Form B: Dreieck** |
| Seite a = 3 | Seite a = 3,5 |
| Seite b = 4 | Seite b = 4,4 |
| Seite c = 5 | Seite c = 5,3 |
| Umfang U = 12 | Umfang U = 13,2 |
| Flächeninhalt A = 6 | Flächeninhalt A = 7,65 |

*Bild 1-39. Objekte der Klasse Dreieck*

Die Attribute erhalten konkrete Werte und die Methoden der Klasse werden nicht dargestellt. Dabei werden auch die mit der Instanziierung bestimmten abgeleiteten Werte angegeben (Umfang und Flächeninhalt).

Während das Klassendiagramm die Strukturen eines OOP-Systems zeigt, dient das folgende Sequenz-Diagramm zur Dokumentation zeitlicher Abläufe und ist damit auch ein Mittel zur Beschreibung der Semantik.

## 1.6.2 Sequenzdiagramm

Ein Sequenzdiagramm ist ein weiteres Diagramm in UML und gehört zur Gruppe der Verhaltensdiagramme. Es beschreibt die Nachrichten zwischen Objekten in einer bestimmten Szene, und ebenso die zeitliche Reihenfolge (Bild 1-40).

Die Zeit verläuft im Diagramm von oben nach unten. Die Reihenfolge der Pfeile gibt den zeitlichen Verlauf der Nachrichten wieder. Sequenzdiagramme können ebenfalls verschachtelt sein. Aus einem Sequenzdiagramm kann ein Verweis auf Teilsequenzen in einem anderen Sequenzdiagramm existieren. Ebenso kann eine alternative Teilsequenz existieren, die in Abhängigkeit von einer Beziehung ausgeführt wird. Bild 1-41 beschreibt Teilszenen aus einem Sequenzdiagramm.

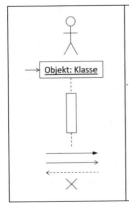

Eine *Strichfigur* stellt den Nutzer der Szene dar. Eine Szene kann aber auch durch das System angestoßen werden.

In einem *Rechteck* wird Objektname und Klasse genannt, so wie in der Instanzspezifikation. Ein Pfeil an das Objekt kennzeichnet die Instanziierung.

Eine *senkrechte gestrichelte Linie* stellt die Lebenslinie (*lifeline*) des Objekts dar. Die Lebenslinie endet mit gekreuzten Linien.

Nachrichten werden als *Pfeile* eingezeichnet. Die Bezeichnung der Nachricht steht am Pfeil. Ein geschlossener Pfeil kennzeichnet eine synchrone Nachricht, ein geöffneter eine asynchrone Nachricht. Eine gestrichelte Linie kennzeichnet die Rückmeldung (Return).

*Bild 1-40. Die wichtigsten Sequenzdiagramm-Elemente*

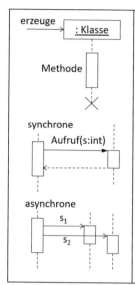

| | Die *Instanziierung* eines Objekts wird durch eine Nachricht an den Rahmen des Objekts dargestellt. Damit beginnt die Lebenslinie unterhalb des Objekts als gestrichelte Linie. |
| --- | --- |
| | Ein X am Ende der Lebenslinie kennzeichnet ihr *Ende*. |
| | Ein geschlossener Pfeil kennzeichnet *synchrone Nachrichten*. Das Sender-Objekt wartet, bis das Empfänger-Objekt ein Return sendet und setzt dann die Verarbeitung fort. Der Aufruf hat einen Namen und in Klammern können Parameter (Name und Typ) angegeben werden. |
| | Ein geöffneter Pfeil kennzeichnet *asynchrone Nachrichten*. Das Sender-Objekt wartet nicht auf eine Rückmeldung, sondern setzt nach dem Senden die Verarbeitung fort. |

*Bild 1-41. Wichtige Teilszenen aus einem Sequenzdiagramm*

## 1.6.3 Definition einer Klasse

Zur Definition einer Klasse stellt VBA ein besonderes Modul zur Verfügung, das Klassenmodul (Bild 1-42). Es ist der Container für die Definition der Attribute und Methoden einer Klasse.

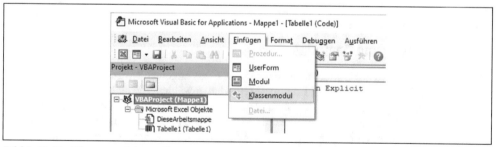

*Bild 1-42. Ein Klassenmodul erstellen*

Das Klassenmodul besitzt einen Namen, der sich im Eigenschaftsfenster ändern lässt. Natürlich benutzt man Namen, die die Objekte der Klasse eindeutig beschreiben. Das Klassenmodul hat außerdem noch das Attribut *Instancing* und dies ist auf Private gesetzt. Das bedeutet, dass alle Definitionen in dieser Klasse „nach außen" nicht zugänglich sind.

 7-06-01-04_KreisKlasse.xlsm

Als einfaches Beispiel betrachten wir die Berechnung von Fläche und Umfang eines Kreises bei gegebenem Durchmesser und wir wollen gleich mehrere Kreise berechnen. Immer wenn wir mehrere Objekte des gleichen Typs haben, bietet sich eine Klasse an. Das Klassendiagramm (Bild 1-43) gibt eine erste Vorstellung von der Anwendung.

| Kreis |
| --- |
| Durchmesser d<br>Flächeninhalt A<br>Umfang U |
| Berechne Umfang U<br>Berechne Flächeninhalt A |

*Bild 1-43. Klasse Kreis mit Eigenschaften und Methoden*

Im ersten Schritt definieren wir in VBA die Klasse *clsKreis* (Bild 1-44).

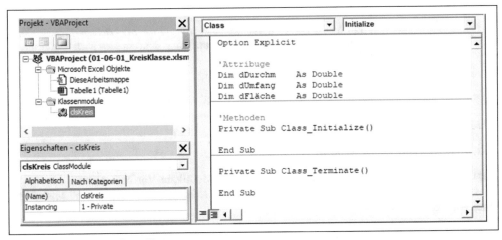

*Bild 1-44. Aufbau der Klasse Kreis*

## 1.6.4 Konstruktor und Destruktor

Wenn in der Kopfzeile des Codefensters das Objekt *Class* angewählt wird, lassen sich im danebenstehenden Kombifeld zwei Ereignis-Methoden anwählen, die sich nach der Anwahl als private Prozeduren darstellen. Die Methode *Class_Initialize()* wird in OOP-Sprachen als *Konstruktor* bezeichnet. Entsprechend die Methode *Class_Terminate()* als *Destruktor*. Sie werden später bei jeder Instanziierung eines Objektes (*Initialize*) bzw. vor der Löschung (*Terminate*) aufgerufen. Als private Prozeduren können sie nicht von außen aufgerufen werden, erscheinen also auch nicht als Makros.

Konstruktoren und Destruktoren stammen zwar aus der OOP, sind aber ein von der objektorietierten Programmierung unabhängiges Konzept und daher nicht darauf beschränkt. Man findet sie auch in prozeduralen Programmiersprachen. Konstruktoren können mit Parametern versehen werden, die zur Erstellung und Auflösung der betreffenden Variablen beitragen. Destruktoren verfügen in der Regel über keine Parameter.

## 1.6.5 Instanziierung von Objekten

Das Arbeiten mit der Klasse soll in einem eigenen Modul durchgeführt werden. Dazu wird ein Modul unter dem Namen *modKreise* eingefügt. Es erhält die Prozedur *Kreise* (Bild 1-45). Diese kann als Makro aufgerufen werden.

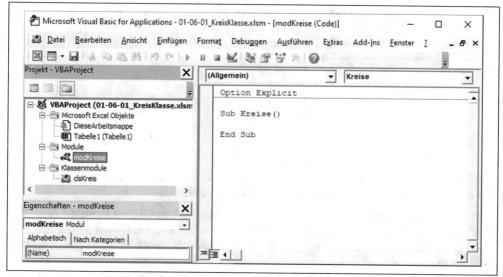

Bild 1-45. Modul Kreise

In der Tabelle sollen ein paar zu berechnende Werte stehen (Bild 1-46).

| | A | B | C |
|---|---|---|---|
| 1 | d | U | A |
| 2 | 6 | | |
| 3 | 13,5 | | |
| 4 | 27,8 | | |
| 5 | 65,3 | | |
| 6 | 15,7 | | |
| 7 | 3,4 | | |
| 8 | 6,8 | | |

Bild 1-46. Arbeitsblatt mit Zeitwerten

Innerhalb der Prozedur sollen die vorhandenen Werte gelesen werden. Dazu wird die Anzahl belegter Zeilen über den Zeilenzähler des *UsedRange*-Objekts bestimmt und mit Hilfe einer *for-next*-Schleife werden die Werte eingelesen. Um zu kontrollieren, ob diese Prozedur richtig funktioniert, erfolgt hinter der Wertzuweisung noch eine Ausgabe in das Direktfenster (über Ansicht einstellbar) mit der Anweisung *Debug.Print*.

```
Sub Kreise()
    Dim dD   As Double
    Dim iMax As Integer
    Dim iRow As Integer

    iMax = ActiveSheet.UsedRange.Rows.Count
    For iRow = 2 To iMax
        dD = Cell2Dez(Cells(iRow, 1))
        Debug.Print dD
    Next iRow
End Sub

Function Cell2Dez(ByVal vWert As Variant) As Double
    Cell2Dez = Replace(vWert, ".", ",")
End Function
```

Die Funktion Cell2Dez sorgt dafür, dass Dezimalwerte mit Nachkommastellen korrekt übertragen werden und wird immer dann auftauchen, wenn wir Zellenwerte einlesen. Eine Ausführung zeigt das Ergebnis im Direktfenster (Bild 1-47).

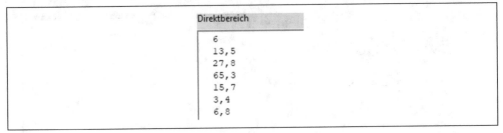

*Bild 1-47. Ausgabe der gelesenen Durchmesserwerte im Direktfenster*

Zur Instanziierung eines Objekts wird, wie bereits unter 1.5.7 beschrieben, zunächst eine Objektvariable definiert. Für jeden Kreis wird dann in der Schleife ein Objekt der Klasse *clsKreis* instanziiert. Bei der Codeeingabe wird bereits die installierte Klasse vorgeschlagen (Bild 1-48).

```
Sub Kreise()
    Dim dD        As Double
    Dim iMax      As Integer
    Dim iRow      As Integer
    Dim objKreis  As Object

    iMax = ActiveSheet.UsedRange.Rows.Count
    For iRow = 2 To iMax
        dD = Cells(iRow, 1)
        set objKreis = New cls
    Next iRow                      clsKreis          ^
End Sub                            Collection
```

*Bild 1-48. Vorgabe der Klasse durch Intellisense*

## 1.6.6 Das Arbeiten mit Objekten

Doch wie bekommen nun die Attribute einer Klasse ihre Werte, da sie ja von außerhalb des Klassenmoduls durch dessen Private-Eigenschaft nicht zugänglich sind. Eine Möglichkeit ist die Public-Definition der Variablen außerhalb der Prozedur *Kreise*. Zum Beweis wandert die Ausgabe zum Direktfenster in den Konstruktor der Klasse. Der Code im Modul *modKreise* lautet nun:

```
Public dDu As Double

Sub Kreise()
    Dim iMax      As Integer
    Dim iRow      As Integer
    Dim objKreis  As Object
    iMax = ActiveSheet.UsedRange.Rows.Count
    For iRow = 2 To iMax
        dDu = Cell2Dez(Cells(iRow, 1))
        Set objKreis = New clsKreis
    Next iRow
End Sub
```

Der Code im Klassenmodul *clsKreis* lautet:

```
'Attribute
Dim dDurchm     As Double
Dim dUmfang     As Double
Dim dFläche     As Double

'Methoden
Private Sub Class_Initialize()
    dDurchm = dDu
'Auswertung
    Debug.Print dDurchm
End Sub
```

Die Ausgabe ins Direktfenster bestätigt die Funktionalität. Nun kann im Konstruktor, dort wo als Kommentar Auswertung steht, die Berechnung der anderen Attribute erfolgen. Man spricht auch von abgeleiteten Attributen.

```
'Attribute
Dim dDurchm     As Double
Dim dUmfang     As Double
Dim dFläche     As Double
'Methoden
Private Sub Class_Initialize()
    dDurchm = dD
    dUmfang = 4 * Atn(1) * dDurchm
    dFläche = Atn(1) * dDurchm ^ 2
    Debug.Print dDurchm, dUmfang, dFläche
End Sub
```

Die Funktion Atn(1) liefert als Wert $\pi/4$ und kann auch in den Formeln gut angewendet werden. Eine Funktion, die man sich merken sollte, da $\pi$ immer wieder Bestandteil von Formeln ist. Eine andere Möglichkeit ist die Anwendung der Worksheet-Funktion *PI*.

```
dUmfang = WorksheetFunction.Pi * dDurchm
dFläche = WorksheetFunction.Pi / 4 * dDurchm ^ 2
```

In den Worksheet-Funktionen finden sich alle Funktionen wieder, die auch im Arbeitsblatt in Formeln angewendet werden können, manchmal aber unter einem anderen Namen.

Eine erneute Ausgabe ins Direktfenster bestätigt die erfolgte Berechnung (Bild 1-49).

| Direktbereich | | |
|---|---|---|
| 6 | 18,8495559215388 | 28,2743338823081 |
| 13,5 | 42,4115008234622 | 143,138815279185 |
| 27,8 | 87,3362757697962 | 606,987116600084 |
| 65,3 | 205,146000279413 | 3349,00845456142 |
| 15,7 | 49,3230046613597 | 193,592793295837 |
| 3,4 | 10,6814150222053 | 9,0792027688745 |
| 6,8 | 21,3628300444106 | 36,316811075498 |

*Bild 1-49. Ausgabe der berechneten Werte*

Die Definition einer globalen Variablen ist allerding nicht der übliche Weg zur Nutzung der Eigenschaften einer Klasse. Die Zuweisung von Werten an eine Objekt-Eigenschaft und das Auslesen des Wertes werden durch die Verwendung sogenannter Property-Funktionen vorgenommen. Property bedeutet übersetzt nichts anderes als Eigenschaft. Für eine Zuweisung wird die Property Let-Funktion verwendet.

```
[Public|Private][Static] Property Let Name ([Parameterliste], WERT)
    [Anweisungen]
    [Exit Property]
    [Anweisungen]
End Property
```

Das Auslesen aus einer Objekt-Eigenschaft übernimmt die Property Get-Funktion.

```
[Public|Private][Static] Property Get Name ([Parameterliste])[As Typ]
    [Anweisungen]
    [Name = Ausdruck]
    [Exit Property]
    [Anweisungen]
    [Name = Ausdruck]
End Property
```

Es bleibt noch festzustellen, dass es sich bei der Property Let-Funktion um eine Prozedur handelt, während die Property Get-Funktion eine echte Funktion darstellt.

Für ein Klassenattribut benötigen wir also immer ein Property-Paar Let und Get. Am einfachsten erstellen wir die Prozedurrümpfe in der Klasse über Register *Einfügen* unter *Prozedur* im Dialogfenster *Prozedur hinzufügen* (Bild 1-50).

Im Dialogfenster wird ein noch nicht benutzter Name der Eigenschaft (hier *Durchm*) eingegeben und als Prozedur-Typ *Property* gewählt. Mit Public haben die Prozeduren im gesamten Projekt ihre Gültigkeit. Wir erhalten

```
Public Property Get Durchm() As Variant

End Property

Public Property Let Durchm(ByVal vNewValue As Variant)

End Property
```

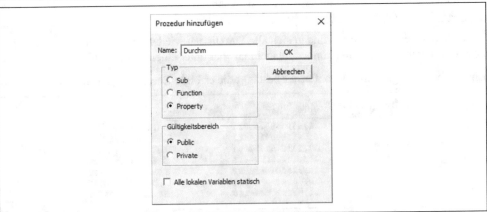

*Bild 1-50. Erstellung eines Property-Paares für das Attribut Durchm*

Die Property-Funktionen dürfen sogar namensgleich sein, da der Compiler den lesenden und schreibenden Zugriff auseinanderhalten kann. Die Property-Funktionen müssen natürlich noch mit Leben gefüllt werden. Auch ihr Datentyp wird angepasst. Für unser Beispiel benötigen wir noch einen Lesezugriff auf Umfang und Fläche, in die wir die Berechnung gleich mit unterbringen, sodass unsere Klasse nur noch das Attribut *Durchm* benötigt.

Die Klasse *clsKreis* hat jetzt folgenden Inhalt:

```
'Attribut
Dim dDurchm      As Double

'Methoden
Public Property Let Durchm(ByVal dNeuDurchm As Double)
    dDurchm = dNeuDurchm
End Property
Public Property Get Durchm() As Double
    Durchm = dDurchm
End Property
Public Property Get Umfang() As Double
    Umfang = 4 * Atn(1) * dDurchm
End Property
Public Property Get Fläche() As Double
    Fläche = Atn(1) * dDurchm ^ 2
End Property
```

Entsprechend wird der Code der Prozedur *Kreise* angepasst:

```
Sub Kreise()
    Dim iMax      As Integer
    Dim iRow      As Integer
    Dim dDu       As Double
    Dim objKreis  As clsKreis

    iMax = ActiveSheet.UsedRange.Rows.Count
    For iRow = 2 To iMax
        Set objKreis = New clsKreis
        dDu = Cell2Dez(Cells(iRow, 1))
        With objKreis
            .Durchm = dDu
            Debug.Print .Durchm, .Umfang, .Fläche
        End With
    Next iRow
End Sub
```

Oft kommt es in Prozeduren vor, dass mehrere Attribute und Methoden eines Objekts hintereinanderstehen. Dafür gibt es die verkürzte Schreibweise:

```
With Object
    .Attribut1 = Wert
    .Attribut2 = Wert
    ...
    .Methode1 ([Parameterliste1])
    .Methode2 ([Parameterliste2])
    ...
End With
```

Attribute und Methoden eines Objektes werden durch *With* und *End With* geklammert. So kann die vor den Punkt gehörende Objektbezeichnung entfallen. Die berechneten Werte können nun auch direkt ins Arbeitsblatt eingetragen werden.

```
Sub Kreise()
    Dim iMax      As Integer
    Dim iRow      As Integer
    Dim dD        As Double
    Dim objKreis  As clsKreis
```

```
        iMax = ActiveSheet.UsedRange.Rows.Count
        For iRow = 2 To iMax
            Set objKreis = New clsKreis
            dD = Cells(iRow, 1)
            With objKreis
                .Durchm = dD
                Cells(iRow, 2) = .Umfang
                Cells(iRow, 3) = .Fläche
            End With
        Next iRow
    End Sub
```

Soll nach der Leseprozedur auf einzelne Objekte zugegriffen werden, so haben wir immer
noch das Problem, dass wir dies nicht können. Alle erzeugten Objekte haben den gleichen
Namen, obwohl mit jedem *New* ein neuer Speicherbereich für das Objekt angelegt wird.

### Indizierte Objektvariable

Eine Lösung ist die Einführung einer indizierten Objektvariablen. Dadurch ist jedes Objekt
über seinen Index eindeutig adressierbar.

```
Sub KreiseIndiziert()
    Dim iMax       As Integer
    Dim iRow       As Integer
    Dim dDu        As Double
    Dim objKreis() As clsKreis

'Lesen und Instanziierung
    iMax = ActiveSheet.UsedRange.Rows.Count
    For iRow = 2 To iMax
        ReDim Preserve objKreis(iRow - 1)
        Set objKreis(iRow - 1) = New clsKreis
        dDu = Cell2Dez(Cells(iRow, 1))
        objKreis(iRow - 1).Durchm = dDu
    Next iRow

'Schreiben in das Arbeitsblatt
    Range("A2:C8").ClearContents
    For iRow = 2 To iMax
        With objKreis(iRow - 1)
            Cells(iRow, 1) = .Durchm
            Cells(iRow, 2) = .Umfang
            Cells(iRow, 3) = .Fläche
        End With
        Set objKreis(iRow - 1) = Nothing
    Next iRow
End Sub
```

Eleganter als eine indizierte Variable ist die Nutzung einer eigenen Objektliste.

## 1.6.7 Objektlisten

Bereits unter Objekte haben wir Objektlisten kennengelernt, die zu vorgegebenen VBA-
Objektbibliotheken gehören. Objektlisten lassen sich aber auch für eigene Objekte erstellen.
Dazu bedient man sich der einfachen Klasse *Collection* (Auflistung).

## Collection

Ein Collection-Objekt bietet die Möglichkeit, eine Sammlung von Datenelementen anzulegen, die nicht zwangsläufig denselben Datentyp haben. Die Klasse Collection bietet die in Tabelle 1-16 aufgelisteten Methoden.

*Tabelle 1-16. Die Methoden und Attribute der Klasse Collection*

| Add (Item, Key, Before, After) | Hinzufügen eines Elements |
| --- | --- |
| | Item: Element beliebigen Datentyps |
| | Key: Textschlüssel für den Zugriff |
| | Before, After: Relative Positionierung der Zufügung |
| Remove (Index) | Entfernt ein Element |
| | Index: Key oder Zahl in der Liste |
| Item | 1<=n<=Collection-Object.Count oder Key der Liste |
| Count | Anzahl Elemente in der Liste |

Mit einem Collection-Objekt ist nun auch nicht mehr eine indizierte Objektvariable erforderlich. Auch diese Liste lässt sich mit der *for-each-next*-Schleife lesen. Zu beachten ist, dass der Schlüssel für ein Element des Collection-Objekts vom Datentyp *String* sein muss, sodass für die Nutzung der Zeilennummer als Key noch eine Umformung mittels der Funktion *Str()* zum Text erfolgt. Die Umformung erzeugt an der Stelle des Vorzeichens ein Leerzeichen (bei positiven Werten), sodass dieses noch mit der Funktion *Trim()* entfernt werden muss. Die nachfolgende Prozedur liefert dann das gleiche Ergebnis.

```
Sub KreiseCollection()
    Dim iMax        As Integer
    Dim iRow        As Integer
    Dim dDu         As Double
    Dim objKreis    As clsKreis
    Dim objListe    As Collection

'Instanziierung der Objektliste
    Set objListe = New Collection

'Lesen und Instanziierung
    iMax = ActiveSheet.UsedRange.Rows.Count
    For iRow = 2 To iMax
        Set objKreis = New clsKreis
        dDu = Cell2Dez(Cells(iRow, 1))
        objKreis.Durchm = dDu

'    Objekt der Liste hinzufügen
        objListe.Add Item:=objKreis, Key:=Trim(Str(iRow - 1))
    Next iRow

'Lesen in der Objektliste und
'Schreiben in das Arbeitsblatt
    Range("A2:C8").ClearContents
    iRow = 1
    For Each objKreis In objListe
        iRow = iRow + 1
        With objKreis
            Cells(iRow, 1) = .Durchm
            Cells(iRow, 2) = .Umfang
```

```
            Cells(iRow, 3) = .Fläche
        End With
        Set objKreis = Nothing
    Next
    Set objListe = Nothing
End Sub
```

Mit der nächsten Objektsammlung, dem *Dictionary*, wird es etwas einfacher.

**Dictionary**

Ein *Dictionary*-Objekt ist dem *Collection*-Objekt sehr ähnlich. Auch dieses Objekt kann Elemente mit unterschiedlichen Datentypen sammeln. Die Klasse steht jedoch erst zur Verfügung, wenn die Bibliothek *Microsoft Scripting Runtime* in der Entwicklungsumgebung unter *Extras/Verweise* eingebunden wurde (Bild 1-51).

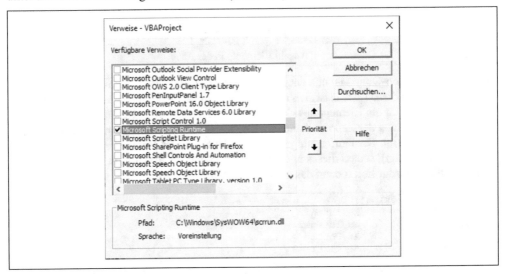

*Bild 1-51. Objektbibliothek unter Verweise einbinden*

Die Klasse *Dictionary* bietet mehr Methoden als die Klasse *Collection*. Insbesondere erlaubt sie das gezielte Ansprechen eines Elements. Der Schlüssel in einem *Dictionary* kann jeden Datentyp annehmen. Beim *Collection*-Objekt ist es nur ein *String-Typ*. Bei einer *Dictionary*-Sammlung gibt es außerdem die Methode *Exists*, um die Existenz eines bestimmten Schlüssels (und damit die Existenz eines bestimmten Elements, das diesem Schlüssel zugeordnet ist) zu testen.

Die Schlüssel und Elemente einer *Dictionary*-Sammlung sind immer frei zugänglich. Die Elemente einer *Collection*-Sammlung sind zugänglich und abrufbar, ihre Schlüssel sind es nicht. Ein *Dictionary*-Element besitzt Schreib-/Lesezugriff und so lässt sich die Zuordnung zwischen Element und Schlüssel ändern. Die Eigenschaft *Item* einer *Collection*-Sammlung ist aber schreibgeschützt, sodass ein Element, das einen bestimmten Schlüssel besitzt, nicht neu zugewiesen werden kann. Es muss also zunächst entfernt und dann mit einem neuen Schlüssel hinzugefügt werden.

Bei einer *Dictionary*-Sammlung besteht die Möglichkeit, alle Elemente mit einer Anweisung *RemoveAll* zu entfernen, ohne dass das *Dictionary*-Objekt selbst zerstört wird. Beide

Objektsammlungen unterstützen die *for-each-next*-Anweisung, die bei einer *Collection*-Sammlung die Schlüssel auflistet und bei einer *Dictionary*-Sammlung die Elemente.

*Tabelle 1-17. Die Methoden und Attribute der Klasse Dictionary*

| | |
|---|---|
| Add (Key, Item) | Hinzufügen eines Elements |
| | Key: Beliebiger Schlüssel für den Zugriff |
| | Item: Element beliebigen Datentyps |
| | Achtung! Andere Folge wie bei Collection. |
| Exists(Key) | erlaubt die Abfrage eines Schlüssels. Wichtig! |
| | Liefert true oder false. |
| Items() | liefert alle Elemente im Dictionary. |
| Keys() | liefert einen Array-Container mit allen Keys im Dictionary. |
| Remove (Key) | entfernt ein Element mit dem Schlüssel. |
| RemoveAll() | löscht alle Schlüssel und Items im Dictionary. |
| Item(Key)[=newitem] | liefert das Element mit dem Schlüssel. Ein nicht vorhandener Schlüssel wird neu angelegt. |
| Count | Anzahl Elemente in der Liste |

An der Klassendefinition ändert sich nichts. Nur das Arbeitsmodul hat einen anderen Aufbau. Zu beachten ist, dass beim Lesen der Elemente mit *for-each-next* das Item vom Datentyp *variant* sein muss. Dennoch wird es mit der Übergabe ein Objekt, das beweist die Nutzung der Klassen-Methoden.

```
Sub KreiseDictionary()
    Dim iMax        As Integer
    Dim iRow        As Integer
    Dim dDu         As Double
    Dim objKreis    As clsKreis
    Dim vKreis      As Variant
    Dim objListe    As Dictionary

'Instanziierung der Objektliste
    Set objListe = New Dictionary

'Lesen und Instanziierung
    iMax = ActiveSheet.UsedRange.Rows.Count
    For iRow = 2 To iMax
        Set objKreis = New clsKreis
        dDu = Cell2Dez(Cells(iRow, 1))
        objKreis.Durchm = dDu

'   Objekt der Liste hinzufügen
        objListe.Add iRow - 1, objKreis
    Next iRow

'Lesen in der Objektliste und
'Schreiben in das Arbeitsblatt
    Range("A2:C8").ClearContents
    iRow = 1
    For Each vKreis In objListe.Items
        iRow = iRow + 1
        With vKreis
```

```
           Cells(iRow, 1) = .Durchm
           Cells(iRow, 2) = .Umfang
           Cells(iRow, 3) = .Fläche
        End With
        Set vKreis = Nothing
    Next
    Set objListe = Nothing
End Sub
```

## 1.6.8 Schnittstellen

Zur Modellierung einer Anwendung haben wir bisher immer Klassen als
Konstruktionvorschrift zur Instanziierung gleicher Objekte genutzt, die dann gleiche Attribute
mit unterschiedlichen Werten besaßen, aber immer auch die gleichen Methoden hatten.

Doch wie gehen wir vor, wenn wir ähnliche Objekte mit ähnlichen Methoden haben. Für
diesen Fall verwendet man Schnittstellen (Interfaces). Eine Schnittstelle ist damit quasi die
Konstruktionsvorschrift für unterschiedlicher Klassen, mit der Auflage, dass die im Interface
deklarierten Attribute und Methoden auch in den jeweiligen Klassen vorkommen. Ob sie nun
benötigt werden oder nicht. Auch eine Collection kann jede beliebige Instanz jeder beliebigen
Klasse aufnehmen, vorausgesetzt die Klassen verwenden das gleiche Interface.

Schnittstellen sind abstrakte Klassen. Das bedeutet, sie enthalten zwar alle notwendigen
Eigenschaften und Methoden, es wird aber nie eine Instanz der Interface-Klasse gebildet.
Auch ist es nicht notwendig, die Methoden bereits mit Anweisungen zu füllen, da diese selten
zu Anwendungen kommen. Wir unterscheiden ein Interface im Gegensatz zur normalen
Klasse bereits im Namen, da wir statt *cls* ein *int* voranstellen.

Kommen wir nun zu einem sehr einfachen Beispiel zum Einstieg. Wir haben Kreise als
Objekte, deren Flächeninhalte berechnet werden sollen. Außerdem haben wir beliebige
Dreiecke, deren jeweiliger Umfang gesucht ist. Natürlich wollen wir dazu zwei Klassen
erstellen und für mehrere Objekt müssten wir dann zwei Sammlungen anlegen. Doch wir
wollen die Objekte in einer Objektliste verwalten. Wenn wir die Gemeinsamkeiten der beiden
Klassen betrachten, dann muss die Form des Objekts festgehalten werden und außerdem ist
eine Berechnung erforderlich.

📁 7-06-01-05_DemoInterface.xlsm

Damit sind die Bedingungen für ein Interface gegeben. Wir erstellen eine Klasse *intForm* mit
folgendem Inhalt:

```
Public Sub Info()
End Sub

Public Function Calculate(ByVal d1 As Double, _
    ByVal d2 As Double, ByVal d3 As Double) As Double
End Function
```

Wie schon gesagt, sind Prozedur und Funktion leer. Im Gegensatz dazu besitzen die beiden
Klassen *clsKreis*

```
Implements intForm

Private Sub intForm_Info()
    Debug.Print "Kreisfläche = ";
End Sub
```

```
Private Function intForm_Calculate(ByVal d1 As Double, _
    ByVal d2 As Double, ByVal d3 As Double) As Double
    intForm_Calculate = d1 ^ 2 * Atn(1)
End Function
```

und *clsDreieck*

```
Implements intForm

Private Sub intForm_Info()
    Debug.Print "Dreiecksumfang = ";
End Sub

Private Function intForm_Calculate(ByVal da As Double, _
    ByVal db As Double, ByVal dc As Double) As Double
    intForm_Calculate = da + db + dc
End Function
```

die gleichen Prozeduren, diesmal aber mit Inhalt. Am Anfang jeder Klasse steht die Anweisung

```
Implements intForm
```

die als Schnittstelle die Klasse *intFom* ausweist. Während die Methoden in der Schnittstelle als *public* modifiziert und somit öffentlich zugänglich sind, besitzen die Methoden in den konkreten Klassen den Modifizierer *private* und sind damit nur über ihre Schnittstelle zugänglich. Dort wird den Prozeduren auch ein *intForm_* vorangestellt, allgemein muss immer *Schnittstelle_Prozedurname* in den konkreten Klassen angegeben werden.

Diese Konstruktion wird in der Praxis oft genutzt, wenn der Entwickler einer Klasse das Innenleben nicht preisgeben möchte. Er liefert dann die öffentliche Schnittstelle und die Klasse im nicht lesbaren Maschinencode, den der Linker ins Projekt mit einbindet.

Nachdem wir Klassen und Schnittstelle definiert haben, brauchen wir noch ein einfaches Testprogramm. Als Objektliste nehmen wir eine indizierte Objektvariable *intListe*. Dann instanziieren wir zuerst vier Objekte, um danach mit ihren Methoden zu arbeiten.

```
Sub Test()
    Dim intListe(1 To 4) As intForm

    Set intListe(1) = New clsKreis
    Set intListe(2) = New clsDreieck
    Set intListe(3) = New clsKreis
    Set intListe(4) = New clsDreieck

    With intListe(1)
        Call .Info
        Debug.Print .Calculate(50, 0, 0)
    End With
    With intListe(2)
        Call .Info
        Debug.Print .Calculate(30, 40, 50)
    End With
    With intListe(3)
        Call .Info
        Debug.Print .Calculate(80, 0, 0)
    End With
    With intListe(4)
```

```
      Call .Info
      Debug.Print .Calculate(25, 36, 47)
   End With
End Sub
```

Auch wenn wir bei den Kreisen zur Berechnung nur einen Wert benötigen, müssen
entsprechend der Schnittstellen-Vorgabe immer drei Werte übergeben werden. Nach dem Start
von *Test* sehen wir das Ergebnis im Direktfenster (Bild 1-52).

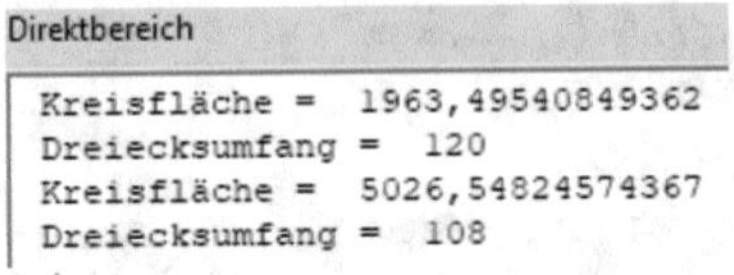

Direktbereich

```
Kreisfläche = 1963,49540849362
Dreiecksumfang = 120
Kreisfläche = 5026,54824574367
Dreiecksumfang = 108
```

*Bild 1-52. Ergebnis des einfachen Testbeispiels*

7-06-01-06_DemoInterface.xlsm

Die andere Möglichkeit, um zum gleichen Ergebnis zu kommen, ist die Einführung von
Attributen in den Klassen. Dazu sind neben der Deklaration auch die Property-Let-Funktionen
erforderlich, sowohl für die Klasse *clsKreis*

```
Implements intForm

Private dWert1 As Double
Private dWert2 As Double
Private dWert3 As Double

Private Sub intForm_Info() ·
   Debug.Print "Kreisfläche = ";
End Sub

Private Function intForm_Calculate() As Double
   intForm_Calculate = dWert1 ^ 2 * Atn(1)
End Function


Private Property Let intForm_Wert1(ByVal dNeuWert1 As Double)
   dWert1 = dNeuWert1
End Property

Private Property Let intForm_Wert2(ByVal dNeuWert2 As Double)
   dWert2 = dNeuWert2
End Property

Private Property Let intForm_Wert3(ByVal dNeuWert3 As Double)
   dWert3 = dNeuWert3
End Property
```

wie auch für die Klasse *clsDreieck*.

```
Implements intForm

Private dWert1 As Double
Private dWert2 As Double
Private dWert3 As Double

```

```
Private Sub intForm_Info()
    Debug.Print "Dreiecksumfang = ";
End Sub

Private Function intForm_Calculate() As Double
    intForm_Calculate = dWert1 + dWert2 + dWert3
End Function

Private Property Let intForm_Wert1(ByVal dNeuWert1 As Double)
    dWert1 = dNeuWert1
End Property

Private Property Let intForm_Wert2(ByVal dNeuWert2 As Double)
    dWert2 = dNeuWert2
End Property

Private Property Let intForm_Wert3(ByVal dNeuWert3 As Double)
    dWert3 = dNeuWert3
End Property
```

Und auch hier müssen wir alle drei Werte für die Klasse der Kreise deklarieren. Damit das ganze wieder funktioniert muss auch die Schnittstelle *intForm* angepasst werden, natürlich wieder ohne Inhalt.

```
Public Sub Info()
End Sub

Public Function Calculate() As Double
End Function

Public Property Let Wert1(ByVal dNeuWert1 As Double)
End Property

Public Property Let Wert2(ByVal dNeuWert2 As Double)
End Property

Public Property Let Wert3(ByVal dNeuWert3 As Double)
End Property
```

Das entsprechende Testprogramm

```
Sub Test()
    Dim intListe(1 To 4) As intForm
    Set intListe(1) = New clsKreis
    Set intListe(2) = New clsDreieck
    Set intListe(3) = New clsKreis
    Set intListe(4) = New clsDreieck
    With intListe(1)
        Call .Info
        .Wert1 = 50
        Debug.Print .Calculate
    End With
    With intListe(2)
        Call .Info
        .Wert1 = 30
        .Wert2 = 40
        .Wert3 = 50
        Debug.Print .Calculate
    End With
    With intListe(3)
        Call .Info
```

```
      .Wert1 = 80
      Debug.Print .Calculate
   End With
   With intListe(4)
      Call .Info
      .Wert1 = 25
      .Wert2 = 36
      .Wert3 = 47
      Debug.Print .Calculate
   End With
End Sub
```

liefert das gleiche Ergebnis (Bild 1-52). Hier können wir uns wenigstens die Übergabe nutzloser Parameter sparen.

## 1.6.9 Events und Excel-Objekte

Bisher haben wir Events (Ereignisse) nur am Rande erwähnt. Sie stellen eine besondere Art von Methoden der Objekte dar, denn sie werden, je nach ihrer Spezifikation des Ereignisses, automatisch aufgerufen. Doch viele Ereignis-Prozeduren sind leer, d. h. sie verfügen nur über den Prozedurrumpf. So gibt es z. B. für eine Tabelle in der Excel-Mappe die Events *Activate*, *Change*, *Calculate* usw. (Bild 1-53).

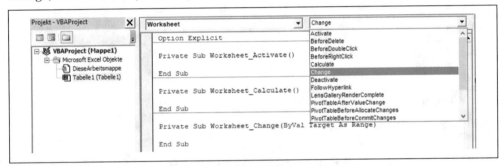

*Bild 1-53. Events und zugehörige Methoden der Klasse Worksheet*

📂 7-06-01-07_ExcelObjekteEvents.xlsm

Durch Klicken auf ein Ereignis in der Kopfzeile des Codefensters, wird die Methode, wenn nicht schon vorhanden, im Codefenster installiert. Wie Bild 1-53 zeigt, ist die Methode dann eine leere Prozedur. Zum Testen setzen wir die Ausgabe des Parameter-Attributs über die MsgBox-Anweisung ein

```
Private Sub Worksheet_SelectionChange(ByVal Target As Range)
   MsgBox Target.Address
End Sub
```

und lösen das Ereignis aus, dann wird die Adresse (Bild 1-54) des markierten Bereichs angezeigt, auch wenn inzwischen eine andere Zelle aktiviert ist.

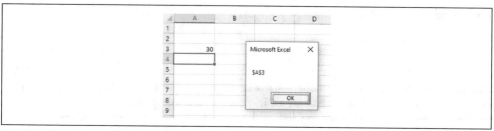

*Bild 1-54. Anzeige der Adresse in einer Meldebox*

Entsprechend der Objekthierarchie gibt es aber auch mehrere Ereignis-Prozeduren in den verschiedenen Objekten für das gleiche Ereignis. Dann dürfen sich die Methoden natürlich nicht gegenseitig beeinflussen.

Als Beispiel wählen wir das Ereignis für Änderungen im Worksheet.

```
Private Sub Worksheet_Change(ByVal Target As Range)
    MsgBox "Sheet-Event in " & Target.Address
End Sub
```

Das übergeordnete Objekt Workbook besitzt ebenfalls eine Prozedur für dieses Ereignis. In der Ereignis-Prozedur *Workbook_Open*, die immer beim Öffnen der Excel-Mappe aufgerufen wird, geben wir sicherheitshalber noch einmal mit der Applikation-Methode *EnableEvensts* an, dass alle Events wirksam sein sollen.

```
Private Sub Workbook_SheetChange(ByVal sh As Object, ByVal Target As Range)
    MsgBox "Book-Event in " & sh.Name & " / " & Target.Address
End Sub

Private Sub Workbook_Open()
    Application.EnableEvents = True
End Sub
```

Und letztlich besitzt auch die Applikation eine Ereignis-Prozedur für das gleiche Event. Da aber die Applikation keinen eigenen Code-Container besitzt, wie beim Worksheet und Workbook, wird mit der Anweisung *WithEvents* ein Objekt deklariert, dessen Ereignis ausgewertet werden soll. Als Code-Container verwenden wir ein Klassenmodul und erstellen die Klasse *clsExcelEvents* mit nachfolgendem Inhalt.

```
Dim WithEvents App As Application

Private Sub App_SheetChange(ByVal sh As Object, ByVal Target As Range)
    MsgBox "App-Event in " & sh.Name & " / " & Target.Address
End Sub

Private Sub Class_Initialize()
    Set App = Application
End Sub
```

Mit der Instanziierung eines Application-Objekts erbt dieses auch das *SheetChange*-Event der Applikation. Es bleibt nun nur noch die Aufgabe, ein Application-Objekt zu instanziieren. Dies übernimmt das Modul *modEvents*. Die Prozedur *Test* muss zuvor einmal gestartet werden, bevor eine Änderung alle Events aufruft.

```
Dim appTest As clsExcelEvents

Sub BeispielAnwendung()
    Set appTest = New clsExcelEvents
End Sub
```

Mit jeder Änderung in Tabelle1 stellt sich der zeitliche Verlauf der Meldungen (Bild 1-55) ein. Dieser Verlauf ist entsprechend der Objekthierarchie aufsteigend.

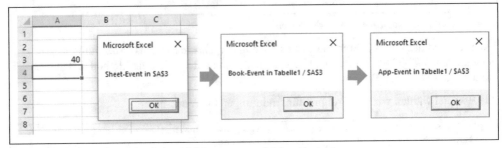

*Bild 1-55. Zeitliche Folge der Event-Meldungen zum gleichen Ereignis*

## 1.6.10 Events und eigene Objekte

Doch wie konstruiert man nun Events für eigene Objektklassen? Dazu verwenden wir die *RaiseEvent*-Anweisung. Sie löst ein in einer Klasse deklariertes Ereignis aus. Die entsprechende Methode zu diesem Ereignis wird, wie wir das bereits kennen, durch die Namenskonstruktion *Klasse_Ereignis* benannt.

📁 7-06-01-08_EigeneObjekteEvents.xlsm

Betrachten wir auch dazu ein einfaches Beispiel. Das obige Ereignis der Selektion einer Zelle auf dem Tabellenblatt, soll nun für alle Tabellenblätter gelten. Wir erstellen zunächst ein Klassenmodul mit dem Namen *clsAlleTabellen* (Bild 1-56).

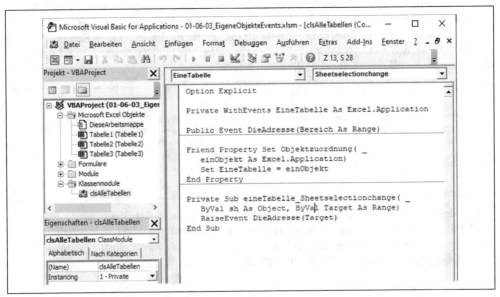

*Bild 1-56. Die Klasse AlleTabellen*

Mit *WithEvents* wird wieder das Objekt deklariert, dessen Ereignis ausgewertet werden soll und mit *Event* das Ereignis des Objekts selbst. Hier wird mit dem Ereignis ein Bereich übergeben, nämlich der Bereich der markierten Zelle(n).

Die Property Set-Anweisung übergibt das Applikation-Objekt an das Klassen-Objekt. *Friend* bedeutet in diesem Fall, dass die Methode auch außerhalb der Klasse genutzt werden kann. Das *SheetSelectionChange*-Ereignis des Application-Objekts (siehe Objektkatalog) löst mit jeder Aktivierung einer neuen Zelle oder eines Zellbereichs in einer vorhandenen Tabelle das Event *DieAdresse* in der Klasse cls*AlleTabellen* aus.

Im Prinzip haben wir es hier auch mit einer Vererbung zu tun. Nur wird kein Attribut oder eine Methode vererbt, sondern die Klasse cls*AlleTabellen* erbt das Event *SheetSelectionChange* der Klasse Application.

Für die Ausgabe benutzen wir eine UserForm. Sie hat die in Bild 1-57 dargestellte Oberfläche unter dem Namen *frmAdresse* und besitzt die Steuerelemente *tbxName* (Textfeld), *tbxAdresse* (Textfeld) und *cmdEnde* (Commandbutton).

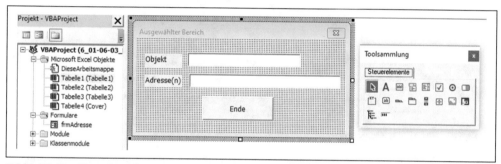

*Bild 1-57. UserForm frmAdresse zur Anzeige der Zell-Adresse(n)*

Größe und Form der Steuerelemente können durch Ziehen bestimmt werden. Die Userform erhält die Überschrift (Eigenschaft Caption) „Ausgewählter Bereich". Die Schriftgröße (Eigenschaft *Font*) setzen wir für alle Steuerelemente auf 10. Das Textfeld für die Adressen sollte relativ lang sein, wenn mehrere Zellen oder Zellbereiche ausgewählt werden sollen. Der Code für die UserForm lautet:

```
Private WithEvents EineTabelle As clsAlleTabellen

Private Sub cmdEnde_Click()
    Unload Me
End Sub

Private Sub UserForm_Activate()
    Set EineTabelle = New clsAlleTabellen
    Set EineTabelle.Objektzuordnung = Application
End Sub

Private Sub UserForm_Terminate()
    Set EineTabelle = Nothing
End Sub

Private Sub EineTabelle_DieAdresse(Markiert As Range)
    tbxName.Text = Markiert.Worksheet.Name
    tbxAdresse.Text = Markiert.Address
End Sub
```

Zunächst wird ein Objekt *EineTabelle* der Klasse *AlleTabellen* über *WithEvents* deklariert. Damit entsteht der Plan für ein Objekt mit eigenen Ereignissen. Mit der Aktivierung der UserForm werden dann Objekt und zugehöriges Ereignis instanziiert. Jedes *SheetSelectionChange*-Ereignis auf einem Tabellenblatt ruft die *EineTabelle_DieAdresse*-Methode der Klasse auf. Diese übergibt Name und Adresse in die Textfelder der Userform.

Gestartet wird die Userform in einem Modul *modAdresse* über die Prozedur *StartAdresse*.

```
Sub StartAdresse()
    frmAdresse.Show vbModeless
End Sub
```

Der Parameter *vbModeless* zur Methode *Show* sorgt dafür, dass wir während der geöffneten UserForm Tabellenblätter anwählen und Bereiche markieren können. Die UserForm bleibt dabei immer im Vordergrund. Die Anwendung (Bild 1-58) lässt sowohl die Auswahl verschiedener Zellen als auch eine Kombination von Zellen und Zellbereichen zu.

*Bild 1-58. Ausgabe markierter Bereichs- und Zelladressen*

Mit einem Wechsel der Arbeitsblätter wird die Instanziierung der verschiedenen UserForms zu den Arbeitsblättern deutlich, denn jede zum Arbeitsblatt gehörende UserForm sammelt die Adressen für sich, vorausgesetzt die STRG-Taste bleibt dabei gedrückt. Auch bei einer erneuten Rückkehr auf das Arbeitsblatt (Bild 1-59).

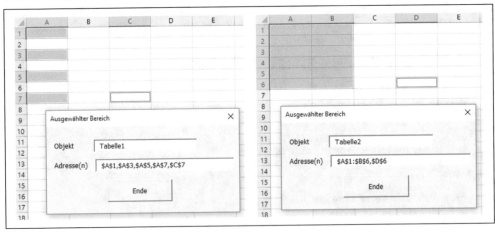

*Bild 1-59. Ausgewählte Bereiche auf zwei Arbeitsblättern*

# KAPITEL 2

# Aktionen und Prozeduren

Dieses Kapitel beschreibt einige elementare Methoden im Umgang mit Excel und VBA. Außerdem werden Hilfsprozeduren zur effizienteren Arbeitsweise und zur Automatisierung von Abläufen gezeigt.

## 2.1 Excel einrichten

### 2.1.1 Neue Excel-Anwendung öffnen

Mit einem Doppelklick auf das Symbol Microsoft Excel auf dem Desktop oder durch einen Klick auf den Eintrag Microsoft Excel in der Programmliste starten wir eine neue Excel-Anwendung. Auf dem Bildschirm erscheint die Excel-Arbeitsmappe mit dem Namen *Mappe1*. Sie besitzt mindestens ein Arbeitsblatt mit dem Namen *Tabelle1* (Bild 2-1).

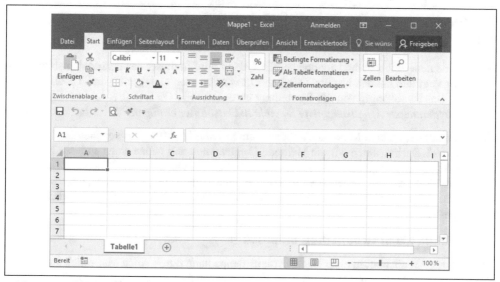

*Bild 2-1. Startfenster einer leeren Excel-Anwendung*

© Springer Fachmedien Wiesbaden GmbH, ein Teil von Springer Nature 2023
H. Nahrstedt, *Excel + VBA für Ingenieure*,
https://doi.org/10.1007/978-3-658-41504-4_2

## 2.1.2 Der Excel-Anwendung einen Namen geben

Im Menüband unter dem Register *Datei* wählen wir die Methode *Speichern unter*. Es öffnet sich ein Dialogfenster. Hier klicken wir auf die Methode *Durchsuchen* und im Fenster wählen wir den Ordner zur Speicherung (Bild 2-2). Im Feld *Dateiname* wird der neue Name eingeben und als *Dateityp* *.xlsx (ohne VBA) oder *.xlsm (mit VBA) bestimmt. Abschließend wird der Schalter *Speichern* angeklickt.

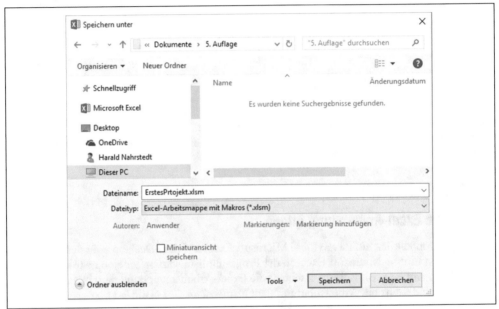

*Bild 2-2. Dialogfenster zur Speicherung der Excel-Anwendung*

## 2.1.3 Den Namen eines Excel-Arbeitsblatts ändern

Wurde eine neue Excel-Arbeitsmappe geöffnet, dann wird in dieser das erste Arbeitsblatt direkt angelegt und hat den Namen *Tabelle1*. Oft werden auch gleichzeitig drei Tabellen angelegt. Das ist abhängig von der Einstellung unter DATEI / OPTIONEN / ALLGEMEIN / *Beim Erstellen neuer Arbeitsmappen / So viele Arbeitsblätter einfügen*.

Ein Klick mit der rechten Maustaste auf den Namen *Tabelle1* öffnet das sogenannte *Kontextmenü*. Darin wählen wir die Methode *Umbenennen* und geben einen anderen Namen ein. Der Klick mit der rechten Maustaste auf ein beliebiges Objekt unter Windows öffnet immer das *Kontextmenü*. Je nach Objekt fällt der Inhalt unterschiedlich aus, da das Kontextmenü immer die wichtigsten Methoden und Eigenschaften zeigt, die das betreffende Objekt besitzt.

## 2.1.4 Neues Excel-Arbeitsblatt erstellen

Ein weiteres Arbeitsblatt in einer Excel-Arbeitsmappe kann durch einen Mausklick auf das Einfügesymbol (+) oder mit Hilfe der Tasten *Umschalt + F11* erstellt werden. Das Arbeitsblatt erhält den Namen *Tabelle2*, und wenn dieser schon vorhanden ist, den Namen *Tabelle3* und so weiter (Bild 2-3).

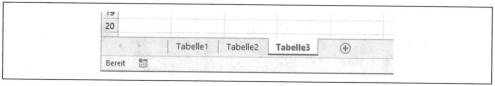

*Bild 2-3. Neues Tabellenblatt einfügen*

Das Kontextmenü des Tabellen-Registers bietet mit der Methode *Einfügen* ebenfalls die Möglichkeit ein neues Arbeitsblatt anzulegen. Das Kontextmenü auf dem Feld der Pfeile (ganz links neben den Tabellen-Registern) öffnet eine Übersicht aller vorhandenen Blätter und kann auch zur Auswahl verwendet werden. Das ist besonders bei sehr vielen Arbeitsblättern in einer Mappe von Vorteil.

## 2.1.5 Objekt-Namen ändern

Bleiben wir bei dem zuvor beschriebenen Start. Wir haben eine neue Excel-Anwendung aufgerufen. Danach dem Arbeitsblatt den Titel tbl*Kräfte* (zuvor *Tabelle1*) gegeben. Dann diese Excel-Arbeitsmappe mit dem Namen *Kapitel2* gespeichert (Kapitel 2.1.2). Anschließend rufen wir mit den Tasten *ALT + F11* die IDE auf (Bild 2-4).

*Bild 2-4. Projekt-Explorer in der Entwicklungsumgebung*

Durch Anklicken von *VBAProject* und *Tabelle1* (nacheinander für beide Objekte ausführen), lassen sich im Eigenschaftsfenster unter *(Name)* die Namen ändern. Der Projektname wird zu *Kapitel2* (ohne Leerzeichen!) und das Arbeitsblatt erhält den Namen *tblKräfte*. Das Präfix *tbl* dient zur besseren Lesbarkeit im Programmcode (siehe Kapitel 1.3.3).

## 2.1.6 Symbolleiste ergänzen

Ab der Version 2007 hat Microsoft das Konzept der Menü- und Symbolleisten auf ein neues Bedienprinzip umgestellt, das mit *Menüband* bezeichnet wird. Dem einfacheren Menüband musste die Flexibilität eigener Symbolleisten-Gestaltung weichen. Es existiert jetzt nur noch eine *Symbolleiste für den Schnellzugriff*, nachfolgend kurz *Symbolleiste* genannt, die Elemente aus einer Auswahlliste aufnehmen kann (Bild 2-5).

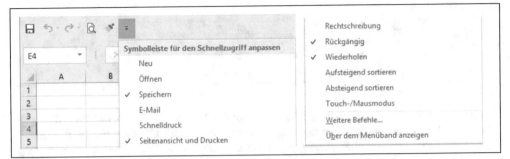

*Bild 2-5. Symbolleiste für den Schnellzugriff anpassen*

Als Beispiel soll hier für die Prozedur *Kreis* ein Symbol für den Schnellzugriff installiert werden:

- Auf die Schaltfläche, die sich rechts an der *Symbolleiste für den Schnellzugriff* befindet, mit der Maus klicken.
- Es öffnet sich ein Dialogfeld *Symbolleiste für den Schnellzugriff anpassen* mit einer Auswahlliste, in der sich auch die Auswahl *Weitere Befehle ...* befindet.
- Damit wird das schon bekannte Dialogfenster *Excel-Optionen* geöffnet, in dem bereits die Auswahl *Symbolleiste für den Schnellzugriff* ausgewählt ist.
- Unter *Befehle auswählen* den Eintrag *Makros* auswählen (Bild 2-6).

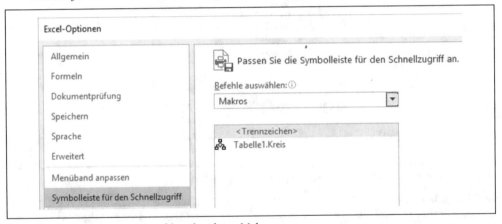

*Bild 2-6. Dialogfenster zur Auswahl vorhandener Makros*

- Es werden die vorhandenen Befehle angezeigt, in unserem Fall die Prozedur *Tabelle1.Kreis.*
- Mit den Schaltflächen *Hinzufügen* und *Entfernen* kann die Symbolleiste für den Schnellzugriff angepasst werden.
- Durch Markieren des Makros im linken Feld (Bild 2-7) und durch *Hinzufügen* gelangt der Makroeintrag in das rechte Feld, also in die Symbolleiste.

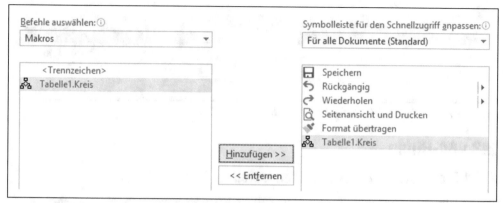

*Bild 2-7. Übernahme eines Makros für den Schnellzugriff*

- Wer möchte, kann zusätzlich das Symbol ändern. Mit der Schaltfläche *Ändern* öffnet sich ein Fenster mit verschiedenen Symbolen (Bild 2-8). Hier kann ein anderes Symbol ausgewählt werden.
- Ein zweimaliges OK schließt alle Dialogfenster.

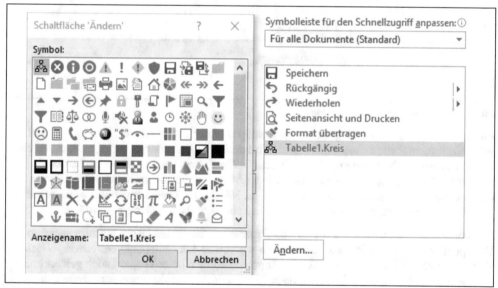

*Bild 2-8. Dialogfenster zur Symbolauswahl*

Die Symbolleiste für den Schnellzugriff kann auch den Aufruf der IDE erhalten (Bild 2-9):

- Die Registerkarte *Entwicklertools* wählen
- Mit der rechten Maustaste auf das Symbol *Visual Basic* klicken und *Zu Symbolleiste für den Schnellzugriff hinzufügen* wählen.

*Bild 2-9. Zugriff über die Symbolleiste*

# 2.2 VBA-Hilfen

## 2.2.1 Prozeduren mit Haltepunkten testen

Wir erstellen die dargestellte Testprozedur (Bild 2-10) in einer neuen Excel-Arbeitsmappe, z. B. im Codefenster von *Tabelle1* und klicken an der gekennzeichneten Stelle auf den linken grauen Rand neben dem Programmcode. Es erscheint ein brauner Punkt und die entsprechende Programmzeile wird ebenfalls mit braunem Hintergrund dargestellt.

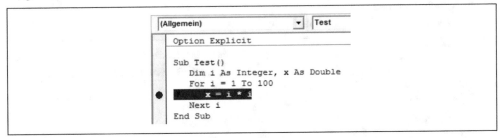

*Bild 2-10. Ein Haltepunkt im Programmcode*

Ein nochmaliger Klick an die gleiche Stelle entfernt diesen Punkt wieder. Eine so gekennzeichnete Stelle ist ein *Haltepunkt*. Wird nun diese Prozedur gestartet, z. B. durch einen Mausklick auf die Prozedur und dann mit der *F5-Taste*, dann wird an dieser Stelle der Prozedurablauf gestoppt. Wenn wir jetzt mit der Maus auf die entsprechenden Variablen x oder i fahren, erscheint deren Inhalt als Anzeige. Mit der *F8-Taste* können wir schrittweise jede weitere Anweisung auslösen. Die aktuelle Zeile wird dann gelb dargestellt.

Wir können aber auch mit der *F5-Taste* die Prozedur weiterlaufen lassen bis zum nächsten Haltepunkt oder bis zum Prozedurende, wenn wir vorher den Haltepunkt entfernen. Es lassen sich auch mehrere Haltepunkte setzen. Haltepunkte können beim Testlauf auch gelöscht oder neu gesetzt werden. Weitere Informationen zu den Objekten in der Prozedur erhalten wir durch Einblenden des Lokal-Fensters im VBA-Editor unter Register *Ansicht / Lokal-Fenster*.

## 2.2.2 Das Codefenster teilen

Bei umfangreichen Programmcodes kommt es vor, dass man eine andere Stelle im Code betrachten möchte, ohne die aktuelle Stelle verlassen zu müssen. Dazu lässt sich das Codefenster teilen und wir erhalten zwei Fenster, in denen unterschiedliche Stellen der Prozedur(en) dargestellt werden können. Dazu klicken wir in der oberen rechten Ecke auf eine kleine vorhandene Schaltfläche (Bild 2-11). Halten die linke Maustaste gedrückt und fahren so bis zur Mitte des Codefensters.

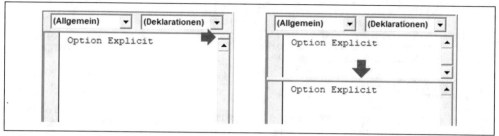

*Bild 2-6. Schaltfläche zur Teilung des Codefensters*

Durch Ziehen der Trennlinie wird die Aufteilung verändert. Wenn wir die Trennlinie wieder anklicken, festhalten und nach oben aus dem Codefenster schieben, wird die Teilung wieder aufgehoben. Ebenso durch einen Doppelklick auf die Trennlinie.

## 2.2.3 Makros im Menüband

Wer für seine Anwendung dennoch einen eigenen Menüeintrag möchte, kann über das Menü-Objekt einen Menüeintrag unter Add-Ins erreichen. Für das Menü wird ein zusätzliches Modul *ModBuchMenu* erstellt (Bild 2-12).

🗁 7-06-02-01_KreisMenu.xlsm

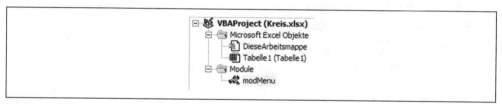

*Bild 2-12. Modul für Menüeinträge*

In dieses Modul wird der nachfolgende Code aus der Codeliste 2-1 eingetragen. Er enthält zwei Prozeduren. *InitMenu* erstellt den Menüeintrag und *RemoveMenu* entfernt ihn wieder. Aufrufen lassen sich diese Prozeduren über *Entwicklungstools / Makros*.

*Codeliste 2-1. Beispiel Menüprozeduren*

```
Const sMenuName As String = "Kreisberechnung"

Public Sub InitMenu()
    Dim objMenuBar      As CommandBar
    Dim objMenuGroup    As CommandBarControl
    Dim objMenuButton   As CommandBarControl

    Call RemoveMenu

    Set objMenuBar = Application.CommandBars.ActiveMenuBar

    Set objMenuGroup = objMenuBar.Controls.Add _
        (Type:=msoControlPopup, Temporary:=False)
    With objMenuGroup
        .Caption = sMenuName
        .Tag = sMenuName
        .TooltipText = "Aktion wählen ..."
    End With
```

```
        Set objMenuButton = objMenuGroup.Controls.Add _
            (Type:=msoControlButton, Temporary:=True)
        With objMenuButton
            .Caption = "Tabelle1 / Makro Kreis1"
            .OnAction = "Tabelle1.Kreis1"
            .Style = msoButtonIconAndCaption
            .Tag = sMenuName
        End With

        Set objMenuButton = objMenuGroup.Controls.Add _
            (Type:=msoControlButton, Temporary:=True)
        With objMenuButton
            .Caption = "Modul modKreisFläche / Makro Kreis2"
            .OnAction = "Kreis2"
            .Style = msoButtonIconAndCaption
            .Tag = sMenuName
        End With

        Set objMenuBar = Nothing
        Set objMenuGroup = Nothing
        Set objMenuButton = Nothing
End Sub

Public Sub RemoveMenu()
    Dim objMenu     As Object
    Dim objMenuBar  As Object

    Set objMenuBar = CommandBars.ActiveMenuBar
    For Each objMenu In objMenuBar.Controls
        If objMenu.Tag = sMenuName Then
            objMenu.Delete
        End If
    Next
    Set objMenuBar = Nothing
End Sub
```

Bei diesem Beispiel befindet sich nach dem Aufruf von *InitMenu* in der Menüleiste unter der Registerkarte *Add-Ins* der Eintrag *Kreisberechnung*. Dieser Eintrag ist ein Popup-Eintrag, sodass sich mit dem Pfeil weitere Untereinträge öffnen (Bild 2-13).

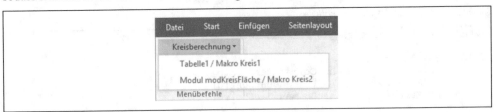

*Bild 2-13. Menüeinträge*

Beide Einträge rufen die gleiche Prozedur zur Kreisberechnung auf, die wir bereits unter 1.2.2 erarbeitet haben. Allerdings stehen die Prozeduren, sie wurden zur Unterscheidung *Kreis1* und *Kreis2* genannt, in unterschiedlichen Bereichen.

*Kreis1* in der *Tabelle1* wird unter Angabe des Tabellenblattes aufgerufen, während *Kreis2* im zusätzlichen Modul *modKreisFläche* direkt aufgerufen wird. Obwohl beide Prozeduren als *Private* deklariert sind, lassen sie sich auf diese Art aufrufen, ohne dass sie in der Makro-Übersicht erscheinen. Menüeinträge können über das Kontextmenü (rechte Maustaste) auch wieder manuell entfernt werden.

Damit der Menüeintrag nicht ständig aus- und eingeschaltet werden muss, können auch die Ereignisse des Workbooks die Steuerung übernehmen. Mit *Workbook_Open* kann die Menügruppe beim Öffnen der Arbeitsmappe installiert und mit *Workbook_BeforeClose* wieder deinstalliert werden. Dazu sind die beiden nachfolgenden Prozeduren in der Arbeitsmappe zu installieren.

*Codeliste 2-2. Automatische Installation und Deinstallation der Menüprozeduren*

```
Private Sub Workbook_BeforeClose(Cancel As Boolean)
    RemoveMenu
End Sub

Private Sub Workbook_Open()
    InitMenu
End Sub
```

Die Menüprozeduren selbst können dann als *Private Sub* definiert werden. Wer mag, kann die Menüeinträge noch mit einem Icon und einem Erklärungstext versehen, der immer dann erscheint, wenn sich der Mauszeiger auf dem Menüpunkt befindet. Dazu ergänzen wir die Menüeinträge um die Anweisungen

```
.TooltipText = "Test!"   'Dieser Text erscheint bei Mouseover
.BeginGroup = True       'Linie zwischen den Menüpunkten
.FaceId = 523            'Icon über Index
```

Um die ersten 100 Icon-Indizes von über 4000 zu sehen, erstellen wir einfach einen Menüpunkt nach folgendem Muster:

```
'Icons für Ihre Auswahl
    Set Menu1 = myMenuBar.Controls.Add(Type:=msoControlPopup, _
                Temporary:=False)
    Menu1.Caption = "MenuIcons"

    For n = 0 To 100
        Set xMenu = Menu1.Controls.Add(Type:=msoControlButton, _
                Temporary:=False)
        With xMenu
            .OnAction = Str(n)
            .Style = msoButtonIconAndCaption
            .Caption = Str(n)
            .FaceId = n
        End With
    Next n
```

## 2.2.4 Prozeduren als Add-In nutzen

Prozeduren lassen sich in Modulen unter einem Workbook zusammenfassen und mit *Speichern unter* und dem Dateityp *Microsoft Office Excel Add-In* in dem Standardverzeichnis für Vorlagen speichern. Ein solches Add-In kann dann ebenfalls über die Ereignisprozeduren geladen werden (Codeliste 2-3).

*Codeliste 2-3. Automatische Installation und Deinstallation eines AddIns*

```
Private Sub Workbook_BeforeClose(Cancel As Boolean)
    If AddIns("BuchProzeduren").Installed = True Then
        AddIns("BuchProzeduren").Installed = False
    End If
End Sub

Private Sub Workbook_Open()
```

```
    If AddIns("BuchProzeduren").Installed = False Then
        AddIns("BuchProzeduren").Installed = True
    End If
End Sub
```

## 2.2.5 Eigene Funktionen schreiben und pflegen

Trotz der großen Zahl installierter Funktionen in Excel, findet der Anwender für sein Spezialgebiet nicht immer die Formeln, die er ständig benötigt. Die Lösung sind eigene Funktionen unter VBA. Als Beispiel soll hier eine Funktion zur Berechnung des Flächeninhalts eines beliebigen Dreiecks nach dem *Satz des Heron* dienen. Der Algorithmus wurde bereits im Beispiel 1.1 im Kapitel 1.4 beschrieben.

🗀 7-06-02-02_EigeneFunktion.xlsm

Auch hier wird zunächst ein neues Modul verwendet, das den Namen *modFunktionen* bekommt. In das Codefenster wird die Funktion Heron eingetragen (Bild 2-14).

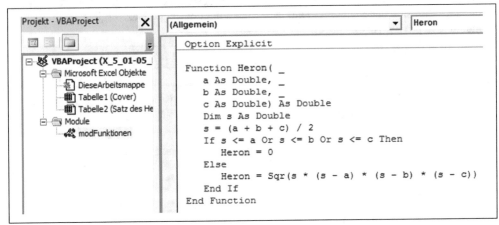

*Bild 2-14. Funktion Heron*

Auf diese Art lassen sich viele weitere Funktionen definieren. Angewendet wird eine so definierte Funktion auf einem Arbeitsblatt wie alle Standardfunktionen. Enthält die Funktion Parameter, dann werden diese durch ein Semikolon getrennt, genau wie bei jeder Standardfunktion auch (Bild 2-15).

| | A | B | C | D | E |
|---|---|---|---|---|---|
| 1 | Seite a | Seite b | Seite c | Fläche | |
| 2 | 3 | 4 | 5 | =Heron(A2;B2;C2) | |
| 3 | 6,5 | 5,8 | 4,9 | 13,6785087 | |
| 4 | 3 | 4 | 9 | 0 | |
| 5 | 4,6 | 3,8 | 5,8 | 8,72625349 | |
| 6 | 44,6 | 55,9 | 37,7 | 837,671723 | |
| 7 | 121 | 211 | 188 | 11291,6748 | |
| 8 | | | | | |

(SUMME    ⌄    :    ✕  ✓  *fx*    =Heron(A2;B2;C2))

*Bild 2-15. Anwendung der Funktion Heron*

Zur Verwendung eigener Funktionen auch in anderen Arbeitsmappen, kann das Modul *modFunktionen*, und natürlich auch andere Module, in der Entwicklungsumgebung über *Datei / Datei exportieren* gespeichert, mit *Datei / Datei importieren* in einer anderen Arbeitsmappe wieder importiert und mit *Entfernen ...* gelöscht werden (Bild 2-16).

*Bild 2-16. Modul modFunktionen exportieren, importieren und entfernen*

## 2.2.6 Zugriff auf Projekt-Objekte

Ich kann nur immer wieder darauf hinweisen, im Code möglichst viele Kommentare zu benutzen. Insbesondere sollte jeder Code-Container einen Kommentarkopf haben, in dem etwas über die Erstellung und Funktion der Prozeduren steht. Leider musste ich in diesem Buch aus Platzgründen darauf verzichten. Ein solcher Kommentarkopf lässt sich sehr anschaulich aus einer Prozedur erzeugen und ist damit ein Beispiel dafür, wie Code durch Code erzeugt werden kann. Voraussetzung ist allerdings, dass die Objektbibliothek *Microsoft Visual Basic for Application Extensibility* unter *Extras / Verweise* im VBA-Tool eingebunden wird. Bei einer Laufzeit-Fehlermeldung 1004 ist die *Makrosicherheit* zu hoch gesetzt und es sollte *Zugriff vertrauen* gesetzt werden, wenigstens für die Zeit der Anwendung.

*Codeliste 2-4. Prozedur erzeugt Kommentarkopf*

```
Public Sub CodeHeader()
    With Application.VBE.ActiveCodePane.CodeModule
        .InsertLines 1, "'VBA-Modultyp      ."
        .InsertLines 2, "'Modulname:        ."
        .InsertLines 3, "'Autor:            ."
        .InsertLines 4, "'Firma:            ."
        .InsertLines 5, "'Abteilung:        ."
        .InsertLines 6, "'Erstelldatum:     " & Format(Date, "dd.mm.yyyy")
        .InsertLines 7, "'Installation:     ."
        .InsertLines 8, "'Application:      Excel"
        .InsertLines 9, "'Beschreibung:     ."
        .InsertLines 10, "'"
        .InsertLines 11, "              Option Explicit"
        .InsertLines 12, "'"
        .InsertLines 13, "'Änderungen:       ."
        .InsertLines 14, "'"
    End With
End Sub
```

Aufgerufen wird die Prozedur *CodeHeader* im neu erstellten Modul und erzeugt im leeren Codefenster den nachfolgenden Eintrag. Dieser sollte den eigenen Wünschen entsprechend angepasst werden.

```
'VBA-Modultyp
'Modulname:
'Autor:
'Firma:
'Abteilung:
'Erstelldatum:  (Datum)
'Installation:
'Application:  Excel
'Beschreibung:
'
                   Option Explicit
'
'Änderungen:
'
```

Doch die VBE-Bibliothek hat noch viel mehr zu bieten. Über die Klasse *VBComponents* lassen sich alle vorhandenen Komponenten lesen und damit auch darauf zugreifen.

```
Sub D_LeseAlleKomponenten()
    Dim objComp      As VBComponent
    Dim objBook      As Workbook
    Dim sType        As String
    Set objBook = ThisWorkbook
    For Each objComp In objBook.VBProject.VBComponents
        Select Case objComp.Type
        Case 1
            sType = ".bas"
        Case 2, 100
            sType = ".cls"
        Case 3
            sType = ".frm"
        End Select
        MsgBox objComp.Name & sType
    Next
    Set objBook = Nothing
End Sub
```

Die folgende Prozedur erzeugt ein Code-Modul, erstellt darin eine Prozedur und startet sie.

```
Sub A_ErstelleModul()
    Dim objComp      As VBComponent
    Dim objBook      As Workbook
    Dim sType        As String
    Set objBook = ThisWorkbook
    Set objComp = objBook.VBProject.VBComponents.Add(vbext_ct_StdModule)
    With objComp.CodeModule
        .InsertLines 2, "Private Sub TestModul"
        .InsertLines 3, "'automatisch generiert"
        .InsertLines 4, "   MsgBox ""TestModul, automatisch generiert"""
        .InsertLines 5, "End Sub"
    End With
    Application.Run "TestModul"
    Set objComp = Nothing
    Set objBook = Nothing
End Sub
```

Die nächste Prozedur ändert die Zeile 4 in der zuvor erstellten Prozedur im *Modul1*.

```
Sub E_ÄndereModulCode()
    Dim objComp       As VBComponent
    Dim objBook       As Workbook
    Dim sType         As String

    Set objBook = ThisWorkbook
    Set objComp = objBook.VBProject.VBComponents("Modul1")

    With objComp.CodeModule
        .DeleteLines 4
        .InsertLines 4, "    MsgBox ""CodeModul, automatisch generiert"""
    End With
    Application.Run "TestModul"

    Set objComp = Nothing
    Set objBook = Nothing
End Sub
```

Ebenso lassen sich Komponenten exportieren und löschen. Eine Handlung, die unter Makros und eigene Funktionen bereits als manueller Vorgang beschrieben wurde.

```
Sub B_ModulExport()
    Dim objComp       As VBComponent
    Dim objBook       As Workbook
    Dim sFile         As String

    Set objBook = ThisWorkbook
    Set objComp = objBook.VBProject.VBComponents("Modul1")
    sFile = "C:\Temp\Modul1.bas"
    objComp.Export sFile
    objBook.VBProject.VBComponents.Remove objComp

    Set objComp = Nothing
    Set objBook = Nothing
End Sub
```

Gespeicherte Komponenten können natürlich auch wieder importiert werden.

```
Sub C_ModulImport()
    Dim objBook       As Workbook
    Dim sFile         As String

    Set objBook = ThisWorkbook
    sFile = "C:\Temp\Modul1.bas"
    objBook.VBProject.VBComponents.Import sFile

    Set objBook = Nothing
End Sub
```

# 2.3 Hilfsprozeduren

🗁 7-06-02-03_Hilfsprozeduren.xlsm

## 2.3.1 Listenfeld mit mehreren Spalten

Hin und wieder kommt es vor, dass die Daten eines Arbeitsblattbereichs zur Auswahl auf ein Formblatt übertragen und dargestellt werden müssen. Unter der Annahme, dass es ein zusammenhängender Bereich ist, kann dieser über das *UsedRange*-Objekt bestimmt werden.

Zunächst erstellen wir ein Formular *frmListe* (Bild 2-17) mit einem Listenfeld *lbxListe*. Außerdem bekommt das Formular drei Schaltflächen *cmdStep1* bis *cmdStep3*.

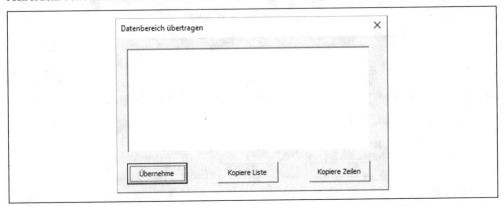

*Bild 2-17. Formular mit Listenfeld*

Geladen wird das Formular *frmListe* aus einem Modul *modFormStart* mit der Prozedur *StartFormListe*.

```
Sub StartFormListe()
    Load frmListe
    frmListe.Show vbModal = False
    Worksheets("Daten lesen").Activate
End Sub
```

Zum Ereignis *Click* der Schaltfläche *Übernehme* bekommt die Ereignisprozedur den Aufruf der Aktionsprozedur *ListeFüllen*. Als Parameter wird das Listenfeld als Objekt übergeben.

```
Private Sub cmdStep1_Click()
    ListeFüllen lbxListe
End Sub
```

Die Aktionsprozedur schreiben wir in ein weiteres Modul mit dem Namen *modAktionen*.

```
Option Explicit
Option Private Module

Sub ListeFüllen(lbxTemp As MSForms.ListBox)
    Dim wshTemp As Worksheet
    Dim rngTemp As Range

    Set wshTemp = Worksheets("Daten lesen")
    Set rngTemp = wshTemp.UsedRange
    With lbxTemp
        .ColumnCount = rngTemp.Columns.Count
        .List = rngTemp.Value
    End With
    Set wshTemp = Nothing
    Set rngTemp = Nothing
End Sub
```

Mit dem Aufruf des Formulars und der Schaltfläche *Übernehme* stehen alle Daten aus dem Arbeitsblatt im Listenfeld.

Im nächsten Schritt sollen die Daten aus dem Listenfeld zurück in das Arbeitsblatt an eine vorgewählte Stelle kopiert werden. Dazu muss zunächst vor dem Start des Formulars eine

Zelle im Arbeitsblatt markiert werden, an der dann die Kopie erstellt werden soll. Der Vorgang startet im Formular mit der zweiten Schaltfläche *Kopiere Liste*.

```
Private Sub cmdStep2_Click()
    ListeKopieren lbxListe
End Sub
```

Die Aktionsprozedur *ListeKopieren* steht ebenfalls im Code-Modul *modAktionen*.

```
Sub ListeKopieren(lbxTemp As MSForms.ListBox)
    Dim wshTemp As Worksheet
    Dim lRow    As Long
    Dim lCol    As Long

    Set wshTemp = Worksheets("Daten kopieren")
    lRow = Selection.Row
    lCol = Selection.Column
    If lbxTemp.ListCount = 0 Then Exit Sub 'Liste leer
    With wshTemp
        .Cells.ClearContents 'alte Daten löschen
        .Range(.Cells(lRow, lCol), _
            .Cells(lRow + lbxTemp.ListCount - 1, _
            lCol + lbxTemp.ColumnCount - 1)).Value = _
            lbxTemp.List
    End With
    Set wshTemp = Nothing
End Sub
```

Die Handhabung ist etwas umständlich, denn wenn eine andere Zelle als Kopierziel ausgewählt werden soll, muss das Formular zunächst geschlossen und die neue Zielzelle markiert werden.

## 2.3.2 Die ShowModal-Eigenschaft

Ein Formular *UserForm* besitzt die binäre Eigenschaft *ShowModal*, die die Zustände *True* und *False* annehmen kann.

Mit dem Standardwert *True* wird festgelegt, dass das Formular erst geschlossen werden muss, bevor ein anderer Teil der Anwendung aktiviert werden kann. Mit dem Wert *False* besitzt ein Formular keinen Modus, sodass andere Formulare und Fenster angezeigt werden können, während das Formular geöffnet ist. So kann vor dem Zurückkopieren in das Arbeitsblatt eine beliebige Zelle ausgewählt werden, auch auf einem anderen Arbeitsblatt.

```
Sub StartFormListe()
    Load frmListe
    frmListe.Show vbModal = False
End Sub
```

Mit der Eigenschaft *MultiSelect* des Listenfeldes lassen sich durch Anklicken mehrere Zeilen im Listenfeld an- und abwählen. Mit der Schaltfläche *Kopiere Zeilen* (*cmdStep3*), die die Aktionsprozedur *MarkierteZeilenKopieren* ausruft, können ausgewählte Zeilen zurück ins Arbeitsblatt kopiert werden.

```
Sub MarkierteZeilenKopieren(lbxTemp As MSForms.ListBox)
    Dim wshTemp As Worksheet
    Dim lRow    As Long
    Dim lCol    As Long
    Dim lCount  As Long
    Dim vMark() As Variant
```

```
'Anzahl markierter Zeilen in der Liste bestimmen
    lCount = 0
    With lbxTemp
        For lRow = 0 To .ListCount - 1
            If .Selected(lRow) Then lCount = lCount + 1
        Next lRow
        If lCount = 0 Then Exit Sub 'keine Zeile markiert
'markierte Zeilen sammeln
        ReDim vMark(1 To lCount, 1 To .ColumnCount)
        lCount = 0
        For lRow = 0 To .ListCount - 1 ' Ins Feld schreiben
            If .Selected(lRow) Then
                lCount = lCount + 1
                For lCol = 0 To .ColumnCount - 1
                    vMark(lCount, lCol + 1) = .List(lRow, lCol)
                Next lCol
            End If
        Next lRow
    End With
'ins Arbeitsblatt übertragen
    Set wshTemp = Worksheets("Daten kopieren")
    lRow = Selection.Row
    lCol = Selection.Column
    With wshTemp
        .Cells.ClearContents 'alte Daten löschen
        .Range(.Cells(lRow, lCol), _
            .Cells(lRow + lCount - 1, _
            lCol + lbxTemp.ColumnCount - 1)).Value = vMark
    End With
    Set wshTemp = Nothing
End Sub
```

### 2.3.3 DoEvents einsetzen

Programmschleifen in Funktionen und Prozeduren nehmen die Programmsteuerung ebenfalls
für sich ein, sodass eine Reaktion auf Events nicht möglich ist. Es sei denn, die Funktion
*DoEvents* kommt zum Einsatz. Wie es ihr Namen schon ausdrückt, erlaubt sie die Reaktion
des Betriebssystems auf Ereignisse während einer Funktions- oder Prozedurausführung. Dazu
wird die Programmsteuerung an das Betriebssystem übergeben, sodass diese auf anstehende
Ereignisse reagieren kann. Nach der Abarbeitung der Events wird die Durchführung
fortgesetzt (Bild 2-18).

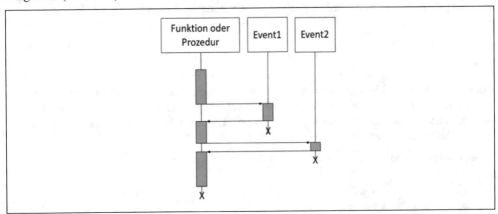

*Bild 2-18. Wirkung von DoEvents im Sequenzdiagramm*

Als Beispiel positionieren wir auf einem Arbeitsblatt fünf Schaltflächen.

📂 7-06-02-04_DoEvents.xlsm

Die erste Schaltfläche *cmdStart* setzt die globale boolsche Variable *bWarten* auf *False* und startet eine Programmschleife.

```
Public bWarten As Boolean
```

Diese wird erst beendet, wenn der Wert der boolschen Variablen auf *True* gesetzt wird. Danach startet eine *Do-Loop*-Schleife mit besagtem Abschaltkriterium. Die einzige Anweisung der Schleife ist der Aufruf der *DoEvents*-Funktion. Der Rückgabewert ist ein Ganzzahlwert, der die Anzahl geöffneter Formulare in eigenständigen Versionen von Visual Basic zurückgibt. In VBA ist dieser Wert immer Eins.

```
Private Sub cmdStart_Click()
   Dim iReturn As Integer
   bWarten = False
   cmdStart.Caption = "Wait"
   Do While Not bWarten
      iReturn = DoEvents
   Loop
   MsgBox "Ende"
End Sub
```

Die *Ende* Schaltfläche *cmdEnd* setzt die boolsche Variable auf *True* und beendet somit die Endlosschleife.

```
Private Sub cmdEnd_Click()
   bWarten = True
   cmdStart.Caption = "Start"
End Sub
```

Die anderen drei Schaltflächen lösen Aktionen aus. Die erste öffnet eine Notepad-Anwendung.

```
Private Sub cmdAktion1_Click()
   Shell "Notepad.exe", vbNormalFocus
End Sub
```

Die zweite Schaltfläche öffnet den Windows-Explorer mit dem Pfad *C:\Windows*.

```
Private Sub cmdAktion2_Click()
   Shell "Explorer.exe C:\Windows", vbNormalFocus
End Sub
```

Die dritte Schaltfläche startet ein leeres Formular, diesmal im Standard-Modus, sodass keine anderen Aktionen möglich sind. Erst mit dem Schließen des Formulars kehrt der Focus zum Arbeitsblatt zurück.

## 2.3.4 Wartezeiten in Prozeduren planen

Ein anderer Eingriff in die Ablaufsteuerung einer Prozedur ist die boolesche Funktion *Wait*. Mit ihrem Auftreten wird die Durchführung für eine vorgegebene Zeit angehalten.

```
Application.Wait(Time)
```

Ihre Syntax sieht die Angabe des Variant-Parameters *Time* vor. Die folgende Prozedur unterbricht ihren Ablauf, bis die vorgegebene Uhrzeit erreicht ist, hier 12 Uhr.

```vba
Sub WaitToTime()
    If MsgBox("Bis 12 Uhr warten?", vbYesNo) = vbYes Then
        Application.Wait "12:00:00"
        MsgBox ("12 Uhr erreicht!")
    End If
End Sub
```

Die folgende Prozedur unterbricht ihren Ablauf für 10 Sekunden.

```vba
Sub WaitAtTime()
    If MsgBox("Wartezeit von 10 Sekunden starten?", vbYesNo) = vbYes Then
        Application.Wait (Now + TimeValue("0:00:10"))
        MsgBox ("Wartezeit von 10 Sekunden beendet!")
    End If
End Sub
```

Die folgende Prozedur nennt ca. alle 10 Sekunden in einer Schleife die Zeit.

```vba
Public Sub TellMeTheTime()
    Dim iCount As Integer
    If MsgBox("Zeitansage starten?", vbYesNo) = vbYes Then
        For iCount = 1 To 3
            Application.Wait (Now + TimeValue("0:00:10"))
            Application.Speech.Speak ("Die Zeit ist " & Time)
        Next iCount
    End If
End Sub
```

📂 7-06-02-05_SleepTest.xlsm

Wer lieber eine API-Funktion nutzen möchte, muss die Funktion *Sleep* deklarieren. Sie ist eine Windows-Funktion und keine VBA-Funktion. Bevor wir sie verwenden können, müssen wir den Namen der API-Funktion über dem Code in unserem Modul deklarieren. Die Syntax der Sleep-Anweisung lautet wie folgt:

```vba
Sleep (Delay)
```

Die Delay-Zeit wird in Millisekunden angegeben. Die folgende Prozedur hält die Anwendung für 10 Sekunden an.

```vba
Public Declare PtrSafe Sub Sleep Lib "kernel32" _
    (ByVal dwMilliseconds As LongPtr) '64 Bit System
'Public Declare Sub Sleep Lib "kernel32" _
    (ByVal dwMilliseconds as Long) '32 Bit System

Sub SleepFixedTime()
    If MsgBox("Ausführung anhalten?", vbYesNo) = vbYes Then
        Sleep 10000 'delay in milliseconds
        MsgBox " Ausführung fortsetzen?"
    End If
End Sub
```

In der folgenden Prozedur wird die Verzögerung benutzerdefiniert mithilfe einer InputBox-Funktion ausgeführt.

```vba
Sub SleepVariableTime()
    Dim iTime As Integer
    On Error GoTo InvalidTime
```

```
    iTime = InputBox("Schlafzeit in Sekunden :")
    Sleep iTime * 1000 'Schlafzeit in Millisekunden
    MsgBox ("Code stoppte für " & iTime & " Sec.!")
    Exit Sub
InvalidTime:
    MsgBox "Ungültige Zeit!"
End Sub
```

Die Aufgaben der Wait- und Sleep-Funktion sind dieselben, doch die Sleep-Funktion ist nicht so genau wie die Wait-Funktion. Die Sleep-Anweisung hängt vom Prozessor ab, der die Zeitverzögerungen berechnet, die auf verschiedenen Computern leicht variieren können. Bei der Wait-Funktion ist dies nicht der Fall. Der Vorteil der Sleep-Anweisung gegenüber Wait besteht darin, dass sie ziemlich flexibel ist, da wir die Zeitverzögerungen in Millisekunden angeben können, während in der Wait-Funktion nur um ganze Sekunden zugelassen sind.

## 2.3.5 Zyklische Jobs konstruieren

Wieder ein anderer Eingriff in die Ablaufsteuerung ist der zyklische Aufruf einer Prozedur.

🗁 7-06-02-06_ZyklischeJobs.xlsm

Die Anwendungs-Methode *OnTime* macht es möglich. Ihr Aufruf bewirkt, dass zu einem bestimmten Zeitpunkt (in der Zukunft) eine Prozedur aufgerufen wird. Ihre Syntax lautet

```
Application.OnTime(FrühesteZeit, Prozedur, SpätesteZeit, Zeitplan)
```

Mit *FrühesteZeit* wird die Zeit angegeben, zu der die Prozedur ausgeführt werden soll. Die Angabe *SpätesteZeit* ist der Zeitraum, den die Steuerung auf die Ausführung der Prozedur wartet, wenn die Ausführung durch andere Events blockiert ist. Wird diese Zeit nicht angegeben, wartet die Steuerung bis zur Ausführung der Prozedur. Hat der *Zeitplan* den Wert *True*, dann wird eine neue *OnTime*-Prozedur ausgeführt. Ist der Wert *False*, wird die zuvor festgelegte Prozedur gelöscht.

Schauen wir uns diese Konstruktion in einem Modul *modCyclicJob* an.

```
Public bStart          As Boolean
Public dStartTime      As Date

Private Sub CyclicJobStart()
    bStart = True
    Call CyclicTimeJob
End Sub

Private Sub CyclicJobEnd()
    Application.OnTime EarliestTime:=dStartTime, _
        Procedure:="CyclicTimeJob", Schedule:=False
End Sub
```

Die globalen Variablen *bStart* und *dStartTime* sind die Steuervariablen des Prozesses. Die Startprozedur *CyclicJobStart* setzt die boolesche Variable *bStart* auf True und startet den eigentlichen Job; ihn betrachten wir nachfolgend. Mit der Schlussprozedur *CyclicJobEnd* wird über die *OnTime*-Methode der Job gelöscht. Der eigentliche TimeJob befindet sich im gleichen Modul.

```
Private Sub CyclicTimeJob()
    If bStart = True Then
        bStart = False
    Else
```

```
      Load frmTimeJob
      frmTimeJob.tbxTime = Time
      frmTimeJob.Show vbModal = True
   End If

'Hinweis alle 5 Sekunden einblenden
   Application.OnTime Now + TimeSerial(0, 0, 5), "CyclicTimeJob"
   dStartTime = Now + TimeSerial(0, 0, 5)
End Sub
```

Die Prozedur ruft sich alle 5 Sekunden selbst auf. Gleichzeitig wird das Formular *frmTimeJob* (Bild 2-19) aufgerufen.

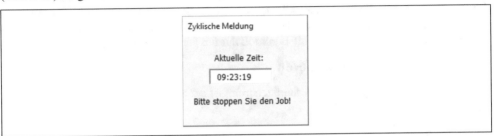

*Bild 2-19. Formular TimeJob*

In deren Aktivierungsprozedur wird die Ausführung für zwei Sekunden angehalten. Doch es wären nur die Umrisse des Formulars sichtbar, würde die Funktion *DoEvents* nicht dafür sorgen, dass auch weitere Ereignisse zum Zuge kommen, wie der Formularaufbau. Nach den 2 Sekunden wird das Formular gelöscht, um dann wieder geladen zu werden.

```
Private Sub UserForm_Activate()
   DoEvents
   Sleep 2000
   Unload Me
End Sub
```

## 2.3.6 Steuerelemente zur Laufzeit erzeugen

Im nachfolgenden Beispiel betrachten wir den Fall, dass Steuerelemente zur Laufzeit auf einer UserForm *frmButton* eingestellt werden.

📂 7-06-02-07_Steuerelemente.xlsm

Bei mehreren Steuerelementen vom gleichen Typ, wie Textfeld, Befehlsschaltfläche etc., bietet sich der Einsatz einer Klasse an.

*Codeliste 2-5. UserForm frmButton*

```
Dim objCommand(100) As New clsButton

Private Sub UserForm_Initialize()
   Dim i As Integer
   Dim objTemp As MSForms.CommandButton

   For i = 1 To 100
      Set objTemp = _
         Me.Controls.Add("Forms.CommandButton.1", "cmd" & i, True)
      With objTemp
         .Width = 25
         .Height = 25
```

```
            .Left = ((i - 1) Mod 10) * 30
            .Top = (((i - 1) - ((i - 1) Mod 10)) / 10) * 30
            .Caption = "" & i
            .ControlTipText = "" & i
         End With
      Set objCommand(i).Button = objTemp
   Next i
   Set objTemp = Nothing
End Sub
```

Mit der Ereignisprozedur *UserForm_Initialize* des Formulars werden 100 CommandButtons als indizierte Objektvariable auf dem Formular erstellt und daher sollte es schon etwas größer sein. Die dazugehörige Klasse *clsButton* besitzt die Events des Steuerelements *CommandButton*. Daraus wählen wir die zwei Ereignis-Prozeduren zu den Ereignissen Mausklick und Doppelklick. In ihnen nehmen wir farbliche Veränderungen an der Darstellung des aktuellen Buttons vor und zeigen den Button-Namen in der Kopfzeile des Formulars. Mit der rechten Maustaste nehmen wir die Farbe zurück. Da es kein Ereignis *Klick auf die rechte Maustaste* gibt, verwenden wir das Ereignis *MouseDown* mit dem Schlüsselwert 2.

*Codeliste 2-6. Klasse clsButton*

```
Public WithEvents Button As MSForms.CommandButton

Private Sub Button_Click()
   With Button
      .ControlTipText = "Klick mich"
      .BackColor = vbGreen
      .Font.Bold = Not .Font.Bold
      frmButton.Caption = .Name
   End With
End Sub
Private Sub Button_DblClick(ByVal Cancel As MSForms.ReturnBoolean)
   With Button
      .BackColor = vbRed
      frmButton.Caption = .Name
   End With
End Sub
Private Sub Button_MouseDown(ByVal KeyValue As Integer, _
   ByVal Shift As Integer, _
   ByVal X As Single, ByVal Y As Single)
   If KeyValue = 2 Then
      With Button
         .BackColor = &H80000016
         .Font.Bold = Not .Font.Bold
         frmButtons.Caption = .Name
      End With
   End If
End Sub
```

Gestartet wird die UserForm aus dem Modul *modStart* mit der Prozedur *ShowButtons*.

*Codeliste 2-7. Modul modStart*

```
Sub StartButtons()
   Load frmButtons
   frmButtons.Show vbModeless
End Sub
```

Die Angabe *vbModeless* sorgt dafür, dass neben dem Formular (Bild 2-20) auch im Workbook weitergearbeitet werden kann.

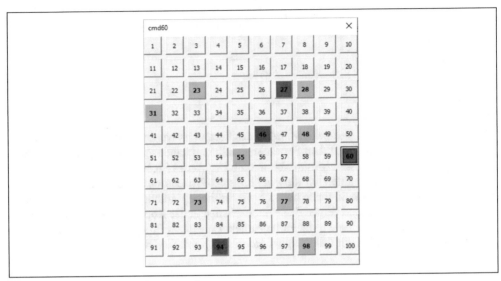

*Bild 2-20. Schaltflächen auf dem Formular*

Bei Textfeldern gibt es zwar das Ereignis *DblClick*, aber kein Ereignis für einen Mausklick. Dafür verwenden wir das Ereignis *Change*.

*Codeliste 2-8. Klasse clsTextBox*

```
Public WithEvents Box As MSForms.TextBox

Private Sub Box_Change()
    With Box
        .BackColor = vbRed
        .Font.Bold = Not .Font.Bold
        frmTextBox.Caption = .Name
    End With
End Sub

Private Sub Box_DblClick(ByVal Cancel As MSForms.ReturnBoolean)
    With Box
        .BackColor = vbGreen
        .Font.Bold = Not .Font.Bold
        frmTextBox.Caption = .Name
    End With
End Sub
```

### Übung 2.1 Textfelder

Und auch hier erzeugen wir 100 Textfelder auf dem Formular.

## 2.3.7 Informationen zum Datentyp

Die logischen Funktionen unter Kapitel 1.3.7 mit der Namenspräfix *Is...* liefern eine Aussage zu einem bestimmten Datentyp mit den booleschen Werten *True* oder *False*. VBA stellt aber zusätzlich die Funktionen *TypeName* und *VarType* zur Verfügung, mit denen wir genauere Informationen erhalten.

7-06-02-08_Datentypen.xlsm

Das nachfolgende kleine Testprogramm zeigt die Arbeitsweise der Funktion *TypeName*. Die Funktion *VarType* lässt sich ähnlich anwenden, gibt aber als Rückgabewert einen Schlüssel zurück. Weitere Informationen darüber befinden sich im Objektkatalog. Die Anwendung der Funktionen auf eigene Datentypen ist nicht möglich und liefert eine Fehlermeldung.

```
Sub FindDataType()
    Dim vVar1 As Variant
    Dim vVar2 As Variant
    Dim vVar3 As Variant

    vVar1 = 23
    vVar2 = "45"
    Set vVar3 = ActiveSheet
    Debug.Print TypeName(vVar1 + vVar2)
    Debug.Print TypeName(vVar1 & vVar2)
    Debug.Print TypeName(vVar3)
End Sub
```

Die Ausgabe im Direktfenster (Bild 2-21) zeigt neben dem Typschlüssel auch die Typbezeichnung. Im Testbeispiel haben wir die Datentypen vorgegeben und erhalten natürlich auch die erwarteten Ergebnisse.

| Direktbereich | |
| --- | --- |
| 5 | Double |
| 8 | String |
| 9 | Worksheet |

*Bild 2-21. Ergebnis der Datentyp-Abfragen*

Ein typisches Anwendungsbeispiel ist die Überprüfung eines markierten Objekts. Die nachfolgende Prozedur prüft, ob ein markierter Bereich vorliegt und gibt dann seine Adresse aus. Sonst wird nur der Datentyp angegeben, wie im nachfolgenden Beispiel (Bild 2-22) eine eingefügte Form.

```
Sub TestDataType()
    If TypeName(Selection) = "Range" Then
        MsgBox "Range: " & Selection.Address
    Else
        MsgBox "DataType: " & TypeName(Selection)
    End If
End Sub
```

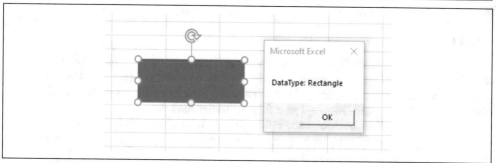

*Bild 2-22. Anzeige des eingefügten Datentyps*

Ebenso häufig möchte man den Rückgabetyp einer Funktion wissen. Natürlich hilft dabei die Objektbibliothek (Bild 2-22), aber es geht auch mit der Funktion *TypeName*.

```
Sub TestFunction()
    Dim vTest As Variant
    vTest = Application.DisplayAlerts
    MsgBox TypeName(vTest)
End Sub
```

Die Eigenschaft *DisplayAlerts* des Application-Objects kann auf *True* oder *False* gesetzt werden, folglich liefert die Frage nach dem Datentyp das Ergebnis *Boolean*. *DisplayAlerts* steuert die Ausgabe von Warnungen und Meldungen in Excel.

VBA verfügt über einige Zeigerfunktionen, die meistens nur in Zusammenarbeit mit API-Funktionen ihre Anwendung finden. Zeiger sind eine besondere Art von Datentyp, mit denen in C++ sehr effektiv gearbeitet werden kann. In der IDE gibt es die Funktionen undokumentiert und sie sind auch nicht im Objektkatalog zu finden.

Wird eine Variable vom Typ *Long* (4 Byte groß) deklariert, dann existiert sie im Arbeitsspeicher. Die *VarPtr*-Funktion

```
VarPtr(Variablenname) As LongPtr
```

liefert die Startadresse im Arbeitsspeicher. Gleiches gilt auch für eine Variable vom Typ *String*, die allerdings keine feste Länge haben. Die *StrPtr*-Funktion

```
StrPtr(Variablenname) As LongPtr
```

liefert ebenfalls die Startadresse im Arbeitsspeicher, in dem der eigentliche String gespeichert ist. VBA verwaltet Strings intern in der Form, dass der eigentliche String irgendwo im Arbeitsspeicher abgelegt wird und ein Zeiger existiert, der darauf verweist.

Auch Prozeduren aus einem Modul werden im Arbeitsspeicher unter einer Adresse verwaltet. Die Anweisung

```
AdressOf Prozedurname As LongPtr
```

liefert die Adresse, ab der die Prozedur beginnt. Bei der Anweisung handelt es sich nicht um eine Funktion (keine Klammern), sondern um einen Operator.

Jedes Objekt stammt zwar von einer Klasse ab, die ihre Unterobjekte, Eigenschaften, Methoden und Ereignisse festlegt, doch es gibt keine *ClassName*-Eigenschaft, über die sich die Abstammung bestimmen ließe. Daher müssen wir in diesem Fall auch auf die *TypeName*-Funktion zurückgreifen. Das Beispiel liefert den Objekttyp *Range*.

```
MsgBox TypeName(ThisWorkbook.Worksheets(1).Rows
```

## Wichtig!

Oft werden wir in den nachfolgenden Anwendungen Dezimalzahlen aus einer Zelle in Variablen vom Type Double übertragen. Dabei kann es vorkommen, dass der Dezimalanteil wegfällt, da VBA als Trennzeichen den Dezimalpunkt verwendet und eine Übergabe von einem Range-Typ an einen Double-Typ erfolgt. Hilfreich sind die Umwandlungsfunktionen CDbl und CStr. Auch die nachfolgende Funktion kann in diesem Fall eingesetzt werden.

```
Public Function Cell2Dez(ByVal vWert As Variant) As Double
    Cell2Dez = Replace(vWert, ".", ",")
End Function
```

# KAPITEL 3

# Berechnungen aus der Statik

Die Statik (lat. stare, statum = feststehen) ist die Lehre der Wirkung von Kräften auf starre Körper im Gleichgewichtszustand. Die Statik befasst sich also mit dem Zustand der Ruhe, der dadurch gekennzeichnet ist, dass die an einem Körper angreifenden Kräfte miteinander im Gleichgewicht stehen. Wird das Gleichgewicht der Kräfte gestört, kommt es beispielsweise zu bleibenden plastischen Verformungen oder zum Bruch. Die Folge sind einstürzende Brücken und Bauwerke.

## 3.1 Kräfte im Raum

Eine *Kraft* kann anhand ihrer Wirkung beobachtet werden. Ihr Wirken zeigt sich in der Verformung eines Körpers oder der Änderung seines Bewegungszustandes. Die Kraft hat den Charakter eines linienflüchtigen Vektors und ist somit durch Größe, Wirkrichtung und Angriffspunkt eindeutig bestimmt. Greifen mehrere Kräfte an einem Punkt an, dann lassen sie sich mittels der so genannten Vektoraddition zu einer Kraft, man spricht von einer Resultierenden, zusammenfassen.

🗁 7-06-03-01_Kraefte.xlsm

## 3.1.1 Kraft und Moment

Um die Lage und Richtung der Kräfte bestimmen zu können, bedienen wir uns eines Koordinatensystems (x, y, z) mit seinem Ursprung u (Bild 3-1).

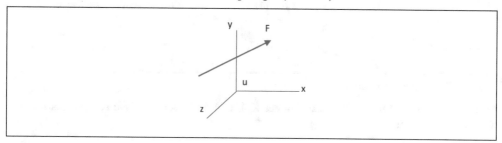

*Bild 3-1. Koordinatensystem zur Betrachtung räumlicher Kräfte*

© Springer Fachmedien Wiesbaden GmbH, ein Teil von Springer Nature 2023
H. Nahrstedt, *Excel + VBA für Ingenieure*,
https://doi.org/10.1007/978-3-658-41504-4_3

Die Anordnung der Kräfte im Raum kann beliebig sein. Für den Fall, dass die Wirklinie einer Kraft nicht durch den Ursprung geht, kommen wir zur zweiten wichtigen Größe in der Statik, dem *Moment* (Bild 3-2).

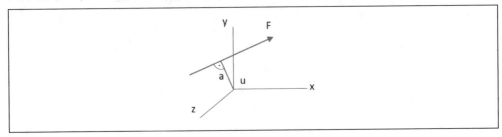

*Bild 3-2. Kraft F und Hebelarm a*

Ein Moment ist das Produkt aus Kraft x Hebelarm

$$M = F \cdot a .$$ (3.1)

Dabei ist der Hebelarm a der kürzeste Abstand zwischen Wirklinie der Kraft F und dem Ursprung u. Er liegt außerdem senkrecht zur Wirklinie. Ein Moment ist oft die Ursache einer Drehbewegung. Momente lassen sich genau wie Kräfte zusammenfassen.

## 3.1.2 Resultierende

Sind n Kräfte $F_i$ (i = 1, ... n) gegeben (Bild 3-3), so ergibt sich die resultierende Kraft aus der Summe der Vektoren

$$F_r = \sum_{i=1}^{n} F_i$$ (3.2)

und das resultierende Moment auf den Ursprung

$$M_u = \sum_{i=1}^{n} M_{ui} = \sum_{i=1}^{n} a_i \cdot F_i .$$ (3.3)

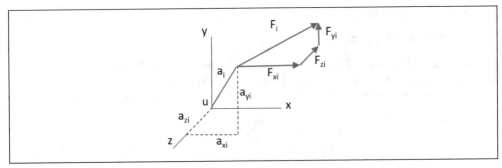

*Bild 3-3. Komponentendarstellung*

Genauso gelten auch für die Projektionen der Kräfte und Momente auf die Achsen des Koordinatensystems

$$F_{rk} = \sum_{i=1}^{n} F_{ik} , \quad k \in \{x, y, z\}$$ (3.4)

$$M_{uk} = \sum_{i=1}^{n} M_{uik} = \sum_{i=1}^{n} (a_{ip} \cdot F_{iq} - a_{iq} \cdot F_{ip}) .$$ (3.5)

Darin ist k ∈ {x, y, z} und für p und q als abhängige Indizes gilt:

| k | p | q |
|---|---|---|
| x | y | z |
| y | z | x |
| z | x | y |

Die betragsmäßigen Größen von resultierender Kraft und resultierendem Moment ergeben sich aus den berechneten Komponenten nach dem Satz der Pythagoras

$$|F_r| = \sqrt{\sum_{k=x,y,z} F_{rk}^2} \tag{3.6}$$

$$|M_u| = \sqrt{\sum_{k=x,y,z} M_{uk}^2} . \tag{3.7}$$

Beginnen wir an dieser Stelle mit dem Einstieg in die Programmierung, zumal wir das Zusammenfassen von Kräften und Momenten später noch einmal brauchen.

## Übung 3.1 Bestimmung von Resultierenden

Gesucht ist eine Prozedur, die bei Eingabe von Kräften durch deren Größe und Lage, die resultierende Kraft und das resultierende Moment ermittelt.

Angewandt auf unser Problem, könnte das Top-Down-Design etwa so aussehen wie in Tabelle 3-1 dargestellt. Dies ist auch die einfachste Form einer Strukturierung: Eingabe – Auswertung – Ausgabe. Analog zur einfachsten Darstellung eines Problems, der Black Box.

*Tabelle 3-1. Top-Down-Design für eine Kräftereduktion*

| Resultierende von Kräften und Momenten im Raum | | |
|---|---|---|
| Eingabe | Auswertung | Ausgabe |
| Eintragung aller erforderlichen Werte von Kraft und Hebelarm durch ihre Komponenten. | Summation der Komponenten und Berechnung der betragsmäßigen Größen. | Eintrag der berechneten Werte in die Tabelle. Diagramm zur Darstellung vorsehen. |

Oft können Teilprobleme als eigenständige Prozeduren auch in anderen Problemen als Teillösung genutzt werden. Der nächste Schritt ist die graphische Darstellung des Algorithmus als Struktogramm. Dabei kommt nun der zeitliche Ablauf der Lösung ins Spiel.

Tabelle 3-2. *Struktogramm zur Kräftereduktion*

| Eingabe der erforderlichen Daten zur Berechnung |
|---|
| i = 1 um 1 bis n |

$$\sum F_{ik} = \sum F_{ik} + F_{ik}, k \in \{x, y, z\}$$

$$\sum M_{uik} = \sum M_{uik} + M_{uik}$$

$$|F_r| = \sqrt{\sum_{k=x,y,z} F_{rk}^2}$$

$$|M_u| = \sqrt{\sum_{k=x,y,z} M_{uk}^2}$$

Ausgabe der Ergebnisse in Tabellen und Diagrammen

Das Programm besteht aus drei Unterprogrammen, von denen nur die Auswertung als Struktogramm beschrieben wird. Die Eingabe und Ausgabe sind einfach und daher direkt im Programm zu erkennen. Auch hier zeigt sich das Top-Down-Design.

*Codeliste 3-1. Formblatterstellung und Testdaten*

```
Private Sub KräfteFormblatt()
    Dim wshTmp As Worksheet
    Set wshTmp = Worksheets("Kräfte")
    With wshTmp
    'Tabelle löschen
        .Activate
        .Cells.ClearContents
    'Formblatt
        .Range("A1:C1").MergeCells = True
        .Range("A1:C1").Value = "Angriffspunkt"
        .Range("A2").Value = "x"
        .Range("B2").Value = "y"
        .Range("C2").Value = "z"
        .Range("D1:F1").MergeCells = True
        .Range("D1:F1").Value = "Kraftkomponenten"
        .Range("D2").Value = "x"
        .Range("E2").Value = "y"
        .Range("F2").Value = "z"
        .Range("G1").Value = "Resultierende Kraft"
        .Range("G2").Value = "Resultierendes Moment"
        .Range("A:F").ColumnWidth = 10
        .Range("G:G").ColumnWidth = 20
        .Range("H:H").ColumnWidth = 10
        .Columns("A:H").Select
        Selection.NumberFormat = "0.00"
        .Range("A3").Select
    End With
    Set wshTmp = Nothing
End Sub

Private Sub KräfteTestdaten()
    Dim wshTmp As Worksheet
    Set wshTmp = Worksheets("Kräfte")
    Call KräfteFormblatt
    With wshTmp
        .Range("A3:F3") = Array(3, 0, 0, 0, 3, 0)
        .Range("A4:F4") = Array(0, 1, 0, 0, 0, 4)
        .Range("A5:F5") = Array(0, 0, 2, 5, 0, 0)
    End With
    Set wshTmp = Nothing
End Sub
```

Die Auswertung gliedert sich ebenfalls in drei Bereiche.

*Tabelle 3-3. Struktogramm zum Einlesen der Eingabewerte aus der Tabelle*

| i = 1 (1) n | | |
|---|---|---|
| | k =1 (1) 3 | |
| | | $a(i,k) = Inhalt(Zelle(i,k))$ |
| | | $F(i,k) = Inhalt(Zelle(i,k))$ |

*Tabelle 3-4. Struktogramm Summenbildung*

| i = 1 (1) n | | |
|---|---|---|
| | k =1 (1) 3 | |
| | | $\sum a(k) = \sum a(k) + a(i,k)$ |
| | | $\sum F(k) = \sum F(k) + F(i,k)$ |
| | $\sum M(k) = \sum M(k) + (a(i,p) \cdot F(i,q) - a(i,q) \cdot F(i,p))$ | |

*Tabelle 3-5. Struktogramm zur Bestimmung der Resultierenden*

| i=1 (1) 3 | |
|---|---|
| | $\sum F = \sum F + F(i) \cdot F(i)$ |
| | $\sum M = \sum M + M(i) \cdot M(i)$ |
| $F_r = \sqrt{\sum F}$ | |
| $M_r = \sqrt{\sum M}$ | |

*Codeliste 3-2. Auswertung*

```
Private Sub KräfteAuswertung()
    Dim wshTmp      As Worksheet
    Dim dAb()       As Double
    Dim dF()        As Double
    Dim dRF         As Double
    Dim dRM         As Double
    Dim dSumAb()    As Double
    Dim dSumF()     As Double
    Dim dSumM()     As Double
    Dim db          As Double
    Dim dAbf(3)     As Double
    Dim dMf(3)      As Double
    Dim sWert       As String
    Dim iRow        As Integer
    Dim iCol        As Integer
    Dim p(3)        As Integer
    Dim q(3)        As Integer
    Dim iMax        As Integer

    p(1) = 2: p(2) = 3: p(3) = 1
    q(1) = 3: q(2) = 1: q(3) = 2
'Bestimmung belegter Zeilen
'und Definition der notwendigen Vektoren
    Set wshTmp = Worksheets("Kräfte")
    wshTmp.Activate
```

```
    wshTmp.Cells(wshTmp.Rows.Count, 1).End(xlUp).Select
    iMax = ActiveCell.Row
    ReDim dAb(iMax - 2, 3)
    ReDim dF(iMax - 2, 3)
    ReDim dSumAb(iMax - 2)
    ReDim dSumF(iMax - 2)
    ReDim dSumM(iMax - 2)

'Einlesen der Eingabewerte aus der Tabelle
    For iRow = 3 To iMax
        For iCol = 1 To 3
            sWert = Cells(iRow, iCol)
            sWert = Replace(sWert, ",", ".")
            dAb(iRow - 2, iCol) = Val(sWert)
            sWert = Cells(iRow, iCol + 3)
            sWert = Replace(sWert, ",", ".")
            dF(iRow - 2, iCol) = Val(sWert)
        Next iCol
    Next iRow

'Die eigentlich Auswertung (Summenbildung)
    For iRow = 1 To iMax - 2
        For iCol = 1 To 3
            dSumAb(iCol) = dSumAb(iCol) + dAb(iRow, iCol)
            dSumF(iCol) = dSumF(iCol) + dF(iRow, iCol)
            dSumM(iCol) = dSumM(iCol) + (dAb(iRow, p(iCol)) * _
                dF(iRow, q(iCol)) - dAb(iRow, q(iCol)) * dF(iRow, p(iCol)))
        Next iCol
    Next iRow

'Ausgabe der Resultierenden
    iRow = iMax + 2
    dRF = 0: dRM = 0
    For iCol = 1 To 3
        Cells(iRow, iCol) = dSumF(iCol)
        Cells(iRow, iCol + 3) = dSumM(iCol)
        dRF = dRF + dSumF(iCol) * dSumF(iCol)
        dRM = dRM + dSumM(iCol) * dSumM(iCol)
    Next iCol
    dRF = Sqr(dRF)
    Cells(1, 8) = dRF
    dRM = Sqr(dRM)
    Cells(2, 8) = dRM

'Ortsvektor zur Dyname
    Range("G3") = "Ortsvektor dAb(dx)"
    Range("G4") = "Ortsvektor dAb(dy)"
    Range("G5") = "Ortsvektor dAb(dz)"
    Range("G6") = "Moment Mf(dx)"
    Range("G7") = "Moment Mf(dy)"
    Range("G8") = "Moment Mf(dz)"
    db = 0
    For iCol = 1 To 3
        dAbf(iCol) = (dSumF(p(iCol)) * _
            dSumM(q(iCol)) - dSumF(q(iCol)) * _
            dSumM(p(iCol))) / dRF ^ 2
        Cells(iCol + 2, 8) = dAbf(iCol)
        db = db + dSumF(iCol) * dSumM(iCol)
    Next iCol
    db = db / dRF ^ 2
    For iCol = 1 To 3
        dMf(iCol) = db * dSumF(iCol)
```

```
        Cells(iCol + 5, 8) = dMf(iCol)
    Next iCol
    Set wshTmp = Nothing
End Sub
```

## Übung 3.2 Zusammenfassung mehrerer Kräfte im Raum

In den Testdaten sind drei Kräfte mit unterschiedlichen Angriffspunkten gegeben (Bild 3-4).
Das Programm ermittelt die resultierende Kraft und das resultierende Moment.

| | A | B | C | D | E | F | G | H |
|---|---|---|---|---|---|---|---|---|
| 1 | Angriffspunkt | | | Kraftkomponenten | | | Resultierende Kraft | 7,07 |
| 2 | x | y | z | x | y | z | Resultierendes Moment | 14,04 |
| 3 | 3,00 | 0,00 | 0,00 | 0,00 | 3,00 | 0,00 | Ortsvektor dAb(dx) | -0,26 |
| 4 | 0,00 | 1,00 | 0,00 | 0,00 | 0,00 | 4,00 | Ortsvektor dAb(dy) | -0,58 |
| 5 | 0,00 | 0,00 | 2,00 | 5,00 | 0,00 | 0,00 | Ortsvektor dAb(dz) | 0,76 |
| 6 | | | | | | | Moment Mf(dx) | 8,60 |
| 7 | 5,00 | 3,00 | 4,00 | 4,00 | 10,00 | 9,00 | Moment Mf(dy) | 5,16 |
| 8 | | | | | | | Moment Mf(dz) | 6,88 |

*Bild 3-4. Auswertung zum Beispiel*

## Übung 3.3 Bestimmung der Dyname

Eine Kombination aus einem Kraftvektor und einem Momenten-Vektor bezeichnet man in der
Mechanik als Dyname (Bild 3-5).

Kräfte und Momente die auf einen starren Körper wirken, haben eine Dyname als
Resultierende. Je nach gewähltem Bezugspunkt kann es vorkommen, dass Kraft- und
Momenten-Vektor der Dyname gleichgerichtet (kollinear) sind – in diesem Fall bezeichnet
man die Dyname als Kraftschraube. Ergänzen Sie das Programm also um die Bestimmung der
Dyname.

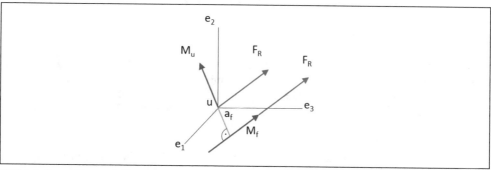

*Bild 3-5. Darstellung einer Dyname*

## Übung 3.4 Bestimmung der Richtungswinkel

Außer der Möglichkeit der Komponentenangabe, gibt es zur Richtungsangabe eines Vektors
zum Ursprung und den Koordinaten, die Angabe der Richtungswinkel (Bild 3-6). Nehmen Sie
deren Bestimmung in Ihre Berechnung mit auf.

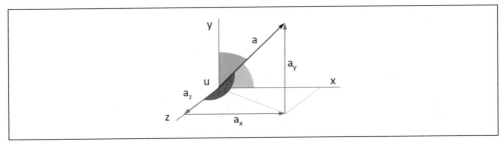

*Bild 3-6. Richtungswinkel*

$$\varphi_i = arccos\frac{a_i}{|\alpha|}, \quad |\alpha| = \sqrt{\sum_{i=x,y,z} a_i^2} \tag{3.8}$$

# 3.2 Kräfte in Tragwerken

Kommen wir nun zu unserem eigentlichen Problem, den Stützkräften in ebenen Tragwerken. Unter einem ebenen Fachwerk (Bild 3-7) versteht man ein Gebilde aus geraden Stäben, die in ihren Endpunkten (man spricht von Knoten) durch reibungsfreie Gelenke verbunden sind. Die äußeren Belastungskräfte greifen dabei nur in Knoten an. Durch diese Idealisierung können in den Stäben nur Zugkräfte oder Druckkräfte übertragen werden.

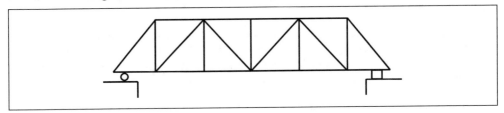

*Bild 3-7. Ebenes Fachwerk*

## 3.2.1 Knotenpunktverfahren

Zur Berechnung verwenden wir das Knotenpunktverfahren. Dieses Verfahren besagt, jeder Knoten muss für sich im Gleichgewicht sein und somit die zwei Gleichgewichtsbedingungen, Summe aller horizontalen und vertikalen Komponenten gleich Null erfüllen. Da die Stäbe zentrisch an den Knoten angeschlossen sind, entfällt die 3. Gleichgewichtsbedingung:

$$\sum M = 0.$$

Betrachten wir einen Knoten bezüglich eines Koordinatensystems (Bild 3-8). Zur Festlegung der Kraftangriffsrichtung, denn die Kräfte können nur längs der Stabrichtung wirken, muss die Gleichgewichtsbedingung

$$\sum_{i=1}^{n} F_i = 0 \tag{3.9}$$

erfüllt sein. In Komponentenschreibweise heißt das, dass alle vertikalen und horizontalen Komponenten ebenfalls null sein müssen.

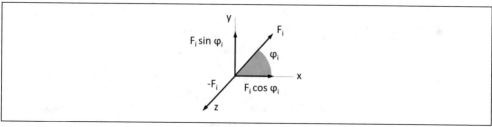

*Bild 3-8. Kräfte im Knoten*

Nun sind je nach Lage des Vektors im Koordinatensystem seine Komponenten unterschiedlich zu bestimmen (siehe Bild 3-9).

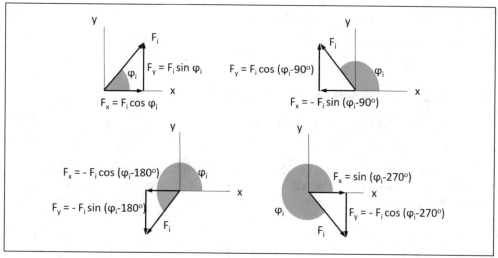

*Bild 3-9. Kraftkomponenten im Knoten*

Wirkt auf einen Knoten eine äußere Kraft, wird diese ebenfalls am frei gedachten Knoten mit angetragen. In der Berechnung betrachtet man die unbekannte Stabkraft zunächst als Zugkraft. Liefert die Auflösung des Gleichungssystems für eine Stabkraft ein negatives Vorzeichen, so handelt es sich um eine Druckkraft.

## 3.2.2 Anwendungsbeispiel Eisenbahnbrücke

Um zu einem Berechnungsalgorithmus zu kommen, betrachten wir nachfolgend als Testbeispiel eine Eisenbahnbrücke (Bild 3-10). Die Auflagerkräfte ergeben sich aus dem äußeren Gleichgewichtszustand von Kräften und Momenten.

Kräftegleichgewicht:

$$A + B + F = 0. \tag{3.10}$$

Daraus folgt durch Umstellung

$$B = -(F + A). \tag{3.11}$$

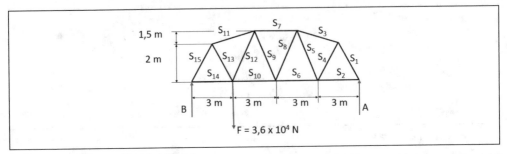

*Bild 3-10. Modell einer Eisenbahnbrücke*

Momentengleichgewicht:

$$12 \cdot A + 3 \cdot F = 0 \tag{3.12}$$

Daraus folgt durch Umstellung

$$A = -\frac{3}{12} \cdot F \tag{3.13}$$

Durch Einsetzen ergibt sich die Lösung:

$$A = -\frac{3}{12} \cdot 3,6 \cdot 10^4 N = -0,9 \cdot 10^4 N \tag{3.14}$$

$$B = (-3,6 + 0,9) \cdot 10^4 N = -2,7 \cdot 10^4 N \tag{3.15}$$

Der erste Knoten (Bild 3-11) hat folgende Kraftvektoren, wobei nur die Auflagerkraft A bekannt ist. Diese ist eine Druckkraft und damit negativ einzusetzen.

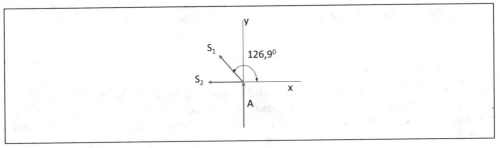

*Bild 3-11. Knoten 1*

Winkel der zu berechnenden unbekannten Stabkräfte $\varphi_1 = 126,9°$ und $\varphi_2 = 180,0°$. Bekannte Kräfte und ihre Lage $\varphi_i = 270,0°$ mit $A = F_i = -0,9 \cdot 10^4$ N.

Horizontale Komponenten:

$- S_1 \sin(126,9°-90°) - S_2 \sin(180°-90°) - A \cos(270°-180°) = 0$

$- S_1 \sin(36,9°) - S_2 \sin(90°) - A \cos(90°) = 0$

$- S_1 \sin(36,9°) - S_2 = 0$, da $\sin(90°) = 1$ und $\cos(90°) = 0$

$S_2 = - S_1 \sin(36,9°)$

Vertikale Komponenten:

$S_1 \cos(126,9°-90°)+S_2 \cos(180°-90°) - A \sin(270°-180°) = 0$

$S_1 \cos(36,9°)+S_2 \cos(90°) - A \sin(90°) = 0$

$S_1 \cos(36,9°) - A = 0$

$S_1 = A / \cos(36,9°)$

$S_1 = -9000 / \cos(36,9°) = -11254,44$

$S_2 = -(-11254,44) \sin(36,9°) = 6757,39$

In diesem Knoten gibt es nur eine bekannte Kraft, nämlich die Auflagerkraft A. Gibt es an einem Knoten mehrere bekannte Kräfte, müssen diese zu einer resultierenden Kraft zusammengefasst werden. Dieses Zusammenfassen geschieht wie vorher durch Zusammenfassen der Komponenten. Die Vorzeichen der Komponenten bestimmen den Winkel der Lage.

Je nach Lage der Stabkräfte im Koordinatensystem bestimmen sich die horizontalen und vertikalen Anteile über den Sinus oder Kosinus. Betrachten Sie dazu auch die Skizzen über die Lage eines Vektors im Koordinatensystem in Bild 3-9. Setzen wir diese als allgemeine Faktoren $x_i$ und $y_i$ an, dann gelten die Gleichgewichtsbedingungen für horizontale und vertikale Kräfte

$$\sum_{i=1}^{2} x_i \cdot S_i + R_x \quad und \quad \sum_{i=1}^{2} y_i \cdot S_i + R_y \tag{3.16}$$

mit $R_x$ und $R_y$ als Komponenten der Resultierenden und $S_1$, $S_2$ den unbekannten Stabkräften.

Ausgeschrieben

$$x_1 S_1 + x_2 S_2 + R_x = 0 \tag{3.17}$$

und

$$y_1 S_1 + y_2 S_2 + R_y = 0. \tag{3.18}$$

Umgestellt nach $S_2$

$$S_2 = \frac{-x_1 S_1 - R_x}{x_2} \tag{3.19}$$

und eingesetzt

$$y_1 S_1 + \frac{y_2}{x_2}(-x_1 S_1 - R_x) + R_y = 0. \tag{3.20}$$

Umgestellt nach $S_1$

$$S_1 = \frac{\frac{y_2}{x_2} R_x + R_y}{y_1 - \frac{y_2}{x_2} x_1}. \tag{3.21}$$

Ist somit $S_1$ ermittelt, lässt sich mit der vorherigen Formel (3.19) auch $S_2$ bestimmen. Ist nur eine Unbekannte gegeben, dann gilt

$$x_1 S_1 = -R_x \tag{3.22}$$

und

$$y_1 S_1 = -R_y. \tag{3.23}$$

Es bleibt noch anzumerken, dass alle Trigonometrischen Funktionen unter VBA als Argument das Bogenmaß benutzen. Die Beziehung zwischen Bogenmaß und Winkel lautet:

$$Bogenmaß = Winkelmaß \cdot \frac{\pi}{180°} \tag{3.24}$$

und umgekehrt

$$Winkelma\beta = Bogenma\beta \cdot \frac{180°}{\pi}$$ (3.25)

Nun können wir uns an die Erstellung des Algorithmus wagen.

## 3.2.3 Bestimmung von ebenen Tragwerken

Gesucht ist eine Prozedur, die bei Eingabe von bekannten Kräften eines ebenen Fachwerks und der Lage von maximal zwei unbekannten Stäben deren Größe bestimmt. Der erste Schritt ist die Erstellung eines Top-Down-Designs, aus dem dann das Struktogramm resultiert.

Tabelle 3-6. *Top-Down-Design für die Berechnung ebener Tragwerke*

| Bestimmung der Zug– und Druckkräfte in den Stäben eines ebenen Fachwerks nach der Knotenpunktmethode. | | | |
|---|---|---|---|
| Eingabe | Auswertung | | Ausgabe |
| Bekannte Kräfte mit ihrer Größe und ihrer Lage (Winkel) im Koordinatensystem. Dabei muss das System erkennen, wie viele bekannte Kräfte vorhanden sind. Anschließend werden die Winkel der unbekannten Stabkräfte angegeben. Dies wird so lange fortgesetzt, bis alle Stabkräfte bekannt sind. | Resultierende | Stabkräfte | Größe der Stabkräfte als Zugkraft (positiv) oder Druckkraft (negativ). |
| | Zusammenfassung bekannter Kräfte zu einer Resultierenden mit Angabe von Größe und Richtung. | Berechnung der Stabkräfte nach den zuvor aufgestellten Gleichungen. | |

Tabelle 3-7. *Struktogramm zur Bestimmung der Resultierenden*

| Zähler i = 0 | | |
|---|---|---|
| | i = i + 1 | |
| | Einlesen der bekannten Kraft $F_i$ | |
| | $\sum F_x = \sum F_x + F_{ix}$ | |
| | $\sum F_y = \sum F_y + F_{iy}$ | |
| Solange $F_i \neq 0$ | | |
| $R = \sqrt{(\sum F_y \sum F_y + \sum F_x \sum F_x)}$ | | |
| Ist $\sum F_y < 0$ oder $\sum F_x < 0$ | | |
| ja | | Nein |
| R = – R | | . / . |

*Tabelle 3-8. Struktogramm zur Bestimmung der Komponenten*

| Berechnungen nach Lage von φi | $\varphi i <= 90$ | $\sum F_y = \sum F_y + F \sin\varphi_i$ |
|---|---|---|
| | | $\sum F_x = \sum F_x + F \cos\varphi_i$ |
| | $\varphi i > 90$ und $\varphi i <= 180$ | $\sum F_y = \sum F_y + F \cos(\varphi_i - 90°)$ |
| | | $\sum F_x = \sum F_x - F \sin(\varphi_i - 90°)$ |
| | $\varphi i > 180$ und $\varphi i <= 270$ | $\sum F_y = \sum F_y - F \sin(\varphi_i - 180°)$ |
| | | $\sum F_x = \sum F_x - F \cos(\varphi_i - 180°)$ |
| | $\varphi i > 270$ | $\sum F_y = \sum F_y - F \cos(\varphi_i - 270°)$ |
| | | $\sum F_x = \sum F_x + F \sin(\varphi_i - 270°)$ |

Halten wir noch einmal die Vorgehensweise beim Knotenpunktverfahren fest:

- Auflagerkräfte am Gesamtsystem bestimmen.
- Jeden Knoten einzeln betrachten. Man beginnt mit einem Knoten, an dem maximal zwei Stabkräfte unbekannt sind.
- Knotenkräfte als Zugkräfte einzeichnen.
- Bekannte Kräfte als Resultierende zusammenfassen.
- Gleichgewichtsbedingung im Knoten berechnen. Positiv berechnete Kräfte sind Zugkräfte, negativ berechnete Kräfte sind Druckkräfte.

*Tabelle 3-9. Struktogramm zur Bestimmung des resultierenden Winkels*

| $\|\Sigma F_x\| \neq 0$ | | | | | |
|---|---|---|---|---|---|
| ja | | | | nein | |
| $\Sigma F_y >= 0$ | | | | $\Sigma F_y >= 0$ | |
| ja | | nein | | ja | nein |
| $\Sigma F_x >= 0$ | | $\Sigma F_x >= 0$ | | $\varphi_b = \dfrac{\pi}{2}$ | $\varphi_b = \dfrac{3\pi}{2}$ |
| ja | nein | ja | nein | | |
| $\varphi_b = arctan(\dfrac{\|\Sigma F_y\|}{\|\Sigma F_x\|})$ | $\varphi_b = arctan(\dfrac{\|\Sigma F_x\|}{\|\Sigma F_y\|}) + \dfrac{\pi}{2}$ | $\varphi_b = arctan(\dfrac{\|\Sigma F_x\|}{\|\Sigma F_y\|}) + \dfrac{3}{2}\pi$ | $\varphi_b = arctan(\dfrac{\Sigma F_y}{\Sigma F_x}) + \pi$ | | |
| $\varphi_g = \varphi_b \dfrac{180}{\pi}$ | | | | | |

Formblatt und Auswertung finden Sie im Download.

## 3.2.4 Eisenbahnbrücke

Nun zurück zu unserem Beispiel. Mit Hilfe des Programms berechnen wir jetzt schrittweise alle Knoten.

📂 7-06-03-02_Tragwerke.xlsm

Darstellung von Knoten 1, siehe Bild 3-11.

- Formblatt aufrufen (erstellt ein leeres Formblatt mit Beschriftung)
- Knoten 1 aufrufen (trägt bekannte Winkel und Kräfte ein)
- Resultierende (trägt die resultierende Kraft ein)
- Stabkräfte (bestimmt die unbekannten Stabkräfte).

| | A | B | C | D | E | F | G | H |
|---|---|---|---|---|---|---|---|---|
| 1 | | Stabkräfte | | Bekannte Kräfte am Knoten | | Result. + unbek. Kräfte am Knoten | | |
| 2 | Stab-Nr. | Winkel [Grad] | Kraft [N] | Winkel [Grad] | Kraft [N] | Winkel [Grad] | Kraft [N] | Stab Nr. |
| 3 | 1 | 126,90 | -11254,44 | 270,00 | -9000,00 | 90,00 | 9000,00 | |
| 4 | 2 | 180,00 | 6757,40 | | | 126,90 | -11254,44 | 1 |
| 5 | | | | | | 180,00 | 6757,40 | 2 |

*Bild 3-12. Auswertung zu Knoten 1*

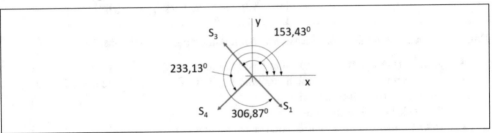

*Bild 3-13. Knoten 2*

- Knoten 2 aufrufen (trägt bekannte Winkel und Kräfte ein)
- Resultierende (trägt die resultierende Kraft ein)
- Stabkräfte (bestimmt die unbekannten Stabkräfte).

| | A | B | C | D | E | F | G | H |
|---|---|---|---|---|---|---|---|---|
| 1 | | Stabkräfte | | Bekannte Kräfte am Knoten | | Result. + unbek. Kräfte am Knoten | | |
| 2 | Stab-Nr. | Winkel [Grad] | Kraft [N] | Winkel [Grad] | Kraft [N] | Winkel [Grad] | Kraft [N] | Stab Nr. |
| 3 | 1 | 126,90 | -11254,44 | 306,87 | -11254,44 | 126,87 | 11254,44 | |
| 4 | 2 | 180,00 | 6757,40 | | | 153,43 | -10981,24 | 3 |
| 5 | 3 | 153,43 | -10981,24 | | | 233,13 | 5114,67 | 4 |
| 6 | 4 | 233,13 | 5114,67 | | | | | |

*Bild 3-14. Auswertung zu Knoten 2*

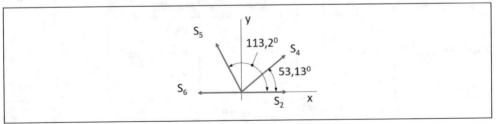

*Bild 3-15. Knoten 3*

- Knoten 3 aufrufen (trägt bekannte Winkel und Kräfte ein)

- Resultierende (trägt die resultierende Kraft ein)
- Stabkräfte (bestimmt die unbekannten Stabkräfte).

| | A | B | C | D | E | F | G | H |
|---|---|---|---|---|---|---|---|---|
| 1 | | Stabkräfte | | Bekannte Kräfte am Knoten | | Result. + unbek. Kräfte am Knoten | | |
| 2 | Stab-Nr. | Winkel [Grad] | Kraft [N] | Winkel [Grad] | Kraft [N] | Winkel [Grad] | Kraft [N] | Stab Nr. |
| 3 | 1 | 126,90 | -11254,44 | 0,00 | 6757,40 | 22,61 | 10644,09 | |
| 4 | 2 | 180,00 | 6757,40 | 53,13 | 5114,67 | 113,20 | -4451,73 | 5 |
| 5 | 3 | 153,43 | -10981,24 | | | 180,00 | 11579,93 | 6 |
| 6 | 4 | 233,13 | 5114,67 | | | | | |
| 7 | 5 | 113,20 | -4451,73 | | | | | |
| 8 | 6 | 180,00 | 11579,93 | | | | | |

*Bild 3-16. Auswertung zu Knoten 3*

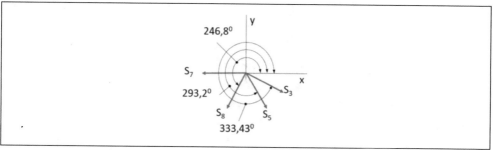

*Bild 3-17. Knoten 4*

- Knoten 4 aufrufen (trägt bekannte Winkel und Kräfte ein)
- Resultierende (trägt die resultierende Kraft ein)
- Stabkräfte (bestimmt die unbekannten Stabkräfte).

| | A | B | C | D | E | F | G | H |
|---|---|---|---|---|---|---|---|---|
| 1 | | Stabkräfte | | Bekannte Kräfte am Knoten | | Result. + unbek. Kräfte am Knoten | | |
| 2 | Stab-Nr. | Winkel [Grad] | Kraft [N] | Winkel [Grad] | Kraft [N] | Winkel [Grad] | Kraft [N] | Stab Nr. |
| 3 | 1 | 126,90 | -11254,44 | 293,20 | -4451,73 | 142,12 | 14664,57 | |
| 4 | 2 | 180,00 | 6757,40 | 333,43 | -10981,24 | 180,00 | -15434,15 | 7 |
| 5 | 3 | 153,43 | -10981,24 | | | 246,80 | 9795,67 | 8 |
| 6 | 4 | 233,13 | 5114,67 | | | | | |
| 7 | 5 | 113,20 | -4451,73 | | | | | |
| 8 | 6 | 180,00 | 11579,93 | | | | | |
| 9 | 7 | 180,00 | -15434,15 | | | | | |
| 10 | 8 | 246,80 | 9795,67 | | | | | |

*Bild 3-18. Auswertung zu Knoten 4*

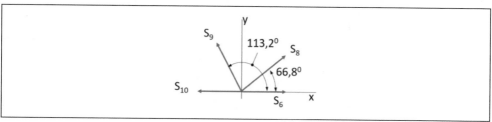

*Bild 3-19. Knoten 5*

- Knoten 5 aufrufen (trägt bekannte Winkel und Kräfte ein)
- Resultierende (trägt die resultierende Kraft ein)
- Stabkräfte (bestimmt die unbekannten Stabkräfte).

| ⏴ | A | B | C | D | E | F | G | H |
|---|---|---|---|---|---|---|---|---|
| 1 | | Stabkräfte | | Bekannte Kräfte am Knoten | | Result. + unbek. Kräfte am Knoten | | |
| 2 | Stab-Nr. | Winkel [Grad] | Kraft [N] | Winkel [Grad] | Kraft [N] | Winkel [Grad] | Kraft [N] | Stab Nr. |
| 3 | 1 | 126,90 | -11254,44 | 0,00 | 11579,93 | 30,25 | 17872,39 | |
| 4 | 2 | 180,00 | 6757,40 | 66,80 | 9795,67 | 113,20 | -9795,69 | 9 |
| 5 | 3 | 153,43 | -10981,24 | | | 180,00 | 19297,79 | 10 |
| 6 | 4 | 233,13 | 5114,67 | | | | | |
| 7 | 5 | 113,20 | -4451,73 | | | | | |
| 8 | 6 | 180,00 | 11579,93 | | | | | |
| 9 | 7 | 180,00 | -15434,15 | | | | | |
| 10 | 8 | 246,80 | 9795,67 | | | | | |
| 11 | 9 | 113,20 | -9795,69 | | | | | |
| 12 | 10 | 180,00 | 19297,79 | | | | | |

*Bild 3-20. Auswertung zu Knoten 5*

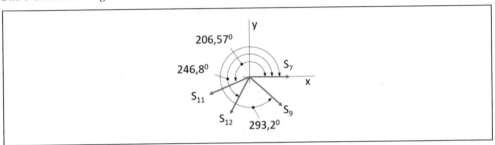

*Bild 3-21. Knoten 6*

- Knoten 6 aufrufen (trägt bekannte Winkel und Kräfte ein)
- Resultierende (trägt die resultierende Kraft ein)
- Stabkräfte (bestimmt die unbekannten Stabkräfte).

| ⏴ | A | B | C | D | E | F | G | H |
|---|---|---|---|---|---|---|---|---|
| 1 | | Stabkräfte | | Bekannte Kräfte am Knoten | | Result. + unbek. Kräfte am Knoten | | |
| 2 | Stab-Nr. | Winkel [Grad] | Kraft [N] | Winkel [Grad] | Kraft [N] | Winkel [Grad] | Kraft [N] | Stab Nr. |
| 3 | 1 | 126,90 | -11254,44 | 0,00 | -15434,15 | 154,98 | 21290,53 | |
| 4 | 2 | 180,00 | 6757,40 | 293,20 | -9795,67 | 206,57 | -32948,19 | 11 |
| 5 | 3 | 153,43 | -10981,24 | | | 246,80 | 25829,68 | 12 |
| 6 | 4 | 233,13 | 5114,67 | | | | | |
| 7 | 5 | 113,20 | -4451,73 | | | | | |
| 8 | 6 | 180,00 | 11579,93 | | | | | |
| 9 | 7 | 180,00 | -15434,15 | | | | | |
| 10 | 8 | 246,80 | 9795,67 | | | | | |
| 11 | 9 | 113,20 | -9795,69 | | | | | |
| 12 | 10 | 180,00 | 19297,79 | | | | | |
| 13 | 11 | 206,57 | -32948,19 | | | | | |
| 14 | 12 | 246,80 | 25829,68 | | | | | |

*Bild 3-22. Auswertung zu Knoten 6*

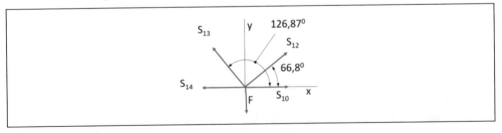

*Bild 3-23. Knoten 7*

- Knoten 7 aufrufen (trägt bekannte Winkel und Kräfte ein)

- Resultierende (trägt die resultierende Kraft ein)
- Stabkräfte (bestimmt die unbekannten Stabkräfte).

Beim Knoten 8 ist nur eine Unbekannte gegeben. Folglich muss diese der Resultierenden entgegenwirken. Spätestens hier zeigt sich, ob die vorangegangenen Berechnungen richtig waren.

- Knoten 8 aufrufen (trägt bekannte Winkel und Kräfte ein)
- Resultierende (trägt die resultierende Kraft ein)
- Stabkräfte (bestimmt die unbekannten Stabkräfte).

| | A | B | C | D | E | F | G | H |
|---|---|---|---|---|---|---|---|---|
| 1 | | Stabkräfte | | Bekannte Kräfte am Knoten | | Result. + unbek. Kräfte am Knoten | | |
| 2 | Stab-Nr. | Winkel [Grad] | Kraft [N] | Winkel [Grad] | Kraft [N] | Winkel [Grad] | Kraft [N] | Stab Nr. |
| 3 | 1 | 126,90 | -11254,44 | 0,00 | 19297,79 | 337,42 | 31921,01 | |
| 4 | 2 | 180,00 | 6757,40 | 66,80 | 25829,68 | 126,87 | 15323,78 | 13 |
| 5 | 3 | 153,43 | -10981,24 | 270,00 | 36000,00 | 180,00 | 20278,88 | 14 |
| 6 | 4 | 233,13 | 5114,67 | | | | | |
| 7 | 5 | 113,20 | -4451,73 | | | | | |
| 8 | 6 | 180,00 | 11579,93 | | | | | |
| 9 | 7 | 180,00 | -15434,15 | | | | | |
| 10 | 8 | 246,80 | 9795,67 | | | | | |
| 11 | 9 | 113,20 | -9795,69 | | | | | |
| 12 | 10 | 180,00 | 19297,79 | | | | | |
| 13 | 11 | 206,57 | -32948,19 | | | | | |
| 14 | 12 | 246,80 | 25829,68 | | | | | |
| 15 | 13 | 126,87 | 15323,78 | | | | | |
| 16 | 14 | 180,00 | 20278,88 | | | | | |

*Bild 3-24. Auswertung zu Knoten 7*

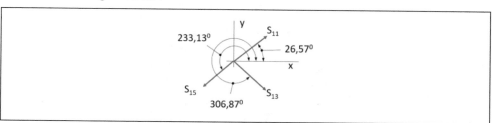

*Bild 3-25. Knoten 8*

| | A | B | C | D | E | F | G | H |
|---|---|---|---|---|---|---|---|---|
| 1 | | Stabkräfte | | Bekannte Kräfte am Knoten | | Result. + unbek. Kräfte am Knoten | | |
| 2 | Stab-Nr. | Winkel [Grad] | Kraft [N] | Winkel [Grad] | Kraft [N] | Winkel [Grad] | Kraft [N] | Stab Nr. |
| 3 | 1 | 126,90 | -11254,44 | 26,57 | -32948,19 | 233,09 | 33761,67 | |
| 4 | 2 | 180,00 | 6757,40 | 306,87 | 15323,78 | 233,13 | -33761,67 | 15 |
| 5 | 3 | 153,43 | -10981,24 | | | | | |
| 6 | 4 | 233,13 | 5114,67 | | | | | |
| 7 | 5 | 113,20 | -4451,73 | | | | | |
| 8 | 6 | 180,00 | 11579,93 | | | | | |
| 9 | 7 | 180,00 | -15434,15 | | | | | |
| 10 | 8 | 246,80 | 9795,67 | | | | | |
| 11 | 9 | 113,20 | -9795,69 | | | | | |
| 12 | 10 | 180,00 | 19297,79 | | | | | |
| 13 | 11 | 206,57 | -32948,19 | | | | | |
| 14 | 12 | 246,80 | 25829,68 | | | | | |
| 15 | 13 | 126,87 | 15323,78 | | | | | |
| 16 | 14 | 180,00 | 20278,88 | | | | | |
| 17 | 15 | 233,13 | -33761,67 | | | | | |

*Bild 3-26. Auswertung zu Knoten 7*

Da nun alle Kräfte bekannt sind, lassen sich diese übersichtlich in das Fachwerk einzeichnen und geben somit eine Vorstellung über den Belastungsverlauf (Bild 3-27).

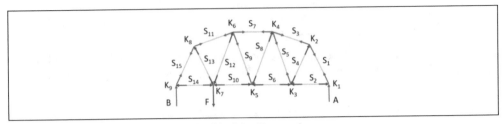

*Bild 3-27. Zugkräfte (rot) und Druckkräfte (blau) am Tragwerk*

### Übung 3.5 Lösung des linearen Gleichungssystems mit Matrizen

Die Lösung des Knotenpunktverfahrens ist die Lösung eines linearen Gleichungssystems mit zwei Unbekannten. Daher lässt sich das Problem auch mit Matrizenoperationen lösen.

### Übung 3.6 Umrechnung zwischen Winkelmaß und Bogenmaß

Es werden immer wieder Winkelberechnungen erforderlich. Erstellen Sie eine UserForm, die bei Eingabe von zwei Seiten eines rechtwinkligen Dreiecks, den zugehörigen Winkel bestimmt. Hier könnte auch eine Umrechnung von Winkelmaß in Bogenmaß und umgekehrt eingebaut werden (Bild 3-28).

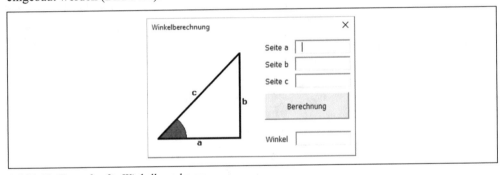

*Bild 3-28. Formular für Winkelberechnungen*

# 3.3 Biegeträger

Die Gleichung der elastischen Linie für einen Biegeträger mit unterschiedlichen Belastungsarten (auch Kombinationen) und unterschiedlicher Fixierung findet sich in jedem technischen Handbuch. So wie das nachfolgende Beispiel können alle anderen Biegefälle behandelt werde.

🗁 7-06-03-03_Biegetraeger.xlsm

## 3.3.1 Einseitig eingespannter Biegeträger mit Punkt- und Streckenlast

Betrachtet wird der Fall eines einseitig eingespannten Trägers (Bild 3-29) mit Punkt und Streckenlast. Die Streckenlast verteilt sich über den ganzen Träger.

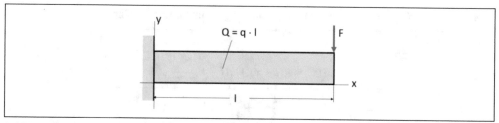

*Bild 3-29. Einseitig eingespannter Biegeträger mit Punkt- und Streckenlast*

Die Gleichung der elastischen Linie lautet allgemein

$$y'' = -\frac{M(x)}{E \cdot I}.$$ (3.26)

Das Moment an einer beliebigen Stelle x (Bild 3-30) ergibt sich zu

$$M(x) = F(l - x) + q(l - x)\frac{l-x}{2}.$$ (3.27)

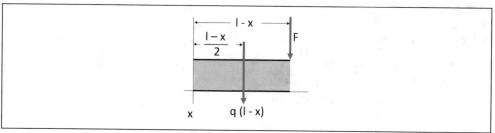

*Bild 3-30. Gleichgewichtsbedingungen an einer beliebigen Stell x*

Durch Einsetzen ergibt sich

$$y'' = -\frac{1}{E \cdot I}\left(F(l - x) + \frac{q}{2}(l - x)^2\right).$$ (3.28)

Eine Integration führt auf die Gleichung der Balkenneigung

$$y' = -\frac{1}{E \cdot I}\left(F \cdot l \cdot x - \frac{F}{2}x^2 + \frac{q}{2}l^2 \cdot x - \frac{q}{2}l \cdot x^2 + \frac{q}{6}x^3 + c_1\right).$$ (3.29)

Mit der Randbedingung y'(x=0) = 0 folgt $c_1 = 0$. Eine nochmalige Integration führt auf die Gleichung der Durchbiegung

$$y = -\frac{1}{E \cdot I}\left(\frac{F}{2}l \cdot x^2 - \frac{F}{6}x^3 + \frac{q}{4}l^2 \cdot x^2 - \frac{q}{6}l \cdot x^3 + \frac{q}{24}x^4 + c_2\right)$$ (3.30)

Mit der Randbedingung y(x=0) = 0 folgt auch $c_2 = 0$. Umgestellt haben wir somit die Gleichungen für Biegemoment und Träger-Durchbiegung.

## Übung 3.7 Belastungen eines einseitig eingespannten Biegeträgers

Unter Vorgabe von Trägerlänge, Einzellast, Streckenlast, E-Modul und axiales Widerstandsmoment, soll schrittweise bei einem einseitig eingespannten Biegeträger mit konstantem Querschnitt die Durchbiegung und das auftretende Biegemoment ermittelt und ausgegeben werden. Nach der Berechnung sollen die Daten als Grafik dargestellt werden.

*Tabelle 3-10. Struktogramm zur Bestimmung von Biegemoment und Durchbiegung*

| Stelle x = 0 | |
|---|---|
| | $$M(x) = F(l - x) + q(l - x)\frac{l - x}{2}$$ |
| | $$y = -\frac{1}{E \cdot I}\left(\frac{F}{2}l \cdot x^2 - \frac{F}{6}x^3 + \frac{q}{4}l^2 \cdot x^2 - \frac{q}{6}l \cdot x^3 + \frac{q}{24}x^4\right)$$ |
| | $x = x + \Delta x$ |
| Solange x <= l | |

*Codeliste 3-3. Prozeduren in der Tabelle tblBiegung1*

```
Private Sub BiegungsEingabe1()
    Load frmBiegung1
    frmBiegung1.Show
End Sub

Private Sub BiegungsDiagramme1()
    Call BiegungsMomentZeigen1
    Call BiegungsVerlaufZeigen1
    ActiveSheet.Cells(1, 1).Select
End Sub

Private Sub BiegungsDiagrammeLöschen1()
    Dim wshTmp As Worksheet
    Dim shpTmp As Shape
    Set wshTmp = ThisWorkbook.Worksheets("Biegeträger1")
    wshTmp.Activate
    DrawingObjects.Delete
    Set wshTmp = Nothing
End Sub
```

*Codeliste 3-4. Prozeduren im Modul modBiegung1*

```
Option Private Module

Public wshTmp       As Worksheet
Public DTitel       As String
Public xTitel       As String
Public yTitel       As String
Public iLeft        As Integer
Public iTop         As Integer

Public Sub BiegungsMomentZeigen1()
    Dim rngTmp      As Range
    Dim lNumRows    As Long
    Dim lNumCols    As Long
'Verweis auf Worksheet mit Daten
    Set wshTmp = ThisWorkbook.Worksheets("Biegeträger1")
'Übergabe der Anzahl der Spalten/Zeilen:
    lNumRows = wshTmp.UsedRange.Rows.Count
    lNumCols = wshTmp.UsedRange.Columns.Count
'Verweis auf Datenbereich setzen
    Set rngTmp = wshTmp.Range("B2:B" + LTrim(Str(lNumRows)))
'Diagramm erstellen
    iLeft = 200
    iTop = 50
    DTitel = "Momentenverlauf"
```

```
    xTitel = "Trägerlänge [cm]"
    yTitel = "Moment  M [Ncm]"
    CreateChartObjectRange1 rngTmp
'Verweise freigeben
    Set rngTmp = Nothing
    Set wshTmp = Nothing
End Sub

Public Sub BiegungsVerlaufZeigen1()
    Dim rngTmp     As Range
    Dim lNumRows   As Long
    Dim lNumCols   As Long
'Verweis auf Worksheet mit Daten
    Set wshTmp = ThisWorkbook.Worksheets("Biegeträger1")
'Übergabe der Anzahl der Spalten/Zeilen
    lNumRows = wshTmp.UsedRange.Rows.Count
    lNumCols = wshTmp.UsedRange.Columns.Count
'Verweis auf Datenbereich setzen
    Set rngTmp = wshTmp.Range("C2:C" + LTrim(Str(lNumRows)))
'Diagramm erstellen
    iLeft = 250
    iTop = 240
    DTitel = "Durchbiegungsverlauf"
    xTitel = "Trägerlänge [cm]"
    yTitel = "Durchbiegung  y [cm]"
    CreateChartObjectRange1 rngTmp
'Verweise freigeben
    Set rngTmp = Nothing
    Set wshTmp = Nothing
End Sub

Public Sub CreateChartObjectRange1(ByVal rngTmp As Range)
    Dim objChart     As Object
'Bildschirmaktualisierung deaktivieren
    Application.ScreenUpdating = False
'Verweis auf Diagramm setzen und Diagramm hinzufügen
    Set objChart = Application.Charts.Add
    With objChart
        'Diagramm-Typ und -Quelldatenbereich festlegen:
        .ChartType = xlLineStacked
        .SetSourceData Source:=rngTmp, PlotBy:=xlColumns
        'Titel festlegen:
        .HasTitle = True
        .ChartTitle.Text = DTitel
        .Axes(xlCategory, xlPrimary).HasTitle = True
        .Axes(xlCategory, xlPrimary).AxisTitle.Characters.Text = xTitel
        .Axes(xlValue, xlPrimary).HasTitle = True
        .Axes(xlValue, xlPrimary).AxisTitle.Characters.Text = yTitel
        .Axes(xlCategory).TickLabelSpacing = 2
        'Diagramm auf Tabellenblatt einbetten:
        .Location Where:=xlLocationAsObject, Name:=wshTmp.Name
    End With
'Legende löschen
    ActiveChart.Legend.Select
    Selection.Delete
'Verweis auf das eingebettete Diagramm setzen
    Set objChart = wshTmp.ChartObjects(wshTmp.ChartObjects.Count)
    With objChart
        .Left = iLeft
        .Top = iTop
        .Width = 300
        .Height = 200
```

```
   End With
'Bildschirmaktualisierung aktivieren
   Application.ScreenUpdating = True
   Set objChart = Nothing
End Sub
```

Das Formular *frmBiegung* erhält das in Bild 3-31 dargestellte Aussehen.

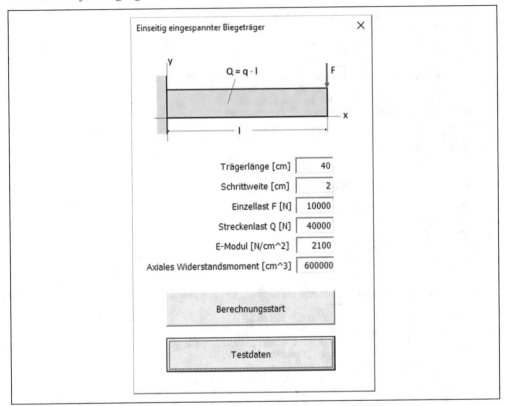

*Bild 3-31. Formular zur Eingabe der Berechnungsdaten*

Dazu wird im oberen Teil des Formulars ein Image-Objekt eingefügt. Es enthält eine Grafik des Biegeträgers. Diese Grafik können Sie z.B. mit dem Paint-Programm unter Zubehör erstellen. Darunter befinden sich 6 Steuerelemente vom Typ TextBox, die mit entsprechenden Labels bezeichnet sind. Letztlich gibt es dann noch die beiden Schaltflächen *cmdStart* und *cmdTest*.

*Codeliste 3-5. Prozeduren im Formular frmBiegung1*

```
Private Sub cmdStart_Click()
   Call BiegungsBerechnung1
End Sub

Private Sub BiegungsBerechnung1()
   Dim wshTmp  As Worksheet
   Dim dLg     As Double
   Dim dFe     As Double
   Dim dQs     As Double
   Dim dq      As Double
   Dim dEm     As Double
```

```vbnet
    Dim dIa      As Double
    Dim dXd      As Double
    Dim dX       As Double
    Dim dMx      As Double
    Dim dyx      As Double
    Dim iRow     As Integer

    dLg = Val(tbxL)
    dXd = Val(tbxS)
    dFe = Val(tbxF)
    dQs = Val(tbxQ)
    dEm = Val(tbxE)
    dIa = Val(tbxW)
    If dLg = 0 Or dXd = 0 Or dFe = 0 Or dQs = 0 Or dEm = 0 Or dIa = 0 Then
        MsgBox "Fehlerhafte Dateneingabe!", vbCritical + vbOKOnly, "ACHTUNG"
        Exit Sub
    End If

    Set wshTmp = Worksheets("Biegeträger1")
    With wshTmp
        .Activate
        .Cells.Clear
        .Range("A1").Value = "Stelle" & vbLf & "x [cm]"
        .Range("B1").Value = "Moment" & vbLf & "M [Ncm]"
        .Range("C1").Value = "Biegung" & vbLf & "x [cm]"
        .Columns("A:C").EntireColumn.AutoFit
        iRow = 1
        dq = dQs / dLg

'Auswertungsschleife
        For dX = 0 To dLg Step dXd
            dMx = dFe * (dLg - dX) + dq * (dLg - dX) ^ 2 / 2
            dyx = -1 / (dEm * dIa) * _
                (dFe / 2 * dLg * dX ^ 2 _
                - dFe / 6 * dX ^ 3 _
                + dq / 4 * dLg ^ 2 * dX ^ 2 _
                - dq / 6 * dLg * dX ^ 3 _
                + dq / 24 * dX ^ 4)
            iRow = iRow + 1
            .Cells(iRow, 1) = dX
            .Cells(iRow, 2) = Round(dMx, 3)
            .Cells(iRow, 3) = Round(dyx, 6)
        Next dX
    End With
    Set wshTmp = Nothing
    Unload Me
End Sub

Private Sub cmdTest_Click()
    tbxL = 40
    tbxS = 2
    tbxF = 10000
    tbxQ = 40000
    tbxE = 2100
    tbxW = 600000
End Sub
```

## Übung 3.8 Biegeträger

Auch hier wird der Berechnungsablauf in Schritten ausgeführt.

- Mit der Auswahl *Eingabe* wird ein Formular aufgerufen, in das die notwendigen Daten eingeben werden müssen.
- Eine Schaltfläche *Testdaten* setzt Beispieldaten ins Formular.
- Mit der Schaltfläche *Berechnungsstart* auf dem Formular erfolgt in der Tabelle *Biegeträger* die Ausgabe der berechneten Daten.
- Mit der Auswahl *Diagramme* werden die Diagramme des Moment- und Durchbiegungs-Verlaufs eingeblendet (siehe Bild 3-32).
- Die beiden Diagramme werden mit der Auswahl *Diagramme löschen* auch wieder aus dem Tabellenblatt entfernt.

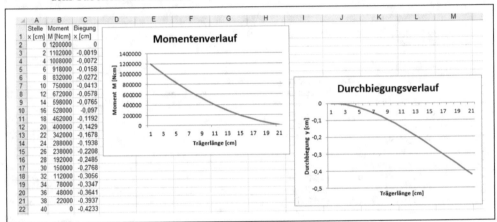

*Bild 3-32. Ergebnis zum Testbeispiel*

## 3.3.2 Beidseitig fest eingespannter Träger mit Streckenlast

In Technikhandbüchern finden sich Tabellen mit unterschiedlichen Biegefällen. Zum Beispiel einen frei aufliegenden Biegeträger mit gleichmäßig verteilter Streckenlast (Bild 3-33). Im einfachsten Fall ist es das Gewicht des Trägers.

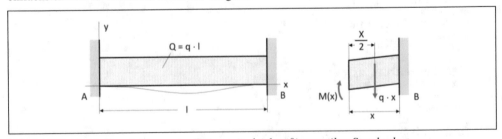

*Bild 3-33. Beidseitig fest eingespannter Träger mit gleichmäßig verteilter Streckenlast*

Durch die Gleichverteilung folgt für die Auflagerkräfte

$$A = B = \frac{q\,l}{2}. \tag{3.31}$$

Das Moment an der Stelle x ist

$$M(x) = B\,x - \frac{q}{2}x^2 + M,\qquad(3.32)$$

in dem das zusätzliche Moment hervorgerufen wird durch die gegenüberliegende Einspannung. Die Gleichung der Biegelinie lautet in diesem Fall

$$y'' = -\frac{1}{2EI}\left(B\,x - \frac{q}{2}x^2 + M\right).\qquad(3.33)$$

Zur Vereinfachung setzen wir als Konstante

$$k = -\frac{1}{2EI},\qquad(3.34)$$

sodass wir letztendlich erhalten

$$y'' = k\left(\frac{q\,l}{2}x - \frac{q}{2}x^2 + M\right).\qquad(3.35)$$

Daraus folgt durch Integration

$$y' = k\left(\frac{q\,l}{4}x^2 - \frac{q}{6}x^3 + Mx + c_1\right).\qquad(3.36)$$

Aus der Randbedingung

$$x = 0 \to y' = 0 \to c_1 = 0$$

folgt

$$y' = k\left(\frac{q\,l}{4}x^2 - \frac{q}{6}x^3 + Mx\right).\qquad(3.37)$$

Aus der Randbedingung

$$x = l \to y' = 0$$

folgt

$$y' = k\left(\frac{q\,l}{4}x^2 - \frac{q}{6}x^3 + Mx\right) = 0.\qquad(3.38)$$

Daraus bestimmt sich das zusätzliche Moment M

$$M = \frac{q}{12}l^2\qquad(3.39)$$

und für die Durchbiegung folgt

$$y = k\frac{q\,l^4}{24}\left(2\left(\frac{x}{l}\right)^3 - \left(\frac{x}{l}\right)^4 - \left(\frac{x}{l}\right)^2\right).\qquad(3.40)$$

Als Vorlage dienen die vorherigen Prozeduren zum Biegeträger und auch das Formular mit seinen Testdaten (Bild 3-34) wird entsprechend angepasst.

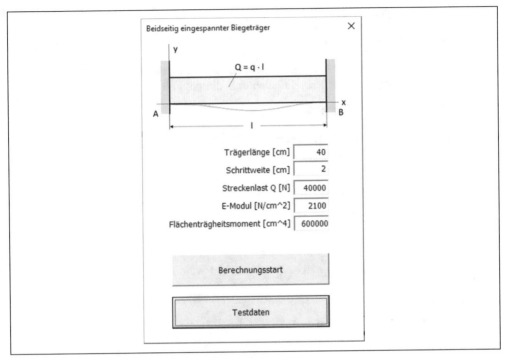

*Bild 3-34. Formular zur Eingabe der Berechnungsdaten*

Die Auswertung ergibt das erwartete Ergebnis (Bild 3-35).

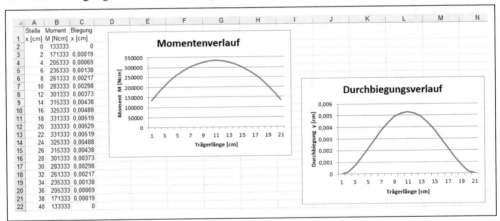

*Bild 3-35. Ergebnis zum Testbeispiel*

## Übung 3.9 Träger mit konstanter Biegebelastung

Besondere Formen von Trägern und Wellen sind die mit konstanter Biegebelastung wie in Bild 3-36 dargestellt.

Die Form berechnet sich hier nach der Funktion

$$y(x) = \sqrt{\frac{6 \cdot F}{b \cdot \sigma_{zul}}} \cdot x. \tag{3.41}$$

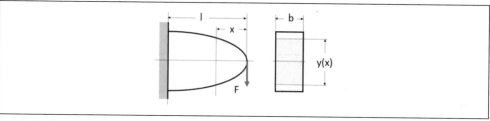

*Bild 3-36. Biegeträger mit konstanter Biegebelastung*

Erstellen Sie ein Arbeitsblatt zur Formenberechnung auch für andere Formen wie Keil und Kegel. Neben dem Biegemoment-Verlauf ist auch oft der Querkraft-Verlauf gefragt. Ergänzen Sie das Beispiel um diese Berechnung. Ebenso die anderen möglichen Berechnungen.

## Übung 3.10 Axiale Flächenträgheits- und Widerstandsmomente

Ein sehr schönes Übungsbeispiel ist auch die Berechnung axialer Trägheits- und Widerstandsmomente. Tabellen der üblichen Standardquerschnitte finden Sie in allen Technik-Handbüchern. Für einen Rechteckquerschnitt (Bild 3-37) mit der Breite b und der Höhe h berechnet sich das axiale Trägheitsmoment nach der Formel

$$I = \frac{b \cdot h^3}{12}. \tag{3.42}$$

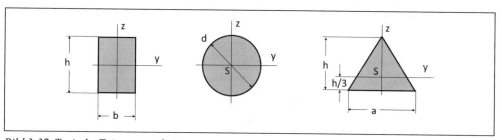

*Bild 3-37. Typische Trägerquerschnitte*

Aus dieser Formel ist ersichtlich, dass die Höhe eines Rechtecks um ein Vielfaches (3. Potenz) mehr zur Stabilität eines Biegeträgers beiträgt, als seine Breite.

Die Formeln für die *Flächenträgheitsmomente* gelten nur, wenn die Biegung um die Schwerachse des Querschnitts erfolgt. Bei einer anderen Achse ist der Widerstand gegen Biegung größer und es muss zum Flächenträgheitsmoment noch der Anteil nach Steiner hinzugezählt werden (Bild 3-38).

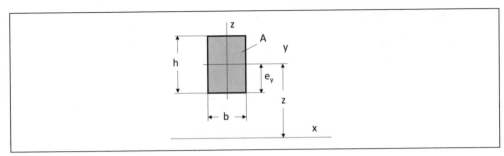

*Bild 3-38. Abstand zur Biegeachse*

Dieser ist abhängig vom Abstand z der Biegeachse zur Schwerachse und von der Fläche A des Querschnitts.

$$I_x = I_y + z^2 A \tag{3.43}$$

Neben dem Flächenträgheitsmoment spielt das *Widerstandsmoment* gegen Biegung bzw. Torsion in der Festigkeitsberechnung eine wichtige Rolle. Es bestimmt sich aus der Division des Flächenträgheitsmoments I durch den Randfaserabstand e (Bild 3-38).

$$W_y = \frac{I_y}{e_y} \tag{3.44}$$

Ist die Fläche unsymmetrisch, dann existieren zwei Randfaserabstände ey1 und ey2 und entsprechend zwei Widerstandsmomente.

$$W_{y1} = \frac{I_y}{e_{y1}} \quad und \quad W_{y2} = \frac{I_y}{e_{y2}} \tag{3.45}$$

Das Widerstandsmoment eines aus Grundformen zusammengesetzten Querschnitts bestimmt sich zuerst aus dem resultierenden Flächenträgheitsmoment in Bezug auf den Gesamtschwerpunkt, der dann durch die Randfaserabstände dividiert wird (Bild 3-39).

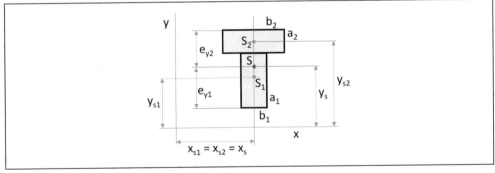

*Bild 3-39. Randfaserabstände*

# KAPITEL 4

# Berechnungen aus der Dynamik

Die Dynamik befasst sich mit den Bewegungen und deren Änderungen, die ein System unter Einwirkung von Kräften erfährt. Zu den zentralen Begriffen gehören Weg, Geschwindigkeit und Beschleunigung ebenso wie Kraft und Masse. Den Widerstand eines Körpers gegen eine Bewegungsänderung nennt man Trägheit.

## 4.1 Massenträgheitsmomente

Ein Körper, der um eine feste Achse drehbar gelagert ist, benötigt ein Drehmoment um ihn in Drehung zu versetzen.

### 4.1.1 Beschleunigte Drehbewegung

Die beschleunigte Drehung eines starren Körpers in der Ebene um eine feste Achse wird durch die Einwirkung eines Drehmoments M hervorgerufen (Bild 4-1). Dabei vollführt jedes Massenteilchen *dm* eine beschleunigte Bewegung.

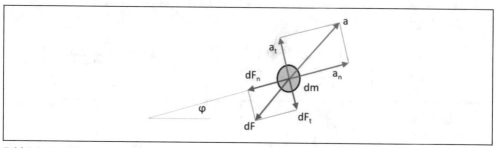

*Bild 4-1. Beschleunigte Drehung*

Ein Massenteil auf einer gekrümmten Bahn unterliegt einer Normal- und Tangential-beschleunigung. Dies führt nach dem d'Alembertschen Prinzip zu dem Ansatz

$$dF_t = dm \cdot a_t \qquad (4.1)$$

und

© Springer Fachmedien Wiesbaden GmbH, ein Teil von Springer Nature 2023
H. Nahrstedt, *Excel + VBA für Ingenieure*,
https://doi.org/10.1007/978-3-658-41504-4_4

$$dF_n = dm \cdot a_n. \tag{4.2}$$

Während das Normalkraftdifferential $dF_n$ kein Drehmoment hervorruft, seine Wirkungslinie geht durch den Drehpunkt, hat das Tangentialkraftdifferential $dF_t$ einen Drehmomentanteil von

$$dM = r \cdot dF_t. \tag{4.3}$$

Für die Gesamtheit aller Anteile gilt damit

$$M = \int r \cdot dF_t = \int r \cdot dm \cdot a_t. \tag{4.4}$$

Darin ist

$$a_t = r \cdot \varepsilon \tag{4.5}$$

mit der Winkelbeschleunigung $\varepsilon$, die für alle Massenteile gleich ist.

$$M = \varepsilon \int r^2 \, dm \tag{4.6}$$

## 4.1.2 Axiale Massenträgheitsmomente

Axiale Massenträgheitsmomente einfacher Grundkörper (Bild 4-2) finden sich in der Literatur.

| | | |
|---|---|---|
| Quader | 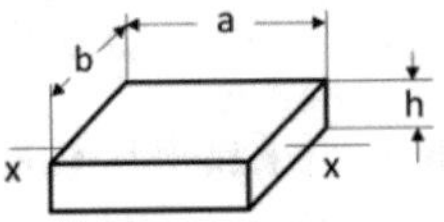 | $I_{dx} = \dfrac{m}{12}(a^2 + b^2)$ |
| Hohlzylinder | 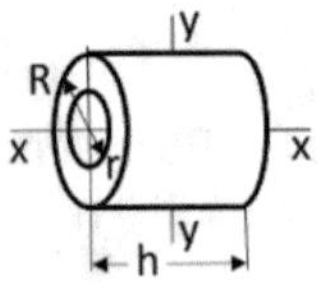 | $I_{dx} = \dfrac{m}{2}(R^2 + r^2)$ <br> $I_{dy} = \dfrac{m}{4}(R^2 + r^2 - \dfrac{h^2}{3})$ |
| Hohlkugel | 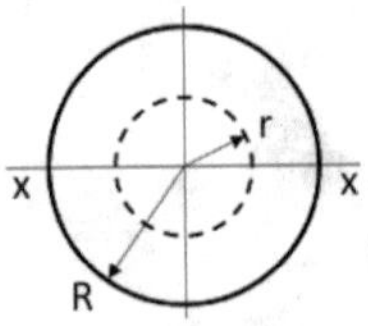 | $I_{dx} = 0{,}4 \cdot m \dfrac{R^5 - r^5}{R^3 - r^3}$ |
| Gerader Kegelstumpf | 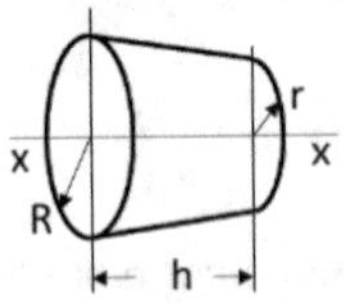 | $I_{dx} = 0{,}3 \cdot m \dfrac{R^5 - r^5}{R^3 - r^3}$ |
| Kreisring | 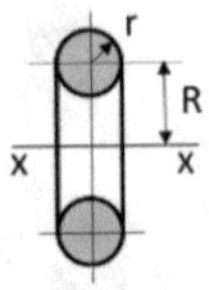 | $I_{dx} = m(R^2 + \dfrac{3}{4}r^2)$ |

*Bild 4-2. Axiale Massenträgheitsmomente einfacher Grundkörper*

Analog zur Massenträgheit bei der Translation (F = m · a), bezeichnet man

$$I_d = \int r^2 \, dm \qquad (4.7)$$

als Massenträgheitsmoment eines starren Körpers.

Genauer, da es sich auf eine Achse bezieht, als axiales Massenträgheitsmoment. Zu beachten ist, dass der Abstand zum Quadrat in die Gleichung eingeht. Auch kompliziert gestaltete Körper lassen sich mit diesen Gleichungen bestimmen, da die Summe der Massenträgheitsmomente einzelner Grundkörper gleich dem Massenträgheitsmoment des gesamten starren Körpers ist. Das liegt an der Eigenschaft des Integrals in Gleichung 4.7.

Nicht immer fällt die Drehachse des Grundkörpers mit der des starren Körpers zusammen, zu der er gehört. Dazu betrachten wir nach Bild 4-3 das Massenträgheitsmoment bezüglich einer zweiten Achse gegenüber der Schwerpunktachse.

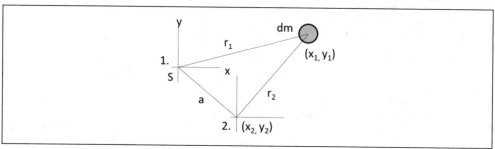

*Bild 4-3. Drehachse versetzt zur Schwerachse*

Es gilt für den Radius $r_2$ die geometrische Beziehung

$$r_2^2 = (x_1 - x_2)^2 + (y_1 - y_2)^2 = r_1^2 + a^2 - 2(x_1 x_2 + y_1 y_2). \qquad (4.8)$$

Eingesetzt in (3.7) folgt

$$I_d = \int r_1^2 \, dm + a^2 \int dm - 2 \int (x_1 x_2 + y_1 y_2) \, dm. \qquad (4.9)$$

Darin ist

$$\int dm = m \qquad (4.10)$$

und

$$-2 \int (x_1 x_2 + y_1 y_2) \, dm \qquad (4.11)$$

das statische Moment des starren Körpers bezüglich des Schwerpunktes, also Null. Damit folgt die als Satz von Steiner (Verschiebungssatz) bekannte Gesetzmäßigkeit

$$I_{d2} = I_{d1} + ma^2. \qquad (4.12)$$

## Übung 4.1 Bestimmung der Massenträgheit mit finiten Elementen

Berechnung der Massenträgheitsmomente der angegebenen Grundkörper und der Umrechnungsmöglichkeit auf eine beliebige Achse. Mittels Summenbildung sollte es möglich sein, das Massenträgheitsmoment, eines aus beliebigen Grundkörpern zusammengesetzten Maschinenteils, zu berechnen.

🗁 7-06-04-01_MassenMomente.xlsm

*Tabelle 4-1. Bestimmung von Massenträgheitsmomenten für Maschinenteile aus finiten Elementen*

| Summe aller $I_d = 0$ | |
|---|---|
| | Für alle finiten Elemente |
| | Auswahl des Grundkörpers |
| | Eingabe der Maße a/R, b/r, (h), w, x |
| | Berechnung der Massenträgheitsmomente $I_d$, $I_x$ |
| | Summenbildung $\sum I_x = \sum I_x + I_x$ |
| | Ausgabe der Berechnungsdaten |

*Codeliste 4-1. Prozeduren in Tabelle tblMassenTM*

```
Private Sub Formblatt()
    Dim wshTmp As Worksheet
    Set wshTmp = Worksheets("Massenträgheitsmomente")
    With wshTmp
'Tabelle löschen
        .Activate
        .Cells.Clear
'Formblatt
        .Range("A1") = "Form"
        .Range("B1:D1").MergeCells = True
        .Range("B1:D1") = "Maße"
        .Range("B2") = "a/R [mm]"
        .Range("C2") = "b/r[mm]"
        .Range("D2") = "h [mm]"
        .Range("E1") = "Dichte"
        .Range("E2") = "[kg/dm" + ChrW(179) + "]"
        .Range("F1") = "Masse m"
        .Range("F2") = "[kg]"
        .Range("G1") = "Moment Id"
        .Range("G2") = "[kgm" + ChrW(178) + "]"
        .Range("H1") = "Abstand x"
        .Range("H2") = "[mm]"
        .Range("I1") = "Moment Ix"
        .Range("I2") = "[kgm" + ChrW(178) + "]"
        .Range("J1") = "dGesamt Ix"
        .Range("J2") = "[kgm" + ChrW(178) + "]"
        .Range("A:F").ColumnWidth = 10
        .Range("G:G").ColumnWidth = 20
        .Range("H:H").ColumnWidth = 10
        .Range("I:J").ColumnWidth = 20
        .Columns("A:J").Select
        Selection.NumberFormat = "0.00"
        iZeile = 3
        dGesamt = 0
        Zelle
    End With
    Set wshTmp = Nothing
End Sub

Private Sub Quader()
    Load frmQuader
    frmQuader.Show
End Sub

Private Sub Zylinder()
    Load frmZylinder
```

```
       frmZylinder.Show
End Sub

Private Sub Kugel()
    Load frmKugel
    frmKugel.Show
End Sub

Private Sub Kegel()
    Load frmKegel
    frmKegel.Show
End Sub

Private Sub Ring()
    Load frmRing
    frmRing.Show
End Sub
```

Neben der Tabelle *tblMassenTM* sind noch fünf Formulare für die einzelnen finiten Elemente anzulegen (Bild 4-4 bis Bild 4-8).

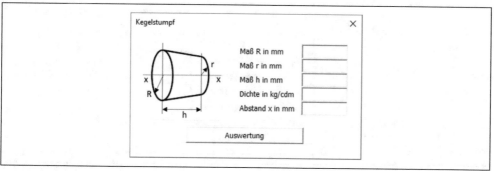

*Bild 4-4. Formular Kegel*

*Codeliste 4-2. Prozeduren im Formular frmKegel*

```
Private Sub UserForm_Activate()
    tbxR1Ke.SetFocus
End Sub

Private Sub cmdKegel_Click()
    Dim wshTmp   As Worksheet
    Dim dr1      As Double
    Dim dr2      As Double
    Dim dh       As Double
    Dim dd       As Double
    Dim dX       As Double
    Dim dm       As Double
    Dim dId      As Double
    Dim dIx      As Double

    dr1 = Cell2Dez(tbxR1Ke)
    dr2 = Cell2Dez(tbxR2Ke)
    dh = Cell2Dez(tbxHKe)
    dd = Cell2Dez(tbxDKe)
    dX = Cell2Dez(tbxAKe)
    dm = 4 * Atn(1) / 3 * dh * (dr1 * dr1 + dr1 * dr2 + dr2 * dr2) _
        / 1000000 * dd
    dId = 0.3 * dm * (dr1 ^ 5 - dr2 ^ 5) / (dr1 ^ 3 - dr2 ^ 3) / 1000000
    dIx = dId + dm * dX * dX / 1000000
```

```
      dGesamt = dGesamt + dIx
      If iRow = 0 Then iRow = 3
      Set wshTmp = Worksheets("Massenträgheitsmomente")
      With wshTmp
         .Activate
         .Cells(iRow, 1) = "Kegel"
         .Cells(iRow, 2) = dr1
         .Cells(iRow, 3) = dr2
         .Cells(iRow, 4) = dh
         .Cells(iRow, 5) = dd
         .Cells(iRow, 6) = dm
         .Cells(iRow, 7) = dId
         .Cells(iRow, 8) = dX
         .Cells(iRow, 9) = dIx
         .Cells(iRow, 10) = dGesamt
      End With
      Set wshTmp = Nothing
      iRow = iRow + 1
      Unload Me
End Sub
```

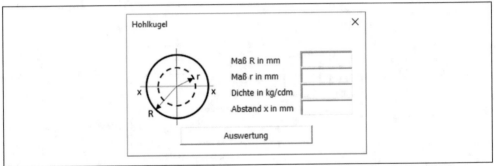

*Bild 4-5. Formular Kugel*

*Codeliste 4-3. Prozeduren im Formular frmKugel*

```
Private Sub UserForm_Activate()
    tbxR1Ku.SetFocus
End Sub

Private Sub cmdKugel_Click()
    Dim wshTmp  As Worksheet
    Dim dr1     As Double
    Dim dr2     As Double
    Dim dd      As Double
    Dim dX      As Double
    Dim dm      As Double
    Dim dId     As Double
    Dim dIx     As Double

    dr1 = Cell2Dez(tbxR1Ku)
    dr2 = Cell2Dez(tbxR2Ku)
    dd = Cell2Dez(tbxDKu)
    dX = Cell2Dez(tbxAKu)
    dm = (dr1 ^ 3 - dr2 ^ 3) * 4 / 3 * 4 * Atn(1) / 1000000 * dd
    dId = 0.4 * dm * (dr1 ^ 5 - dr2 ^ 5) / (dr1 ^ 3 - dr2 ^ 3) / 1000000
    dIx = dId + dm * dX * dX / 1000000
    dGesamt = dGesamt + dIx
    If iRow = 0 Then iRow = 3
    Set wshTmp = Worksheets("Massenträgheitsmomente")
```

```
     With wshTmp
         .Activate
         .Cells(iRow, 1) = "Kugel"
         .Cells(iRow, 2) = dr1
         .Cells(iRow, 3) = dr2
         .Cells(iRow, 4) = ""
         .Cells(iRow, 5) = dd
         .Cells(iRow, 6) = dm
         .Cells(iRow, 7) = dId
         .Cells(iRow, 8) = dX
         .Cells(iRow, 9) = dIx
         .Cells(iRow, 10) = dGesamt
     End With
     Set wshTmp = Nothing
     iRow = iRow + 1
     Unload Me
End Sub
```

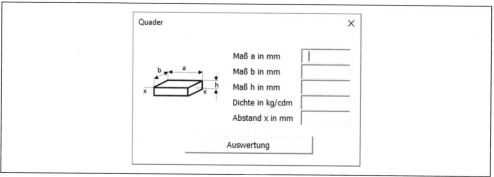

*Bild 4-6. Formular Quader*

*Codeliste 4-4. Prozeduren im Formular frmQuader*

```
Private Sub UserForm_Activate()
    tbxA.SetFocus
End Sub

Private Sub cmdQuader_Click()
    Dim wshTmp  As Worksheet
    Dim da      As Double
    Dim db      As Double
    Dim dh      As Double
    Dim dd      As Double
    Dim dX      As Double
    Dim dm      As Double
    Dim dId     As Double
    Dim dIx     As Double

    da = Cell2Dez(tbxA)
    db = Cell2Dez(tbxB)
    dh = Cell2Dez(tbxH)
    dd = Cell2Dez(tbxD)
    dX = Cell2Dez(tbxX)
    dm = da * db * dh / 1000000 * dd
    dId = dm / 12 * (da * da + db * db) / 1000000
    dIx = dId + dm * dX * dX / 1000000
    dGesamt = dGesamt + dIx
    If iRow = 0 Then iRow = 3
    Set wshTmp = Worksheets("Massenträgheitsmomente")
```

```
   With wshTmp
      .Activate
      Cells(iRow, 1) = "Quader"
      Cells(iRow, 2) = da
      Cells(iRow, 3) = db
      Cells(iRow, 4) = dh
      Cells(iRow, 5) = dd
      Cells(iRow, 6) = dm
      Cells(iRow, 7) = dId
      Cells(iRow, 8) = dX
      Cells(iRow, 9) = dIx
      Cells(iRow, 10) = dGesamt
   End With
   Set wshTmp = Nothing
   iRow = iRow + 1
   Unload Me
End Sub
```

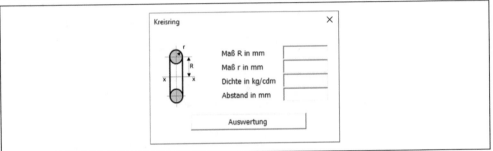

*Bild 4-7. Formular Kreisring*

*Codeliste 4-5. Prozeduren im Formular frmKreisring*

```
Private Sub UserForm_Activate()
   tbxR1.SetFocus
End Sub

Private Sub cmdRing_Click()
   Dim wshTmp  As Worksheet
   Dim dr1     As Double
   Dim dr2     As Double
   Dim dd      As Double
   Dim dX      As Double
   Dim dm      As Double
   Dim dId     As Double
   Dim dIx     As Double

   dr1 = Cell2Dez(tbxR1)
   dr2 = Cell2Dez(tbxR2)
   dd = Cell2Dez(tbxD)
   dX = Cell2Dez(tbxA)
   dm = 2 * (4 * Atn(1)) ^ 2 * dr2 * dr2 * dr1 / 1000000 * dd
   dId = dm * (dr1 * dr1 + 3 / 4 * dr2 * dr2) / 1000000
   dIx = dId + dm * dX * dX / 1000000
   dGesamt = dGesamt + dIx
   If iRow = 0 Then iRow = 3
   Set wshTmp = Worksheets("Massenträgheitsmomente")
   With wshTmp
      .Activate
      .Cells(iRow, 1) = "Ring"
      .Cells(iRow, 2) = dr1
```

```
            .Cells(iRow, 3) = dr2
            .Cells(iRow, 4) = ""
            .Cells(iRow, 5) = dd
            .Cells(iRow, 6) = dm
            .Cells(iRow, 7) = dId
            .Cells(iRow, 8) = dX
            .Cells(iRow, 9) = dIx
            .Cells(iRow, 10) = dGesamt
        End With
        Set wshTmp = Nothing
        iRow = iRow + 1
        Unload Me
End Sub
```

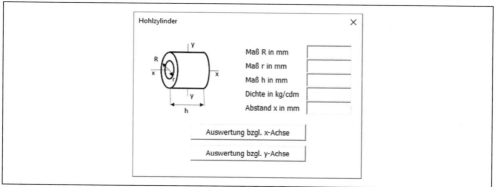

*Bild 4-8. Formular Hohlzylinder*

*Codeliste 4-6. Prozeduren im Formular frmZylinder*

```
Private Sub UserForm_Activate()
    tbxR1.SetFocus
End Sub

Private Sub cmdZylinderX_Click()
    Dim wshTmp  As Worksheet
    Dim dr1     As Double
    Dim dr2     As Double
    Dim dh      As Double
    Dim dw      As Double
    Dim dX      As Double
    Dim dm      As Double
    Dim dId     As Double
    Dim dIx     As Double

    dr1 = Cell2Dez(tbxR1)
    dr2 = Cell2Dez(tbxR2)
    dh = Cell2Dez(tbxH)
    dw = Cell2Dez(tbxD)
    dX = Cell2Dez(tbxA)
    dm = 4 * Atn(1) * (dr1 + dr2) * (dr1 - dr2) * dh / 1000000 * dw
    dId = dm / 2 * (dr1 * dr1 + dr2 * dr2) / 1000000
    dIx = dId + dm * dX * dX / 1000000
    dGesamt = dGesamt + dIx
    If iRow = 0 Then iRow = 3
    Set wshTmp = Worksheets("Massenträgheitsmomente")
    With wshTmp
        .Activate
        .Cells(iRow, 1) = "Zylinder X"
```

```
            .Cells(iRow, 2) = dr1
            .Cells(iRow, 3) = dr2
            .Cells(iRow, 4) = dh
            .Cells(iRow, 5) = dw
            .Cells(iRow, 6) = dm
            .Cells(iRow, 7) = dId
            .Cells(iRow, 8) = dX
            .Cells(iRow, 9) = dIx
            .Cells(iRow, 10) = dGesamt
        End With
        Set wshTmp = Nothing
        iRow = iRow + 1
        Unload Me
End Sub

Private Sub cmdZylinderY_Click()
    Dim wshTmp  As Worksheet
    Dim dr1     As Double
    Dim dr2     As Double
    Dim dh      As Double
    Dim dw      As Double
    Dim dX      As Double
    Dim dm      As Double
    Dim dId     As Double
    Dim dIx     As Double

    dr1 = Cell2Dez(tbxR1)
    dr2 = Cell2Dez(tbxR2)
    dh = Cell2Dez(tbxH)
    dw = Cell2Dez(tbxD)
    dX = Cell2Dez(tbxA)
    dm = 4 * Atn(1) * (dr1 + dr2) * (dr1 - dr2) * dh / 1000000 * dw
    dId = dm / 4 * (dr1 * dr1 + dr2 * dr2 - dh * dh / 3) / 1000000
    dIx = dId + dm * dX * dX / 1000000
    dGesamt = dGesamt + dIx
    If iRow = 0 Then iRow = 3
    Set wshTmp = Worksheets("Massenträgheitsmomente")
    With wshTmp
        .Cells(iRow, 1) = "Zylinder Y"
        .Cells(iRow, 2) = dr1
        .Cells(iRow, 3) = dr2
        .Cells(iRow, 4) = dh
        .Cells(iRow, 5) = dw
        .Cells(iRow, 6) = dm
        .Cells(iRow, 7) = dId
        .Cells(iRow, 8) = dX
        .Cells(iRow, 9) = dIx
        .Cells(iRow, 10) = dGesamt
    End With
    Set wshTmp = Nothing
    iRow = iRow + 1
    Unload Me
End Sub
```

Im zugehörigen Modul müssen wir nur die globalen Variablen deklarieren.

*Codeliste 4-7. Prozedur im Modul modMassenTM*

```
Option Explicit
Option Private Module

Public iRow    As Integer
Public dGesamt As Double
```

Variable in Modulen, die mit *Public* deklariert sind, gelten für das ganze Projekt. Ebenso Prozeduren, die nur mit *Sub* und nicht mit *Private Sub* beginnen.

## Übung 4.2 Massenträgheitsmoment eines Ankers

Der dargestellte Anker in Bild 4-9 besteht aus Stahl (Dichte 7,85 kg/dm³) und unterteilt sich in drei Grundkörper (zwei Quader und ein Hohlzylinder).

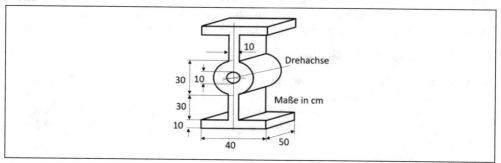

*Bild 4-9. Anker*

Das Ergebnis der Berechnung zeigt Bild 4-10 und lautet $I_d$=118,61 kgm².

| | A | B | C | D | E | F | G | H | I | J |
|---|---|---|---|---|---|---|---|---|---|---|
| 1 | Form | Maße | | | | Dichte | Masse m | Moment Id | Abstand x | Moment Ix | dGesamt Ix |
| 2 | | a/R [mm] | b/r[mm] | h [mm] | | [kg/dm³] | [kg] | [kgm²] | [mm] | [kgm²] | [kgm²] |
| 3 | Zylinder X | 150,00 | 50,00 | 500,00 | | 7,85 | 246,62 | 3,08 | 0,00 | 3,08 | 3,08 |
| 4 | Quader | 500,00 | 100,00 | 300,00 | | 7,85 | 117,75 | 2,55 | 300,00 | 13,15 | 16,23 |
| 5 | Quader | 500,00 | 100,00 | 300,00 | | 7,85 | 117,75 | 2,55 | 300,00 | 13,15 | 29,38 |
| 6 | Quader | 500,00 | 400,00 | 100,00 | | 7,85 | 157,00 | 5,36 | 500,00 | 44,61 | 73,99 |
| 7 | Quader | 500,00 | 400,00 | 100,00 | | 7,85 | 157,00 | 5,36 | 500,00 | 44,61 | 118,61 |

*Bild 4-10. Berechnung des Ankers*

## Übung 4.3 Ergänzungen

Das vorangegangene Anwendungsbeispiel zur Bestimmung eines Massenträgheitsmomentes für Maschinenteile aus finiten Elementen soll nachfolgende Ergänzungen bekommen.

- Nicht immer sind die eingegebenen Maße sinnvoll. Prüfen Sie daher in den entsprechenden Prozeduren die Eingaben und geben Sie notfalls einen Hinweis aus.
- Wie Sie am vorangegangenen Beispiel sehen konnten, müssen gleiche Elemente zweimal angegeben werden. Ergänzen Sie das Formblatt um die Eingabe der Stückzahl.
- Wie bei den anderen Anwendungen auch, sollte ein Formblatt einen Neustart ermöglichen und das entsprechende Arbeitsblatt aktivieren.
- Ergänzen Sie die Elemente um weitere, die Sie in Technik-Handbüchern finden oder aus alten Berechnungen bereits kennen.

## 4.2 Mechanische Schwingungen

Unter einer mechanischen Schwingung versteht man die periodische Bewegung einer Masse um eine Mittellage. Den einfachsten Fall bildet ein Feder-Masse-System. Bei der Bewegung findet ein ständiger Energieaustausch zwischen potenzieller und kinetischer Energie statt. Die potenzielle Energiedifferenz wird auch als Federenergie bezeichnet. Die bei der Bewegung umgesetzte Wärmeenergie, durch innere Reibung in der Feder, soll unberücksichtigt bleiben. Wirken auf ein schwingendes System keine äußeren Kräfte, bezeichnet man den Bewegungsvorgang als freie Schwingung, andernfalls als erzwungene Schwingung.

### 4.2.1 Freie gedämpfte Schwingung

Die bei der realen Schwingung stets auftretende Widerstandskraft, Bewegung im Medium und Reibungskraft (Reibung nach Stokes, im Gegensatz zur Reibung nach Coulomb oder Newton etc.), soll in erster Näherung als geschwindigkeitsproportional angesehen werden. Bei der Betrachtung einer freien gedämpften Schwingung (Bild 4-11) wirkt zum Zeitpunkt t an der Masse die Federkraft

$$F_f = f \cdot s \tag{4.13}$$

mit der Federkonstante f.

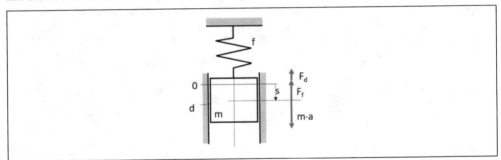

*Bild 4-11. Freie gedämpfte Schwingung*

Für die Dämpfungskraft folgt unter Einführung der Dämpfungskonstanten d als Maß für die Dämpfungsintensität

$$F_d = 2 \cdot m \cdot d \cdot \dot{s}. \tag{4.14}$$

Nach dem d'Alembertschen Prinzip folgt

$$m \cdot \ddot{s} = -f \cdot s - 2 \cdot m \cdot d \cdot \dot{s}. \tag{4.15}$$

Umgestellt

$$\frac{dv}{dt} = -\frac{f}{m}s - 2 \cdot d \cdot v \tag{4.16}$$

Nach dem Euler-Cauchy-Verfahren ersetzt man den in der Gleichung (4.16) enthaltenen Differentialquotienten durch einen Differenzenquotienten

$$\Delta v = -\left(\frac{f}{m}s + 2dv\right)\Delta t. \tag{4.17}$$

Für hinreichend kleine Differenzen $\Delta t$ ergibt sich so eine angenäherte Lösung $\Delta v$.

*Tabelle 4-2. Simulation einer freien gedämpften Schwingung*

| Eingabe m, f, d, $s_0$, $v_0$, $t_0$, $d_t$, $t_e$ | | |
|---|---|---|
| | Solange t < $t_e$ | |
| | | $\Delta v_i = -\left(\dfrac{f}{m} s_i + 2 d v_{i-1}\right) \Delta t$ |
| | | $v_i = v_{i-1} + \Delta v_i$ |
| | | $\Delta s_i = v_i \cdot \Delta t$ |
| | | $s_i = s_{i-1} + \Delta s_i$ |
| | | $t_i = t_{i-1} + \Delta t$ |
| | Ausgabe $s_i$, $v_i$, $t_i$ | |

📁 7-06-04-02_Schwingungen.xlsm

*Codeliste 4-8. Prozeduren im Arbeitsblatt tblSchwingung*

```
Private Sub Formblatt()
    Dim wshTmp As Worksheet
    Set wshTmp = Worksheets("Schwingung")
    With wshTmp
'Tabelle löschen
        .Activate
        .Cells.ClearContents
        DrawingObjects.Delete
'Formblatt
        .Range("A:A").ColumnWidth = 30
        .Range("A1") = "Masse m [kg]"
        .Range("A2") = "Federkonstante f [kg/s" + ChrW(178) + "]"
        .Range("A3") = "Dämpfungskonstante d [1/s]"
        .Range("A4") = "Ausgangsposition s0 [m]"
        .Range("A5") = "Ausgangsgeschwindigkeit v0 [m/s]"
        .Range("A6") = "Ausgangszeit t [s]"
        .Range("A7") = "Schrittweite dt [s]"
        .Range("A8") = "Endzeit te [s]"
        .Range("B:E").ColumnWidth = 10
        .Range("C1:E1").MergeCells = True
        .Range("C1") = "Auswertung"
        .Range("C2") = "t [s]"
        .Range("D2") = "v [m/s]"
        .Range("E2") = "s [m]"
        .Columns("B:E").Select
        Selection.NumberFormat = "0.00"
        .Range("B1").Select
    End With
    Set wshTmp = Nothing
End Sub

Private Sub Testdaten()
    Dim wshTmp As Worksheet
    Set wshTmp = Worksheets("Schwingung")
    With wshTmp
        .Cells(1, 2) = 50
        .Cells(2, 2) = 80
        .Cells(3, 2) = 0.4
        .Cells(4, 2) = -5
        .Cells(5, 2) = 0
```

```
            .Cells(6, 2) = 0
            .Cells(7, 2) = 0.1
            .Cells(8, 2) = 10
        End With
        Set wshTmp = Nothing
End Sub

Private Sub Simulation()
    Dim wshTmp  As Worksheet
    Dim dm      As Double
    Dim df      As Double
    Dim dd      As Double
    Dim ds      As Double
    Dim dv      As Double
    Dim dt      As Double
    Dim ddt     As Double
    Dim dte     As Double
    Dim ddv     As Double
    Dim dds     As Double
    Dim iRow    As Integer

    Set wshTmp = Worksheets("Schwingung")
    With wshTmp
        dm = Cell2Dez(.Cells(1, 2))
        df = Cell2Dez(.Cells(2, 2))
        dd = Cell2Dez(.Cells(3, 2))
        ds = Cell2Dez(.Cells(4, 2))
        dv = Cell2Dez(.Cells(5, 2))
        dt = Cell2Dez(.Cells(6, 2))
        ddt = Cell2Dez(.Cells(7, 2))
        dte = Cell2Dez(.Cells(8, 2))
        iRow = 2
        Do
            ddv = -(df / dm * ds + 2 * dd * dv) * ddt
            dv = dv + ddv
            dds = dv * ddt
            ds = ds + dds
            dt = dt + ddt
            iRow = iRow + 1
            .Cells(iRow, 3) = dt
            .Cells(iRow, 4) = dv
            .Cells(iRow, 5) = ds
        Loop While dt < dte
    End With
    Set wshTmp = Nothing
End Sub

Private Sub SchwingungZeigen()
    Dim wshTmp      As Worksheet
    Dim rngTmp      As Range
    Dim lNumRows    As Long
    Dim lNumCols    As Long

'Verweis auf Worksheet mit Daten
    Set wshTmp = ThisWorkbook.Worksheets("Schwingung")

'Übergabe der Anzahl der Spalten/iRown
    lNumRows = wshTmp.UsedRange.Rows.Count
    lNumCols = wshTmp.UsedRange.Columns.Count

'Verweis auf Datenbereich setzen:
    Set rngTmp = wshTmp.Range("E3:E" + LTrim(Str(lNumRows)))
```

```
'Diagramm erstellen
    CreateChartObjectRange rngTmp, wshTmp
    wshTmp.Cells(1, 1).Select

'Verweise freigeben
    Set rngTmp = Nothing
    Set wshTmp = Nothing
End Sub

Public Sub CreateChartObjectRange(ByVal rngTmp As Range, _
    ByVal wshTmp As Object)
    Dim objChart As Object

'Bildschirmaktualisierung deaktivieren
    Application.ScreenUpdating = False

'Verweis auf Diagramm setzen und Diagramm hinzufügen
    Set objChart = Application.Charts.Add
    With objChart
    'Diagramm-Typ und -Quelldatenbereich festlegen:
        .ChartType = xlLineStacked
        .SetSourceData Source:=rngTmp, PlotBy:=xlColumns
    'Titel festlegen:
        .HasTitle = True
        .ChartTitle.Text = "Freie gedämpfte Schwingung"
        .Axes(xlCategory, xlPrimary).HasTitle = True
        .Axes(xlCategory, xlPrimary).AxisTitle.Characters.Text = "Zeit [s]"
        .Axes(xlValue, xlPrimary).HasTitle = True
        .Axes(xlValue, xlPrimary).AxisTitle.Characters.Text = "Weg [m]"
        .Axes(xlCategory).TickLabelSpacing = 10
    'Diagramm auf Tabellenblatt einbetten:
        .Location Where:=xlLocationAsObject, Name:=wshTmp.Name
    End With

'Legende löschen
    ActiveChart.Legend.Select
    Selection.Delete

'Verweis auf das eingebettete Diagramm setzen
    Set objChart = wshTmp.ChartObjects(wshTmp.ChartObjects.Count)
    With objChart
        .Left = 400
        .Top = 50
        .Width = 300
        .Height = 200
    End With

'Bildschirmaktualisierung aktivieren
    Application.ScreenUpdating = True
    Set objChart = Nothing
End Sub

Private Sub SchwingungLöschen()
    ThisWorkbook.Worksheets("Schwingung").Activate
    DrawingObjects.Delete
End Sub
```

Das Ergebnis (Bild 4-12) lässt deutlich den Einfluss der Dämpfung erkennen.

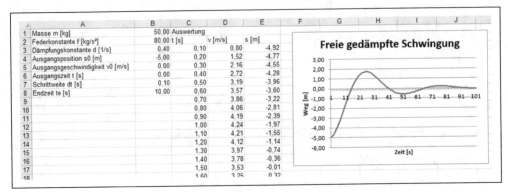

*Bild 4-12. Simulation einer freien gedämpften Schwingung*

## Übung 4.4 Nicht lineare Federkennlinie

Die Annahme einer linearen Federkennlinie ist nicht immer ausreichend genau. In der Formel

$$F_f = f \cdot s(1 + c \cdot s^2) \tag{4.18}$$

ist der linearen Federkennlinie eine kubische Parabel überlagert.

## Übung 4.5 Dämpfungskraft proportional zur Geschwindigkeit

Die Dämpfungskraft lässt sich auch als Newtonsche Reibung, also dem Quadrat der Geschwindigkeit proportional ansetzen:

$$F_d = c \cdot sgn(v) \cdot v^2 \tag{4.19}$$

# 4.2.2 Erzwungene Schwingungen

Wird ein schwingungsfähiges System von außen her durch periodische Kräfte zum Schwingen angeregt, so erzeugen sie eine erzwungene Schwingung. Ist die Anregung periodisch, geht die erzwungene Schwingung nach einem Einschwingvorgang allmählich in die stationäre erzwungene Schwingung über. Nachfolgend werden drei Fälle als Übungen betrachtet.

## Übung 4.6 Erzwungene Schwingung durch rotierende Massen

Schwingungen können durch rotierende Massen erzeugt werden. Bild 4-13 zeigt das Schema einer erzwungenen Schwingung durch einen Rotor. Die im Abstand r außerhalb des Drehpunktes mit der Winkelgeschwindigkeit ω rotierende Masse $m_1$ hat in Schwingungsrichtung den Fliehkraftanteil

$$F_e = m_1 \cdot r \cdot \omega^2 \cdot sin(\omega \cdot t) \tag{4.20}$$

Der Ansatz gestaltet sich wie zuvor mit

$$m \cdot \ddot{s} = -f \cdot s - 2 \cdot (m + m_1) \cdot d \cdot v - m_1 \cdot r \cdot \omega^2 \cdot sin(\omega \cdot t). \tag{4.21}$$

Diese Gleichung ist für eine konstante Winkelgeschwindigkeit ausgelegt. Ansonsten muss der Algorithmus eine zusätzliche Gleichung ω = f(t) bestimmen.

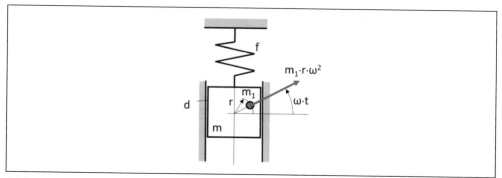

*Bild 4-13. Erzwungene Schwingung durch eine rotierende Masse*

## Übung 4.7 Erzwungene Schwingung durch rotierende und oszillierende Massen

Oft gibt es neben einer rotierenden Masse auch noch einen oszillierenden Anteil. Ein klassisches Beispiel ist der Schubkurbeltrieb. Bild 4-14 zeigt das Schema einer erzwungenen Schwingung durch rotierende und oszillierende Massen. Diese Massenkräfte werden als Kräfte 1. und 2. Ordnung bezeichnet und ergeben sich aus der Betrachtung.

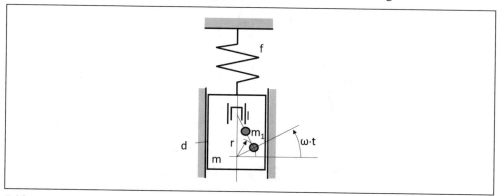

*Bild 4-14. Erzwungene Schwingung durch rotierende und oszillierende Massen*

Massenkraft 1. Ordnung angenähert:

$$F_I = m_1 \cdot r \cdot \omega^2 \cdot cos(\omega \cdot t) \tag{4.22}$$

Massenkraft 2. Ordnung:

$$F_{II} = m_1 \cdot r \cdot \omega^2 \cdot \frac{r}{l} \cdot cos^2(\omega \cdot t) \tag{4.23}$$

Die Differentialgleichung der Bewegung lautet damit:

$$m \cdot \ddot{s} = -\left( f \cdot s + 2(m + m_1) \cdot d \cdot v - m_1 \cdot r \cdot \omega^2 \left( cos(\omega \cdot t) - \frac{r}{l} cos^2(\omega \cdot t) \right) \right). \tag{4.24}$$

## Übung 4.8 Federnde Fundamente

Kolbenmaschinen mit ihren rotierenden und oszillierenden Massen werden oft auf federnd angebrachte Fundamente gestellt (Bild 4-15). Die so vorhandene Federkraft bei maximaler Auslenkung s des Fundaments

$$F_c = c \cdot s \tag{4.25}$$

und die Trägheitskraft der Fundamentmasse m

$$F_t = m \cdot \ddot{s} \tag{4.26}$$

stehen den Massenkräften gegenüber

$$m \cdot \ddot{s} + c \cdot s = m_1 \cdot r \cdot \omega^2 \left( cos(\omega \cdot t) + \frac{r}{l} cos^2(\omega \cdot t) \right). \tag{4.27}$$

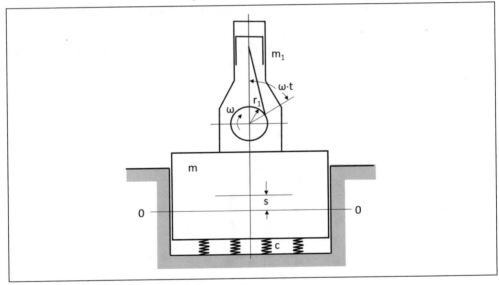

*Bild 4-15. Federndes Fundament für Kolbenmaschinen*

# 4.3 Freier Fall

Zur Übung im Umgang mit Klassen folgt das Beispiel eines idealen freien Falls, bei dem sich durch Messung der Fallzeit eines Gegenstandes, Fallhöhe und Endgeschwindigkeit berechnen lassen. Unter den idealen Bedingungen, dass kein Luftwiderstand auftritt und die Erdbeschleunigung mit g = 9,81 m/s² wirkt. Wenn t die Fallzeit ist, so bestimmt sich die Endgeschwindigkeit aus der Formel

$$v = g \cdot t \tag{4.28}$$

und die Fallhöhe

$$h = \frac{g \cdot t^2}{2}. \tag{4.29}$$

## 4.3.1 Die Klasse Freier Fall

📁 7-06-04-03_FreierFall.xlsm

Das Klassendiagramm (Bild 4-16) gibt eine erste Vorstellung von der Anwendung.

**Freier Fall**

+ dFallZeit:Double

+ Let Fallzeit(dNeuFallZeit:Double)
+ Get Fallzeit:Double
+ Get Fallhöhe:Double
+ Get Fallgeschw:Double

*Bild 4-16. Klassendiagramm Freier Fall*

Nach dem Klassendiagramm, quasi als Konstruktionsvorschrift, erstellen wir in einem Klassenmodul den nachfolgenden Code.

*Codeliste 4-9. Die Klasse clsFreierFall*

```
Const g As Double = 9.81

'Attribute
Dim dFallZeit  As Double

Public Property Get Fallzeit() As Double
    Fallzeit = dFallZeit
End Property
Public Property Get Fallhöhe() As Double
    Fallhöhe = g * dFallZeit ^ 2 / 2
End Property
Public Property Get Fallgeschw() As Double
    Fallgeschw = g * dFallZeit
End Property

Public Property Let Fallzeit(ByVal dNeuFallZeit As Double)
    dFallZeit = dNeuFallZeit
End Property
```

Im Arbeitsblatt sollen ein paar zu berechnende Werte stehen (Bild 4-17).

| | A | B | C | D |
|---|---|---|---|---|
| 1 | t [s] | h [m] | v [m/s] | |
| 2 | 2,6 | | | |
| 3 | 3,7 | | | |
| 4 | 4,8 | | | |
| 5 | 5,9 | | | |
| 6 | 7 | | | t = 7 wird in der Prozedur geändert! |
| 7 | 8,1 | | | |
| 8 | 9,2 | | | |
| 9 | 10,3 | | | |
| 10 | 11,4 | | | |
| 11 | 12,5 | | | |
| 12 | 13,6 | | | |
| 13 | 14,7 | | | |

*Bild 4-17. Arbeitsblatt zum Testbeispiel*

## 4.3.2 Indizierte Objektliste

Innerhalb einer Prozedur *FreierFall* sollen die vorhandenen Werte gelesen werden. Dazu wird die Anzahl belegter Zeilen über den Zeilenzähler des *UsedRange*-Objekts bestimmt und mit Hilfe einer for-next-Schleife die Werte in eine indizierte Objektvariable eingelesen. Nach dem Einlesen soll zum Test eine Fallzeit geändert werden. Anschließend werden die berechneten Werte ins Arbeitsblatt geschrieben.

*Codeliste 4-10. Die Auswertung im Modul modFreierFall*

```
Public Sub FreierFall()
    Dim iMax        As Integer
    Dim iRow        As Integer
    Dim dZeit       As Double
    Dim objFall()   As clsFreierFall
    Dim wshTemp     As Worksheet

    Set wshTemp = Worksheets("Test1")
    wshTemp.Activate
'Lesen und Instanziierung
    iMax = ActiveSheet.UsedRange.Rows.Count
    For iRow = 2 To iMax
        dZeit = Cell2Num(Cells(iRow, 1))
        ReDim Preserve objFall(iRow - 1)
        Set objFall(iRow - 1) = New clsFreierFall
        objFall(iRow - 1).Fallzeit = dZeit
    Next iRow
'hier das Beispiel
'für einen willkürlich gesetzten Wert
    dZeit = 7.5
    objFall(5).Fallzeit = dZeit
'Ausgabe
    Range("A2:C13").ClearContents
    For iRow = 2 To iMax
        With objFall(iRow - 1)
            Cells(iRow, 1) = .Fallzeit
            Cells(iRow, 2) = .Fallhöhe
            Cells(iRow, 3) = .Fallgeschw
        End With
        Set objFall(iRow - 1) = Nothing
    Next
    Set wshTemp = Nothing
End Sub
```

In der Prozedur wird die Fallzeit im fünften Objekt abgeändert und später mit ausgegeben.

## 4.3.3 Die Objektliste Collection

Bereits unter Objekte haben wir Objektlisten kennen gelernt, die zu vorgegebenen VBA-Objektbibliotheken gehören. Zuerst verwenden wir die einfache Klasse *Collection* (Auflistung), die die indizierte Objektvariable ersetzt.

*Codeliste 4-11. Die Auswertung im Modul modFreierFallCollection*

```
Public Sub FreierFallCollection()
    Dim iMax        As Integer
    Dim iRow        As Integer
    Dim dZeit       As Double
    Dim objFall     As clsFreierFall
    Dim objListe    As Collection
    Dim wshTemp     As Worksheet
```

```
    Set wshTemp = Worksheets("Test2")
    wshTemp.Activate
    Set objListe = New Collection
    iMax = wshTemp.UsedRange.Rows.Count
    For iRow = 2 To iMax
        dZeit = Cell2Num(Cells(iRow, 1))
        Set objFall = New clsFreierFall
        objFall.Fallzeit = dZeit
    'Objekt der Liste zuweisen
        objListe.Add Item:=objFall, Key:=Trim(Str(iRow - 1))
    Next iRow
'da kein edit in colletion existiert
'muss ein key entfernt (remove)
'und dann neu gesetzt werden
    dZeit = 33.3
    Set objFall = New clsFreierFall
    objFall.Fallzeit = dZeit
    objListe.Remove "5"
    objListe.Add Item:=objFall, Key:="5"
'Ausgabe aus der Liste um eine Spalte versetzt
    wshTemp.Range("A2:C13").ClearContents
    iRow = 1
    For Each objFall In objListe
        iRow = iRow + 1
        With objFall
            Cells(iRow, 1) = .Fallzeit
            Cells(iRow, 2) = .Fallhöhe
            Cells(iRow, 3) = .Fallgeschw
        End With
    Next
    Set objFall = Nothing
    Set objListe = Nothing
    Set wshTemp = Nothing
End Sub
```

Zu beachten ist, dass der Schlüssel für ein Element des Collection-Objekts vom Datentyp *String* sein muss, sodass für die Nutzung der Zeilennummer als Key noch eine Umformung mittels der Funktion S*tr()* zum Text erfolgt. Die Umformung erzeugt an der Stelle des Vorzeichens bei positiven Werten ein Leerzeichen, sodass dieses noch mit der Funktion *Trim()* entfernt werden muss.

Der neu hinzugefügte Wert wird nicht nach seinem Schlüssel (Key) eingeordnet, sondern der Liste angehängt. Weiterhin ist zu beachten, dass der Schlüssel vom Datentyp *String* sein muss. Sollen die Werte nach ihrem Schlüssel geordnet ausgegeben werden, dann muss die Ausgabeschleife entsprechend abgewandelt werden.

## 4.3.4 Die Objektliste Dictionary

In der Klasse *Dictionary* kann der Schlüssel jeden Datentyp annehmen. Bei einer *Dictionary*-Sammlung gibt es außerdem die Methode *Exists*, um die Existenz eines bestimmten Schlüssels (und damit die Existenz eines bestimmten Elements, das diesem Schlüssel zugeordnet ist) zu testen. Die Klasse steht erst zur Verfügung, wenn die Bibliothek *Microsoft Scripting Runtime* in der Entwicklungsumgebung unter *Extras ⁄ Verweise* eingebunden wurde.

Die Schlüssel und Elemente einer *Dictionary*-Sammlung sind immer frei zugänglich. Die Elemente einer *Collection*-Sammlung sind zugänglich und abrufbar, ihre Schlüssel sind es nicht. Ein *Dictionary*-Element besitzt Schreib-/Lesezugriff und so lässt sich die Zuordnung zwischen Element und Schlüssel ändern. Die Eigenschaft *Item* einer *Collection*-Sammlung ist aber schreibgeschützt, sodass ein Element, das einen bestimmten Schlüssel besitzt, nicht neu zugewiesen werden kann. Es muss also zunächst entfernt und dann mit einem neuen Schlüssel hinzugefügt werden.

*Codeliste 4-12. Die Auswertung im Modul modFreierFallDictionary*

```
Public Sub FreierFallDictionary()
    Dim iMax       As Integer
    Dim iRow       As Integer
    Dim dZeit      As Double
    Dim objFall    As clsFreierFall
    Dim vFall      As Variant
    Dim objListe   As Dictionary
    Dim wshTemp    As Worksheet

    Set wshTemp = Worksheets("Test3")
    wshTemp.Activate
    Set objListe = New Dictionary
    iMax = wshTemp.UsedRange.Rows.Count
    For iRow = 2 To iMax
        dZeit = Cell2Num(Cells(iRow, 1))
        Set objFall = New clsFreierFall
        objFall.Fallzeit = dZeit
    'Objekt der Liste zuweisen
        objListe.Add iRow - 1, objFall
    Next iRow
'einfaches Ändern einer Eigenschaft
    dZeit = 44.4
    objListe.Item(5).Fallzeit = dZeit
'Ausgabe aus der Liste
    wshTemp.Range("A2:C13").ClearContents
    iRow = 1
    For Each vFall In objListe.Items
        iRow = iRow + 1
        With vFall
            Cells(iRow, 1) = .Fallzeit
            Cells(iRow, 2) = .Fallhöhe
            Cells(iRow, 3) = .Fallgeschw
        End With
    Next
    Set objFall = Nothing
    Set objListe = Nothing
    Set wshTemp = Nothing
End Sub
```

## Übung 4.9 Fall mit Luftwiderstand

Beim freien Fall unter Berücksichtigung des Luftwiderstands geht die laminare Luftströmung am Anfang in eine turbulente über. Dabei hängt der Luftwiderstand quadratisch von der Geschwindigkeit ab.

$$m\dot{v} = -mg - \beta v \tag{4.30}$$

Unter Annahme eines Reibungskoeffizienten $\beta$ ist der Geschwindigkeitsverlauf gesucht.

# KAPITEL 5

# Festigkeitsberechnungen

Von Maschinenteilen und Bauwerken wird ausreichende Festigkeit verlangt. Durch alle möglichen Belastungen und deren Kombinationen dürfen keine bleibenden Formänderungen auftreten, noch darf es zum Bruch kommen. Die Festigkeitslehre hat die Aufgabe, auftretende Spannungen zu berechnen und somit ein Maß für die Sicherheit, bzw. daraus resultierende Abmessungen vorzugeben.

## 5.1 Zusammengesetzte Biegeträger

In der Praxis treten sehr häufig Biegeträger auf, die sich aus einzelnen rechteckigen Querschnitten zusammensetzen, die außerdem symmetrisch zur Achse liegen (Bild 5-1).

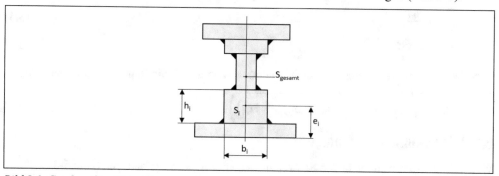

*Bild 5-1. Geschweißter Biegeträger*

## 5.1.1 Schwerpunkt zusammengesetzter Rechteckquerschnitte

Der gemeinsame Schwerpunkt der Rechtecke ergibt sich bezüglich einer beliebigen Achse aus

$$e = \frac{\sum_{i=1}^{n} A_i e_i}{\sum_{i=1}^{n} A_i}. \tag{5.1}$$

Sinnvollerweise nimmt man als Achse eine Außenkante des Trägers. Das gesamte Flächenträgheitsmoment ist nach dem Satz von Steiner

H. Nahrstedt, *Excel + VBA für Ingenieure*,
https://doi.org/10.1007/978-3-658-41504-4_5

$$I = \sum_{i=1}^{n} \left( \frac{b_i}{12} h_i^3 + A_i e_i^2 \right) - e^2 \sum_{i=1}^{n} A_i. \tag{5.2}$$

## 5.1.2 Spannungen am Biegeträger

Unter Beachtung der in Bild 5-2 festgelegten Vorzeichen betrachten wir die am Biegeträger auftretenden Spannungen.

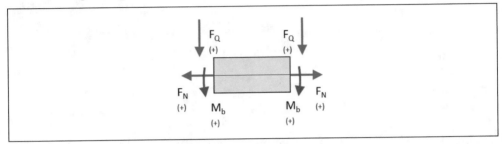

*Bild 5-2. Vorzeichen für Kräfte und Momente am Biegeträger*

Vorhandene Zugspannung

$$\sigma_Z = \frac{F_N}{A}. \tag{5.3}$$

Vorhandene Abscherspannung

$$\tau_a = \frac{F_Q}{A}. \tag{5.4}$$

Randfaserbiegespannungen

$$\sigma_{b1} = \frac{M_b(H-e)}{I}, \tag{5.5}$$

$$\sigma_{b2} = -\frac{M_b e}{I}. \tag{5.6}$$

Aus diesen folgen nach einer Vergleichsspannungs-Hypothese die Randfaserhauptspannungen

$$\sigma_{hj} = \frac{1}{2} \left( \sigma_{bj} + \sigma_Z + \sqrt{(\sigma_{bj} + \sigma_Z)^2 + 4\tau_a^2} \right), \quad j = 1,2. \tag{5.7}$$

## 5.1.3 Schweißnahtspannungen

Weiterhin interessieren die in den Schweißnähten auftretenden Spannungen (Bild 5-3).

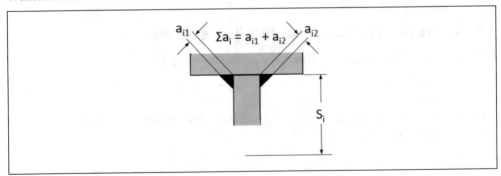

*Bild 5-3. Schweißnähte*

Schweißnaht-Biegespannung

$$\sigma_{bSi} = \frac{M_b}{I}(s_i - e).$$ (5.8)

Schweißnaht-Abscherspannung

$$\tau_{asi} = \frac{F_Q b_i h_i |e_i - e|}{I \sum a_i}.$$ (5.9)

Daraus ergibt sich analog zu Gleichung (5.7)

$$\sigma_{hsi} = \frac{1}{2}\left(\sigma_{bsi} + \sigma_Z + \sqrt{(\sigma_{bsi} + \sigma_Z)^2 + 4\tau_{asi}^2}\right).$$ (5.10)

## Übung 5.1 Berechnung eines geschweißten Biegeträgers

Berechnung des Schwerpunktabstands, des Flächenträgheitsmoments und aller Spannungen am geschweißten Biegeträger, durch Eingabe der symmetrisch angeordneten Flächen. Dabei wird auch eine symmetrische Anordnung und Gleichverteilung der Schweißnähte vorausgesetzt.

🗁 7-06-05-01_GeschweissteTraeger.xlsm

*Tabelle 5-1. Vereinfachtes Struktogramm zur Berechnung geschweißter Biegeträger*

| |
|---|
| Eingabe aller rechteckigen Querschnitte des Gesamtquerschnitts, ebenso alle Kräfte und Momente |
| Berechnung des Schwerpunkts und des Flächenträgheitsmoments |
| Berechnung der Hauptspannungen am Biegeträger |
| Berechnung der Hauptspannungen in den Schweißnähten |

Auch bei dieser Anwendung geben wir wieder ein Formblatt vor, sodass die Eingabe in einer Tabelle manuell erfolgen kann. Nachfolgend die detaillierten Berechnungen.

*Tabelle 5-2. Berechnung des Schwerpunktabstands und des Flächenträgheitsmoments*

| Alle Summen = 0 | |
|---|---|
| Über alle vorhandenen Elemente i=1, …, n | $H = H + h_i$ |
| | $\sum A_i = \sum A_i + b_i \cdot h_i$ |
| | $\sum A_i e_i = \sum A_i e_i + b_i \cdot h_i \cdot e_i$ |
| | $\sum \frac{b_i}{12} h_i^3 = \sum \frac{b_i}{12} h_i^3 + \frac{b_i}{12} h_i^3$ |
| | $\sum A_i e_i^2 = \sum A_i e_i^2 + b_i \cdot h_i \cdot e_i^2$ |
| $e = \dfrac{\sum A_i e_i}{\sum A_i}$ | |
| $I = \sum \left(\dfrac{b_i}{12} h_i^3 + A_i e_i^2\right) - e^2 A$ | |
| Ausgabe H, e, I | |

*Tabelle 5-3. Hauptspannungen im Biegeträger*

$$\sigma_Z = \frac{F_N}{A}$$

$$\tau_a = \frac{F_Q}{A}$$

$$\sigma_{b1} = \frac{M_b(H - e)}{I}$$

$$\sigma_{b2} = -\frac{M_b e}{I}$$

$$\sigma_{hj} = \frac{1}{2}(\sigma_{bj} + \sigma_Z + \sqrt{(\sigma_{bj} + \sigma_Z)^2 + 4\tau_a^2})), j = 1,2$$

Ausgabe $\sigma_Z, \tau_a, \sigma_{b1}, \sigma_{b2}, \sigma_{h1}, \sigma_{h2}$

*Tabelle 5-4. Hauptspannungen in den Schweißnähten*

| Über alle vorhandenen Elemente i=2, …, n | |
|---|---|
| | $$\sigma_{bsi} = \frac{M_b}{I}(s_i - e)$$ |
| | $$\tau_{asi} = \frac{F_Q b_i h_i |e_i - e|}{I \sum a_i}$$ |
| | $$\sigma_{hsi} = \frac{1}{2}(\sigma_{bsi} + \sigma_Z + \sqrt{(\sigma_{bsi} + \sigma_Z)^2 + 4\tau_{asi}^2})$$ |
| | Ausgabe $\sigma_{bsi}, \tau_{asi}, \sigma_{hsi}$ |

*Codeliste 5-1. Prozeduren im Tabellenblatt tblTräger*

```
Private Sub Formblatt()
    Dim wshTmp As Worksheet
    Set wshTmp = Worksheets("Geschweißter Biegeträger")
    With wshTmp
        .Activate
'Tabelle löschen
        .Cells.Clear
'Formblatt
        .Range("A1") = "FN [N]"
        .Range("A2") = "FQ [N]"
        .Range("A3") = "Mb [Nm]"
        .Range("A5") = "H [mm]"
        .Range("A6") = "e [mm]"
        .Range("A7") = "A [cm" + ChrW(178) + "]"
        .Range("A8") = "I [cm^4]"
        .Range("A9") = ChrW(963) & "z [N/cm" + ChrW(178) + "]"
        .Range("A10") = ChrW(964) & "a [N/cm" + ChrW(178) + "]"
        .Range("A11") = ChrW(963) & "b1 [N/cm" + ChrW(178) + "]"
        .Range("A12") = ChrW(963) & "b2 [N/cm" + ChrW(178) + "]"
        .Range("A13") = ChrW(963) & "h1 [N/cm" + ChrW(178) + "]"
        .Range("A14") = ChrW(963) & "h2 [N/cm" + ChrW(178) + "]"

        .Range("C1:E1").MergeCells = True
        .Range("C1:E1") = "Maße"
        .Range("C2") = "b [mm]"
        .Range("D2") = "h [mm]"
        .Range("E2") = "a [mm]"
```

```vba
        .Range("F1") = "Schwerpkt."
        .Range("F2") = "e [mm]"
        .Range("G1:I1").MergeCells = True
        .Range("G1:I1") = "Schweißnähte"
        .Range("G2") = ChrW(963) & "b [N/cm" + ChrW(178) + "]"
        .Range("H2") = ChrW(964) & "a [N/cm" + ChrW(178) + "]"
        .Range("I2") = ChrW(963) & "h [N/cm" + ChrW(178) + "]"

        .Range("A:A").ColumnWidth = 12
        .Range("B:I").ColumnWidth = 10
        .Columns("A:I").Select
        Selection.NumberFormat = "0.00"
        .Range("A2").Select
    End With
    Set wshTmp = Nothing
End Sub

Private Sub Testbeispiel()
    Dim wshTmp As Worksheet
    Set wshTmp = Worksheets("Geschweißter Biegeträger")
    With wshTmp
        .Cells(1, 2) = 5000
        .Cells(2, 2) = 1000
        .Cells(3, 2) = 500
        .Cells(3, 3) = 600
        .Cells(3, 4) = 100
        .Cells(3, 5) = 0
        .Cells(4, 3) = 200
        .Cells(4, 4) = 200
        .Cells(4, 5) = 5
        .Cells(5, 3) = 100
        .Cells(5, 4) = 100
        .Cells(5, 5) = 4
        .Cells(6, 3) = 400
        .Cells(6, 4) = 50
        .Cells(6, 5) = 4
    End With
    Set wshTmp = Nothing
End Sub

Private Sub Auswertung()
    Dim wshTmp   As Worksheet
    Dim iMax     As Integer
    Dim iRow     As Integer
    Dim dHg      As Double
    Dim dHi      As Double
    Dim dBi      As Double
    Dim dAi      As Double
    Dim dEg      As Double
    Dim dEi      As Double
    Dim dSi      As Double
    Dim dSuAi    As Double
    Dim dSuAei   As Double
    Dim dSuIi    As Double
    Dim dSuAeei  As Double
    Dim dSuIAei  As Double
    Dim dFN      As Double
    Dim dFQ      As Double
    Dim dMb      As Double
    Dim dAg      As Double
    Dim dIg      As Double
    Dim dSz      As Double
```

```
   Dim dTa      As Double
   Dim dTai     As Double
   Dim dSb1     As Double
   Dim dSb2     As Double
   Dim dSbi     As Double
   Dim dSh1     As Double
   Dim dSh2     As Double

  dSuAi = 0: dSuAei = 0: dSuIi = 0: dSuAeei = 0
  dHg = 0
  iMax = 3
'Summenbildung
  Set wshTmp = Worksheets("Geschweißter Biegeträger")
  With wshTmp
     Do While Val(.Cells(iMax, 3)) > 0
        dBi = Cell2Dez(.Cells(iMax, 3))
        dHi = Cell2Dez(.Cells(iMax, 4))
        dEi = dHg + dHi / 2
        .Cells(iMax, 6) = dEi
        dAi = dBi * dHi
        dSuAi = dSuAi + dAi
        dSuAei = dSuAei + dAi * dEi
        dSuIi = dBi / 12 * dHi ^ 3 + dBi * dHi * dEi ^ 2
        dHg = dHg + dHi
        iMax = iMax + 1
     Loop
     dEg = dSuAei / dSuAi
     dSuAi = dSuAi / 100
     dIg = (dSuIi - dEg ^ 2 * dSuAi) / 10000
     .Cells(5, 2) = dHg                     'Gesanthöhe [mm]
     .Cells(6, 2) = dEg                     'Schwerpunktabstand [mm]
     .Cells(7, 2) = dSuAi                   'Gesamtfläche [cm^2]
     .Cells(8, 2) = dIg                     'Flächenträgheitsmoment [cm^4]
  'Maße und Spannungen
     dFN = Cell2Dez(.Cells(1, 2))
     dFQ = Cell2Dez(.Cells(2, 2))
     dMb = Cell2Dez(.Cells(3, 2))
     dEg = Cell2Dez(.Cells(6, 2))
     dAg = Cell2Dez(.Cells(7, 2))
     dIg = Cell2Dez(.Cells(8, 2))
     dSz = dFN / dSuAi
     dTa = dFQ / dSuAi
     dSb1 = dMb * 100 * (dHg - dEg) / 10 / dIg
     dSb2 = -dMb * 100 * dEg / 10 / dIg
     dSh1 = (dSb1 + dSz + Sqr((dSb1 + dSz) ^ 2 + 4 * dTa ^ 2)) / 2
     dSh2 = (dSb2 + dSz + Sqr((dSb2 + dSz) ^ 2 + 4 * dTa ^ 2)) / 2
     .Cells(9, 2) = dSz
     .Cells(10, 2) = dTa
     .Cells(11, 2) = dSb1
     .Cells(12, 2) = dSb2
     .Cells(13, 2) = dSh1
     .Cells(14, 2) = dSh2
  'Schweißnähte
     dSi = 0
     For iRow = 3 To iMax - 1
        dBi = Cell2Dez(.Cells(iRow, 3))
        dHi = Cell2Dez(.Cells(iRow, 4))
        dAi = Cell2Dez(.Cells(iRow, 5))
        dEi = Cell2Dez(.Cells(iRow, 6))
        dSbi = Cell2Dez(.Cells(iRow, 7))
        dTai = Cell2Dez(.Cells(iRow, 8))
        If dAi > 0 Then
```

```
                    dSbi = dMb * (dSi - dEg) / dIg * 10
                    dTai = dFQ * dBi * dHi * Abs(dEi - dEg) / dIg / dSuAi / 100
                    .Cells(iRow, 7) = dSbi
                    .Cells(iRow, 8) = dTai
                    .Cells(iRow, 9) = (dSbi + dSz + Sqr((dSbi + dSz) ^ 2 + _
                        4 * dTai ^ 2)) / 2
                End If
                dSi = dSi + dHi
            Next iRow
        End With
        Set wshTmp = Nothing
    End Sub

    Private Sub GrafikEin()
        Dim wshTmp  As Worksheet
        Dim iRow    As Integer
        Dim dx      As Double
        Dim db      As Double
        Dim dH      As Double
        iRow = 3
        dx = 200
        Set wshTmp = Worksheets("Geschweißter Biegeträger")
        With wshTmp
            Do While Val(.Cells(iRow, 3)) > 0
                db = Cell2Dez(.Cells(iRow, 3)) / 5
                dH = Cell2Dez(.Cells(iRow, 4)) / 5
                'Parameter: Type, Left, Top, Width, Height
                Shapes.AddShape msoShapeRectangle, 200 - (db / 2), dx, db, dH
                dx = dx + dH
                iRow = iRow + 1
            Loop
        End With
        Set wshTmp = Nothing
    End Sub

    Private Sub GrafikAus()
        ThisWorkbook.Worksheets("Geschweißter Biegeträger").Activate
        DrawingObjects.Delete
    End Sub
```

## Übung 5.2 Darstellung mit Shapes

Leider sind die grafischen Darstellungsmöglichkeiten unter VBA sehr begrenzt. Eine Möglichkeit grafische Elemente darzustellen sind Shapes.

Mit der Anweisung

```
(Ausdruck).AddShape(Type, Left, Top, Width, Height)
```

und dem Type *msoShapeRectangle* lassen sich Rechtecke auf dem Arbeitsblatt anordnen.

So erzeugt die Anweisung

```
Shapes.AddShape msoShapeRectangle, 200 , 100, 80, 60
```

ausgehend von der linken oberen Ecke, 200 Punkte nach rechts und 100 Punkte von oben, ein Rechteck mit der Breite von 80 Punkten und der Höhe von 60 Punkten.

Mit der VBA-Hilfe finden Sie unter dem Index *Addshape* einen Hilfstext, in dem der Link *msoAutoShapeType* eine Vielzahl möglicher Shapeformen anbietet.

### Übung 5.3 Laufschiene eines Werkkrans

Zeigen Sie die im Arbeitsblatt dargestellten Daten der Laufschiene als Grafik.

## 5.2 Die Monte-Carlo-Methode

Die Monte-Carlo-Methode ist die Bezeichnung für ein Verfahren, das mit Zufallszahlen arbeitet. Dazu werden Pseudozufallszahlen (Pseudo deshalb, da diese Zahlen nach einer gesetzmäßigen Methode gebildet werden) erzeugt. Es sind Zahlen, willkürlich aus dem Intervall (0,1) mit der Eigenschaft, dass bei einer hinreichenden Anzahl von Zahlen eine Gleichverteilung auf dem Intervall vorliegt (Gesetz der großen Zahl).

Zu ihrer Verwendung werden sie in das entsprechende Intervall transformiert. Sodann wird diese zufällig gewonnene Stichprobe auf Zuverlässigkeit untersucht und falls diese erfüllt ist, auf ein Optimierungskriterium hin getestet. Ist dieses Kriterium besser erfüllt als ein bereits gewonnenes Ergebnis, so liegt eine Verbesserung vor.

### 5.2.1 Abmessungen eines Biegeträgers

Betrachten wir diese Methode an einem einseitig eingespannten Biegeträger (Bild 5-4), der durch eine Einzelkraft belastet wird.

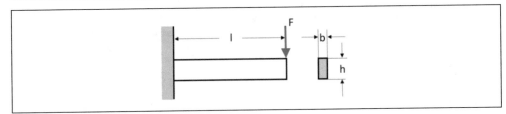

*Bild 5-4. Einseitig eingespannter Biegeträger unter Einzellast*

Gesucht ist das Volumen des Trägers unter der Bedingung, dass das Verhältnis von b/h konstant bleiben soll

$$\frac{b}{h} = k = konst. \tag{5.11}$$

Außerdem ist zu berücksichtigen, dass die zulässige Biegung nicht überschritten wird

$$\frac{6 \cdot F \cdot l}{k \cdot h^3} \le \sigma_{zul} \tag{5.12}$$

und dass eine vorgegebene Durchbiegung nicht unterschritten wird

$$\frac{F \cdot l^3}{3 \cdot E \cdot I} \le f_{zul}. \tag{5.13}$$

*Tabelle 5-5. Monte-Carlo-Methode am Biegeträger*

| Eingabe F, E, I, l, k, σzul, fzul, hmin, hmax, lmin, lmax, n | | |
|---|---|---|
| $V_0 = V_{max} = k \cdot h_{max}^2 \cdot l_{max}$ | | |
| i=1: Randomize | | |
| solange<br>i < n | x = Rnd(x) | |
| | $h_i = (h_{max} - h_{min})x + h_{min}$ | |

| | | x=Rnd(x) |
|---|---|---|
| | | $l_i = (l_{max} - l_{min})x + l_{min}$ |
| | | $\sigma_i = \dfrac{6 \cdot F \cdot l_i}{k \cdot h_i^3}$ |
| | | $\sigma_i \leq \sigma_{zul}$ |
| | nein | ja |
| | | $I_i = \dfrac{k \cdot h_i^4}{12}, \; f_i = \dfrac{F \cdot l_i^3}{3 \cdot E \cdot I}$ |
| | | $f_i \leq f_{zul}$ |
| | nein | ja |
| | | $V_i = k \cdot h_i^2 \cdot l_i$ |
| | | $V_i \leq V_0$ |
| | nein | ja |
| | | Ausgabe<br>n, hi, li, σi, Ii, fi, Vi |
| | | $V_0 = V_i$ |

🗁 7-06-05-02_MonteCarloMethode.xlsm

## Übung 5.4 Das kleinste Volumen eines Biegeträgers

Gesucht ist das kleinste Volumen des dargestellten Biegeträgers (Bild 5-4) mit

$$V = k \cdot h^2 \cdot l \tag{5.14}$$

für die Grenzen

$$h_{min} \leq h \leq h_{max}, \; l_{min} \leq l \leq l_{max}. \tag{5.15}$$

## Übung 5.5 Eingespannter Biegeträger mit Dreieckslast

Belegen Sie den berechneten Träger mit einer Dreieckslast und werten Sie dann das Testbeispiel noch einmal aus. Untersuchen Sie die Möglichkeiten nach Bild 5-5 und Bild 5-6.

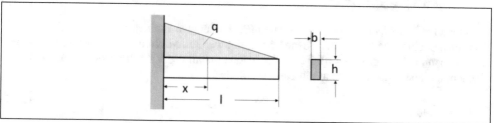

*Bild 5-5. Träger mit Dreieckslast Fall I*

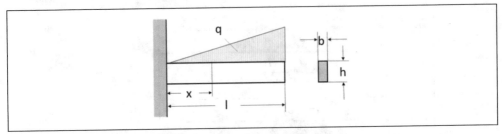

*Bild 5-6. Träger mit Dreieckslast Fall II*

Üben Sie auch mit anderen Trägerarten. Wie verhalten sich die Systeme, wenn ein zusätzliches Biegemoment auftritt?

## 5.2.2 Flächenbestimmung

Ein weiteres Anwendungsgebiet der Monte-Carlo-Methode ist die Integration von Funktionen, deren Funktionswert sich berechnen lässt, die aber nicht integriert werden können. Oder die Bestimmung von Flächen in Landkarten, z. B. Seen, ist mit dieser Methode möglich, wenn sich die Form durch eine Funktion oder Bedingungen beschreiben lässt.

Als Beispiel wählen wir einen Viertelkreis (Bild 5-7).

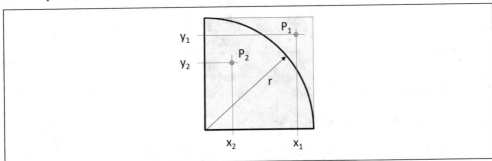

*Bild 5-7. Flächenbestimmung nach der Monte-Carlo-Methode*

Benutzt man zwei Intervalle mit einer Gleichverteilung, dann erhalten die damit erzeugten Punkte in einer Ebene ebenfalls eine Gleichverteilung. Diese Eigenschaft nutzt die Methode zur Flächenbestimmung. In Bild 5-7 liegt der Punkt $P_2$ in der gesuchten Fläche (Treffer), der Punkte $P_1$ jedoch außerhalb.

Einen Punkt $P_i$ erzeugt man durch zwei Zufallszahlen $x_i$ und $y_i$. Ob $P_i$ ein Treffer ist, ergibt sich aus der Formel des Pythagoras mit

$$\sqrt{x_i^2 + y_i^2} \le r \tag{5.16}$$

Setzt man $r = 1$, dann können die im Intervall $(0,1)$ erzeugten Zufallszahlen direkt als Koordinaten eines Punktes in der Ebene verwendet werden. Mit hinreichend vielen Punkten n hat man dann m Treffern ($m < n$). Ist $A_K$ der Flächeninhalt des Viertelkreises und $A_Q$ der Flächeninhalt des Quadrats, dann gilt das Verhältnis

$$\frac{m}{n} = \frac{A_K}{A_Q}. \tag{5.17}$$

und damit

$$A_K = \frac{m}{n} \cdot A_Q. \qquad (5.18)$$

Benutzen Sie für Ihre Betrachtung unterschiedliche Größen von n. Beachten Sie auch, dass mit höherem n nicht unbedingt auch eine bessere Annäherung an das exakte Ergebnis garantiert ist.

### Übung 5.6 Weitere Anwendungen der MCM

Die Monte-Carlo-Methode wird weiterhin für vielfältige und sehr unterschiedliche Bereiche eingesetzt. Um nur einige zu nennen:

- Berechnung bestimmter Integrale
- Lösung gewöhnlicher und partieller Differentialgleichungen
- Zuverlässigkeitsanalysen technischer Systeme
- Lebensdauerbestimmung
- Transport- und Lagerhaltungsprobleme
- Untersuchung von Naturphänomenen, wie Erdbeben
- Simulationen im Bereich Operation Research
- Risikoanalysen
- Probleme der Spieltheorie
- Simulation von Polymer-Mischungen
- Anwendung in der Strahlentherapie
- in Verbindung mit Fuzzy-Logic
- das Nadelproblem nach Buffon (älteste Anwendung der MC-Methode von 1777)
- ... die Liste ließe sich sehr lang weiterführen.

Wählen Sie aus den unterschiedlichen Möglichkeiten eine Problemstellung aus und entwickeln Sie in den vorgegebenen Schritten Ihre eigene Lösung.

# 5.3 Bestimmungssystem

Beim Aufbau eines objektorientierten Bestimmungssystems wird zuerst ein Modell der Realität mit seinen Objekten, ihren Eigenschaften und Methoden erstellt. Wie bei einem Modell üblich, werden nur die lösungsrelevanten Aspekte berücksichtigt und dann in einem Klassendiagramm definiert. Danach erfolgt die programmtechnische Umsetzung.

## 5.3.1 Klassen und ihre Objekte

Bereits in Kapitel 3 haben wir uns mit einfachen Belastungsfällen an Biegeträgern befasst. Nun soll ein objektorientiertes System aufgebaut werden, das die Durchbiegung kombinierter Belastungsfälle bestimmt und dabei auch das Prinzip der Polymorphie und der Vererbung nutzt. Bereits in [32] wurden zu dem Thema die mathematischen Grundlagen beschrieben, sodass ich mich hier auf die Formelanwendungen beschränke.

Ausgangspunkt der Betrachtung ist ein einseitig eingespannter rechteckiger Biegeträger mit den drei Belastungsfällen: Einzelkraft am Trägerende, Einzelmoment am Trägerende und konstante Streckenlast über den Träger (Bild 5-8).

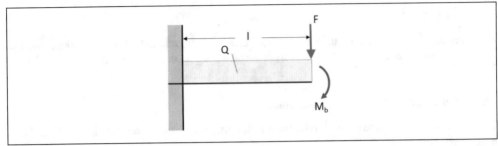

*Bild 5-8. Drei Belastungsfälle an einem einseitig eingespannten Biegeträger*

Benötigt wird die Klasse *Rechteckiger Biegeträger* (Bild 5-9), mit deren Hilfe wir das Flächenträgheitsmoment bestimmen.

| **Rechteckiger Biegeträger** |
| --- |
| + dBreite:Double |
| + dHöhe:Double |
| + dEMod:Double |
| + Let Breite(dNeuBreite:Double) |
| + Let Höhe(dNeuHöhe:Double) |
| + Let EMod(dNeuEMod:Double) |
| + Get FtM():Double |

*Bild 5-9. Klassendiagramm Rechteckiger Biegeträger*

Diese Klasse wird als Sammelcontainer für alle Daten des Biegeträgers betrachtet, sodass hier auch das Elastizitätsmodul abgelegt wird. Er ließe sich auch aus einer Basisklasse Werkstoff über die Werkstoffbezeichnung finden.

Das Flächenträgheitsmoment um die horizontale Mittelachse des Rechteckquerschnitts in Bild 5-10 bestimmt sich aus der Formel

$$I_x = \frac{bh^3}{12}$$  (5.19)

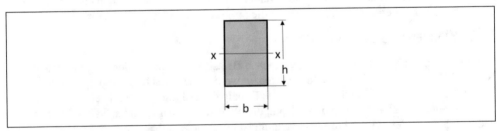

*Bild 5-10. Querschnitt des Biegeträgers*

Damit lässt sich nun das Verhalten der Klasse in einem Aktivitätsdiagramm (Bild 5-11) darstellen. Darin wird das Flächenträgheitsmoment *FtM* erst mit der Anforderung zum Lesen des Wertes von *FtM* an die Klasse bestimmt.

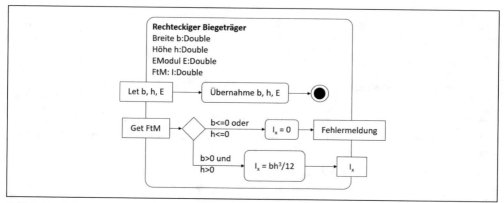

Bild 5-11. *Aktivitätsdiagramm der Klasse Rechteckiger Biegeträger*

Den zeitlichen Verlauf zur Bestimmung des Flächenträgheitsmoments, also den unteren Teil im Aktivitätsdiagramm, gibt anschaulich das Sequenzdiagramm (Bild 5-12) wieder.

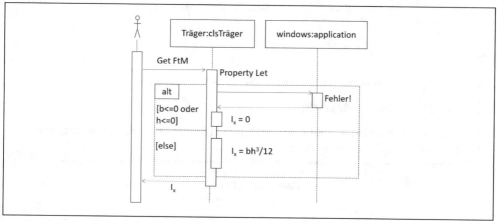

Bild 5-12. *Sequenzdiagramm zur Bestimmung des Flächenträgheitsmoments*

Es zeigt in einem eingefügten Rechteck die Alternativen des Ablaufs und trägt daher in seiner Beschriftung oben links das Kürzel *alt*.

7-06-05-03_BiegetraegerKlasse.xlsm

Codeliste 5-3. *Prozeduren der Klasse clsRTräger*

```
'Attribute
Private dBreite    As Double
Private dHöhe      As Double
Private dEMod      As Double

'Methoden
Public Property Let Breite(ByVal dNeuBreite As Double)
    dBreite = dNeuBreite
End Property
Public Property Let Höhe(ByVal dNeuHöhe As Double)
    dHöhe = dNeuHöhe
End Property
Public Property Let EMod(dNeuEMod As Double)
    dEMod = dNeuEMod
```

```
End Property
Public Property Get FtM() As Double
    If dBreite > 0 And dHöhe > 0 Then
        FtM = dBreite * dHöhe ^ 3 / 12
    Else
        FtM = 0
        MsgBox "Maß-Fehler"
    End If
End Property
```

Mit einer einfachen Testprozedur im Codemodul *modBiegung* testen wir die Anwendung der Klasse.

*Codeliste 5-4. Prozeduren im Modul modBiegung*

```
Sub Test()
    Dim objTräger As clsRTräger
    Set objTräger = New clsRTräger
    With objTräger
        .Breite = 10      'mm
        .Höhe = 120       'mm
        '.EMod = 210000 'N/mm^2 zum ersten Test nicht erforderlich
        MsgBox "Ftm = " & .FtM
    End With
    Set objTräger = Nothing
End Sub
```

Als Ergebnis zum Testbeispiel erhalten wir FtM = 1.440.000 mm$^4$.

## 5.3.2 Belastungsfall Einzelkraft

Betrachten wir einen Belastungsfall durch Einzelkraft (Bild 5-13), natürlich in Form einer Klasse, die mit *clsFall1* bezeichnet wird.

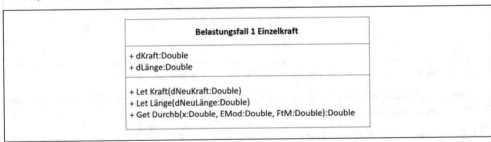

*Bild 5-13. Klassendiagramm Belastungsfall Einzelkraft*

📁 7-06-05-04_BiegetraegerFall1.xlsm

Da eine Einzelkraft vorgesehen ist, muss ihr Wert und die Länge des Trägers (= Angriffspunkt der Kraft) übergeben werden. Die Gleichung für die Durchbiegung eines einseitig eingespannten Biegeträgers mit einer Einzelkraft am Ende des Trägers lautet

$$y(x) = \frac{F}{6EI} x^2 l \left(3 - \frac{x}{l}\right).$$ (5.20)

Das vorhandene Biegemoment an der Stelle x ist

$$M(x) = F(l - x).$$ (5.21)

Zunächst erweitern wir die Klasse Rechteckiger Biegeträger.

*Codeliste 5-5. Prozeduren der Klasse clsRTräger*

```
'Attribute
Private dBreite    As Double
Private dHöhe      As Double
Private dEMod      As Double

'Methoden
Public Property Let Breite(ByVal dNeuBreite As Double)
    dBreite = dNeuBreite
End Property
Public Property Let Höhe(ByVal dNeuHöhe As Double)
    dHöhe = dNeuHöhe
End Property
Public Property Let EMod(dNeuEMod As Double)
    dEMod = dNeuEMod
End Property
Public Property Get EMod() As Double
    EMod = dEMod
End Property
Public Property Get FtM() As Double
    If dBreite > 0 And dHöhe > 0 Then
        FtM = dBreite * dHöhe ^ 3 / 12
    Else
        FtM = 0
        MsgBox "Maß-Fehler"
    End If
End Property
```

Die Klasse clsFall1 für den Belastungsfall Einzelkraft hat den nachfolgenden Code.

*Codeliste 5-6. Prozeduren der Klasse clsFall1*

```
'Klasse Belastungsfall 1
'Einzelkraft am Ende eines eingespannten Trägers
Private dKraft As Double
Private dLänge As Double

Public Property Let Kraft(ByVal dNeuKraft As Double)
    dKraft = dNeuKraft
End Property
Public Property Let Länge(ByVal dNeuLänge As Double)
    dLänge = dNeuLänge
End Property
Public Property Get Durchb(ByVal dX As Double, _
    ByVal dEMod As Double, ByVal dFtM As Double) As Double

    Durchb = dKraft / _
        (6 * dEMod * dFtM) * dX * dX * dLänge * (3 - dX / dLänge)
End Property
```

Die Prozedur *Test1* im Modul *clsBiegung* bekommt als Ergänzung die neue Klasse *clsFall1* und mit der Instanziierung eines Beispiels wird die Berechnung durch die Ausgabe der Durchbiegung an einer beliebigen Stelle (x = 1200) getestet.

*Codeliste 5-7. Testprozedur im Modul modBiegung*

```
Sub Test1()
    Dim objTräger    As clsRTräger
    Dim objFall1     As clsFall1

    Set objTräger = New clsRTräger
    Set objFall1 = New clsFall1
```

```
With objTräger
    .Breite = 10     'mm
    .Höhe = 120      'mm
    .EMod = 210000 'N/mm^2 zum ersten Test nicht erforderlich
End With

With objFall1
    .Kraft = 1800    'N
    .Länge = 2000    'mm
'Durchbiegung an der Stelle x=1200
    MsgBox "y(x=1200) = " & _
        .Durchb(1200, objTräger.EMod, objTräger.FtM)
End With

Set objFall1 = Nothing
Set objTräger = Nothing
End Sub
```

Die Testprozedur liefert das Ergebnis y(x = 1200) = 6,857... Da wir den kompletten Durchbiegungsverlauf suchen, führen wir ein Array *dY()* ein, in das wir mit einer Schrittanzahl von 1000 die berechneten Durchbiegungen über die Trägerlänge speichern. Eine Ausgabe mit der Anweisung *debug.print* in den Direktbereich dient zur Kontrolle.

*Codeliste 5-8. Testprozedur im Modul modBiegung*

```
Sub Test2()
    Dim objTräger    As clsRTräger
    Dim objFall1     As clsFall1
    Dim dX           As Double
    Dim iCount       As Integer
    Dim dY(1001)     As Double

    Set objTräger = New clsRTräger
    Set objFall1 = New clsFall1

    With objTräger
        .Breite = 20
        .Höhe = 210
        .EMod = 210000
    End With

    With objFall1
        .Kraft = 1800
        .Länge = 2000
        For iCount = 0 To 1000
            dX = 2000 / 1000 * iCount
            dY(iCount) = .Durchb(dX, objTräger.EMod, objTräger.FtM)
            Debug.Print dX, dY(iCount)
        Next iCount
    End With
    Set objFall1 = Nothing
    Set objTräger = Nothing
End Sub
```

Das Sequenzdiagramm zu diesem Test deckt auf (Bild 5-14), dass E-Modul und Flächenträgheitsmoment sogar mit Berechnung ständig in der Schleife aufgerufen werden. Hier muss also noch eine Umstellung erfolgen und mit internen Variablen optimieren wir die Rechenzeit.

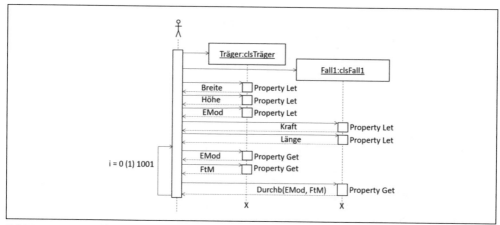

*Bild 5-14. Sequenzdiagramm zur Testprozedur*

📁 7-06-05-05_BiegetraegerDiagramm.xlsm

Es bleibt im letzten Schritt eine Prozedur für die Ausgabe in ein Liniendiagramm zu schreiben. Dabei soll das Diagramm in dem aktuell ausgewählten Arbeitsblatt dargestellt werden, damit es universell einsetzbar ist.

*Codeliste 5-9. Testprozedur zur Visualisierung der Durchbiegung im Modul modBiegung*

```
Sub Test3()
    Dim objTräger      As clsRTräger
    Dim objFall1       As clsFall1
    Dim objDia         As Chart
    Dim objVal         As Series
    Dim dY(1001)       As Double
    Dim dX(1001)       As Variant
    Dim dx1            As Double
    Dim iCount         As Integer
    Dim dEMod          As Double
    Dim dFtM           As Double

    Set objTräger = New clsRTräger
    Set objFall1 = New clsFall1

    With objTräger
        .Breite = 20
        .Höhe = 210
        .EMod = 210000
    End With

    With objFall1
        .Kraft = 1800
        .Länge = 2000
        For iCount = 0 To 1000
            dx1 = 2000 / 1000 * iCount
            dX(iCount) = dx1
            dY(iCount) = .Durchb(dx1, objTräger.EMod, objTräger.FtM)
        Next iCount
    End With

'Diagramm erstellen
    ActiveSheet.DrawingObjects.Delete
    Set objDia = ActiveSheet.Shapes.AddChart.Chart
```

```
With objDia
    .ChartType = xlXYScatterLines 'x-y-Punktdiagramm
    .SeriesCollection.NewSeries
    Set objVal = .SeriesCollection(1)
    With objVal
        .Name = "y(x) = f(F)"
        .XValues = dX
        .Values = dY
        .MarkerStyle = xlMarkerStyleNone
        With .Format.Line
            .Visible = msoTrue
            .Weight = 0.25
            .ForeColor.TintAndShade = 0
            .ForeColor.Brightness = 0
        End With
    End With
    .ChartTitle.Select
    Selection.Format.TextFrame2.TextRange.Font.Size = 12
    Selection.Format.TextFrame2.TextRange.Font.Bold = msoFalse
    .Axes(xlCategory).MaximumScale = 2000
    .Legend.Select
    Selection.Delete
    Set objVal = Nothing
End With

Set objDia = Nothing
Set objFall1 = Nothing
Set objTräger = Nothing
End Sub
```

Das Ergebnis wurde in der Prozedur ja schon ein wenig aufbereitet und soll für dieses Einführungsbeispiel reichen (Bild 5-15).

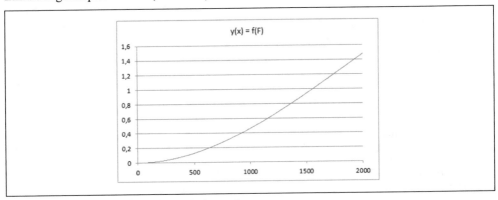

*Bild 5-15. Durchbiegungsverlauf zum Testbeispiel*

Im nächsten Schritt wollen wir die Arrays als Attribute der Klasse *Rechteckiger Biegeträger* zuordnen, damit für jede Instanziierung die Werte erhalten bleiben. Ebenso soll die Visualisierung eine Methode dieser Klasse werden. Da wir in der Klasse sowohl die Werte als auch den Index brauchen, bekommt die Klasse auch einen Index und schließlich noch eine Variable zur Beschriftung des Diagramms. Auch die Trägerlänge wird nun benötigt (Bild 5-16).

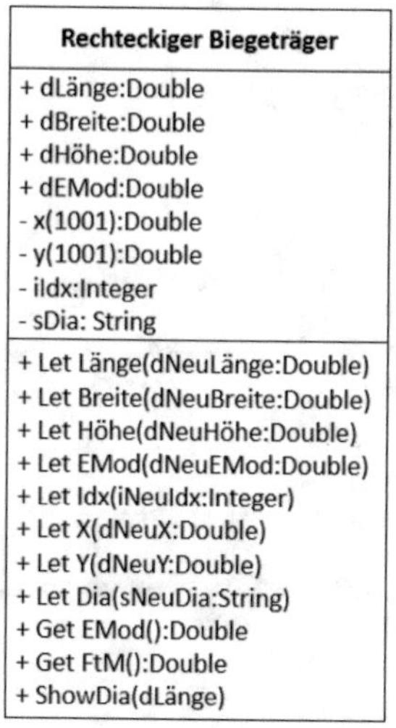

| Rechteckiger Biegeträger |
|---|
| + dLänge:Double |
| + dBreite:Double |
| + dHöhe:Double |
| + dEMod:Double |
| - x(1001):Double |
| - y(1001):Double |
| - iIdx:Integer |
| - sDia: String |
| + Let Länge(dNeuLänge:Double) |
| + Let Breite(dNeuBreite:Double) |
| + Let Höhe(dNeuHöhe:Double) |
| + Let EMod(dNeuEMod:Double) |
| + Let Idx(iNeuIdx:Integer) |
| + Let X(dNeuX:Double) |
| + Let Y(dNeuY:Double) |
| + Let Dia(sNeuDia:String) |
| + Get EMod():Double |
| + Get FtM():Double |
| + ShowDia(dLänge) |

*Bild 5-16. Erweiterte Klasse Rechteckiger Biegeträger*

*Codeliste 5-10. Erweiterte Klasse clsTräger*

```
Private dLänge     As Double
Private dBreite    As Double
Private dHöhe      As Double
Private dY(1001)   As Variant
Private dX(1001)   As Variant
Private iIdx       As Integer
Private sDia       As String

Public Property Let Länge(ByVal dNeuLänge As Double)
    dLänge = dNeuLänge
End Property
Public Property Let Breite(ByVal dNeuBreite As Double)
    dBreite = dNeuBreite
End Property
Public Property Let Höhe(ByVal dNeuHöhe As Double)
    dHöhe = dNeuHöhe
End Property
Public Property Let Idx(ByVal iNeuIdx As Integer)
    iIdx = iNeuIdx
End Property
Public Property Let X(ByVal dNeuX As Double)
    dX(iIdx) = dNeuX
End Property
Public Property Let Y(ByVal dNeuY As Double)
    dY(iIdx) = dY(iIdx) + dNeuY
    'Debug.Print iIdx, dY(iIdx)
End Property
Public Property Let Dia(ByVal sNeuDia As String)
    sDia = sNeuDia
End Property

Public Property Get Länge() As Double
    Länge = dLänge
End Property
```

```
Public Property Get FtM() As Double
    If dBreite > 0 And dHöhe > 0 Then
        FtM = dBreite * dHöhe ^ 3 / 12
    Else
        FtM = 0
        MsgBox "Maß-Fehler"
    End If
End Property

Public Sub ShowDia(ByVal dLänge As Double)
    Dim chrDia     As Chart
    Dim objVal     As Series
    Dim wshTemp    As Worksheet
    Set wshTemp = Worksheets("Auswertung")
    Set chrDia = wshTemp.Shapes.AddChart.Chart
    With chrDia
        .ChartType = xlXYScatterLines 'x-y-Punktdiagramm
        .SeriesCollection.NewSeries
        Set objVal = .SeriesCollection(1)
        With objVal
            .Name = sDia
            .XValues = dX
            .Values = dY
            .MarkerStyle = xlMarkerStyleNone
            With .Format.Line
                .Visible = msoTrue
                .Weight = 0.25
                .ForeColor.TintAndShade = 0
                .ForeColor.Brightness = 0
            End With
        End With
        Set objVal = Nothing
        .ChartTitle.Select
        Selection.Format.TextFrame2.TextRange.Font.Size = 12
        Selection.Format.TextFrame2.TextRange.Font.Bold = msoFalse
        .Axes(xlCategory).MinimumScale = 0
        .Axes(xlCategory).MaximumScale = dLänge
        .Legend.Select
        Selection.Delete
    End With
    Set chrDia = Nothing
    Set wshTemp = Nothing
End Sub

Private Sub Class_Initialize()
    Dim iCount As Integer
    For iCount = 0 To 1000
        dX(iCount) = 0
        dY(iCount) = 0
    Next iCount
End Sub
```

Wir testen diesen Code, indem wir zwei verschiedene Belastungsfälle erfassen und erst danach in umgekehrter Reihenfolge ausgeben.

*Codeliste 5-11. Testprozedur mit zwei Instanziierungen im Modul modBiegung*

```
Sub Test4()
    Dim objTräger1     As clsRTräger
    Dim objTräger2     As clsRTräger
    Dim objFall1       As clsFall1
```

```
    Dim objFall2      As clsFall1
    Dim objDia        As Chart
    Dim objVal        As Series
    Dim dx1           As Double
    Dim iCount        As Integer
    Dim dFtM          As Double

    Set objTräger1 = New clsRTräger
    Set objFall1 = New clsFall1
    With objFall1
        .Kraft = 1800
        .Länge = 2000
        .EMod = 210000
    End With
    With objTräger1
        .Länge = 2000
        .Breite = 20
        .Höhe = 210
        For iCount = 0 To 1000
            dx1 = 2000 / 1000 * iCount
            .Idx = iCount
            .X = dx1
            .Y = objFall1.Durchb(dx1, objFall1.EMod, .FtM)
        Next iCount
        .Dia = "y(x) = f(F1)"
    End With

    Set objTräger2 = New clsRTräger
    Set objFall2 = New clsFall1
    With objFall2
        .Kraft = 2400
        .Länge = 1800
        .EMod = 200000
    End With
    With objTräger2
        .Länge = 1800
        .Breite = 18
        .Höhe = 190
        For iCount = 0 To 1000
            dx1 = 1800 / 1000 * iCount
            .Idx = iCount
            .X = dx1
            .Y = objFall2.Durchb(dx1, objFall2.EMod, .FtM)
        Next iCount
        .Dia = "y(x) = f(F2)"
    End With

    objTräger2.ShowDia (objTräger2.Länge)
    objTräger1.ShowDia (objTräger1.Länge)
    Set objFall1 = Nothing
    Set objTräger1 = Nothing
    Set objFall2 = Nothing
    Set objTräger2 = Nothing
End Sub
```

Das Ergebnis (Bild 5-17) bestätigt die richtige Funktionsweise. Die Diagramme liegen allerdings übereinander und müssen verschoben werden.

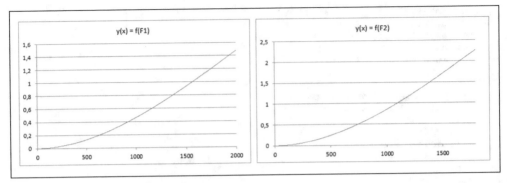

*Bild 5-17. Ergebnis der zwei Instanziierungen*

Das System soll noch zwei weitere Belastungsarten erhalten. Der zweite Belastungsfall ist ein einzelnes Moment am Trägerende mit der Formel für die Durchbiegung

$$y(x) = \frac{M}{2EI}x^2.$$ (5.22)

Das vorhandene Biegemoment an der Stelle x ist

$$M(x) = M.$$ (5.23)

Die Formel für die Durchbiegung unter der Streckenlast lautet

$$y(x) = \frac{Fl^3}{24EI}\left(6\left(\frac{x}{l}\right)^2 - 4\left(\frac{x}{l}\right)^3 + \left(\frac{x}{l}\right)^4\right).$$ (5.24)

Darin ist

$$F = q(x)l.$$ (5.25)

Das vorhandene Biegemoment an der Stelle x ist

$$M(x) = \frac{Fl}{3}\left(1 - \frac{x}{l}\right)^2.$$ (5.26)

### 5.3.3 Polymorphie

Bereits im Kapitel 1.6.8 haben wir die Struktur und Funktion einer Schnittstelle, auch als *Interface* bezeichnet, kennen gelernt. Ein Interface erlaubt die Realisierung des Konzepts der Polymorphie. Darunter versteht man die Fähigkeit, gleiche Methoden auf unterschiedliche Datentypen anzuwenden. Dieser Prozess lässt sich auch mit dem Begriff *Abstraktion* erklären. So wie die Datentypen *Variant* und *Object* abstrakte Datentypen sind, denen die meisten anderen Datentypen zugewiesen werden können. Polymorphie ist somit eine Abstraktion der Methoden.

📁 7-06-05-06_BiegetraegerInterface.xlsm

In unserem Beispiel haben wir drei verschiedene Klassen für unterschiedliche Belastungsfälle, aber mit immer einer Funktion zur Bestimmung der Durchbiegung. Wir wollen nun eine Interface-Klasse einführen, die eine Abstraktion der Berechnungsfunktionen darstellt. Anders als bei den üblichen Klassen, bekommt eine Interface-Klasse das Präfix *int*. Eine abstrakte Klasse kann keine Objekte instanziieren, sie besteht nur aus Deklarationen. Würden zusätzliche Anweisungen eingetragen, dann würden sie bei der Ausführung ignoriert. Bei VBA ist dies möglich, C++ verhindert es durch den Begriff *abstract*.

Wir erstellen in dem Klassenmodul *intFall* den folgenden Code:

```
Public dx As Double

Public Sub Yx()
End Sub

Public Property Get Y() As Double
End Property
```

Zunächst einmal wird eine Public-Variable *dx* deklariert. Will eine andere Klasse mit dieser Interface-Klasse korrespondieren, so muss sie die Property-Prozeduren Let und Get zu dieser Variablen besitzen, also etwa wie nachfolgend mit der Besonderheit, dass beide Prozedurnamen mit einem *intFall_* beginnen müssen.

```
Private Property Let intFall_dx(ByVal dNeux As Double)
    dx = dNeux
End Property

Private Property Get intFall_dx() As Double
    intFall_dx = dx
End Property
```

Das gilt auch für die Prozedur Yx. Sie muss in der korrespondieren Klasse ebenfalls mit der Struktur *intFall_Yx* vorhanden sein.

```
Private Sub intFall_Yx()
    dY = dKraft / (6 * dEMod * dFtM) * dx ^ 2 * dLänge * (3 - dx / dLänge)
End Sub
```

Anders ist es mit der Deklaration der Property-Funktion *Y*, sie dient nur zum Lesen und erwartet in der korrespondierenden Klasse nachfolgende Struktur.

```
Private Property Get intFall_Y() As Double
    intFall_Y = dY
End Property
```

Wenn wir uns jetzt die Prozeduren der korrespondierenden Klasse ansehen, dann stellen wir fest, dass sie alle vom Typ *private* sind. Der Zugriff erfolgt von „außerhalb", also nur über das Interface mit seinen *public*-Strukturen. Diese Methode wird als Kapselung bezeichnet. Folglich müssen alle Eingaben, die an einen der Belastungsfälle gehen, über das Interface laufen, auch wenn es ein Berechnungswert aus einer anderen Klasse ist, wie in unserem Beispiel das Flächenträgheitsmoment. Wir ergänzen unser Beispiel durch die Interface-Klasse *intFall* mit dem dargestellten Code.

*Codeliste 5-12. Die Klasse intFall*

```
Public Property Let X(ByVal dNeuX As Double)
End Property
Public Sub Yx()
End Sub
Public Property Get Y() As Double
End Property

Public Property Let Länge(ByVal dNeuLänge As Double)
End Property
Public Property Let Kraft(ByVal dNeuKraft As Double)
End Property
Public Property Let Moment(ByVal dNeuMoment As Double)
End Property
```

```
Public Property Let Quer(ByVal dNeuQuer As Double)
End Property
Public Property Let EMod(ByVal dNeuEMod As Double)
End Property
Public Property Let FtM(ByVal dNeuFtM As Double)
End Property
```

Damit unsere Klasse *clsFall1* mit der Interface-Klasse korrespondieren kann und auch gekapselt ist, muss am Anfang die Anweisung

```
Implements intFall
```

stehen. Damit wird die Polymorphie angekündigt. Sind jetzt nicht die zuvor beschriebenen erforderlichen Prozeduren in *clsFall1* vorhanden, dann kommt es zur Fehlermeldung. Wir müssen also diese Klasse umschreiben, bzw. ergänzen.

*Codeliste 5-13. Die Klasse clsFall1*

```
Implements intFall

Private dX        As Double
Private dY        As Double
Private dLänge    As Double
Private dKraft    As Double
Private dMoment   As Double
Private dQuer     As Double
Private dEMod     As Double
Private dFtM      As Double
Private Property Let intFall_X(ByVal dNeuX As Double)
    dX = dNeuX
End Property
Private Sub intFall_Yx()
    dY = dKraft / (6 * dEMod * dFtM) * dX ^ 2 * dLänge * (3 - dX / dFtM)
End Sub
Private Property Get intFall_Y() As Double
    intFall_Y = dY
End Property
Private Property Let intFall_Länge(ByVal dNeuLänge As Double)
    dLänge = dNeuLänge
End Property
Private Property Let intFall_Kraft(ByVal dNeuKraft As Double)
    dKraft = dNeuKraft
End Property
Private Property Let intFall_Moment(ByVal dNeuMoment As Double)
    dMoment = dNeuMoment
End Property
Private Property Let intFall_Quer(ByVal dNeuQuer As Double)
    dQuer = dNeuQuer
End Property
Private Property Let intFall_EMod(ByVal dNeuEMod As Double)
    dEMod = dNeuEMod
End Property
Private Property Let intFall_FtM(ByVal dNeuFtM As Double)
    dFtM = dNeuFtM
End Property
```

Auch wenn in diesem Belastungsfall weder ein Moment noch eine Streckenlast auftreten, müssen die Property-Prozeduren eingesetzt werden, da die Interface-Klasse dies fordert. Lediglich die Deklarationen von *dMoment* und *dQuer* könnten entfallen; sie wurden aber zur Übersichtlichkeit stehen gelassen. Auch die Übergabe des Elastizitätsmoduls an die Träger-

Klasse ist bei dieser Konstellation nicht erforderlich. Bei einer Erweiterung des Systems zur Bestimmung von Spannungen ist sie vielleicht nützlich.

Im letzten Schritt muss auch die Testprozedur angepasst werden. Wir gehen zurück auf einen Einzelfall, ebenfalls zur Übersichtlichkeit.

*Codeliste 5-14. Testprozedur im Modul modBiegung*

```
Sub Test5()
    Dim objTräger       As clsRTräger
    Dim objFall         As intFall
    Dim dx1             As Double
    Dim iCount          As Integer

    Set objTräger = New clsRTräger
    With objTräger
        .Länge = 2000
        .Breite = 20
        .Höhe = 210
        .EMod = 210000
    End With
    Set objFall = New clsFall1
    With objFall
        .Kraft = 1800
        .Länge = 2000
        .EMod = 210000
        .FtM = objTräger.FtM
    End With
    With objTräger
        For iCount = 0 To 1000
            dx1 = 2000 / 1000 * iCount
            .Id = iCount
            .X = dx1
            objFall.X = dx1
            objFall.Yx
            .Y = objFall.Y
        Next iCount
        .Dia = "y(x) = f(F1)"
        .ShowDia (.Länge)
    End With
    Set objFall = Nothing
    Set objTräger = Nothing
End Sub
```

Auf eine Besonderheit soll noch hingewiesen werden. Bisher waren Deklaration und Instanziierung eines Objekts immer mit folgenden Anweisungen erfolgt:

```
Dim objName as clsKlasse
Set objName = New clsKlasse
```

Mit der Nutzung einer Interface-Klasse wird daraus:

```
Dim objName as intKlasse
Set objName = New clsKlasse
```

Die Deklaration erfolgt hier mit der Interface-Klasse, während die Instanziierung mit der Anwendungs-Klasse erfolgt. Bevor wir mit der Erweiterung um andere Belastungsfälle beginnen, betrachten wir die Testprozedur noch einmal im Sequenzdiagramm (Bild 5-18).

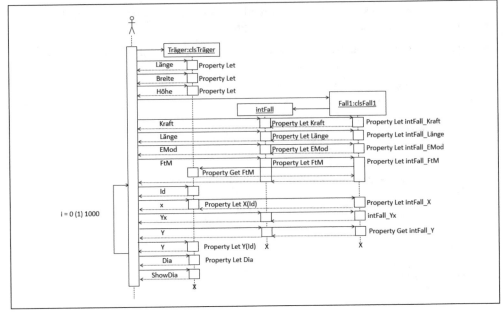

*Bild 5-18. Sequenzdiagramm zur Testprozedur*

Die Klassen der beiden anderen Belastungsfälle sind quasi eine komplette Kopie der ersten Klasse, bis auf die Formel für die Durchbiegung.

*Codeliste 5-15. Berechnung in Klasse clsFall2 zur Belastung durch ein Moment*

```
Private Sub intFall_Yx()
    dY = dMoment / (2 * dEMod * dFtM) * dx ^ 2
End Sub
```

*Codeliste 5-16. Berechnung in Klasse clsFall3 zur Belastung durch eine Streckenlast*

```
Private Sub intFall_Yx()
    dY = dQuer * dLänge ^ 3 / (24 * dEMod * dFtM) * _
        (6 * (dx / dLänge) ^ 2 - 4 * (dx / dLänge) ^ 3 + (dx / dLänge) ^ 4)
End Sub
```

Die Durchbiegung bei einer Kombination von Belastungsarten ist gleich der Summe der Einzelbelastungen [32]. So ergibt sich für alle drei Belastungsarten und deren Kombinationen eine vereinfachte Testprozedur.

📂 7-06-05-07_BiegetraegerFaelle.xlsm

*Codeliste 5-17. Bestimmung der Durchbiegung kombinierter Belastungsfälle*

```
Sub Test6()
'Objekte
    Dim objTräger   As clsRTräger
    Dim objFall     As intFall
'Träger
    Dim dLänge      As Double
    Dim dBreite     As Double
    Dim dHöhe       As Double
    Dim dEMod       As Double
'Belastung
    Dim dKraft      As Double
```

```
      Dim dMoment       As Double
      Dim dQuer         As Double

'Diagramm-Variable
      Dim dx1           As Double
      Dim iCount        As Integer
      Dim iFall         As Integer
      Dim sHinweis      As String

      dLänge = 2000     'mm
      dBreite = 40      'mm
      dHöhe = 240       'mm
      dEMod = 210000    'N/mm^2
      dKraft = 2000     'N
      dMoment = 200000  'Nmm
      dQuer = 200       'N/mm
'Bestimme Flächenträgheitsmoment
      Set objTräger = New clsRTräger
      With objTräger
         .Länge = dLänge
         .Breite = dBreite
         .Höhe = dHöhe
         .EMod = dEMod
      End With
'Diagrammwahl
      sHinweis = "Belastungsfall angeben:" & vbLf & _
         "1 = F / 2 = M / 3 = Q" & vbLf & _
         "4 = F+M / 5 = F+Q / 6 = M+Q" & vbLf & _
         "7 = F+M+Q"
      iFall = InputBox(sHinweis)
'Durchbiegung durch Einzelkraft
      If iFall = 1 Or iFall = 4 Or iFall = 5 Or iFall = 7 Then
         Set objFall = New clsFall1
         With objFall
            .Kraft = dKraft
            .Länge = dLänge
            .EMod = dEMod
            .FtM = objTräger.FtM
         End With
         With objTräger
            For iCount = 0 To 1000
               dx1 = dLänge / 1000 * iCount
               .Idx = iCount
               .X = dx1
               objFall.dX = dx1
               objFall.Yx
               .Y = objFall.Y
            Next iCount
         End With
      End If
'Durchbiegung durch Einzelmoment
      If iFall = 2 Or iFall = 4 Or iFall = 6 Or iFall = 7 Then
         Set objFall = New clsFall2
         With objFall
            .Moment = dMoment
            .Länge = dLänge
            .EMod = 210000
            .FtM = objTräger.FtM
         End With
         With objTräger
            For iCount = 0 To 1000
               dx1 = dLänge / 1000 * iCount
```

```
                .Idx = iCount
                .X = dx1
                objFall.dX = dx1
                objFall.Yx
                .Y = objFall.Y
            Next iCount
        End With
    End If
'Durchbiegung durch Streckenlast
    If iFall = 3 Or iFall = 5 Or iFall = 6 Or iFall = 7 Then
        Set objFall = New clsFall3
        With objFall
            .Quer = dQuer
            .Länge = dLänge
            .EMod = 210000
            .FtM = objTräger.FtM
        End With
        With objTräger
            For iCount = 0 To 1000
                dx1 = dLänge / 1000 * iCount
                .Idx = iCount
                .X = dx1
                objFall.dX = dx1
                objFall.Yx
                .Y = objFall.Y
            Next iCount
        End With
    End If
'Ausgabe
    With objTräger
        .Dia = "Belastungsfall" & Str(iFall)
        .ShowDia (.Länge)
    End With

    Set objFall = Nothing
    Set objTräger = Nothing
End Sub
```

Mit Hilfe dieses OOP-Systems lassen sich beliebig viele Diagramme (Bild 5-19) mit unterschiedlichen Belastungsfällen auf einem Arbeitsblatt erzeugen, ohne dass die Daten auf einem Arbeitsblatt abgelegt sind.

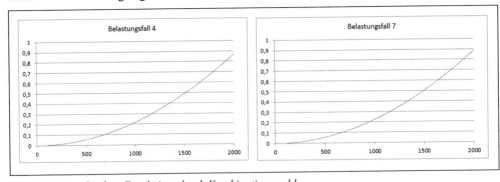

*Bild 5-19. Verschiedene Ergebnisse durch Kombinationswahl*

## 5.3.4 Vererbung

Das Prinzip der Vererbung ist eines der grundlegenden Prinzipien der OOP. Ausgehend von einer Basisklasse werden deren Attribute und Methoden in neue Klassen, sogenannte abgeleitete Klassen übernommen, die dann Erweiterungen oder Einschränkungen erfahren. Im UML-Klassendiagramm wird eine Vererbungsbeziehung durch einen offenen dreieckigen Pfeil dargestellt. Anders als in der klassischen OOP-Sprache C++, lässt sich in VBA die Vererbung dadurch erreichen, dass Objekte einer Klasse als Attribute in einer anderen Klasse eingesetzt werden. Dazu betrachten wir bezogen auf unser Beispiel Biegungsverlauf ein Klassendiagramm als Ausgangspunkt (Bild 5-20).

🗁 7-06-05-08_BiegetraegerVererbung

Die Klasse rechteckiger Biegeträger *clsRTräger* enthält alle Attribute und Methoden, die sich einem Biegeträger zuordnen lassen, während die Klasse Belastungsfall *clsFall1* nur die Attribute und Methoden der Belastung enthält.

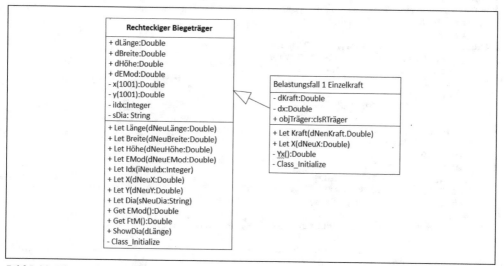

Bild 5-20. Klassendiagramm Lastfall und Träger in einer Vererbung

Codeliste 5-18. Klasse Rechteckiger Biegeträger

```
Private dLänge      As Double
Private dBreite     As Double
Private dHöhe       As Double
Private dEMod       As Double
Private dFtM        As Double
Private dY(1001)    As Variant
Private dX(1001)    As Variant
Private iId         As Integer
Private sDia        As String

Public Property Let Länge(ByVal dNeuLänge As Double)
    dLänge = dNeuLänge
End Property
Public Property Let Breite(ByVal dNeuBreite As Double)
    dBreite = dNeuBreite
End Property
Public Property Let Höhe(ByVal dNeuHöhe As Double)
    dHöhe = dNeuHöhe
```

```
End Property
Public Property Let EMod(ByVal dNeuEMod As Double)
    dEMod = dNeuEMod
End Property
Public Property Let Id(ByVal iNeuId As Integer)
    iId = iNeuId
End Property
Public Property Let X(ByVal dNeuX As Double)
    dX(iId) = dNeuX
End Property
Public Property Let Y(ByVal dNeuY As Double)
    dY(iId) = dNeuY
End Property
Public Property Let Dia(ByVal sNeuDia As String)
    sDia = sNeuDia
End Property
Public Property Get Länge() As Double
    Länge = dLänge
End Property
Public Property Get EMod() As Double
    EMod = dEMod
End Property
Public Property Get Ftm() As Double
    If dBreite > 0 And dHöhe > 0 Then
        Ftm = dBreite * dHöhe ^ 3 / 12
    Else
        Ftm = 0
        MsgBox "Maß-Fehler"
    End If
End Property
Public Sub ShowDia()
    Dim chrDia     As Chart
    Dim objVal     As Series
    Dim wshTemp    As Worksheet
    Set wshTemp = Worksheets("Auswertung")
    Set chrDia = wshTemp.Shapes.AddChart.Chart
    With chrDia
        .ChartType = xlXYScatterLines 'x-y-Punktdiagramm
        .SeriesCollection.NewSeries
        Set objVal = .SeriesCollection(1)
        With objVal
            .Name = sDia
            .XValues = dX
            .Values = dY
            .MarkerStyle = xlMarkerStyleNone
            With .Format.Line
                .Visible = msoTrue
                .Weight = 0.25
                .ForeColor.TintAndShade = 0
                .ForeColor.Brightness = 0
            End With
        End With
        Set objVal = Nothing
        .ChartTitle.Select
        Selection.Format.TextFrame2.TextRange.Font.Size = 12
        Selection.Format.TextFrame2.TextRange.Font.Bold = msoFalse
        .Axes(xlCategory).MinimumScale = 0
        .Axes(xlCategory).MaximumScale = dLänge
        .Legend.Select
        Selection.Delete
    End With
    Set chrDia = Nothing
```

```
      Set wshTemp = Nothing
End Sub
Private Sub Class_Initialize()
    Dim iCount As Integer
    For iCount = 0 To 1000
        dX(iCount) = 0
        dY(iCount) = 0
    Next iCount
End Sub
```

*Codeliste 5-19. Klasse Belastungsfall1*

```
Private dX          As Double
Private dKraft      As Double
Public objTräger    As clsRTräger

Property Let X(ByVal dNeuX As Double)
    dX = dNeuX
End Property
Property Let Kraft(ByVal dNeuKraft As Double)
    dKraft = dNeuKraft
End Property
Function dYx() As Double
    With objTräger
        dYx = dKraft / (6 * .EMod * .Ftm) * _
            dX * dX * .Länge * (3 - dX / .Länge)
    End With
End Function
Private Sub Class_Initialize()
    Set objTräger = New clsRTräger
End Sub
```

Durch diese Aufteilung wird der Code in den Klassen sehr übersichtlich. Die Testprozedur im Modul *modBiegung* behält ihre ungefähre Größe.

*Codeliste 5-20. Testprozedur in modBiegung*

```
Sub Test7()
    Dim objTräger       As clsRTräger
    Dim objFall         As clsFall1
    Dim objDia          As Chart
    Dim objVal          As Series
    Dim dx1             As Double
    Dim iCount          As Integer

    Set objFall = New clsFall1
    With objFall
        With .objTräger
            .Länge = 2000
            .Breite = 20
            .Höhe = 210
            .EMod = 210000
        End With
        .Kraft = 1800
        For iCount = 0 To 1000
            dx1 = 2000 / 1000 * iCount
            .objTräger.Idx = iCount
            .objTräger.X = dx1
            .X = dx1
            .objTräger.Y = .dYx
        Next iCount
        .objTräger.Dia = "y(x) = f(F1)"
        .objTräger.ShowDia
```

```
      End With
      Set objFall = Nothing
      Set objTräger = Nothing
End Sub
```

Betrachten wir auch zu diesem Ablauf noch einmal das Sequenzdiagramm im Bild 5-21. Sehr deutlich ist darin an der Stelle zur Berechnung von *Yx* der Vererbungsteil zu erkennen.

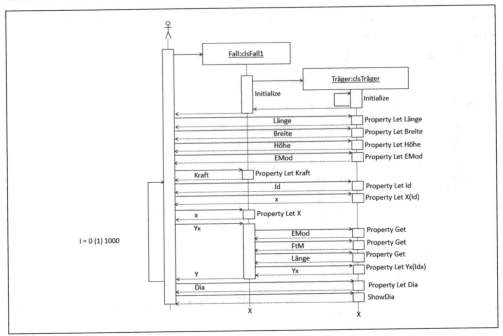

*Bild 5-21. Sequenzdiagramm zur Vererbung*

### Übung 5.7 Andere Belastungsfälle

Den Einbau der anderen Belastungsfälle überlasse ich dem Leser. Es dürfte bei der übersichtlichen Struktur auch keine Probleme geben.

## 5.4 Werkstoff-Sammlung

Klassen lassen sich auch gut für Sammlungen einsetzen, aus denen sich auch abgeleitete Attribute bestimmen. So ein Fall ist die Werkstoff-Sammlung, in der sich Materialkonstanten wie E-Modul und Querkontraktion befinden, aus denen sich das Schubmodul ableiten lässt.

### 5.4.1 Gruppierung von Spalten und Zeilen

Begonnen wird die Sammlung mit Einträgen zu verschiedenen Materialien (Bild 5-22), die schnell übersichtlich werden kann.

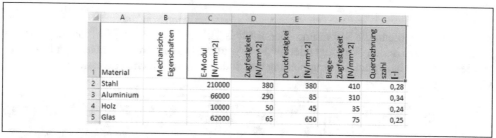

| | A | B | C | D | E | F | G |
|---|---|---|---|---|---|---|---|
| | Material | Mechanische Eigenschaften | E-Modul [N/mm^2] | Zugfestigkeit [N/mm^2] | Druckfestigkeit [N/mm^2] | Biege-Zugfestigkeit [N/mm^2] | Querdehnung szahl [-] |
| 2 | Stahl | | 210000 | 380 | 380 | 410 | 0,28 |
| 3 | Aluminium | | 66000 | 290 | 85 | 310 | 0,34 |
| 4 | Holz | | 10000 | 50 | 45 | 35 | 0,24 |
| 5 | Glas | | 62000 | 65 | 650 | 75 | 0,25 |

*Bild 5-22. Start einer Werkstoff-Sammlung*

Um dennoch den Überblick zu behalten, empfiehlt es sich die Daten in Gruppen zusammen zu fassen. Dazu werden die entsprechenden Spalten markiert und mit der Prozedur

```
Sub SpaltenGruppe()
    Selection.Columns.Group
End Sub
```

die Gruppe erstellt. Die Hauptspalte kann sich rechts oder links der Gruppierung befinden. Mit den Prozeduren

```
Sub GruppeRechts()
    With ActiveSheet.Outline
        .AutomaticStyles = False
        .SummaryColumn = xlRight
    End With
End Sub
Sub GruppeLinks()
    With ActiveSheet.Outline
        .AutomaticStyles = False
        .SummaryColumn = xlLeft
    End With
End Sub
```

lässt sich die Einstellung ändern. Mit der Prozedur

```
Sub SpaltenGruppeAufheben()
    Selection.ClearOutline
End Sub
```

kann die Gruppierung wieder aufgehoben werden. Natürlich lässt sich eine Gruppierung auch für Zeilen erstellen. Dabei helfen die nachfolgenden Prozeduren.

```
Sub ZeilenGruppe()
    Selection.Rows.Group
End Sub
Sub ZeilenGruppeAufheben()
    Selection.Rows.Ungroup
End Sub
Sub GruppeOben()
    With ActiveSheet.Outline
        .AutomaticStyles = False
        .SummaryRow = xlAbove
    End With
End Sub
Sub GruppeUnten()
    With ActiveSheet.Outline
        .AutomaticStyles = False
        .SummaryRow = xlBelow
    End With
```

```
End Sub
```

Auf diese Weise bleibt die Sammlung übersichtlich (Bild 5-23). Zu einer Gruppierung können auch Spalten und Zeilen eingefügt oder gelöscht werden. Dabei müssen die Grenzen beachtet werden. Notfalls hebt man die Gruppierung auf, ändert die Anordnung und erstellt die Gruppierung neu.

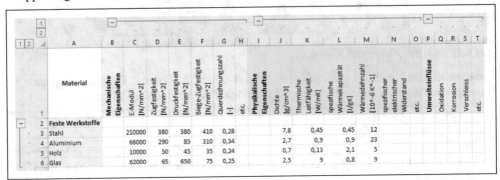

*Bild 5-23. Mögliche Struktur einer Werkstoff-Sammlung*

## 5.4.2 Die Klasse Werkstoffe

📁 7-06-05-09_Werkstoffe.xlsm

Kommen wir nun zur Anwendung einer Klasse auf diese Sammlung. Unser Klassenmodul *clsWerkstoffe* enthält im einfachsten Fall die Attribute Name, E-Modul E und Querkontraktionszahl $\nu$. Aus denen sich das Schub-Modul nach der Formel

$$G = \frac{E}{2(1+\nu)}$$ 

(5.27)

ableiten lässt.

*Codeliste 5-21. Klasse Werkstoffe*

```
'Attribute
Private sMatName As String
Private dEMod As Double
Private dQuer As Double

'Methoden
Public Property Get MatName() As String
    MatName = sMatName
End Property
Public Property Let MatName(ByVal sNeuMatName As String)
    sMatName = sNeuMatName
End Property
Public Property Get EMod() As Double
    EMod = dEMod
End Property
Public Property Let EMod(ByVal dNeuEMod As Double)
    dEMod = dNeuEMod
End Property
Public Property Get Quer() As Double
    Quer = dQuer
End Property
Public Property Let Quer(ByVal dNeuQuer As Double)
    dQuer = dNeuQuer
```

```
End Property

'abgeleitet: Schubmodul
Public Property Get SMod() As Double
    SMod = dEMod / (2 * (1 + dQuer))
End Property
```

Mit einer einfachen Testprozedur in einem Modul werden die notwendigen Daten in ein Dictionary gelesen, aus dem die entsprechenden Daten gefunden und angewendet werden. Als Beispiel ist das Schubmodul von Stahl gesucht.

*Codeliste 5-22. Anwendung der Klasse Werkstoffe*

```
Sub MatDictionary()
    Dim iMax          As Integer
    Dim iRow          As Integer
    Dim objMaterial   As clsWerkstoffe
    Dim vMaterial     As Variant
    Dim objMatListe   As Dictionary
    Dim wshTemp       As Worksheet

    Set wshTemp = Worksheets("Werkstoff-Sammlung")
    wshTemp.Activate
    Set objMatListe = New Dictionary

'Lesen und Instanziierung
    iMax = wshTemp.UsedRange.Rows.Count
    For iRow = 3 To iMax
        Set objMaterial = New clsWerkstoffe
        With objMaterial
            .MatName = Cells(iRow, 1)
            .EMod = Cell2Dez(Cells(iRow, 3))
            .Quer = Cell2Dez(Cells(iRow, 7))

'Objekt der Liste hinzufügen
            objMatListe.Add .MatName, objMaterial
        End With
    Next iRow

'finden und ausgeben
    Set vMaterial = objMatListe.Item("Stahl")
    Debug.Print vMaterial.MatName, vMaterial.Quer
End Sub
```

Ein weiteres Anwendungsbeispiel nutzt die Wärmekapazität flüssiger Werkstoffe, um deren Mischungstemperatur zu bestimmen. Bei gegebenen Massen m1 und m2, deren Temperaturen T1 und T2 und deren spezifischen Wärmekapazitäten c1 und c2 berechnet sich die Mischtemperatur nach der Formel

$$T_M = \frac{m_1 c_1 T_1 + m_2 c_2 T_2}{m_1 c_1 + m_2 c_2}. \tag{5.28}$$

Erweitern wir die Klasse um das Attribut

```
Private dSpWk As Double
```

für die spezifische Wärmekapazität mit den entsprechenden Property-Funktionen, dann kann eine Testprozedur wie folgt aussehen.

```
Sub MatDictionary2()
    Dim iMax          As Integer
    Dim iRow          As Integer
```

```
   Dim objMaterial     As clsWerkstoffe
   Dim vMaterial       As Variant
   Dim objMatListe     As Dictionary
   Dim wshTemp         As Worksheet
   Dim vMat1           As Variant
   Dim vMat2           As Variant
   Dim dm1             As Double
   Dim dm2             As Double
   Dim dt1             As Double
   Dim dt2             As Double
   Dim dc1             As Double
   Dim dc2             As Double
   Dim dTm             As Double

   Set wshTemp = Worksheets("Werkstoff-Sammlung")
   wshTemp.Activate
   Set objMatListe = New Dictionary

'Lesen und Instanziierung
   iMax = wshTemp.UsedRange.Rows.Count
   For iRow = 3 To iMax
       If Cells(iRow, 1) = "w" Then
           Set objMaterial = New clsWerkstoffe
           With objMaterial
               .MatName = Cells(iRow, 2)
               .EMod = Cell2Dez(Cells(iRow, 4))
               .Quer = Cell2Dez(Cells(iRow, 8))
               .SpWk = Cell2Dez(Cells(iRow, 13))
'Objekt der Liste hinzufügen
               objMatListe.Add .MatName, objMaterial
           End With
       End If
   Next iRow

'Beispiel einer Mischung
   Set vMat1 = objMatListe.Item("Benzol")
   Set vMat2 = objMatListe.Item("Ethanol")
   dm1 = 60
   dm2 = 40
   dt1 = 45
   dt1 = 25
   dt2 = 68
   dc1 = vMat1.SpWk
   dc2 = vMat2.SpWk
   dTm = (dm1 * (dt1 + 273.15) * dc1 + dm2 * (dt2 + 273.15) * dc2) / _
       (dm1 * dc1 + dm2 * dc2) - 273.15
   Debug.Print "Mischtemperatur = "; dTm
End Sub
```

Die Auswertung liefert als Ergebnis Mischtemperatur $= 45,8325093929207$.

## Übung 5.8 Umfang der Sammlung erweitern

Die Erstellung der Werkstoffsammlung kann durch eine eigene Prozedur ausgeführt werden.

Eine weitere Anwendungsmöglichkeit ist ein Informationsformular, das nach der Auswahl des Werkstoffs alle gespeicherten Daten anzeigt.

Neben Werte können auch Verlinkungen eingestellt werden, die zu weiteren Informationen führen, wie z. B. PDF-Dateien. Testen Sie die Möglichkeit.

# KAPITEL 6

# Berechnungen von Maschinenelementen

Der Begriff Maschinenelement ist eine Fachbezeichnung des Maschinenbaus. Als Maschinenelemente werden nicht weiter zerlegbare Bestandteile einer Maschinenkonstruktion bezeichnet. Sie sind auf grundsätzlich naturwissenschaftlichen Prinzipien beruhende technische Lösungen. Neue Maschinenelemente entstehen durch den Konstruktionsprozess, bei dem die Berechnung der Funktionstüchtigkeit und Festigkeit im Vordergrund steht.

## 6.1 Volumenberechnung

### 6.1.1 Finite Elemente

Die Grundlage dieser Berechnung ist die Tatsache, dass sich komplexe Maschinenteile in einfache Grundkörper zerlegen lassen. Wichtig für die sichere Handhabung ist, dass einfache und wenige Grundkörper benutzt werden (Bild 6-1).

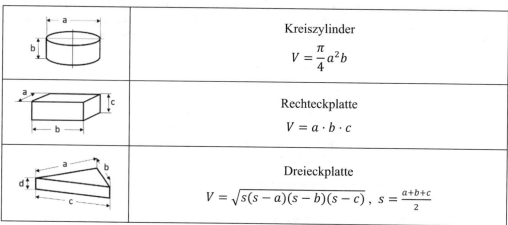

| | Kreiszylinder $$V = \frac{\pi}{4}a^2 b$$ |
| --- | --- |
| | Rechteckplatte $$V = a \cdot b \cdot c$$ |
| | Dreieckplatte $$V = \sqrt{s(s-a)(s-b)(s-c)}\,, \quad s = \frac{a+b+c}{2}$$ |

*Bild 6-1. Finite Elemente zur Volumenberechnung*

© Springer Fachmedien Wiesbaden GmbH, ein Teil von Springer Nature 2023
H. Nahrstedt, *Excel + VBA für Ingenieure*,
https://doi.org/10.1007/978-3-658-41504-4_6

Die Zerlegung eines Maschinenelements in diese Grundkörper kann im positiven wie im negativen Sinne gesehen werden. Ein positives Element ist z. B. eine Welle. Ein negatives Element eine Bohrung und es können auch mehrere gleiche Grundelemente auftreten.

Das Volumen von Maschinenelementen soll durch die Zerlegung in die in Bild 6-1 dargestellten finiten Elemente bestimmt werden.

*Tabelle 6-1. Struktogramm zur Volumenberechnung*

| Auswahl R(echteck), D(reieck), Z(ylinder) oder S(umme) | | | |
|---|---|---|---|
| R(echteck) | D(reieck) | Z(ylinder) | S(umme) |
| Eingabe a, b, c, s | Eingabe a, b, c, d, s | Eingabe a, b, s | ./. |
| $V = a \cdot b \cdot c$ | $s = \dfrac{a+b+c}{2}$ $$V = d\sqrt{s(s-a)(s-b)(s-c)}$$ | $V = \dfrac{\pi}{4}a^2 b$ | |
| $V_G = V \cdot s$ | | | |
| Ausgabe $V_G$ | | | |

## 6.1.2 Formular

Über die Eingabe der Form (R/D/Z) im Tabellenblatt soll die jeweilige Eingabe der Daten auf einem Formular stattfinden (Bild 6-2). Dazu werden die Formulare *frmDreieck*, *frmRechteck* und *frmZylinder* angelegt.

🗁 7-06-06-01_Volumen.xlsm

Im Tabellenblatt befinden sich zwei Prozeduren. Die Prozedur *Worksheet_Change (ByVal Target As Range)* reagiert auf Veränderung im Tabellenblatt. Ist eine Veränderung in der Spalte Form eingetreten, wird das entsprechende Formular geladen, bzw. es wird die Gesamtsumme berechnet. Wichtig ist dabei noch, dass mit der Formangabe die Eingabezeile beibehalten wird. Die Zeile liefert in der Ereignisprozedur der Parameter *Target*.

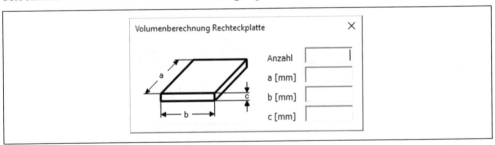

*Bild 6-2. Formular zur Volumenberechnung einer Rechteckplatte*

Nach Eingabe von Wert c wird über die Ereignisprozedur automatisch zur Auswertung weitergeschaltet. Bei einem rechtwinkligen Dreieck ist eine Zusatzberechnung (Bild 6-3) eingebaut, denn nicht immer ist die Größe c bekannt. Über den Satz des Pythagoras lässt sich in diesem Fall c ermitteln.

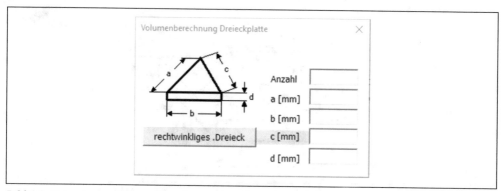

*Bild 6-3. Formular zur Volumenberechnung einer Dreieckplatte*

Statt der Eingabe des Durchmessers (Bild 6-4), könnte auch der Radius eingegeben werden.

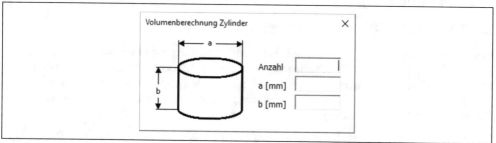

*Bild 6-4. Formular zur Volumenberechnung eines Zylinders*

Es bleiben noch die Prozeduren im Modul *modVolumen*. Zunächst wird ein Formular erstellt und für die Eingabe der Form-Kennung eine Eingabeüberprüfung erstellt (Bild 6-5). Dazu werden die zulässigen Eingabewerte in einer Dropdown-Liste vorgegeben und bei Eingabe überprüft. Zur Eingabeüberprüfung gehört auch ein Hinweisfenster, das mit der Maus an eine beliebige Stelle verschoben werden kann. Das Hinweisfenster ist nur zur Formeingabe sichtbar.

| | A | B | C | D | E | F | G | H |
|---|---|---|---|---|---|---|---|---|
| 1 | | | | | | | | |
| 2 | | Volumenberechnung | | | | | | |
| 3 | | Form | Anzahl +/- | Maß a [mm] | Maß b [mm] | Maß c [mm] | Maß d [mm] | Volumen [dm³] |
| 4 | | | | | | | | |
| 5 | | R | | | | | | |
| 6 | | D | | | Erlaubte Eingaben | | | |
| 7 | | Z | | | R - Rechteckplatte | | | |
| 8 | | S | | | D - Dreieckplatte | | | |
| 9 | | | | | Z - Zylinder | | | |
| 10 | | | | | S - Summenbildung | | | |
| 11 | | | | | | | | |

*Bild 6-5. Kommentar zur Eingabe*

## Übung 6.1 Wandlager

Das Wandlager (Bild 6-6) ist mit Hilfe der Volumenbestimmung auszuwerten. Außerdem soll das Tool eine Gewichtsbestimmung erhalten. Dazu muss eine weitere Spalte Dichte bzw. Wichte eingeführt werden.

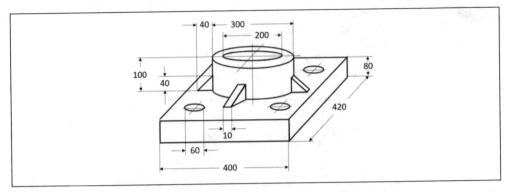

Bild 6-6. Wandlager

## 6.2 Durchbiegung

### 6.2.1 Abgesetzte Achsen und Wellen

Feststehende oder umlaufende Achsen haben in der Regel tragende Funktionen und werden daher auf Biegung belastet. Ihre Auslegung richtet sich nach der zulässigen Biegespannung und auch nach der zulässigen Durchbiegung. Bei der Auslegung von Wellen kommt zum vorhandenen Biegemoment die größte Belastung in Form eines Torsionsmomentes hinzu. Diese resultiert aus dem zu übertragenden Drehmoment.

Zur Ableitung unserer Formeln betrachten wir einen einseitig eingespannten Stab (Bild 6-7) und zerlegen ihn gedanklich in nicht notwendig gleich große Schrittweiten $\Delta x_i$ (i=1, ..., n).

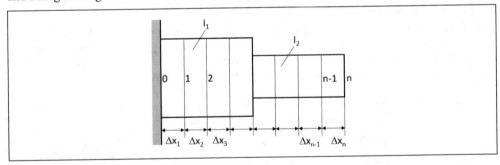

Bild 6-7. Einseitig eingespannte Welle

Nun betrachten wir das erste Element mit der Länge $\Delta x_1$ (Bild 6-8). Durch Einwirkung eines resultierenden Moments aus allen Belastungen verformt sich das Element um den Winkel $\Delta \alpha_i$.

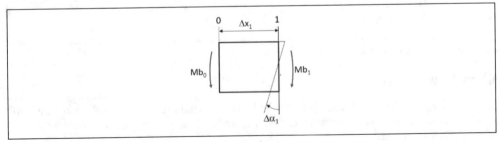

Bild 6-8. Biegung eines Wellenelements

Setzen wir nun angenähert das arithmetische Mittel der Biegemomente

$$M_{b0,1} = \frac{M_{b0}+M_{b1}}{2} \tag{6.1}$$

als konstant über dem Streckenelement $\Delta x_1$ voraus, so bildet sich nach Bild 6-9 die Biegelinie als Kreisbogen aus.

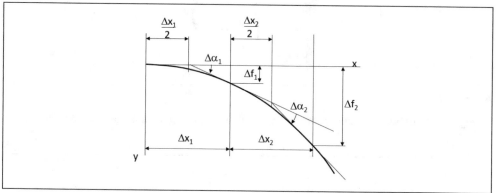

*Bild 6-9. Durchbiegungsverhältnisse*

Die Änderung des Winkels ist aus der Gleichung der elastischen Linie angenähert

$$\Delta\alpha_i = \frac{M_{b0,1}\cdot\Delta x_i}{I_1\cdot E}. \tag{6.2}$$

Woraus sich sofort die Durchbiegung an der Stelle 1

$$\Delta f_1 = \frac{1}{2}\Delta x_1 \cdot tan(\Delta\alpha_1) \tag{6.3}$$

und wegen der kleinen Winkel mit $tan(\alpha_1) \approx \alpha_1$ aus

$$\Delta f_1 = \frac{1}{2}\Delta x_1 \cdot \Delta\alpha_1 \tag{6.4}$$

ermittelt. Für das nachfolgende Element ergibt sich dann eine Durchbiegung von

$$\Delta f_2 = \frac{1}{2}\Delta x_2\Delta\alpha_2 + \left(\frac{\Delta x_1}{2} + \Delta x_2\right)\Delta\alpha_1. \tag{6.5}$$

Allgemein gilt für die i-te Stelle

$$\Delta f_i = \frac{\Delta x_i}{2}\Delta\alpha_i + \left(\frac{\Delta x_1}{2} + \Delta x_2 + \cdots + \Delta x_i\right)\Delta\alpha_1 + \left(\frac{\Delta x_2}{2} + \right.$$
$$\left.\Delta x_3 + \ldots + \Delta x_i\right)\Delta\alpha_2 + \ldots + \left(\frac{\Delta x_{i-1}}{2} + \Delta x_i\right)\Delta\alpha_{i-1}. \tag{6.6}$$

bzw.

$$\Delta f_i = \sum_{k=1}^{i}\left(\frac{\Delta x_k}{2} + \sum_{m=k+1}^{i}\Delta x_m\right)\Delta\alpha_k. \tag{6.7}$$

Daraus folgt letztlich die maximale Durchbiegung für i = n.

## 6.2.2 Belastungsfälle

Nachfolgend betrachten wir die allgemeinen Belastungsformen für einen einseitig eingespannten Stab.

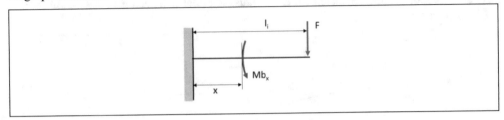

*Bild 6-10. Einzellast*

Bezüglich des Biegemoments an der Stelle x (Bild 6-10) hat eine Einzellast den Anteil

$$Mb_x = F_i(l_i - x), x \le l_i. \tag{6.8}$$

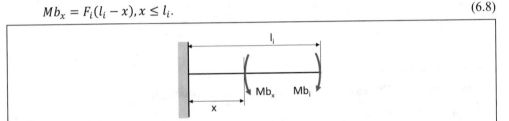

*Bild 6-11. Externes Moment*

Ein Momentanteil an der Stelle x (Bild 6-11) bestimmt sich aus

$$Mb_x = M_i, x \le l_i \tag{6.9}$$

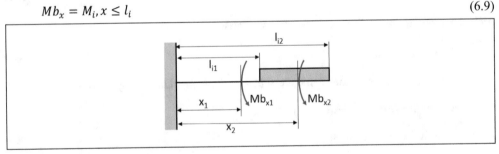

*Bild 6-12. Streckenlast*

Für eine konstante spezifische Streckenlast q (Bild 6-12) an der Stelle $x_1$

$$Mb_{x1} = q(l_{i,2} - l_{i,1})\left(\frac{l_{i,1} + l_{i,2}}{2} - x_1\right), x_1 < l_{i,1} \tag{6.10}$$

bzw. an der Stelle $x_2$

$$Mb_{x2} = q(l_{i,2} - x_2)\left(\frac{l_{i,2} + x_2}{2} - x_2\right). \tag{6.11}$$

## 6.2.3 Berechnungsalgorithmus

Ein Berechnungsalgorithmus soll in einer Eingabephase alle angreifenden, äußeren Kräfte, Momente und Streckenlasten erfassen. Danach soll in einer schrittweisen Berechnung die Durchbiegung bestimmt werden.

*Tabelle 6-2. Struktogramm zur Berechnung von Durchbiegungen*

| Einlesen des E-Moduls E und der Schrittweite $\Delta x$ |
|---|
| $x = 0$ |
| $M_0 = 0$: $M_1 = 0$ |
| $\sum \Delta f = 0$ |

Solange $x < l_{max}$

  Über alle vorhandenen Einzelkräfte

    Einlesen von $F_i$ und $l_i$

    $x < l_i$ ?

| ja | nein |
|---|---|
| $M_1 = M_1 + F_i(l_i - x)$ | ./. |

  Über alle vorhandenen Einzelmomente

    Einlesen von $M_i$ und $l_i$

    $x < l_i$ ?

| ja | nein |
|---|---|
| $M_1 = M_1 + M_i$ | ./. |

  Über alle vorhandenen Streckenlasten

    Einlesen von $q_i$, $l_{i1}$ und $l_{i2}$

    $x < l_{i2}$ ?

| ja | | nein |
|---|---|---|
| $x < l_{i1}$ ? | | ./. |
| ja | nein | |
| $M_1 = M_1 + q(l_{i2} - l_{i1})\left(\dfrac{l_{i1} + l_{i2}}{2} - x\right)$ | $M_1 = M_1 + q(l_{i2} - x)\left(\dfrac{l_{i2} + x}{2} - x\right)$ | |

  Über alle vorhandenen Abmessungen

    $I_i = 0$

    Einlesen von $D_i$ und $l_i$

    $x < l_i$ ?

| ja | | nein |
|---|---|---|
| $I_i = 0$ | | ./. |
| ja | nein | |
| $I_i = \dfrac{\pi}{4} \cdot \left(\dfrac{D_i}{2}\right)^4$ | ./. | |

    $l_{max} = l_i$

| x > 0 ? | |
|---|---|
| **ja** | **nein** |
| $$M_i = \frac{M_0 + M_1}{2}$$ | ./. |
| $$\Delta\alpha_i = \frac{M_i \cdot \Delta x}{I_i \cdot E}$$ | |
| $$\Delta f_i = \frac{\Delta x}{2}\Delta\alpha_i$$ | |
| $$\sum \Delta f = \sum \Delta f + \Delta f_i$$ | |
| $$x = x + \Delta x$$ | |
| $$M_0 = M_1$$ | |

## 6.2.4 Beidseitig aufliegende Wellen

Dieser für einseitig eingespannte Wellen entstandene Algorithmus ist allgemeiner anwendbar. So lässt sich auch die Durchbiegung (Bild 6-13) für eine beidseitig aufliegende, abgesetzte Welle berechnen.

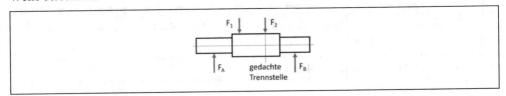

*Bild 6-13. Beidseitig aufliegende Welle*

Dazu wird diese an einer beliebigen Stelle (wegen des geringeren Rechenaufwandes möglichst an einer Stelle mit Einzelkraft) zerteilt gedacht und die beiden Wellenstücke werden wie an ihrer Trennstelle eingespannte Wellen behandelt. Das Vorzeichen von Belastungs- und Lagerkraft muss dabei beachtet werden. Beide Berechnungen ergeben Kurven, die zusammengesetzt werden.

Da in den Auflagen die Durchbiegung Null sein muss, lässt sich eine Gerade zu beiden Punkten ziehen (Bild 6-14). Die tatsächliche Durchbiegung an der Stelle x ist

$$\Delta f_x = -\Delta f_b + (l - x)\tan\alpha \qquad (6.12)$$

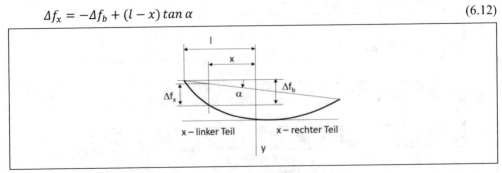

*Bild 6-14. Durchbiegung einer beidseitig aufliegenden Welle*

## 6.2.5 Dreifach aufliegende Welle

Abschließend soll ebenfalls noch ein statisch unbestimmter Fall behandelt werden, nämlich die Lagerung einer Welle in drei Punkten. Zunächst lässt man das mittlere Lager unbeachtet und ermittelt die Durchbiegung für eine beidseitig aufliegende Welle nach der zuvor beschriebenen Methode.

Anschließend wird die Durchbiegung für die gleiche Welle nur mit der mittleren Stützkraft (Bild 6-15) belastet ermittelt. Da die Stützkraft nicht bekannt ist, wird zunächst eine beliebige, wir nennen sie Fs*, angenommen. Mit Hilfe der Durchbiegung fs ohne Stützkraft und der Durchbiegung fs* bei angenommener Stützkraft Fs* ist

$$F_s = F_s^* \frac{f_s}{f_s^*} \tag{6.13}$$

die tatsächliche Stützkraft, denn an dieser Stelle muss die Durchbiegung ebenfalls Null werden.

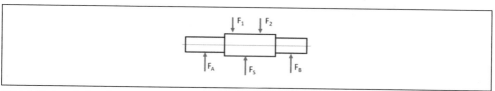

*Bild 6-15. Dreifach gelagerte Welle*

Für die Außenlager gilt in gleicher Weise

$$F_A = F_A^* \frac{f_s}{f_s^*}, \quad F_B = F_B^* \frac{f_s}{f_s^*}. \tag{6.14}$$

Darin sind $F_A^*$ und $F_B^*$ die aus der Belastung nur mit angenommener mittlerer Stützkraft gewonnenen Lagerreaktionen. Nun wird dieser Fall noch einmal mit den so normierten Kräften nachgerechnet. Die Summe der beiden Durchbiegungen stellt dann die tatsächliche angenäherte Durchbiegung dar.

## 6.2.6 Auswertungsteil

7-06-06-02_Biegung.xlsm

Zur Berechnung benötigen wir ein neues Modul *modBiegung*. Die benötigten Liniendiagramme stehen im Modul *modDiagramm*, das wir auch für spätere Anwendungen nutzen können. Die im Kopf von Modul *modDiagramm* unter *Public* deklarierten Variablen gelten für das ganze Projekt.

*Codeliste 6-1. Prozeduren im Modul modBiegung*

```
Sub FormblattBiegung()
    Dim wshTmp As Worksheet
    Set wshTmp = Worksheets("Durchbiegung")
    With wshTmp
        .Activate
        .Cells.Clear
        .Range("A1:B1").MergeCells = True
        .Range("A1") = "E-Modul [N/mm" + ChrW(178) + "] ="
        .Range("E1:F1").MergeCells = True
        .Range("E1") = "Schrittweite " + ChrW(8710) + "x [mm]="
        .Range("A2:B2").MergeCells = True
```

```
        .Range("A2:B2") = "Einzelkräfte"
        .Range("A3") = "F" + vbLf + " [N]"
        .Range("B3") = "l" + vbLf + "[mm]"
        .Range("C2:D2").MergeCells = True
        .Range("C2:D2") = "Einzelmomente"
        .Range("C3") = "Mb" + vbLf + "[Nmm]"
        .Range("D3") = "l" + vbLf + "[mm]"
        .Range("E2:G2").MergeCells = True
        .Range("E2:G2") = "Streckenlasten"
        .Range("E3") = "q" + vbLf + "[N/mm]"
        .Range("F3") = "l1" + vbLf + "[mm]"
        .Range("G3") = "l2" + vbLf + "[mm]"
        .Range("H2:I2").MergeCells = True
        .Range("H2:I2") = "Abmessungen"
        .Range("H3") = "D" + vbLf + "[mm]"
        .Range("I3") = "l" + vbLf + "[mm]"
        .Range("J3") = "I" + vbLf + "[cm^4]"
        .Range("K2:M2").MergeCells = True
        .Range("K2:M2") = "Auswertung"
        .Range("K3") = "x" + vbLf + "[mm]"
        .Range("L3") = ChrW(8710) + ChrW(945) + vbLf
        .Range("M3") = ChrW(8710) + "f" + vbLf + "[mm]"
        .Range("A4").Select
    End With
    Set wshTmp = Nothing
End Sub

Sub TestdatenLinks()
    Dim wshTmp As Worksheet
    Set wshTmp = Worksheets("Durchbiegung")
    With wshTmp
        .Activate
        .Cells(1, 3) = 210000
        .Cells(1, 7) = 10
        .Cells(4, 1) = 6000
        .Cells(4, 2) = 1200
        .Cells(5, 1) = -14368
        .Cells(5, 2) = 1900
        .Cells(4, 5) = 2.4
        .Cells(4, 6) = 0
        .Cells(4, 7) = 900
        .Cells(5, 5) = 2
        .Cells(5, 6) = 900
        .Cells(5, 7) = 1500
        .Cells(6, 5) = 1.6
        .Cells(6, 6) = 1500
        .Cells(6, 7) = 1900
        .Cells(4, 8) = 190
        .Cells(4, 9) = 900
        .Cells(5, 8) = 175
        .Cells(5, 9) = 1500
        .Cells(6, 8) = 160
        .Cells(6, 9) = 1900
    End With
    Set wshTmp = Nothing
End Sub

Sub TestdatenRechts()
    Cells(1, 3) = 210000
    Cells(1, 7) = 10
    Cells(4, 1) = 6000
    Cells(4, 2) = 1200
```

```vba
      Cells(4, 5) = 2.4
      Cells(4, 6) = 0
      Cells(4, 7) = 900
      Cells(5, 5) = 2
      Cells(5, 6) = 900
      Cells(5, 7) = 1700
      Cells(6, 5) = 1.6
      Cells(6, 6) = 1700
      Cells(6, 7) = 2100
      Cells(4, 8) = 96
      Cells(4, 9) = 900
      Cells(5, 8) = 90
      Cells(5, 9) = 1700
      Cells(6, 8) = 78
      Cells(6, 9) = 2100
End Sub

Sub AuswertungBiegung()
    Dim wshTmp As Worksheet
    Dim dx As Double
    Dim dM0 As Double, dM1 As Double, dFi As Double, dQi As Double
    Dim dLi As Double, dMi As Double, dL1i As Double, dL2i As Double
    Dim dE As Double, ddx As Double, dLmax As Double, dDi As Double
    Dim dIi As Double, dda As Double, ddf As Double, dSf As Double
    Dim i As Integer, k As Integer, m As Integer, n As Integer

    Set wshTmp = Worksheets("Durchbiegung")
    With wshTmp
        dx = 0: n = 0
        dM0 = 0: dM1 = 0
        dE = Cell2Dez(.Cells(1, 3))
        ddx = Cell2Dez(.Cells(1, 7))
        dSf = 0
'Auswertungsschleife
        Do
'Einzelkräfte
            i = 0
            Do
                i = i + 1
                dFi = Cell2Dez(.Cells(3 + i, 1))
                dLi = Cell2Dez(.Cells(3 + i, 2))
                If dFi <> 0 Then
                    If dx < dLi Then
                        dM1 = dM1 + dFi * (dLi - dx)
                    End If
                End If
            Loop While dFi > 0
'Einzelmomente
            i = 0
            Do
                i = i + 1
                dMi = Cell2Dez(.Cells(3 + i, 3))
                dLi = Cell2Dez(.Cells(3 + i, 4))
                If dMi <> 0 Then
                    If dx < dLi Then
                        dM1 = dM1 + dMi
                    End If
                End If
            Loop While dMi > 0
'Streckenlasten
            i = 0
            Do
```

```vba
                i = i + 1
                dQi = Cell2Dez(.Cells(3 + i, 5))
                dL1i = Cell2Dez(.Cells(3 + i, 6))
                dL2i = Cell2Dez(.Cells(3 + i, 7))
                If dQi <> 0 Then
                    If dx < dL2i Then
                        If dx < dL1i Then
                            dM1 = dM1 + _
                                dQi * (dL2i - dL1i) * ((dL1i + dL2i) / 2 - dx)
                        Else
                            dM1 = dM1 + dQi * (dL2i - dx) * ((dx + dL2i) / 2 - dx)
                        End If
                    End If
                End If
            Loop While dQi > 0
'Flächenträgheitsmoment
            i = 0
            dIi = 0
            Do
                i = i + 1
                dDi = Cell2Dez(.Cells(3 + i, 8))
                dLi = Cell2Dez(.Cells(3 + i, 9))
                If dDi > 0 Then
                    If dx < dLi Then
                        If dIi = 0 Then
                            dIi = 3.1415926 / 4 * (dDi / 2) ^ 4
                            .Cells(3 + i, 10) = dIi
                        End If
                    End If
                    dLmax = dLi
                End If
            Loop While dDi > 0
'Schrittweite
            If dx > 0 Then
                dMi = (dM0 + dM1) / 2
                dda = dMi * ddx / dIi / dE
                ddf = ddx / 2 * dda
                dSf = dSf + ddf
                n = n + 1
                .Cells(n + 3, 11) = dx
                .Cells(n + 3, 12) = dda
                .Cells(n + 3, 13) = dSf
            End If
            dx = dx + ddx
            dM0 = dM1
        Loop While dx < dLmax
    End With
    Set wshTmp = Nothing
End Sub

'Darstellung der Durchbiegung
Sub DurchbiegungZeigen()
    Dim rngTmp      As Range
    Dim lNumRows    As Long
    Dim lNumCols    As Long
'Verweis auf Worksheet mit Daten
    Set objDia = ThisWorkbook.Worksheets("Durchbiegung")
    With objDia
'Übergabe der Anzahl der Spalten/Zeilen
        lNumRows = .UsedRange.Rows.Count
        lNumCols = .UsedRange.Columns.Count
'Verweis auf Datenbereich setzen
```

```
            Set rngTmp = .Range("M4:M" + LTrim(Str(lNumRows)))
'Diagramm erstellen
        iLeft = 100
        iTop = 100
        iWidth = 300
        iHeight = 200
        sDTitel = "Durchbiegung"
        sXTitel = "x [mm] "
        sYTitel = "y [mm]"
        CreateChartObjectRange rngTmp
'Verweise freigeben
        .Range("A1").Select
    End With
    Set rngTmp = Nothing
    Set objDia = Nothing
End Sub


'Darstellung der Winkeländerung
Sub WinkeländerungZeigen()
    Dim rngTmp      As Range
    Dim lNumRows    As Long
    Dim lNumCols    As Long
'Verweis auf Worksheet mit Daten
    Set objDia = ThisWorkbook.Worksheets("Durchbiegung")
    With objDia
'Übergabe der Anzahl der Spalten/Zeilen
        lNumRows = .UsedRange.Rows.Count
        lNumCols = .UsedRange.Columns.Count
'Verweis auf Datenbereich setzen
        Set rngTmp = .Range("L4:L" + LTrim(Str(lNumRows)))
'Diagramm erstellen
        iLeft = 200
        iTop = 150
        iWidth = 300
        iHeight = 200
        sDTitel = "Winkeländerung"
        sXTitel = "x [mm] "
        sYTitel = "alpha"
        CreateChartObjectRange rngTmp
'Verweise freigeben
        .Range("A1").Select
    End With
    Set rngTmp = Nothing
    Set objDia = Nothing
End Sub
```

*Codeliste 6-2. Prozeduren im Modul modDiagramm*

```
Public objDia      As Object
Public sDTitel     As String
Public sXTitel     As String
Public sYTitel     As String
Public iLeft       As Integer
Public iTop        As Integer
Public iWidth      As Integer
Public iHeight     As Integer

'Erstellung eines Linien-Diagramms
Public Sub CreateChartObjectRange(ByVal xlRange As Range)
    Dim objChart As Object
'Bildschirmaktualisierung deaktivieren
    Application.ScreenUpdating = False
```

```
'Verweis auf Diagramm setzen und Diagramm hinzufügen
    Set objChart = Application.Charts.Add
    With objChart
        'Diagramm-Typ und -Quelldatenbereich festlegen
        .ChartType = xlLine
        .SetSourceData Source:=xlRange, PlotBy:=xlColumns
        'Titel festlegen:
        .HasTitle = True
        .ChartTitle.Text = sDTitel
        .Axes(xlCategory, xlPrimary).HasTitle = True
        .Axes(xlCategory, xlPrimary).AxisTitle.Characters.Text = sXTitel
        .Axes(xlValue, xlPrimary).HasTitle = True
        .Axes(xlValue, xlPrimary).AxisTitle.Characters.Text = sYTitel
        'Diagramm auf Tabellenblatt einbetten:
        .Location Where:=xlLocationAsObject, Name:=objDia.Name
    End With
'Legende löschen
    ActiveChart.Legend.Select
    Selection.Delete
'Verweis auf das eingebettete Diagramm setzen:
    Set objChart = objDia.ChartObjects(objDia.ChartObjects.Count)
    With objChart
        .Left = iLeft
        .Top = iTop
        .Width = iWidth
        .Height = iHeight
    End With
'Bildschirmaktualisierung aktivieren:
    Application.ScreenUpdating = True
    Set objChart = Nothing
End Sub
'Entfernung aller Shapes aus der Tabelle
Sub LinienDiagrammeLöschen()
    Dim shpTemp As Shape
    For Each shpTemp In ActiveSheet.Shapes
        shpTemp.Delete
    Next
End Sub
```

## 6.2.7 Berechnungsbeispiel

Die in Bild 6-16 dargestellte Welle soll auf Durchbiegung untersucht werden. Wird dabei ein zulässiger Wert von $f = 1$ mm überschritten, so soll an die Stelle der größten Durchbiegung ein weiteres Lager gesetzt werden. Für diesen Fall sind ebenfalls Durchbiegungsverlauf und Lagerkräfte gefragt. Aus einem Momentenansatz um A folgt $F_B = 13,032$ kN und aus dem Kräftegleichgewicht $F_A = 14,368$ kN.

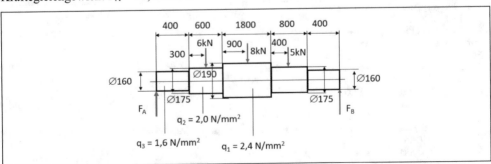

*Bild 6-16. Abgesetzte Welle*

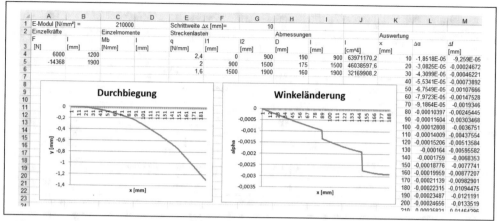

*Bild 6-17. Linker Teil der abgesetzten Welle Fall I*

Die Auswertung für den linken Teil (Bild 6-17) liefert eine Durchbiegung von -1,292 mm.

Die Auswertung für den rechten Teil liefert eine Durchbiegung von -1,572 mm (Bild 6-18). Die Durchbiegung in der Mitte ergibt sich aus der geometrischen Beziehung

$$f_s = f_B + \frac{l_2}{l_1}(f_A - f_B) = f_B + \frac{2100}{4000}(f_A - f_B) = -1,425mm.$$

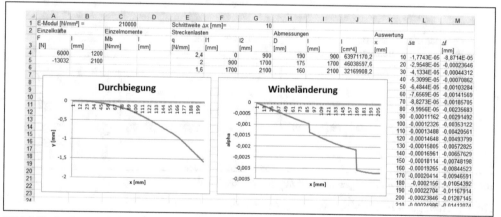

*Bild 6-18. Rechter Teil der abgesetzten Welle Fall I*

Damit wird ein mittleres Stützlager erforderlich. Dieses wir zunächst mit 10 kN angenommen (Bild 6-19).

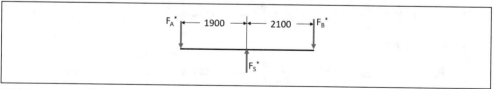

*Bild 6-19. Kräfteverhältnisse mit Stützlager*

Durch Momenten- und Kräftegleichgewicht bestimmen sich die Auflagerkräfte zu $F_A{}^* = 5,25$ KN und $F_B{}^* = 4,75$ KN. Sie werden (ohne Streckenlasten) in die Berechnung eingesetzt (Bild 6-20).

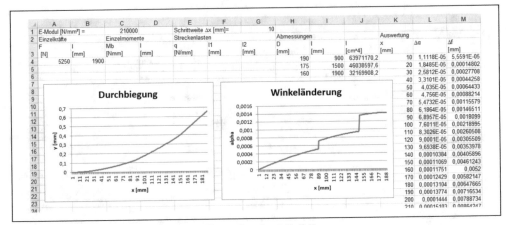

Bild 6-20. Linker Teil der abgesetzten Welle mit Stützkraft Fall II

Die Auswertung des linken Teils liefert jetzt 0,657 mm als Durchbiegung.

Bei der manuellen Eingabe ist darauf zu achten, dass auch E-Modul und Schrittweite eingegeben werden (Bild 6-21).

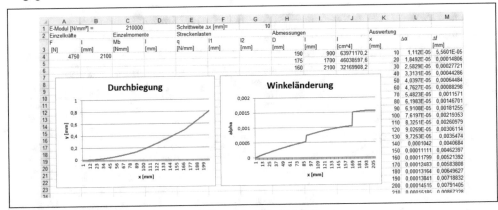

Bild 6-21. Rechter Teil der abgesetzten Welle mit Stützkraft Fall II

Die Durchbiegung in der Mitte wäre in diesem Fall

$$f_S^* = f_B^* + \frac{2100}{4000}(f_A^* - f_B^*) = 0,726mm.$$

Die richtigen Kräfte lassen sich nun berechnen aus

$$F_S = F_S^* \frac{f_S}{f_S^*} = -10kN \cdot \left(-\frac{-1,428mm}{0,726mm}\right) = 19,669kN.$$

Und somit ist dann auch

$$F_A = F_A^* \frac{f_S}{f_S^*} = 5,25kN \cdot \left(-\frac{-1,428mm}{0,726mm}\right) = 10,326kN$$

und

$$F_B = F_B^* \frac{f_S}{f_S^*} = 4,75kN \cdot \left(-\frac{-1,428mm}{0,726mm}\right) = 9,343kN.$$

Noch einmal erfolgt die Auswertung für den linken Teil (Bild 6-22) und den rechten Teil (Bild 6-23) als Fall III.

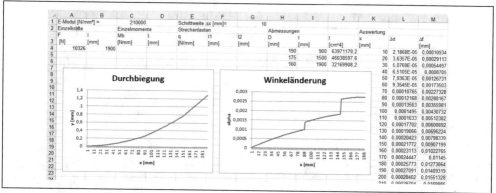

*Bild 6-22. Linker Teil der abgesetzten Welle mit Stützkraft Fall III*

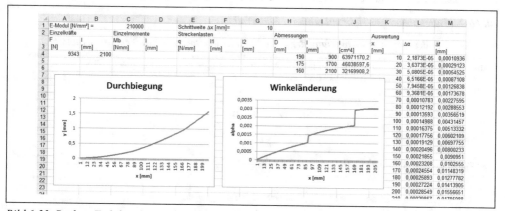

*Bild 6-23. Rechter Teil der abgesetzten Welle mit Stützkraft Fall III*

Die Ergebnisse in der Spalte M der jeweiligen Auswertungen von Fall I und Fall III übertragen wir in ein weiteres Tabellenblatt (Bild 6-24) zur Auswertung. Neben diesen erzeugen wir manuell eine Spalte mit der Summe von Fall I und Fall III.

Um die Daten über die gesamte Wellenlänge zu erhalten, müssen wir die Daten in eine einzige Spalte transponieren. Dies erfüllt eine Prozedur *Transponieren* (Codeliste 6-3). Ebenso erstellen wir manuell ein Liniendiagramm über die Gesamtdaten. Dazu werden die Werte in Spalte I markiert und über *Einfügen* im Menüband unter Diagramme das Diagramm *Punkte mit interpolierenden Linien* aufgerufen.

Das Differenzenverfahren besitzt natürlich einen Restfehler, der im letzten Diagramm auch sichtbar wird. Er ist abhängig von der Schrittgröße und damit darüber beeinflussbar.

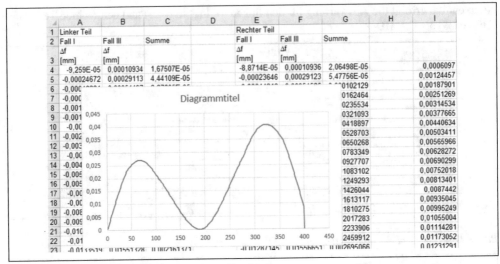

*Bild 6-24. Durchbiegungsverlauf mit mittlerer Stützkraft*

*Codeliste 6-3. Prozedur zur Auswertung der Fälle I und III in einem zusätzlichen Tabellenblatt*

```
'Übertragung der Daten in einer eigenen Tabelle
'nicht im Menüband installiert
Sub Transponieren()
    Dim wshTmp As Worksheet
    Dim i As Integer, j As Integer, k As Integer
    Set wshTmp = ActiveSheet
    With wshTmp

'Ermittelt die Anzahl Werte in der Spalte C
    i = 4
    Do
        If Cell2Dez(.Cells(i, 3)) > 0 Then j = i
        i = i + 1
    Loop While Cell2Dez(.Cells(i, 3)) <> 0

'Tranponiert die Werte aus C nach I in umgekehrter Reihenfolge
    k = 3
    For i = j To 4 Step -1
        k = k + 1
        .Cells(k, 9) = cell2Dez(.Cells(i, 3))
    Next i
    k = k + 1
    .Cells(k, 9) = 0

'Ermittelt die Anzahl Werte in der Spalte G
    i = 4
    Do
        If Cell2Dez(.Cells(i, 7)) > 0 Then j = i
        i = i + 1
    Loop While Cell2Dez(.Cells(i, 7)) <> 0

'Tranponiert die Werte aus G nach I im Anschluss an die vorhandenen Daten
    For i = 4 To j
        k = k + 1
        .Cells(k, 9) = .Cells(i, 7)
    Next i
    k = k + 1
```

```
      .Cells(k, 9) = 0
   End With
   Set wshTmp = Nothing
End Sub
```

## Übung 6.2 Kerbempfindlichkeit

Bei abgesetzten Wellen (Bild 6-25) kann es an Stellen mit Durchmesseränderung (allgemein als Kerben bezeichnet) zu örtlich hohen Spannungsspitzen kommen.

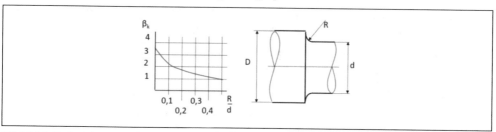

*Bild 6-25. Kerbwirkung an abgesetzten Wellen*

Dieser Sachverhalt muss durch einen Festigkeitsnachweis berücksichtigt werden. Hat man eine Normal- oder Vergleichsspannung ermittelt, wir wollen sie mit $\sigma_n$ bezeichnen, so setzt man

$$\sigma_{max} = \sigma_n \cdot \alpha_k. \tag{6.15}$$

Die darin enthaltene Formzahl ($\alpha_k >= 1$) wird durch Rechnung und Versuch gewonnen. Die Formzahl berücksichtigt die Kerbform. Bei dynamischer Belastung müssen weitere Parameter berücksichtigt werden, wie z. B. die Kerbempfindlichkeit. Ebenso die Oberflächenbeschaffenheit des Bauteils. Nach Thum folgt mit der Kerbempfindlichkeit

$$\sigma_{max} = (1 + (\alpha_k - 1)\eta_k)\sigma_n. \tag{6.16}$$

Der so gewonnene Faktor wird abgekürzt als Kerbwirkungszahl ß$_k$ bezeichnet und man erhält

$$\sigma_{max} = \beta_k \cdot \sigma_n. \tag{6.17}$$

Integrieren Sie diesen Festigkeitsnachweis in die Berechnung durch Angabe der Übergangsradien und durch Bestimmung von ß$_k$ aus einem Diagramm (z. B. Interpolation).

## Übung 6.3 Torsionsbelastung von Wellen

Neben der Biegebelastung unterliegen Wellen oft einer gleichzeitigen Torsionsbelastung. Mit einem Torsionsmoment $Mt$ ergibt sich eine Schubspannung zu

$$\tau = \frac{M_t}{I_t}. \tag{6.18}$$

Das darin enthaltene Flächenmoment beträgt für Hohlquerschnitte

$$I_t = I_p = \frac{1}{2} \cdot \pi \cdot (r_a^4 - r_i^4). \tag{6.19}$$

Bei gleichzeitiger Belastung von Biegung und Torsion ermittelt man eine Vergleichsspannung

$$\sigma_V = \sqrt{\sigma_b^2 + 3 \cdot (\alpha_0 \cdot \tau_t)^2} \le \sigma_{zul}. \tag{6.20}$$

Diese Vergleichsspannung darf einen zulässigen Höchstwert nicht überschreiten. Gesetzt wird üblicherweise $\alpha_0 = 1{,}0$ wenn $\sigma$ und $\tau$ wechselnd, $\alpha_0 = 0{,}7$ wenn $\sigma$ wechselnd und $\tau$ ruhend oder schwellend.

Bei Wellen mit konstantem Durchmesser verdrehen sich die Enden infolge der Torsion um den Verdrehwinkel (in Grad)

$$\phi = \frac{M_t \cdot l}{G \cdot I_p} \cdot \frac{180}{\pi}. \tag{6.21}$$

Darin ist das Schubmodul G eine Materialkonstante. Für Stahl beträgt diese 80000 N/mm². In technischen Handbüchern finden sich Werte auch für andere Materialien.

Der gesamte Verdrehwinkel bei einer abgesetzten Welle (Bild 6-26) bestimmt sich aus den einzelnen Verdrehwinkeln der Wellenanteile mit

$$\phi = \frac{M_t}{G} \cdot \frac{180}{\pi} \sum_i \frac{l_i}{I_{pi}}. \tag{6.22}$$

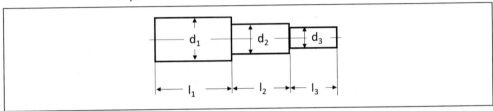

*Bild 6-26. Beispiel einer abgesetzten Welle*

# KAPITEL 7

# Berechnungen aus der Hydrostatik

Die Hydrostatik ist die Lehre vom Gleichgewicht der Fluide (lat. fluidus, fließend). In der Physik werden unter dem Begriff Flüssigkeiten und Gase zusammengefasst. Bereits im Altertum befassten sich viele Gelehrte mit den Gesetzen der Hydrostatik und wurden auch nach ihnen benannt, wie das Archimedische Prinzip. Im siebzehnten Jahrhundert waren es besonders Toricelli und Pascal, die für weitere Erkenntnisse sorgten, wie das Pascalsche Prinzip und die Toricellischen Ausflussgesetze.

## 7.1 Hydrostatischer Druck

### 7.1.1 Ableitung der Differentialgleichung

Unter Hydrostatik versteht man die Lehre von ruhenden Fluiden, deren Statik durch ein Gleichgewicht von Kräften erreicht wird (Bild 7-1).

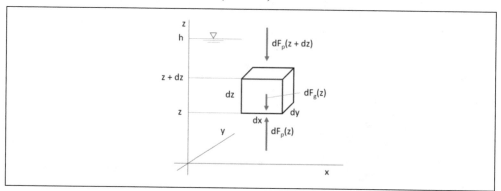

*Bild 7-1. Masseelement eines ruhenden Fluids*

Druckkräfte $F_p$ und Gewichtskraft $F_g$ halten sich das Gleichgewicht in Bezug auf die z-Achse. Die Druckkräfte in x- und y-Richtung gleichen sich aus und fehlen daher in unserer Betrachtung. Der Gewichtskraftanteil $dF_g$ ist das Produkt aus Kraftdichte $\rho \cdot g$ und dem Massenelement $dm = dx \cdot dy \cdot dz$.

© Springer Fachmedien Wiesbaden GmbH, ein Teil von Springer Nature 2023
H. Nahrstedt, *Excel + VBA für Ingenieure*,
https://doi.org/10.1007/978-3-658-41504-4_7

$$dF_g(z) = \rho(z) \, g \, dx \, dy \, dz \tag{7.1}$$

Bei kompressiblen Fluiden ist auch die Dichte $\rho(z)$ von der Höhe z abhängig. Die beiden Druckkräfte bestimmen sich an der Unterseite

$$dF_p(z) = p(z) \, dx \, dy \tag{7.2}$$

und der Oberseite

$$dF_g(z + dz) = \rho(z + dz) \, dx \, dy. \tag{7.3}$$

Aus der Gleichsetzung und Kürzung ergibt sich

$$p(z) - p(z + dz) - \rho(z) \, g \, dz = 0, \tag{7.4}$$

oder in anderer Schreibweise

$$\frac{dp}{dz} = p'(z) = -\rho(z) \, g \tag{7.5}$$

erhalten wir die Eulersche Differentialgleichung der Hydrostatik. Das Minuszeichen kommt aus Orientierung zur z-Achse, da mit abnehmendem z der Druck steigt.

### 7.1.2 Druckverlauf

Als Anwendungsbeispiel stellen wir uns folgende Aufgabe. Welcher Druck entsteht am Boden eines Behälters, der auf 2 Meter Höhe mit einem kompressiblen Fluid gefüllt ist. Die Dichte verändert sich dabei linear von 703 kg/m^3 an der Oberfläche zu 743 kg/m^3 am Boden.

🗁 7-06-07-01_HydrostatischerDruck.xlsm

*Codeliste 7-1. Bestimmung des hydrostatischen Drucks an einem Beispiel*

```
Sub HydroStatischerDruck()
    Dim wshTemp As Worksheet
    Dim dL      As Double
    Dim drz     As Double
    Dim dr1     As Double
    Dim dr2     As Double
    Dim dg      As Double
    Dim dp      As Double
    Dim dp1     As Double
    Dim dp2     As Double
    Dim dz      As Double
    Dim dh      As Double
    Dim iRow    As Integer

    Set wshTemp = Worksheets("Hydrostatischer Druck")
    wshTemp.Cells.ClearContents
    dL = 2        'm
    dr1 = 703     'kg/m^3
    dr2 = 737     'kg/m^3
    dg = 9.81     'm/s^2
    dp1 = 0
    dz = dL / 100
    iRow = 0
    For dh = dL To -0.001 Step -dz
        drz = dr1 + (dr2 - dr1) * (dL - dh) / dL
        dp = -dg * drz * dz
        dp2 = dp1 + dp
        iRow = iRow + 1
        Cells(iRow, 1) = dh
```

```
        Cells(iRow, 2) = dp2
        dp1 = dp2
    Next dh
    Set wshTemp = Nothing
End Sub
```

Wie aus der Formel zu erwarten ist, verläuft die Druckänderung linear (Bild 7-2).

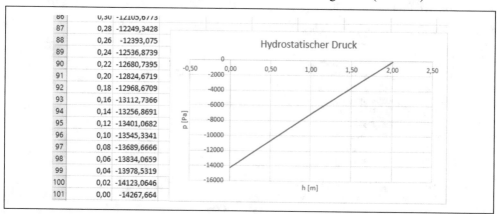

| 86 | 0,30 | -12105,6773 |
| 87 | 0,28 | -12249,3428 |
| 88 | 0,26 | -12393,075 |
| 89 | 0,24 | -12536,8739 |
| 90 | 0,22 | -12680,7395 |
| 91 | 0,20 | -12824,6719 |
| 92 | 0,18 | -12968,6709 |
| 93 | 0,16 | -13112,7366 |
| 94 | 0,14 | -13256,8691 |
| 95 | 0,12 | -13401,0682 |
| 96 | 0,10 | -13545,3341 |
| 97 | 0,08 | -13689,6666 |
| 98 | 0,06 | -13834,0659 |
| 99 | 0,04 | -13978,5319 |
| 100 | 0,02 | -14123,0646 |
| 101 | 0,00 | -14267,664 |

*Bild 7-2. Verlauf des hydrostatischen Drucks*

# 7.2 Druckübersetzung

## 7.2.1 Prinzip

Das Prinzip einer hydraulischen Presse verfügt über zwei miteinander verbundene Kolbensysteme (Bild 7-3). Durch eine geringe Kraft auf den Druckkolben wird eine größere Kraft am Arbeitskolben erzeugt.

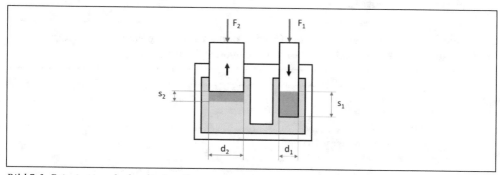

*Bild 7-3. Prinzip einer hydraulischen Presse*

Es gelten folgende Gesetzmäßigkeiten. Die Kolbenkräfte verhalten sich wie die Kolbenflächen

$$\frac{F_2}{F_1} = \frac{A_2}{A_1} = \frac{d_2^2}{d_1^2}$$

(7.6)

und die Kolbenhübe verhalten sich umgekehrt zu den Kolbenflächen

$$\frac{s_1}{s_2} = \frac{A_2}{A_1} = \frac{d_2^2}{d_1^2}.$$

(7.7)

## 7.2.2 Kraftverhältnisse

Als Anwendungsbeispiel ist nach der Kraft am Druckkolben gefragt, wenn die Durchmesser mit $d_1 = 26$ mm und $d_2 = 84$ mm vorgegeben sind. Die Kraft $F_1$ kann Werte von 140 bis 280 N annehmen.

🗁 7-06-07-02_Kraftumsetzung.xlsm

*Codeliste 7-2. Kraftverhältnisse zwischen Arbeits- und Druckzylinder*

```
Sub ZylinderKraft()
    Dim wshTemp As Worksheet
    Dim dd1    As Double
    Dim dd2    As Double
    Dim dF1    As Double
    Dim dF1min As Double
    Dim dF1max As Double
    Dim dF2    As Double
    Dim ddF    As Double
    Dim iRow   As Integer

    Set wshTemp = Worksheets("Zylinderkräfte")
    wshTemp.Cells.ClearContents
    dd1 = 26        'mm
    dd2 = 84        'mm
    dF1min = 140    'N
    dF1max = 280    'N
    ddF = (dF1max - dF1min) / 100
    iRow = 0
    For dF1 = dF1min To dF1max Step ddF
        dF2 = dF1 * dd2 ^ 2 / dd1 ^ 2
        iRow = iRow + 1
        Cells(iRow, 1) = dF1
        Cells(iRow, 2) = dF2
    Next dF1
    Set wshTemp = Nothing
End Sub
```

Die Durchmesser der Kolben gehen zum Quadrat in die Umsetzung ein (Bild 7-4). Die Prozedur zum Diagramm ähnelt der Prozedur im hydrostatischen Druck.

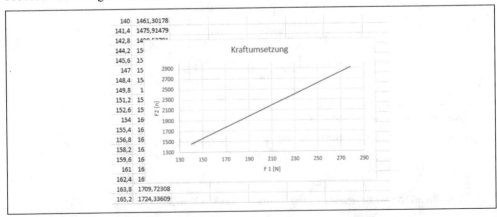

*Bild 7-4. Beispiel zur Kraftumsetzung an der hydraulischen Presse*

## 7.2.3 Kolbenwege

Welchen Weg $s_2$ legt der Arbeitskolben zurück, wenn der Druckkolben einen Weg $s_1$ von 0 bis 100 mm zurücklegt.

📁 7-06-07-03_Kolbenwege.xlsm

*Codeliste 7-3. Kolbenwege von Arbeits- und Druckzylinder*

```
Sub KolbenWege()
    Dim wshTemp As Worksheet
    Dim dd1     As Double
    Dim dd2     As Double
    Dim ds1     As Double
    Dim ds1min  As Double
    Dim ds1max  As Double
    Dim ds2     As Double
    Dim ds      As Double
    Dim iRow    As Integer

    Set wshTemp = Worksheets("Kolbenwege")
    wshTemp.Cells.ClearContents
    dd1 = 26        'mm
    dd2 = 84        'mm
    ds1min = 0      'mm
    ds1max = 100    'mm
    ds = (ds1max - ds1min) / 100
    iRow = 0
    For ds1 = ds1min To ds1max Step ds
        ds2 = ds1 * dd1 ^ 2 / dd2 ^ 2
        iRow = iRow + 1
        Cells(iRow, 1) = ds1
        Cells(iRow, 2) = ds2
    Next ds1
    Set wshTemp = Nothing
End Sub
```

Hier zeigt sich das alte Prinzip, was man an Kraft spart, muss man an Weg zulegen (Bild 7-5).

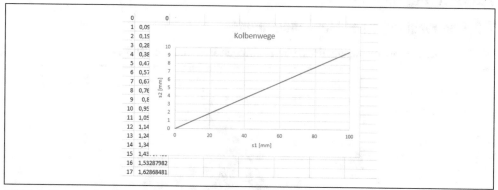

*Bild 7-5. Wegverhältnisse der Kolben*

## Übung 7.1 Kombinierter Druckübersetzer

In einem hydraulischen System herrscht ein niedriger Eingangsdruck. Um trotzdem auf brauchbare Arbeitskräfte zu kommen, wird ein Druckübersetzer eingesetzt (Bild 7-6).

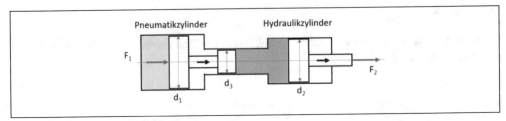

*Bild 7-6. Prinzip eines Druckübersetzers*

Untersuchen Sie die Kraft- und Wegeverhältnisse für eine angenommene Konstruktion. Der Pneumatikzylinder hat einen Wirkungsgrad von $\eta_P = 0,76$ und der Hydraulikzylinder von $\eta_H = 0,87$.

### Übung 7.2 Kolbenstange

Auch bei einer Kolbenstange findet eine Druckübersetzung statt (Bild 7-7).

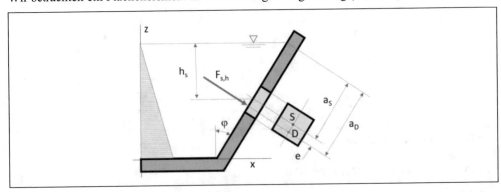

*Bild 7-7. Druckübersetzung an einer Kolbenstange*

Für die Drücke gelten die Verhältnisse

$$\frac{p_2}{p_1} = \frac{A_1}{A_2} = \frac{d_1^2}{(d_1^2 - d_2^2)}. \tag{7.8}$$

Auch hier sind Druck- und Wegeverhältnisse für eine Konstruktion zu untersuchen.

# 7.3 Seitendruckkraft

## 7.3.1 Betrachtung eines Flächenelements

Wir betrachten ein Flächenelement an einer schrägen Begrenzung (Bild 7-8).

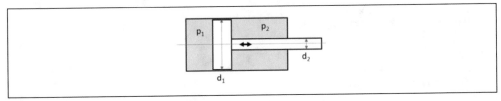

*Bild 7-8. Seitendruckkraft*

Wegen des mit der Tiefe zunehmenden hydrostatischen Drucks, ergibt sich eine ungleichförmige Druckverteilung über die Fläche. Die Kraft greift deshalb nicht im Flächenschwerpunkt S an, sondern in dem darunter liegenden Druckmittelpunkt D. Aus der Formel für den hydrostatischen Druck folgt in diesem Fall

$$F_{s,h} = \rho \cdot g \cdot h_s \cdot A_p = \rho \cdot g \cdot a_s \cdot cos\varphi \cdot A_p. \tag{7.9}$$

Darin ist $A_p$ die Druckfläche. Das Maß $a_D$ für den Druckmittelpunkt bestimmt sich aus

$$a_D = a_s + \frac{I_S}{A_p \cdot a_S}. \tag{7.10}$$

In der Formel ist $I_S$ das Flächenträgheitsmoment der Druckfläche bezogen auf den Schwerpunkt. Der Abstand zwischen S und D folgt aus

$$e = \frac{I_S}{A_p \cdot a_S}. \tag{7.11}$$

## 7.3.2 Abhängigkeit von Seitendruckkraft und Neigungswinkel

Zu untersuchen ist die Veränderung der Seitendruckkraft in Abhängigkeit vom Neigungswinkel $\varphi$.

📁 7-06-07-04_Seitendruck.xlsm

*Codeliste 7-4. Seitendruckkraft und Neigungswinkel*

```
Sub SeitenDruckkraft()
    Dim wshTemp As Worksheet
    Dim dr      As Double
    Dim dg      As Double
    Dim das     As Double
    Dim dph     As Double
    Dim dFs     As Double
    Dim dAp     As Double
    Dim iRow    As Integer

    Set wshTemp = Worksheets("Seitendruckkraft")
    wshTemp.Cells.ClearContents
    dr = 1000   'kg/m^3
    dg = 9.81   'm/s^2
    das = 0.5   'm
    dAp = 0.04  'm^2

    iRow = 0
    For dph = 0 To 90
        dFs = dr * dg * das * Cos(dph * 4 * Atn(1) / 180) * dAp
        iRow = iRow + 1
        Cells(iRow, 1) = dph
        Cells(iRow, 2) = dFs
    Next dph
    Set wshTemp = Nothing
End Sub
```

Auch wenn der Winkel von 90 Grad keinen Sinn macht, ist er ebenfalls in der Betrachtung und liefert natürlich auch einen Wert null (Bild 7-9).

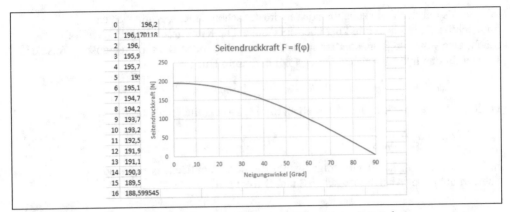

*Bild 7-9. Seitendruckkraft in Abhängigkeit vom Neigungswinkel an einem Beispiel*

## Übung 7.3 Lage des Druckmittelpunktes

Zu untersuchen ist, wie sich der Abstand des Druckmittelpunktes zum Schwerpunkt mit dem Maß $a_S$ für einen angenommenen Kreis (Bild 7-10) ändert.

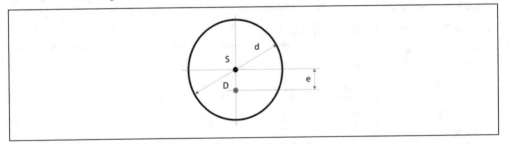

*Bild 7-10. Schwerpunkt und Druckmittelpunkt in einer Kreisfläche*

Mit der Kreisfläche

$$A = d^2 \frac{\pi}{4} \tag{7.12}$$

und dem Flächenträgheitsmoment zum Schwerpunkt

$$I_S = d^4 \frac{\pi}{64} \tag{7.13}$$

folgt für den Abstand

$$e_a = \frac{I_S}{A_p \cdot a_S} = d^2 \frac{1}{16\, a_S}. \tag{7.14}$$

# KAPITEL 8

# Berechnungen aus der Strömungslehre

Die Strömungslehre ist ein Teil der Mechanik und wird auch Hydro- oder Fluidmechanik genannt. Im Gegensatz zur Hydrostatik werden hier die Änderungen von Flüssigkeiten und Gasen auf Druck-, Geschwindigkeits- und Dichteänderungen, sowie auftretende Strömungskräfte und vorhandene Energieinhalte untersucht. Grundlage der Strömungslehre bilden die Bewegungsgesetze nach Isaac Newton (1643-1727).

## 8.1 Rotation von Flüssigkeiten

### 8.1.1 Ableitung der Differentialgleichung

Ein offener Behälter, der teilweise mit einer Flüssigkeit gefüllt ist, rotiert mit konstanter Winkelgeschwindigkeit um eine vertikale Achse (Bild 8-1).

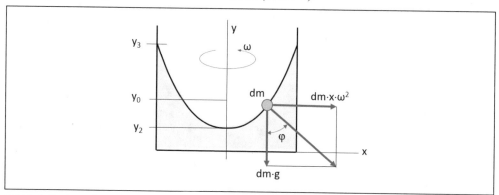

*Bild 8-1. Rotierender Zylinder mit Flüssigkeit*

Wir betrachten den Zustand, bei dem die Flüssigkeit nach einer Weile dieselbe Winkelgeschwindigkeit wie der Behälter erreicht hat.

Eine Betrachtung der Kräfteverhältnisse für das Massenteil dm liefert

$$tan \, \varphi = \frac{dm \cdot x \cdot \omega^2}{dm \cdot g} = \frac{x \cdot \omega^2}{g}. \tag{8.1}$$

© Springer Fachmedien Wiesbaden GmbH, ein Teil von Springer Nature 2023
H. Nahrstedt, *Excel + VBA für Ingenieure*,
https://doi.org/10.1007/978-3-658-41504-4_8

Dieser Wert entspricht aber genau dem Differentialquotienten

$$tan\,\varphi = \frac{dx}{dy} = \frac{x \cdot \omega^2}{g} \qquad (8.2)$$

an der Stelle x der Kurve. Eine Integration liefert

$$y = \frac{\omega^2}{g} \int x \cdot dx = \frac{\omega^2}{g}\left(\frac{x^2}{2}\right) + c. \qquad (8.3)$$

Die Integrationskonstante c bestimmt sich aus den Randbedingungen, für x = 0 ist y = $y_2$. Folglich ist c = $y_2$.

Damit ergibt sich

$$y = \frac{\omega^2}{g}\left(\frac{x^2}{2}\right) + y_2. \qquad (8.4)$$

Die Kurve, die diese Gleichung beschreibt, heißt quadratischer Rotationsparaboloid. Es interessiert zunächst, welche Extremhöhen $y_2$ und $y_3$ der Rotationsparaboloid annimmt, wenn die Flüssigkeit bei ruhendem Gefäß einen Spiegel bei $y_0$ hat. Diese Extremwerte ergeben sich aus der Volumenbetrachtung. Es gilt, dass das Volumen eines quadratischen Rotationsparaboloids die Hälfte des ihn umfassenden Zylinders beträgt.

$$V_P = \frac{1}{2}r^2 \cdot \pi \cdot (y_3 - y_2). \qquad (8.5)$$

Aus der Volumenkonstanz der Flüssigkeit vor und bei der Rotation folgt

$$r^2 \cdot \pi \cdot (y_0 - y_2) = \frac{1}{2}r^2 \cdot \pi \cdot (y_3 - y_2) \qquad (8.6)$$

$$y_0 = \frac{y_3 + y_2}{2}. \qquad (8.7)$$

Für y an der Stelle x = r folgt

$$y(r) = \frac{\omega^2}{g} \cdot \frac{r^2}{2} + y_2 = y_3 \qquad (8.8)$$

und eingesetzt

$$y_0 = \frac{y_2}{2} + \frac{1}{2}\left(\frac{\omega^2 \cdot r^2}{2 \cdot g} + y_2\right), \qquad (8.9)$$

$$y_2 = y_0 - \frac{\omega^2 \cdot r^2}{4 \cdot g}. \qquad (8.10)$$

Folglich ist auch

$$y_3 = y_0 + \frac{\omega^2 \cdot r^2}{4 \cdot g}. \qquad (8.11)$$

Aus diesen Gleichungen ist leicht zu erkennen, dass der Flüssigkeitsspiegel mit dem Maß

$$\frac{\omega^2 \cdot r^2}{4 \cdot g} \qquad (8.12)$$

um die Ausgangslage schwankt.

🗁 7-06-08-01_Rotation.xlsm

## 8.1.2 Algorithmus

Wir wollen nun ein Programm erstellen, das die Extremwerte und den Funktionsverlauf des Flüssigkeitsspiegels in rotierenden Gefäßen bestimmt. Dazu ist eine schrittweise Berechnung des Rotationsparaboloids vorzunehmen. Die Werte sollen in ein Arbeitsblatt eingetragen und mit ihrer Hilfe soll der Funktionsverlauf auch als Grafik mittels eines Diagramms dargestellt werden.

*Tabelle 8-1. Struktogramm zur Berechnung des Rotationsparaboloids*

| Eingabe von Gefäßradius r, Spiegelhöhe im Ruhezustand y0 und Winkelgeschwindigkeit ω |
|---|
| $$c = y_0 - \frac{\omega^2 \cdot x^2}{4 \cdot g}$$ |
| Für alle x von 0 bis r mit Schrittweite r/100 |
| $$y = \frac{\omega^2 \cdot x^2}{4 \cdot g} + c$$ |
| Ausgabe von y in die Tabelle |

*Codeliste 8-1. Prozeduren im Modul modRotation*

```
Private Sub RotationFormblatt()
    Dim wshTmp As Worksheet
    Dim shpTMP As Shape

    Set wshTmp = ThisWorkbook.Worksheets("Rotation")
    With wshTmp
        .Activate
        .Cells.Clear
'alle Charts löschen
        For Each shpTMP In wshTmp.Shapes
            shpTMP.Delete
        Next
'Neue Beschriftung
        .Range("A1") = "Gefäßradius r [m]"
        .Range("A2") = "Spiegelhöhe y0 [m]"
        .Range("A3") = "Winkelgeschwindigkeit w [1/s]"
        .Columns("A:E").EntireColumn.AutoFit
    End With
    Set wshTmp = Nothing
End Sub

Private Sub Testdaten()
    Dim wshTmp As Worksheet
    Dim shpTMP As Shape

    Set wshTmp = ThisWorkbook.Worksheets("Rotation")
    With wshTmp
        .Activate
        .Cells(1, 2) = 0.5
        .Cells(2, 2) = 3
        .Cells(3, 2) = 18
    End With
    Set wshTmp = Nothing
End Sub

Private Sub RotationAuswertung()
```

```
        Dim wshTmp As Worksheet
        Dim dx As Double
        Dim dy As Double
        Dim dR As Double
        Dim dy0 As Double
        Dim dw As Double
        Dim dg As Double
        Dim dc As Double
        Dim iRow As Integer

        Set wshTmp = ThisWorkbook.Worksheets("Rotation")
        With wshTmp
            dg = 9.81 'Erdbeschleunigung [m/s^2]
            dR = Cell2Dez(.Cells(1, 2))
            dy0 = Cell2Dez(.Cells(2, 2))
            dw = Cell2Dez(.Cells(3, 2))
            dc = dy0 - (dw * dw * dR * dR / (4 * dg))
            iRow = 0
            For dx = 0 To dR Step dR / 100
                dy = dw * dw * dx * dx / (2 * dg) + dc
                iRow = iRow + 1
                .Cells(iRow, 3) = dy
            Next dx
        End With
        Set wshTmp = Nothing
End Sub

Private Sub RotationZeigen()
    Dim wshTmp As Worksheet
    Dim shpTMP As Shape
    Dim chrTmp As Chart

    Set wshTmp = ThisWorkbook.Worksheets("Rotation")
    With wshTmp
        .Activate
        Set shpTMP = .Shapes.AddChart2(240, xlXYScatterSmoothNoMarkers)
        Set chrTmp = shpTMP.Chart
    End With
    With chrTmp
        .SetSourceData Source:=wshTmp.Range("C1:C100"), _
            PlotBy:=xlColumns
        .SeriesCollection(1).Name = "=""""Flüssigkeitsspiegel"""""
        .Location Where:=xlLocationAsObject, Name:="Rotation"
        .HasTitle = True
        .ChartTitle.Characters.Text = "Rotationsparaboloid"
        .Axes(xlCategory, xlPrimary).HasTitle = True
        .Axes(xlCategory, xlPrimary).AxisTitle.Characters.Text = "x"
        .Axes(xlValue, xlPrimary).HasTitle = True
        .Axes(xlValue, xlPrimary).AxisTitle.Characters.Text = "y"
    End With
    Set chrTmp = Nothing
    Set shpTMP = Nothing
    Set wshTmp = Nothing
End Sub
```

## 8.1.3 Rotierender Wasserbehälter

Ein offener zylindrischer Behälter mit einem Durchmesser von 1 m und einer Höhe von 6 m
enthält Wasser von 3 m Höhe. Welche Verhältnisse stellen sich ein, wenn der Behälter mit
einer Winkelgeschwindigkeit von 18 s$^{-1}$ rotiert.

Für die Testdaten gibt es eine eigene Prozedur (Codeliste 8-1). Die Auswertung zeigt, dass die untere Spiegelgrenze bei 0,936 m und die obere bei ca. 5 m liegt (Bild 8-2).

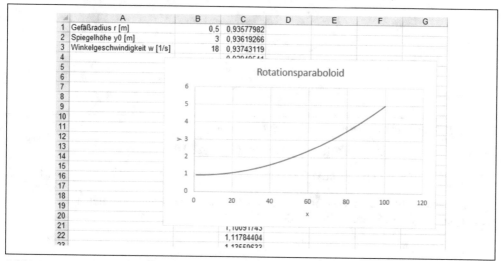

*Bild 8-2. Auswertung der Rotation mit den Testdaten*

### Übung 8.1 Geschlossener Behälter

Wie verhält sich das System bei einem geschlossenen Behälter? Leiten Sie die entsprechenden Formeln ab und entwickeln Sie dazu eine Anwendung.

# 8.2 Laminare Strömung

Strömungen treten in vielen Zuständen auf. Man unterscheidet stationäre oder instationäre, gleichförmige oder ungleichförmige und laminare oder turbulente Strömung. Eine Strömung kann ein-, zwei- oder dreidimensional sein. Sie kann Wirbel besitzen oder wirbelfrei sein.

## 8.2.1 Strömungsverhalten

Solange die Flüssigkeitsteilchen einer Rohrströmung ihren Abstand zur Rohrachse beibehalten, spricht man von laminarer Rohrströmung. Dieses Strömungsverhalten erlaubt es, ein zylindrisches Flüssigkeitselement an beliebiger Stelle zu betrachten (Bild 8-3).

Die Gleichgewichtsbetrachtung liefert

$$p_1 \cdot A + p_2 \cdot A + m \cdot g \cdot \sin \alpha = 0.$$ (8.13)

Durch Einsatz der Dichte $\rho$ und der Geometrie folgt

$$p_1 \cdot r^2 \cdot \pi + p_2 \cdot r^2 \cdot \pi + r^2 \cdot \pi \cdot l \cdot \rho \cdot g \cdot \sin \alpha = 0.$$ (8.14)

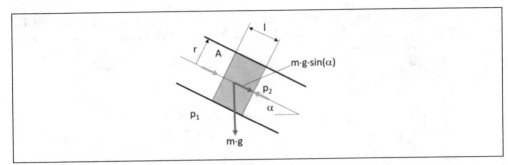

*Bild 8-3. Kräfteverhältnisse bei einer laminaren Rohrströmung*

Da zwischen p1 und p2 eine Differenz p besteht, folgt nach Umstellung

$$r^2 \cdot \pi \cdot (p + l \cdot \rho \cdot g \cdot \sin \alpha) = 0. \qquad (8.15)$$

Durch die unterschiedlichen Geschwindigkeiten der Strömungsschichten treten innere Reibungen und damit Schubkräfte von der Größe

$$\frac{F_S}{A_{Rohr}} = \mu \frac{dv(r)}{dr} \qquad (8.16)$$

auf. Der Proportionalitätsfaktor $\mu$ wird als dynamische Zähigkeit der Flüssigkeit bezeichnet.

Mit der Gleichsetzung ergibt sich die Differentialgleichung

$$r^2 \cdot \pi \cdot p + l \cdot \rho \cdot g \cdot \sin \alpha = 2 \cdot r \cdot \pi \cdot l \cdot \mu \frac{dv(r)}{dr}. \qquad (8.17)$$

Eine Umformung erbringt

$$dv(r) = \frac{p + l \cdot \rho \cdot g \cdot \sin \alpha}{2 \cdot l \cdot \mu} r \cdot dr. \qquad (8.18)$$

Die Integration liefert

$$v(r) = \frac{p + l \cdot \rho \cdot g \cdot \sin \alpha}{2 \cdot l \cdot \mu} \cdot \frac{r^2}{2} + c. \qquad (8.19)$$

Aus den Randbedingungen $v(r_0) = 0$ folgt

$$c = -\frac{p + l \cdot \rho \cdot g \cdot \sin \alpha}{2 \cdot l \cdot \mu} \cdot \frac{r_0^2}{2}. \qquad (8.20)$$

Mithin ist

$$v(r) = \frac{p + l \cdot \rho \cdot g \cdot \sin \alpha}{4 \cdot l \cdot \mu} (r_0^2 - r^2). \qquad (8.21)$$

Der durch die Ringfläche (Bild 8-4) strömende Volumenstrom ergibt sich aus der Differentialgleichung

$$dQ = 2 \cdot r \cdot \pi \cdot dr \cdot v(r). \qquad (8.22)$$

Mit der Integration

$$Q = \int_0^{r_0} 2 \cdot r \cdot \pi \cdot dr \frac{p + l \cdot \rho \cdot g \cdot \sin \alpha}{4 \cdot l \cdot \mu} (r_0^2 - r^2) \qquad (8.23)$$

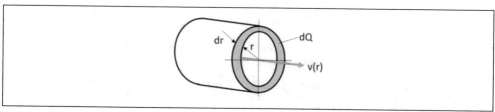

*Bild 8-4. Volumenstrom im Ringelement*

erhalten wir

$$Q = \frac{\pi(p + l \cdot \rho \cdot g \cdot \sin \alpha)}{8 \cdot l \cdot \mu} r_0^4.$$ (8.24)

Dieses Gesetz nach Hagen-Poiseuille wird auch als Ohm'sches Gesetz der laminaren Rohrströmung bezeichnet. Die mittlere Strömungsgeschwindigkeit ist demnach

$$v_m = \frac{Q}{A} = r_0^2 \frac{p + l \cdot \rho \cdot g \cdot \sin \alpha}{8 \cdot l \cdot \mu}.$$ (8.25)

## 8.2.2 Algorithmus

Ein Programm soll über den Radius schrittweise die örtliche Geschwindigkeit ermitteln und daraus die mittlere Geschwindigkeit bestimmen, aus der sich dann der Volumenstrom ergibt.

🗁 7-06-08-02_Stroemung.xlsm

*Tabelle 8-2. Struktogramm zur Berechnung des Strömungsverlaufs einer laminaren Rohrströmung*

| Eingabe aller erforderlichen Daten |
|---|
| $\sin \alpha = \dfrac{\alpha \cdot \pi}{180}$ |
| Für alle r von 0 bis $r_0$ mit Schrittweite $r_0/100$ |
| $v(r) = \dfrac{p + l \cdot \rho \cdot g \cdot \sin \alpha}{4 \cdot l \cdot \mu} (r_0^2 - r^2)$ |
| Ausgabe von r und v(r) in die Tabelle |
| $v_m = \dfrac{Q}{A} = r_0^2 \dfrac{p + l \cdot \rho \cdot g \cdot \sin \alpha}{8 \cdot l \cdot \mu}$ |
| $Q = v_m \cdot r^2 \cdot \pi$ |
| Ausgabe $v_m$ und Q |

Auch der Projekt-Explorer weist nur das Arbeitsblatt aus.

*Codeliste 8-2. Prozeduren im Modul modStroemung*

```
Private Sub StrömungFormblatt()
    Dim wshTmp   As Worksheet
    Dim shpTMP   As Shape

    Set wshTmp = ThisWorkbook.Worksheets("Strömung")
    With wshTmp
        .Activate
        .Cells.Clear
'alle Charts löschen
        For Each shpTMP In wshTmp.Shapes
```

```
            shpTMP.Delete
        Next
'Neue Beschriftung
        .Range("A1") = "Rohrlänge l [m]"
        .Range("A2") = "Rohrinnenradius r0 [m]"
        .Range("A3") = "Druckdifferenz p [N/cm" + ChrW(178) + "]"
        .Range("A4") = "Flüssigkeitsdichte [kg/dm" + ChrW(179) + "]"
        .Range("A5") = "Dynamische Zähigkeit [Ns/m" + ChrW(178) + "]"
        .Range("A6") = "Neigungswinkel [Grad]"
        .Range("A8") = "Mittl.Strömungsgeschw. vm [m/s]"
        .Range("A9") = "Volumenstrom Q [m" + ChrW(179) + "/s]"
        .Columns("A:E").EntireColumn.AutoFit
    End With
    Set wshTmp = Nothing
End Sub

Private Sub Testdaten()
    Dim wshTmp  As Worksheet
    Dim shpTMP  As Shape

    Set wshTmp = ThisWorkbook.Worksheets("Strömung")
    With wshTmp
        .Activate
        .Cells(1, 2) = 5
        .Cells(2, 2) = 0.1
        .Cells(3, 2) = 0.5
        .Cells(4, 2) = 0.75
        .Cells(5, 2) = 0.2
        .Cells(6, 2) = 20
    End With
    Set wshTmp = Nothing
End Sub

Private Sub StrömungAuswertung()
    Dim wshTmp  As Worksheet
    Dim dR    As Double
    Dim dR0   As Double
    Dim dL    As Double
    Dim dp    As Double
    Dim dD    As Double
    Dim du    As Double
    Dim da    As Double
    Dim dsa    As Double
    Dim dg    As Double
    Dim dv    As Double
    Dim dvm   As Double
    Dim dQ    As Double
    Dim i     As Integer

    Set wshTmp = ThisWorkbook.Worksheets("Strömung")
    With wshTmp
        dL = Cell2Dez(.Cells(1, 2))
        dR0 = Cell2Dez(.Cells(2, 2))
        dp = Cell2Dez(.Cells(3, 2))
        dD = Cell2Dez(.Cells(4, 2))
        du = Cell2Dez(.Cells(5, 2))
        da = Cell2Dez(.Cells(6, 2))
        dsa = Sin(da * 3.1415926 / 180)
        dg = 9.81
        For dR = 0 To dR0 Step dR0 / 100
            dv = (dp * 10000 + dL * dD * 1000 * dg * dsa) / _
              (4 * dL * du) * (dR0 * dR0 - dR * dR)
```

```
            i = i + 1
            .Cells(i, 3) = dR
            .Cells(i, 4) = dv
        Next dR
        dvm = dR0 * dR0 * (dp * 10000 + dL * dD * 1000 * dg * dsa) / _
            (8 * dL * du)
        dQ = dvm * dR0 * dR0 * 3.1415926
        .Cells(8, 2) = dvm
        .Cells(9, 2) = dQ
    End With
    Set wshTmp = Nothing
End Sub

Private Sub StrömungZeigen()
    Dim wshTmp As Worksheet
    Dim shpTMP As Shape
    Dim chrTmp As Chart

    Set wshTmp = ThisWorkbook.Worksheets("Strömung")
    With wshTmp
        .Activate
        Set shpTMP = .Shapes.AddChart2(240, xlXYScatterSmoothNoMarkers)
        Set chrTmp = shpTMP.Chart
    End With
    With chrTmp
        .SetSourceData Source:=wshTmp.Columns("D:D"), _
            PlotBy:=xlColumns
        .SeriesCollection(1).Name = "=""Strömungsgeschwindigkeit"""
        .Location Where:=xlLocationAsObject, Name:="Strömung"
        .HasTitle = True
        .ChartTitle.Characters.Text = "Strömungsgeschwindigkeit"
        .Axes(xlCategory, xlPrimary).HasTitle = True
        .Axes(xlCategory, xlPrimary).AxisTitle.Characters.Text = "r [m]"
        .Axes(xlValue, xlPrimary).HasTitle = True
        .Axes(xlValue, xlPrimary).AxisTitle.Characters.Text = "v [m/s]"
    End With

    Set chrTmp = Nothing
    Set shpTMP = Nothing
    Set wshTmp = Nothing
End Sub
```

## 8.2.3 Rohrströmung

In einem 5 m langen Rohr mit einem Innendurchmesser von 200 mm, das unter 20 Grad geneigt ist, fließt ein Medium mit einer Dichte von $\rho=0,75$ kg/dm$^3$, bei einer Druckdifferenz von 0,5 N/cm$^2$. Die dynamische Zähigkeit des Mediums beträgt 0,2 Ns/m$^2$.

Bild 8-5 zeigt das Ergebnis der Auswertung.

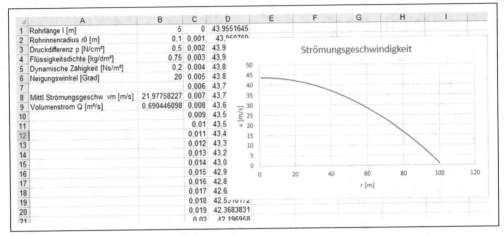

*Bild 8-5. Auswertung der laminaren Rohrströmung*

## Übung 8.2 Strömungsverluste

Ergänzen Sie die Berechnung um Strömungsverluste im glatten Rohr. Strömungsverluste entstehen auch bei Querschnitts- und Richtungsänderungen. Querschnittsänderungen können sprungartig oder stetig erfolgen. Für all diese Fälle gibt es Gleichungen. Ebenso über Strömungsverluste beim Ausfluss ins Freie durch untere oder seitliche Öffnungen in Behältern.

Von laminarer Spaltströmung spricht man, wenn sich die Flüssigkeit zwischen ebenen ruhenden Platten bewegt. Dabei ist die Geschwindigkeit konstant. Zur Überwindung der Reibung muss ein Druckgefälle existieren.

## Übung 8.3 Rohrströmung von gasförmigen Flüssigkeiten

Eine weitere Anwendung wäre die Berechnung von Druck- und Geschwindigkeitsverlauf bei einer Rohrströmung von gasförmigen Flüssigkeiten (Bild 8-6).

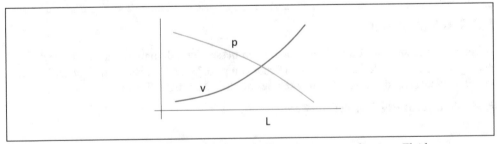

*Bild 8-6. Druck- und Geschwindigkeitsverlauf bei Rohrströmungen von gasförmigen Fluiden*

Bei dieser Strömung liegt eine expandierende Strömung vor, da in Folge der meist hohen Strömungsgeschwindigkeiten größere Druckverluste auftreten.

Die Anwendung der Kontinuitätsgleichung

$$w_2 = \frac{v_2}{v_1} \cdot w_1 \qquad (8.26)$$

bei konstantem Rohrquerschnitt sagt aus, dass bei expandierender Strömung mit den spezifischen Volumen v2 > v1 auch für die Relativgeschwindigkeiten w2 > w1 gilt. Der Strömungsverlust an einem Strömungselement (Bild 8-7) ergibt sich nach dem Gesetz von Darcy

$$dp + \gamma \cdot dh = -\lambda \cdot \frac{dl}{d} \cdot \frac{w^2}{2 \cdot v}. \tag{8.27}$$

Darin ist $\lambda$ die Rohrreibungszahl. Der Anteil der Druckänderung durch Höhenänderung $\gamma \cdot dh$ ist vernachlässigbar gering.

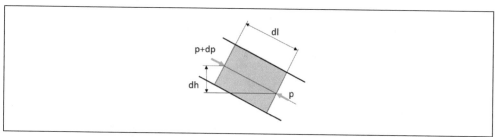

Bild 8-7. Strömungselement

Nach dem allgemeinen Gasgesetz

$$p \cdot v = R \cdot T, \tag{8.28}$$

folgt über die Gaskonstante

$$R = \frac{p_1 \cdot v_1}{T_1} = \frac{p_2 \cdot v_2}{T_2} \tag{8.29}$$

für die Volumenänderung

$$v_2 = v_1 \cdot \frac{p_1}{p_2} \cdot \frac{T_2}{T_1}. \tag{8.30}$$

Zusammen mit der Kontinuitätsgleichung (8.26) erhalten wir aus der Differentialgleichung (8.27)

$$dp = -\lambda \cdot \frac{w_1^2 \cdot p_1 \cdot T_2}{2 \cdot d \cdot v_1 \cdot p_2 \cdot T_1} \cdot dl. \tag{8.31}$$

Die Integration führt auf die Lösung einer quadratischen Gleichung

$$\Delta p = p_1 \left( 1 - \sqrt{1 - \lambda \cdot \frac{l}{d} \cdot \frac{w_1^2}{v_1} \cdot \frac{T_2}{T_1}} \right). \tag{8.32}$$

Für sehr kleine Werte x gilt die Näherung

$$\sqrt{1 - x} \approx 1 - \frac{x}{2}, \tag{8.33}$$

sodass folgt

$$\Delta p = \lambda \cdot \frac{l}{d} \cdot \frac{w_1^2}{2 \cdot v_1} \cdot \frac{T_2}{T_1}. \tag{8.34}$$

Der Temperaturabfall muss im Allgemeinen nur bei längeren Heißdampfleitungen berücksichtigt werden und wird nachfolgend vernachlässigt. Widerstände in Rohrleitungen werden oft durch adäquate Leitungslängen berücksichtigt.

## Übung 8.4 Flüssigkeitsoberfläche bei einer beschleunigten Horizontalbewegung

Zum Abschluss betrachten wir die Horizontalbewegung eines Flüssigkeitsbehälters. Bei konstanter Beschleunigung bildet die Flüssigkeitsoberfläche eine schiefe Ebene (Bild 8-8).

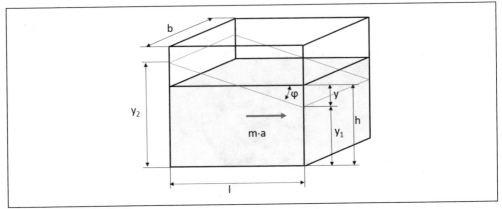

*Bild 8-8. Flüssigkeitsbehälter in einer beschleunigten Horizontalbewegung*

Der Winkel φ bestimmt sich aus dem Verhältnis von Behälterbeschleunigung zur Erdbeschleunigung mit

$$tan\,\phi = \frac{a}{g}. \tag{8.35}$$

Damit ergibt sich das Maß y aus

$$y = \frac{l}{2}tan\,\phi. \tag{8.36}$$

Die resultierende Kraft auf eine rechteckige Behälterwand ergibt sich aus der Formel

$$F = \rho \cdot g \cdot b\frac{h^2}{2}. \tag{8.37}$$

Bestimmen Sie die Kräfte, die auf die Behälterwände wirken und zeigen Sie, dass die Differenz der Kräfte die Kraft ist, die zur Beschleunigung des Behälters erforderlich ist.

# KAPITEL 9

# Berechnungen aus der Thermodynamik

Die Thermodynamik befasst sich mit Wärmeprozessen, insbesondere der Umwandlung von Wärme in eine andere Energieform (oder umgekehrt). Die klassische Thermodynamik untersucht Gleichgewichtszustände, im Allgemeinen abgeschlossener Systeme, sowie die Zustandsänderungen beim Übergang von einem Gleichgewichtszustand in einen anderen, die mit einer Zu- beziehungsweise Abfuhr von Wärme oder mechanischer Energie (Arbeit) sowie Temperaturänderungen verbunden sind. Der Zustand eines thermodynamischen Systems im Gleichgewicht wird durch einen Satz thermodynamischer Zustandsgrößen (Temperatur, Druck, Volumen, Energie, Entropie, Enthalpie u. a.) festgelegt, die durch Zustandsgleichungen miteinander verknüpft sind.

## 9.1 Nichtstationäre Wärmeströmung

Das Kriterium einer nichtstationären Wärmeströmung ist die örtliche Temperaturveränderung über die Zeit gesehen. Betrachtet werden feste Stoffe in der Form größerer Scheiben (Wände), sodass der Temperaturverlauf über der Fläche als konstant vorausgesetzt werden kann.

### 9.1.1 Temperaturverlauf in einer Wand

Es soll uns hier nur der Temperaturverlauf durch die Wand (Bild 9-1) und ihre zeitliche Veränderung interessieren.

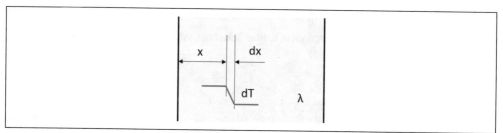

*Bild 9-1. Temperaturverlauf in einem Wandelement*

Nach der obigen Darstellung folgt für ein infinitesimales Wandelement dx mit der Wärmeleitzahl λ des Wandmaterials und der Wandfläche A, dass an der Stelle x der Wärmestrom

$$Q_x' = \lambda \cdot A \frac{dT}{dx} \tag{9.1}$$

austritt, während an der Stelle x + dx der Wärmestrom

$$Q_{x+dx}' = \lambda \cdot A \left( \frac{dT}{dx} + \frac{d^2T}{dx^2} dx \right) \tag{9.2}$$

von der Wand aufgenommen wird. Die so entstehende Wärmedifferenz

$$dQ_x' = \lambda \cdot A \frac{d^2T}{dx^2} dx \tag{9.3}$$

erhöht die Temperatur des Wandelements. Diese Wärmedifferenz kann auch durchaus negativ sein und damit eine Temperaturabnahme bedeuten. Die Wärmeaufnahme in der Zeit dt ist nach den Gesetzen der Thermodynamik

$$dQ' = c \cdot \lambda \cdot A \cdot dx \frac{dT}{dx}. \tag{9.4}$$

In dieser Gleichung ist c die spezifische Wärme und ρ die Dichte der Wand. Durch Gleichsetzung folgt

$$\frac{dT}{dt} = \frac{\lambda}{c \cdot \rho} \cdot \frac{d^2T}{dx^2} dx. \tag{9.5}$$

Die Stoffkonstante in dieser Gleichung wird allgemein als Temperaturleitzahl bezeichnet

$$\alpha = \frac{\lambda}{c \cdot \rho}. \tag{9.6}$$

Mittels Euler-Cauchy wird auch hier wieder der Differentialquotient durch den Differenzenquotienten ersetzt

$$\frac{\Delta_t T}{\Delta t} = \alpha \frac{\Delta_x^2 T}{\Delta x^2}. \tag{9.7}$$

Mit der gewählten Schrittweite Δx und der gewählten Zeitdifferenz Δt herrscht an der Stelle i·Δx zu der Zeit k·Δt die Temperatur

$$T(i \cdot \Delta x, k \cdot \Delta t) = T_{i,k}. \tag{9.8}$$

Diese verkürzte Schreibweise werden wir weiter benutzen und durch Einsetzen der Differenzen

$$\Delta_t T = T_{i,k+1} - T_{i,k} \tag{9.9}$$

$$\Delta_x T = T_{i+1,k} - T_{i,k} \tag{9.10}$$

$$\Delta_x^2 T = T_{i+1,k} + T_{i-1,k} - 2 \cdot T_{i,k} \tag{9.11}$$

ergibt sich die Rekursionsformel

$$T_{i,k+1} - T_{i,k} = \alpha \frac{\Delta t}{\Delta x^2} (T_{i+1,k} + T_{i-1,k} - 2 \cdot T_{i,k}). \tag{9.12}$$

Damit ist bei gegebener Temperaturverteilung $T_{i,k}$ in der Wand die Verteilung $T_{i,k+1}$ angenähert berechenbar.

Wählt man in dieser Gleichung

$$\alpha \frac{\Delta t}{\Delta x^2} = \frac{1}{2},$$ 
(9.13)

so folgt aus der Gleichung (9.12)

$$T_{i,k+1} = \frac{1}{2}\left(T_{i+1,k} + T_{i-1,k}\right).$$ 
(9.14)

Also das arithmetische Mittel zum Zeitpunkt $k \cdot \Delta t$.

Mit $T_i$ als Innentemperatur des Fluids (Bild 9-2), mit dem Wärmekoeffizienten $\alpha_i$ und der Temperatur $T_0$ der Oberfläche (bei x=0) gilt

$$(T_0 - T_i) = \frac{\lambda}{\alpha}\left(\frac{\Delta T}{\Delta x}\right).$$ 
(9.15)

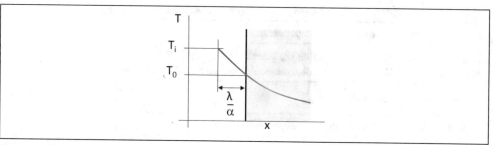

Bild 9-2. Wärmeübergang

Gemäß dem Differenzenverfahren denkt man sich die Wand in viele Scheiben der Dicke $\Delta x$ zerlegt (Bild 9-3), in deren Mitte jeweils die Temperaturen $T_{1,k}$, $T_{2,k}$, ... herrschen. Zur Erfüllung der Randbedingungen (Bild 9-2) ergänzt man die Wandscheiben um eine weitere Hilfsscheibe mit der Temperatur $T_{-1}$. Zwischen -1 und 1 wird Wärme nur durch Wärmeleitung übertragen. Damit gilt die Gleichung nach (9.14)

$$T_0 = \frac{1}{2}(T_1 + T_{-1}).$$ 
(9.16)

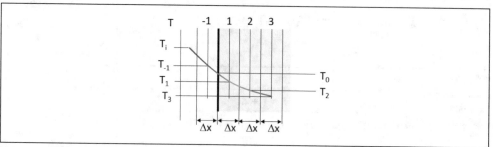

Bild 9-3. Schichtmodell

Die Hilfstemperatur $T_{-1}$ ergibt sich aus der Energiebilanz

$$\alpha(T_0 - T_i) = \frac{\lambda}{\frac{\Delta x}{2}}(T_1 - T_0)$$ 
(9.17)

und durch Gleichsetzung

$$T_{-1} = \frac{\beta - 1}{1 + \beta} T_1 + \frac{2}{1 + \beta} T_i \qquad (9.18)$$

mit

$$\beta = \frac{2 \cdot \lambda}{\alpha \cdot \Delta x}. \qquad (9.19)$$

## 9.1.2 Algorithmus

Das Programm soll den Temperaturverlauf in einer Wand nach endlichen Zeitintervallen bestimmen und grafisch ausgeben.

📁 7-06-09-01_Wandtemperatur.xlsm

*Tabelle 9-1. Struktogramm zur Berechnung einer nichtstationären Wärmeströmung*

| Aufbau des Eingabeformulars Starttemperaturen |
| :--- |
| Eingabe von Wandstärke x, Unterteilung n, Wärmeleitfähigkeit λ, Spez. Wärmekapazität c, Dichte ρ, Wärmeübergangszahlen α Innen und Außen |
| $\Delta x = \frac{x}{n}, \quad \alpha = \frac{\lambda}{c \cdot \rho}, \quad \Delta t = \frac{\Delta x^2}{2 \cdot \alpha}$ |
| Manuelle Eingabe der Temperaturen (Testdaten-Prozedur) |
| Hilfsgrößen: $\beta_i = \frac{2 \cdot \lambda}{\alpha_i \cdot \Delta x}, \quad \beta_a = \frac{2 \cdot \lambda}{\alpha_a \cdot \Delta x}$ |
| Berechnung der Hilfstemperaturen T-1 und Tn+2 $$T_{-1} = \frac{\beta_i - 1}{1 + \beta_i} T_1 + \frac{2}{1 + \beta_i} T_i$$ $$T_{n+2} = \frac{\beta_a - 1}{1 + \beta_a} T_{n+1} + \frac{2}{1 + \beta_a} T_a$$ |
| Berechnung der Wandtemperaturen T0i und T0a $$T_{0i} = \frac{1}{2}(T_1 + T_{-1})$$ $$T_{0a} = \frac{1}{2}(T_{n+1} + T_{n+2})$$ |

| für eine vorgegebene Anzahl Schritte mit Δt | $t = t + \Delta t$ |
| :--- | :--- |
| | Berechnung der Hilfstemperaturen T-1 und Tn+2 $$T_{-1} = \frac{\beta_i - 1}{1 + \beta_i} T_1 + \frac{2}{1 + \beta_i} T_i$$ $$T_{n+2} = \frac{\beta_a - 1}{1 + \beta_a} T_{n+1} + \frac{2}{1 + \beta_a} T_a$$ |
| | Für alle i=2 bis n+1 |
| | $$T_{i,neu} = \frac{1}{2}(T_{i+1,alt} + T_{i-1,alt})$$ |

| | Übernahme der neuen Daten als alte Daten |
|---|---|
| | Berechnung der Wandtemperaturen T0i und T0a $$T_{0i} = \frac{1}{2}(T_1 + T_{-1})$$ $$T_{0a} = \frac{1}{2}(T_{n+1} + T_{n+2})$$ |
| | Ausgabe der Temperaturen |

*Codeliste 9-1. Prozeduren im Modul modWand*

```vb
Private Sub Formblatt()
    Dim wshTmp  As Worksheet
    Dim shpTmp  As Shape
    Set wshTmp = ThisWorkbook.Worksheets("Wandtemperatur")
    With wshTmp
        .Activate
        .Cells.Clear
'alle Charts löschen
        For Each shpTmp In wshTmp.Shapes
            shpTmp.Delete
        Next
'Neue Beschriftung
        .Range("A1") = "Wandstärke x [m]"
        .Range("A2") = "Schrittanzahl n (max=95)"
        .Range("A3") = "Wärmeleitfähigkeit L [W/m grd]"
        .Range("A4") = "Spez. Wärmekapazität c [kJ/kg grd]"
        .Range("A5") = "Dichte d [kg/m" + ChrW(179) + "]"
        .Range("A6") = "Wärmeübergangszahl-Innen a1 [W/m" + ChrW(178) + " K]"
        .Range("A7") = "Wärmeübergangszahl-Aussen a2 [W/m" + ChrW(178) + " K]"
        .Range("A8") = "Innentemperatur Ti [grd]"
        .Range("A9") = "Außentemperatur Ta [grd]"
        .Columns("A:B").EntireColumn.AutoFit
    End With
    Set wshTmp = Nothing
End Sub
Private Sub Testdaten()
    Dim wshTmp  As Worksheet
    Set wshTmp = ThisWorkbook.Worksheets("Wandtemperatur")
    With wshTmp
        .Activate
        .Cells(1, 2) = 1
        .Cells(2, 2) = 10
        .Cells(3, 2) = 1.2
        .Cells(4, 2) = 1
        .Cells(5, 2) = 2000
        .Cells(6, 2) = 8
        .Cells(7, 2) = 5
        .Cells(8, 2) = 80
        .Cells(9, 2) = 20
        .Cells(10, 2) = 20
    End With
    Set wshTmp = Nothing
End Sub
Private Sub Schichten()
    Dim wshTmp  As Worksheet
    Dim dx      As Double
    Dim dL      As Double
    Dim dc      As Double
    Dim dD      As Double
```

```vba
    Dim da      As Double
    Dim ddx     As Double
    Dim dT      As Double
    Dim dxi     As Double
    Dim iAnz    As Integer
    Dim i       As Integer
    Set wshTmp = ThisWorkbook.Worksheets("Wandtemperatur")
    With wshTmp
        dx = Cell2Dez(.Cells(1, 2))
        iAnz = Cell2Dez(.Cells(2, 2))
        dL = Cell2Dez(.Cells(3, 2))
        dc = Cell2Dez(.Cells(4, 2))
        dD = Cell2Dez(.Cells(5, 2))
'Bestimmung der Schrittweiten
        If iAnz = 0 Then
            ddx = 0
        Else
            ddx = dx / iAnz
        End If
        da = dL / (dc * dD)
        If da = 0 Then
            dT = 0
        Else
            dT = (ddx * ddx) / (2 * da)
        End If
'Temperaturverteilung
        .Range("C:" + Chr$(66 + iAnz + 4)).ColumnWidth = 6
        .Columns("C:" + Chr$(66 + iAnz + 4)).Select
        Selection.NumberFormat = "0.0"
        .Range("A13") = "Temperatur (an der Stelle x)"
        .Range("A14") = "Eingabe Start-Temperaturverlauf "
        .Cells(13, 2) = "t"
        .Cells(13, 3) = "Ti"
        .Cells(13, 4) = "T(0)"
        For i = 1 To iAnz
            dxi = (i - 0.5) * ddx
            .Cells(13, 4 + i) = "T(" + LTrim(Str(dxi)) + ")"
        Next i
        .Cells(13, 4 + iAnz + 1) = "T(" + LTrim(Str(dx)) + ")"
        .Cells(13, 4 + iAnz + 2) = "Ta"
        .Range("C14").Select
        .Range("A10") = "Anzahl der Durchläufe"
        .Range("B10").Select
    End With
    Set wshTmp = Nothing
End Sub
Private Sub StartTemperaturen()
    Dim wshTmp  As Worksheet
    Dim iC As Integer, iAnz As Integer
    Set wshTmp = ThisWorkbook.Worksheets("Wandtemperatur")
    With wshTmp
        .Activate
        iAnz = .Cells(2, 2)
        .Cells(14, 2) = 0
        .Cells(14, 3) = Cell2Dez(.Cells(8, 2))
        For iC = 1 To iAnz + 3
            .Cells(14, 3 + iC) = Cell2Dez(.Cells(9, 2))
        Next iC
    End With
    Set wshTmp = Nothing
End Sub
Private Sub Auswertung()
```

```
      Dim wshTmp As Worksheet
      Dim dT(99) As Double, dTx(99) As Double
      Dim dx As Double, dL As Double, dc As Double, dD As Double
      Dim dTi As Double, dTa As Double
      Dim da As Double, da1 As Double, da2 As Double
      Dim db1 As Double, db2 As Double
      Dim ddx As Double, ddT As Double, dTT As Double
      Dim iAn As Integer, iSa As Integer
      Dim iC1 As Integer, iC2 As Integer
      Dim iRow As Integer

      dTT = 0
      Set wshTmp = ThisWorkbook.Worksheets("Wandtemperatur")
      With wshTmp
'Daten
          dx = Cell2Dez(.Cells(1, 2))
          iAn = Cell2Dez(.Cells(2, 2))
          dL = Cell2Dez(.Cells(3, 2))
          dc = Cell2Dez(.Cells(4, 2))
          dD = Cell2Dez(.Cells(5, 2))
          da1 = Cell2Dez(.Cells(6, 2))
          da2 = Cell2Dez(.Cells(7, 2))
          dTi = Cell2Dez(.Cells(8, 2))
          dTa = Cell2Dez(.Cells(9, 2))
'Bestimmung der Schrittweiten
          If iAn = 0 Then
              ddx = 0
          Else
              ddx = dx / iAn
          End If
          da = dL / (dc * dD)
          If da = 0 Then
              ddT = 0
          Else
              ddT = (ddx * ddx) / (2 * da)
          End If
'Einlesen und Hilfspunkte
          dTi = Cell2Dez(.Cells(14, 3))
          dTa = Cell2Dez(.Cells(14, 3 + iAn + 3))
          For iC1 = 2 To iAn + 1
              dT(iC1) = Cell2Dez(.Cells(14, 3 + iC1))
          Next iC1
          db1 = (2 * dL) / (da1 * ddx)
          db2 = (2 * dL) / (da2 * ddx)
          dT(1) = (db1 - 1) / (1 + db1) * dT(2) + 2 / (1 + db1) * dTi
          dT(iAn + 2) = (db2 - 1) / (1 + db2) * dT(iAn + 1) + 2 / _
              (1 + db2) * dTa
          .Cells(14, 3 + 1) = (dT(1) + dT(2)) / 2
          .Cells(14, 3 + iAn + 2) = (dT(iAn + 1) + dT(iAn + 2)) / 2
'Berechnung der zeitlichen Veränderungen
          iSa = .Cells(10, 2)
          dTT = 0
          iRow = 0
          For iC1 = 1 To iSa Step 2
              dTT = dTT + ddT
              dT(1) = (db1 - 1) / (1 + db1) * dT(2) + 2 / (1 + db1) * dTi
              dT(iAn + 2) = ((db2 - 1) / (1 + db2)) * dT(iAn + 2) + _
                  (2 / (1 + db2)) * dTa
              dTx(1) = dT(1)
              dTx(iAn + 2) = dT(iAn + 2)
              For iC2 = 2 To iAn + 1
                  dTx(iC2) = (dT(iC2 + 1) + dT(iC2 - 1)) / 2
```

```
            Next iC2
            For iC2 = 1 To iAn + 2
                dT(iC2) = dTx(iC2)
            Next iC2
            iRow = iRow + 1
            .Cells(14 + iRow, 2) = Int(dTT * 10) / 10
            .Cells(14 + iRow, 3) = dTi
            .Cells(14 + iRow, 3 + 1) = (dT(1) + dT(2)) / 2
            For iC2 = 2 To iAn + 1
                .Cells(14 + iRow, 3 + iC2) = dT(iC2)
            Next iC2
            .Cells(14 + iRow, 3 + iAn + 2) = (dT(iAn + 1) + dT(iAn + 2)) / 2
            .Cells(14 + iRow, 3 + iAn + 3) = dTa
        Next iC1
    End With
    Set wshTmp = Nothing
End Sub
Private Sub Diagramm()
    Dim wshTmp   As Worksheet
    Dim shpTmp   As Shape
    Dim rngTmp   As Range
    Dim chrTmp   As Chart
    Dim lCol     As Long
    Dim iC       As Integer
    Dim iAnz     As Integer

    Set wshTmp = Worksheets("Wandtemperatur")
    With wshTmp
        .Activate
        iAnz = .Cells(10, 2)
        lCol = .UsedRange.Columns.Count
        Set rngTmp = .Range(.Cells(14, 3), .Cells(14, lCol))
        Set shpTmp = .Shapes.AddChart2(240, xlXYScatterSmoothNoMarkers)
    End With
    Set chrTmp = shpTmp.Chart
    With chrTmp
        .SetSourceData Source:=rngTmp, PlotBy:=xlColumns
        For iC = 1 To iAnz + 1
            .SeriesCollection.NewSeries
        Next iC
        For iC = 1 To iAnz + 1
            .SeriesCollection(iC).Values = _
                wshTmp.Range(wshTmp.Cells(13 + iC, 3), _
                wshTmp.Cells(13 + iC, lCol))
        Next iC
        .HasTitle = True
        .ChartTitle.Characters.Text = "Temperaturverlauf"
        .Axes(xlCategory, xlPrimary).HasTitle = True
        .Axes(xlCategory, xlPrimary).AxisTitle.Characters.Text = "x [Schicht]"
        .Axes(xlValue, xlPrimary).HasTitle = True
        .Axes(xlValue, xlPrimary).AxisTitle.Characters.Text = "T [grd]"
    End With
    Set chrTmp = Nothing
    Set rngTmp = Nothing
    Set wshTmp = Nothing
End Sub
```

## 9.1.3 Anwendungsbeispiel

Ein großer Behälter hat 1 m Wandstärke. Sein Material hat eine Wärmeleitfähigkeit $\lambda = 1,2$ W/(m K). Die spezifische Wärmekapazität beträgt c = 1 kJ/(kg K) und die Dichte

$\rho = 2000 \ kg/dm^3$. Während der Behälter gleichförmig eine Außentemperatur von 20 Grad Celsius besitzt, wird ein Fluid von 80 Grad Celsius eingefüllt. Welcher Temperaturverlauf stellt sich mit der Zeit ein? Die Wärmeübergangszahlen sind für innen $\alpha = 8 \ W/(m^2 \ K)$ und außen $\alpha = 5 \ W/(m^2 \ K)$.

Auswertungsfolge Menü *Wandtemperatur*:

- Mit *Formblatt* einen neuen Tabellenaufbau starten
- Mit *Testdaten* die Beispieldaten eintragen
- Mit *Schichten* die Schichteneinteilung der Wand vornehmen
- Die Anzahl der Durchläufe in Zelle *B10* eintragen (hier 20)
- Mit *Starttemperaturen* die Anfangstemperaturverteilung eintragen
- Mit *Auswertung* die Berechnung starten
- Mit *Diagramm* die Auswertung visualisieren (Bild 9-4).

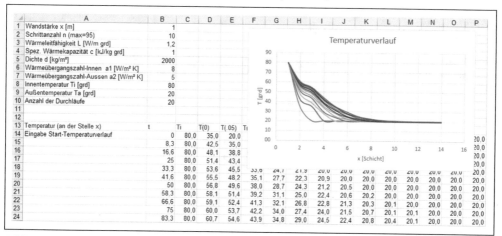

| | A | B | C | D | E | F | G | H | I | J | K | L | M | N | O | P |
|---|---|---|---|---|---|---|---|---|---|---|---|---|---|---|---|---|
| 1 | Wandstärke x [m] | 1 | | | | | | | | | | | | | | |
| 2 | Schrittanzahl n (max=95) | 10 | | | | | | | | | | | | | | |
| 3 | Wärmeleitfähigkeit L [W/m grd] | 1,2 | | | | | | | | | | | | | | |
| 4 | Spez. Wärmekapazität c [kJ/kg grd] | 1 | | | | | | | | | | | | | | |
| 5 | Dichte d [kg/m²] | 2000 | | | | | | | | | | | | | | |
| 6 | Wärmeübergangszahl-Innen a1 [W/m² K] | 8 | | | | | | | | | | | | | | |
| 7 | Wärmeübergangszahl-Aussen a2 [W/m² K] | 5 | | | | | | | | | | | | | | |
| 8 | Innentemperatur Ti [grd] | 80 | | | | | | | | | | | | | | |
| 9 | Außentemperatur Ta [grd] | 20 | | | | | | | | | | | | | | |
| 10 | Anzahl der Durchläufe | 20 | | | | | | | | | | | | | | |
| 13 | Temperatur (an der Stelle x) | t | Ti | T(0) | T(.05) | Ti | | | | | | | | | | |
| 14 | Eingabe Start-Temperaturverlauf | 0 | 80,0 | 35,0 | | | | | | | | | | | | 20,0 |
| 15 | | 8,3 | 80,0 | 42,5 | 35,0 | | | | | | | | | | | 20,0 |
| 16 | | 16,6 | 80,0 | 48,1 | 38,8 | | | | | | | | | | | 20,0 |
| 17 | | 25 | 80,0 | 51,4 | 43,4 | | | | | | | | | | | 20,0 |
| 18 | | 33,3 | 80,0 | 53,6 | 45,5 | 33,6 | 24,1 | 21,9 | 20,0 | 20,0 | 20,0 | 20,0 | 20,0 | 20,0 | 20,0 | 20,0 |
| 19 | | 41,6 | 80,0 | 55,5 | 48,2 | 35,1 | 27,7 | 22,3 | 20,9 | 20,0 | 20,0 | 20,0 | 20,0 | 20,0 | 20,0 | 20,0 |
| 20 | | 50 | 80,0 | 56,8 | 49,6 | 38,0 | 28,7 | 24,3 | 21,2 | 20,5 | 20,0 | 20,0 | 20,0 | 20,0 | 20,0 | 20,0 |
| 21 | | 58,3 | 80,0 | 58,1 | 51,4 | 39,2 | 31,1 | 25,0 | 22,4 | 20,6 | 20,2 | 20,0 | 20,0 | 20,0 | 20,0 | 20,0 |
| 22 | | 66,6 | 80,0 | 59,1 | 52,4 | 41,3 | 32,1 | 26,8 | 22,8 | 21,3 | 20,3 | 20,1 | 20,0 | 20,0 | 20,0 | 20,0 |
| 23 | | 75 | 80,0 | 60,0 | 53,7 | 42,2 | 34,0 | 27,4 | 24,0 | 21,5 | 20,7 | 20,1 | 20,1 | 20,0 | 20,0 | 20,0 |
| 24 | | 83,3 | 80,0 | 60,7 | 54,6 | 43,9 | 34,8 | 29,0 | 24,5 | 22,4 | 20,8 | 20,4 | 20,1 | 20,0 | 20,0 | 20,0 |

*Bild 9-4. Auswertung des Testbeispiels*

## Übung 9.1 Wärmeströmung durch mehrschichtige Wände

Oft ist nach den Wärmemengen gefragt, die durch Wände übertragen werden. Erstellen Sie auf einem Arbeitsblatt eine solche Berechnung und berücksichtigen Sie dabei auch Wände, die aus mehreren Schichten unterschiedlichen Materials bestehen.

## Übung 9.2 Mehrdimensionale Wärmeströmung

Strömt Wärme nicht nur in einer Richtung, so ergibt sich aus Gleichung 9.3 unter Berücksichtigung aller drei Koordinatenanteile die partielle Differentialgleichung

$$\frac{\vartheta T}{\vartheta t} = a\left(\frac{\vartheta^2 T}{\vartheta x^2} + \frac{\vartheta^2 T}{\vartheta y^2} + \frac{\vartheta^2 T}{\vartheta z}\right). \tag{9.20}$$

Sonderfälle dieser Gleichung sind der Wärmefluss in einem Zylinder mit dem Radius r, bei dem die z-Richtung vernachlässigt werden kann

$$\frac{\vartheta T}{\vartheta t} = a\left(\frac{\vartheta^2 T}{\vartheta r^2} + \frac{1}{r} \cdot \frac{\vartheta T}{\vartheta r}\right) \tag{9.21}$$

und der Wärmefluss in einer Kugel mit dem Radius r

$$\frac{\vartheta T}{\vartheta t} = a\left(\frac{\vartheta^2 T}{\vartheta r^2} + \frac{2}{r} \cdot \frac{\vartheta T}{\vartheta r}\right). \tag{9.22}$$

Die Differenzen-Approximation, eine Methode zur Lösung partielle Differentialgleichungen betrachten wir im nachfolgenden Kapitel, am Beispiel einer Temperaturverteilung.

## 9.2 Temperaturverteilung

In der Thermodynamik haben wir es oft mit partiellen Dgl. zu tun. Sie besitzen eine gesuchte Funktion mit mehreren Variablen

$$y = y(x_1, x_2, \ldots, x_n). \tag{9.23}$$

und in der Gleichung treten partielle Ableitungen auf, in der Form

$$\frac{\vartheta y}{\vartheta x_i}, \quad \frac{\vartheta^2 y}{\vartheta x_i \, \vartheta x_j} \quad usw. \tag{9.24}$$

### 9.2.1 Differenzen-Approximation

Eine Methode um deren Lösung numerisch zu bestimmen ist die Differenzen-Approximation. Dazu überzieht man die x, y-Ebene mit einem zweidimensionalen Gitter der Maschenweite h (Bild 9-5).

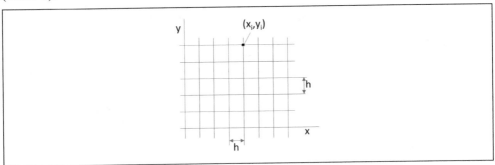

*Bild 9-5. Bestimmungsgitter*

Die Gitterpunkte bestimmen sich durch

$$x_i = x_0 + i \cdot h, \quad y_i = y_0 + i \cdot h. \tag{9.25}$$

Nachfolgend verwenden wir die Abkürzung

$$u_{ij} = u(x_i, y_j). \tag{9.26}$$

Ähnlich wie zuvor werden auch hier partielle Ableitungen ersten und höheren Grades durch Differenzenquotienten approximiert (diskretisiert).

So ergibt sich

$$\frac{\vartheta u}{\vartheta x}(x_i, y_j) = \frac{u_{i+1,j} - u_{i-1,j}}{2h} + O(h^2) \tag{9.27}$$

und

$$\frac{\vartheta u}{\vartheta y}(x_i, y_j) = \frac{u_{i,j+1} - u_{i,j-1}}{2h} + O(h^2). \tag{9.28}$$

Ein in physikalischen Problemen häufig auftretender Differentialoperator ist der Laplace-Operator $\Delta$,

$$\Delta := \frac{\vartheta^2 u}{\vartheta x^2} + \frac{\vartheta^2 u}{\vartheta y^2} \qquad (9.29)$$

mit der Differenzenapproximation

$$\Delta u(x_i, y_j) \approx \frac{u_{i+1,j} - 2u_{i,j} + u_{i-1,j}}{h^2} + \frac{u_{i,j+1} - 2u_{i,j} + u_{i,j-1}}{h^2}. \qquad (9.30)$$

Symbolisch lässt sich der Berechnungsoperator durch ein Schema darstellen (Bild 9-6).

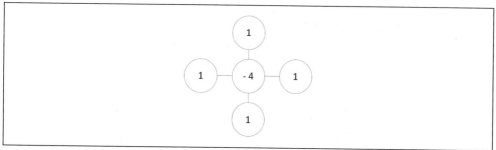

*Bild 9-6. Schema der Differenzenapproximation*

Die Arbeitsweise des Differenzenverfahrens soll nun an einem einfachen Beispiel demonstriert werden.

## 9.2.2 Temperaturen in einem Kanal

Als Beispiel wird die Temperaturverteilung in einem rechteckigen Kanal betrachtet. An der Kanalwand werden unterschiedliche Temperaturen gemessen (Bild 9-7). Es sollen die Temperaturen an den Gitternetzpunkten bestimmt werden.

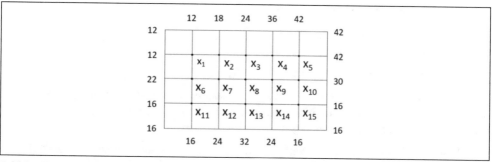

*Bild 9-7. Temperaturverteilung*

Die Temperaturverteilung beschreiben wir durch eine Laplace-Gleichung. Das Schema des Laplace-Operators (Bild 9-8) zeigt, dass jeder Punkt zu einem Viertel in die Gleichung eingeht und da wir nicht umständlich mit Brüchen arbeiten wollen, multiplizieren wir die Gleichungen mit 4 und erhalten das nachfolgende lineare Gleichungssystem mit den 15 Unbekannten.

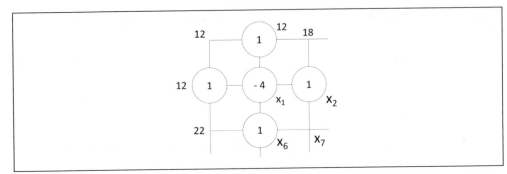

*Bild 9-8. Der Laplace-Operator angewandt auf den Knoten $x_1$*

Für alle Knoten ergeben sich nach dem Schema Knoten-Nr.: Gleichung:

$$x_1 : 4\,x_1 - x_2 - x_6 = 24$$
$$x_2 : -x_1 + 4\,x_2 - x_3 - x_7 = 18$$
$$x_3 : -x_2 + 4\,x_3 - x_4 - x_8 = 24$$
$$x_4 : -x_3 + 4\,x_4 - x_5 - x_9 = 36$$
$$x_5 : -x_4 + 4\,x_5 - x_{10} = 84$$
$$x_6 : -x_1 + 4\,x_6 - x_7 - x_{11} = 22$$
$$x_7 : -x_2 - x_6 + 4\,x_7 - x_8 - x_{12} = 0$$
$$x_8 : -x_3 - x_7 + 4\,x_8 - x_9 - x_{13} = 0 \qquad\qquad (9.31)$$
$$x_9 : -x_4 - x_8 + 4\,x_9 - x_{10} - x_{14} = 0$$
$$x_{10} : -x_5 - x_9 + 4\,x_{10} - x_{15} = 30$$
$$x_{11} : -x_6 + 4\,x_{11} - x_{12} = 34$$
$$x_{12} : -x_7 - x_{11} + 4\,x_{12} - x_{13} = 24$$
$$x_{13} : -x_8 - x_{12} + 4\,x_{13} - x_{14} = 32$$
$$x_{14} : -x_9 - x_{13} + 4\,x_{14} - x_{15} = 24$$
$$x_{15} : -x_{10} - x_{14} + 4\,x_{15} = 32$$

Die Koeffizienten der Matrix A und des Vektors b werden auf ein Arbeitsblatt in Excel übertragen (Bild 9-9). Um die Matrix zu füllen werden die Knotenanteile, die nicht zur Gleichung gehören, mit null eingetragen.

Die Matrizenmultiplikation der Inversen $A^{-1}$ von der Matrix A (gelb) mit dem Vektor b (blau) liefert den Lösungsvektor x (grün). Mit Vergabe der Bereichsnamen *Matrix*, *Vektor* und *Lösung* wird deren Position auf dem Arbeitsblatt unerheblich und sie müssen nicht unbedingt wie dargestellt angeordnet sein. Lediglich die Dimensionen müssen stimmen.

🗁 7-06-09-02_TemperaturVerteilung.xlsm

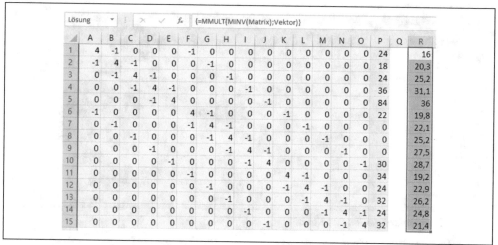

*Bild 9-9. Lösung des linearen Gleichungssystems durch Matrizenmultiplikation*

Die einfache Prozedur in Codeliste 9-2

*Codeliste 9-2. Lösung eines linearen Gleichungssystems*

```
Sub LösungLG()
    Range("Lösung").Select
    Selection.FormulaArray = "=MMULT(MINVERSE(Matrix),Vektor)"
End Sub
```

stellt das Ergebnis in den Bereich *Lösung*. Unterteilen wir den Lösungsvektor in drei Teilvektoren mit den Namen *Lösungi* (i = 1, 2, 3) zu je 5 Werten, dann können wir diese transformiert auf ein anderes Arbeitsblatt übertragen. In diesem Arbeitsblatt (Bild 9-10) tragen wir die Randtemperaturen ein und geben den fehlenden Reihen die Namen *Reihei* (i = 1, 2, 3).

| | A | B | C | D | E | F | G |
|---|---|---|---|---|---|---|---|
| 1 | 12 | 12 | 18 | 24 | 36 | 42 | 42 |
| 2 | 12 | | | | | | 42 |
| 3 | 22 | | | | | | 30 |
| 4 | 16 | | | | | | 16 |
| 5 | 16 | 16 | 24 | 32 | 24 | 16 | 16 |

*Bild 9-10. Temperaturverteilung im Kanal*

Die Übertragung der Werte übernimmt die Prozedur *Transport* (Codeliste 9-3).

*Codeliste 9-3. Datentransport*

```
Sub Transport()
    Range("Reihe1").Select
    Selection.FormulaArray = "=TRANSPOSE(Lösung1)"
    Range("Reihe2").Select
    Selection.FormulaArray = "=TRANSPOSE(Lösung2)"
    Range("Reihe3").Select
    Selection.FormulaArray = "=TRANSPOSE(Lösung3)"
End Sub
```

Aus den so vorhandenen Daten, die den Namen *Feld* erhalten, erstellt die nachfolgende Prozedur ein Oberflächendiagramm (Bild 9-11).

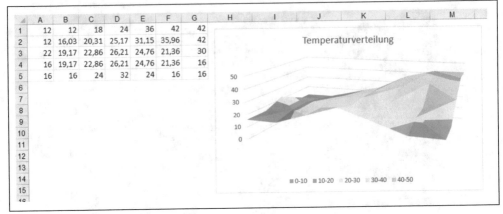

*Bild 9-11. Temperaturverteilung im Kanal*

*Codeliste 9-4. Oberflächendiagramm zur Darstellung eines Temperaturverteilung*

```
Sub Diagramm()
    DrawingObjects.Delete
    Range("Feld").Select
    ActiveSheet.Shapes.AddChart2(307, xlSurface).Select
    ActiveChart.SetSourceData Source:=Range("Feld")
    With ActiveChart
        .ChartTitle.Select
        .ChartTitle.Text = "Temperaturverteilung"
        .Axes(xlSeries).ReversePlotOrder = True
        .Axes(xlCategory).Select
        Selection.Delete
        .Axes(xlSeries).Select
        Selection.Delete
    End With
End Sub
```

# 9.3 Zustandsgleichungen

Nachfolgend wollen wir uns mit der technischen Nutzung von Gasen, Gasgemischen und Dämpfen befassen. Dazu müssen wir einige grundlegende Begriffe und Zustandsänderungen einführen.

## 9.3.1 Grundlagen

Die meisten technischen Vorgänge beruhen auf Zustandsänderungen von Gasen, Gasgemischen und Dämpfen, nachfolgend vereinfacht als Gase bezeichnet. Diese werden im jeweiligen Zustand durch die Größen absolute Temperatur T, spezifisches Volumen v, und Druck p bestimmt. Für eine Änderung von Zustand 1 nach Zustand 2 gilt die allgemeine Zustandsgleichung für Gase

$$\frac{p_1 \cdot v_1}{T_1} = \frac{p_2 \cdot v_2}{T_2} = R. \tag{9.32}$$

Darin ist R die allgemeine Gaskonstante, die natürlich für Gase und Gasgemische unterschiedlich ist. Das spezifische Volumen v ist definiert als Quotient von Volumen zur Masse des Gases

$$v = \frac{V}{m} \tag{9.33}$$

Wird einem Gas Wärme zu- oder abgeführt, so steigt oder sinkt dessen Temperatur. Die Wärmemenge zur Erhöhung der Temperatur von $t_1$ auf $t_2$ für ein Gas von der Masse m berechnet sich aus

$$Q = m \cdot c(t_2 - t_1).$$ 
(9.34)

Darin ist c die spezifische Wärmekapazität des Gases. Diese physikalische Eigenschaft eines Stoffes gibt an, wie viel Wärmeenergie notwendig ist, um 1 kg eines Stoffes um 1 K zu erhöhen. Insbesondere bei Gasen hängt die Wärmekapazität auch von äußeren Bedingungen ab. So unterscheidet man die Wärmekapazität bei konstantem Druck $c_p$ und die bei konstantem Volumen $c_v$. In erster Näherung gilt

$$c_p = c_v \cdot R.$$ 
(9.35)

Der Quotient

$$\chi = \frac{c_p}{c_v}$$ 
(9.36)

wird als *Adiabatenexponent* bezeichnet. Außerdem verändert sich der Wert c mit der Temperatur T. Zur vereinfachten Berechnung benutzt man daher eine mittlere spez. Wärmekapazität $c_m$.

Technische Maschinen sind dadurch gekennzeichnet, dass sie periodisch arbeitende Volumenräume erzeugen. Verschiebt sich z. B. ein Kolben in einem Zylinder, so ändern sich allgemein p, v und T gleichzeitig. Die dabei notwendige Arbeit wird als Raumänderungsarbeit bezeichnet (Bild 9-12) und ist definiert

$$W = \int_{V_1}^{V_2} p \cdot dV$$ 
(9.37)

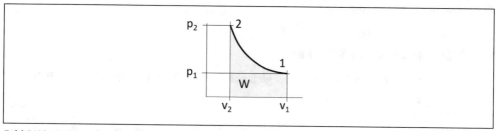

*Bild 9-12. Raumänderungsarbeit*

Die durch ein periodisches Arbeitsspiel gewonnene Energie bezeichnet man als technische Arbeit (Bild 9-13) und sie definiert sich aus

$$W_t = -\int_1^2 V \cdot dp$$ 
(9.38)

*Bild 9-13. Technische Arbeit*

## 9.3.2 Isochore Zustandsänderung

Wir betrachten eine Zustandsänderung bei gleichbleibendem Raum (Bild 9-14). Da das Volumen konstant bleibt und mithin $v_1 = v_2$ ist, gilt hier

$$\frac{p_1}{p_2} = \frac{T_1}{T_2} \qquad (9.39)$$

Folglich steigt der Druck bei Temperaturerhöhung und umgekehrt.

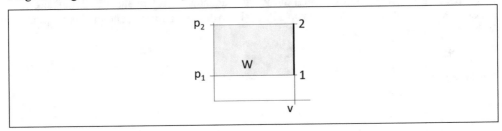

*Bild 9-14. Isochore Zustandsänderung*

Die Raumänderungsarbeit ist, da dv = 0

$$W = \int_1^2 p \cdot dv = 0. \qquad (9.40)$$

Die technische Arbeit bestimmt sich aus

$$W_t = -\int_1^2 v \cdot dp = v(p_1 - p_2). \qquad (9.41)$$

Die Wärmemenge zur Temperaturerhöhung von $T_1$ auf $T_2$ berechnet sich über die spezifische Wärmekapazität c des Gases aus

$$Q = c_{vm}(t_2 - t_1). \qquad (9.42)$$

## 9.3.3 Isobare Zustandsänderung

Wir betrachten eine Zustandsänderung bei gleichbleibendem Druck (Bild 9-15). Folglich gilt

$$\frac{v_1}{v_2} = \frac{T_1}{T_2} \qquad (9.43)$$

Folglich wird das Volumen bei Erwärmung größer und umgekehrt. Die Raumänderungsarbeit beträgt bei einer Erwärmung von $T_1$ auf $T_2$

$$W = p(v2 - v1). \qquad (9.44)$$

Hingegen ist die technische Arbeit mit dp = 0

$$W_t = -\int v \cdot dp = 0. \qquad (9.45)$$

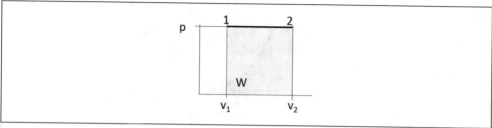

*Bild 9-15. Isobare Zustandsänderung*

Die Wärmemenge zur Temperaturerhöhung von $T_1$ auf $T_2$ berechnet sich über die spezifische Wärmekapazität $c_{pm}$ des Gases aus

$$Q = c_{pm}(t2 - t1) \tag{9.46}$$

### 9.3.4 Isotherme Zustandsänderung

Wir betrachten eine Zustandsänderung bei gleichbleibender Temperatur (Bild 9-16). Folglich gilt

$$p_1 \cdot v_1 = p_2 \cdot v_2 = p \cdot v = konstant\ t \tag{9.47}$$

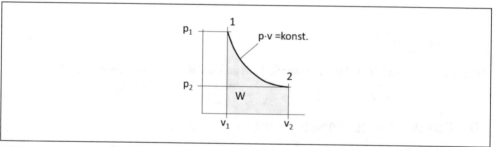

*Bild 9-16. Isotherme Zustandsänderung*

Bei gleichbleibender Temperatur verhalten sich die Volumina umgekehrt zu den Drücken. Die Raumänderungsarbeit ergibt sich durch Einsetzen von Gleichung (9.42) in Gleichung (9.32) zu

$$W = p_1 \cdot v_1 \int_1^2 \frac{dv}{v} = p_1 \cdot V_1 \cdot ln\frac{v_2}{v_1} = p_1 \cdot V_1 \cdot ln\frac{p_1}{p_2}. \tag{9.48}$$

Für die Wärmemenge folgt, da $T_1 = T_2$ ist

$$Q = W. \tag{9.49}$$

Bei isothermer Zustandsänderung entspricht die Raumänderungsarbeit der Wärmemenge.

### 9.3.5 Adiabatische Zustandsänderung

Wir betrachten eine Zustandsänderung ohne Wärmezufuhr und Wärmeentzug (Bild 9-17). Folglich entstammt die gesamte zu verrichtende Raumänderungsarbeit der inneren Energie des Gases.

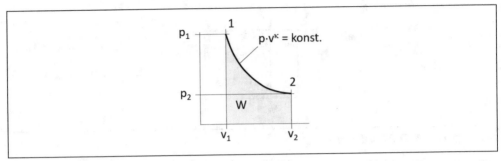

*Bild 9-17. Adiabatische Zustandsänderung*

Die Adiabate verläuft steiler als die Isotherme und hier gilt die Gesetzmäßigkeit

$$p_1 \cdot v_1^{\chi} = p_2 \cdot v_2^{\chi}. \tag{9.50}$$

Darin ist $\chi$ das Verhältnis der spezifischen Wärmekapazitäten

$$\chi = \frac{c_p}{c_v}. \tag{9.51}$$

Nach der allgemeinen Zustandsgleichung (9.32) gilt außerdem

$$\frac{v_2}{v_1} = \left(\frac{T_1}{T_2}\right)^{\frac{1}{\chi-1}} \tag{9.52}$$

und

$$\frac{p_1}{p_2} = \left(\frac{T_1}{T_2}\right)^{\frac{\chi}{\chi-1}}. \tag{9.53}$$

Die Raumänderungsarbeit erfolgt ausschließlich zu Lasten der inneren Energie und ist

$$W = \frac{1}{\chi-1}(p_1 \cdot V_1 - p_2 \cdot V_2). \tag{9.54}$$

## 9.3.6 Berechnung von Kreisprozessen

Mit Hilfe verschiedener Zustandsänderungen, die hintereinander ausgeführt werden, soll eine Energiebilanz aufgestellt werden.

*Tabelle 9-2. Struktogramm zur Berechnung eines Kreisprozesses*

| Eingabe der Grunddaten |
| --- |
| Masse m, Gaskonstante R, Adiabaten Exponent $\chi$ und Schrittanzahl |
| Eingabe der Zustandsdaten (hintereinander soweit bekannt) |
| Nr., Art der Zustandsänderung (Is, Ad, …), p, v, T |
| Initialisierung der Energien |
| W = 0, Wt = 0, Q = 0 |

| Für alle Zustandsänderungen | |
| --- | --- |
| | $v_1 = \dfrac{R \cdot T_1}{p_1}$ |
| | |

| | | Nach Art der Zustandsänderung | Isotherme | | |
|---|---|---|---|---|---|
| | | | $T_2 = T_1$ | | |
| | | | $Q = R \cdot T_1 \cdot ln\left(\dfrac{p_1}{p_2}\right)$ | | |
| | | | $\Delta p = \dfrac{p_2 - p_1}{2}$ | | |
| | | | $p_x = p_1; v_x = v_1$ | | |
| | | | p = p1 + Δp bis p2 um Δp | $v = \dfrac{p_1 \cdot v_1}{p}$ | |
| | | | | $W = (v - v_x)\dfrac{p + p_x}{2}$ | |
| | | | | $Wt = (p - p_x)\dfrac{v + v_x}{2}$ | |
| | | | | $Q = W$ | |
| | | | | Ausgabe p, v, W, Wt, Q | |
| | | | Adiabate | | |
| | | | $\Delta p = \dfrac{p_2 - p_1}{2}$ | | |
| | | | $p_x = p_1; v_x = v_1$ | | |
| | | | p = p1 + Δp bis p2 um Δp | $v = \left(\dfrac{p_1 \cdot v_1^x}{p}\right)^{\frac{1}{x}}$ | |
| | | | | $W = (v - v_x)\dfrac{p + p_x}{2}$ | |
| | | | | $Wt = (p - p_x)\dfrac{v + v_x}{2}$ | |
| | | | | Ausgabe p, v, W, Wt, Q | |
| | | Ausgabe Gesamt W, Wt, Q | | | |

## 9.3.7 Der Carnotsche Kreisprozess

Der von Sadi Carnot (1796-1832) als idealer für die günstigste Wärmeausnutzung bezeichnete Kreisprozess, besteht aus zwei Isothermen und zwei Adiabaten (Bild 9-18). Die Wärmezufuhr erfolgt bei der isothermen Zustandsänderung von 1 nach 2 und die Wärmeabgabe bei der isothermen Zustandsänderung von 3 nach 4.

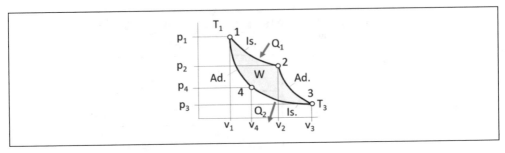

Bild 9-18. Der Kreisprozess für Gase nach Carnot

Als Anwendungsbeispiel betrachten wir folgende Daten. Mit der Luftmenge von 1 kg wird ein Carnotscher Kreisprozess durchgeführt. Im Zustand 1 ist ein Druck von 20 Pa gegeben, der im Zustand 2 auf 10 Pa sinkt. Im Zustand 3 beträgt er noch 2 Pa und im Zustand 4 wieder 4 Pa. Die Anfangstemperatur ist 1000 K. Die Gaskonstante für Luft ist 287,05 J/kg K. Der Adiabaten-Exponent beträgt 1,4. In jeweils 10 Schritten sind die Zustandsänderungen zu protokollieren.

📂 7-06-09-03_Kreisprozesse.xlsm

Auswertungsfolge Menü *Kreisprozesse*:

- Mit *Formblatt* einen neuen Tabellenaufbau starten.
- Mit *Testdaten* die Beispieldaten eintragen. Bild 9-19 zeigt das Formblatt für die Eingabe der Startwerte. Die Daten der Zustände werden hintereinander angegeben. Die Zustandsänderung (Is für Isotherme, Ad für Adiabate) wird im Programm abgefragt. Die noch fehlenden Werte der Zustände werden in der Auswertung berechnet.

| | A | B | C | D | E |
|---|---|---|---|---|---|
| 1 | Masse m [kg] | 1 | | | |
| 2 | Gaskonstante R [J/kg K] | 287,05 | | | |
| 3 | Adiabatenexponent x | 1,4 | | | |
| 4 | | | | | |
| 5 | | | | | |
| 6 | | | | | |
| 7 | Zustand Nr. | 1 | 2 | 3 | 4 |
| 8 | Zustandsänderung | Is | Ad | Is | Ad |
| 9 | p [Pa] | 20 | 10 | 2 | 4 |
| 10 | v [m³/kg] | | | | |
| 11 | T [grd K] | 1000 | | | |

*Bild 9-19. Formular mit Testdaten*

- Mit *Auswertung* die Berechnung starten.
- Mit *Diagramm* die berechneten Werte in einem Diagramm (Bild 9-20) zusammenfassen.

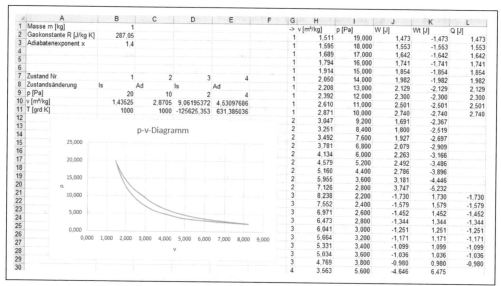

| | A | B | C | D | E | F | G | H | I | J | K | L |
|---|---|---|---|---|---|---|---|---|---|---|---|---|
| 1 | Masse m [kg] | 1 | | | | | -> | v [m³/kg] | p [Pa] | W [J] | Wt [J] | Q [J] |
| 2 | Gaskonstante R [J/kg K] | 287,05 | | | | | 1 | 1,511 | 19,000 | 1,473 | -1,473 | 1,473 |
| 3 | Adiabatenexponent x | 1,4 | | | | | 1 | 1,595 | 18,000 | 1,553 | -1,553 | 1,553 |
| 4 | | | | | | | 1 | 1,689 | 17,000 | 1,642 | -1,642 | 1,642 |
| 5 | | | | | | | 1 | 1,794 | 16,000 | 1,741 | -1,741 | 1,741 |
| 6 | | | | | | | 1 | 1,914 | 15,000 | 1,854 | -1,854 | 1,854 |
| 7 | Zustand Nr. | 1 | | 2 | 3 | 4 | 1 | 2,050 | 14,000 | 1,982 | -1,982 | 1,982 |
| 8 | Zustandsänderung | Is | Ad | Is | Ad | | 1 | 2,208 | 13,000 | 2,129 | -2,129 | 2,129 |
| 9 | p [Pa] | 20 | 10 | 2 | 4 | | 1 | 2,392 | 12,000 | 2,300 | -2,300 | 2,300 |
| 10 | v [m³/kg] | 1,43525 | 2,8705 | 9,06195372 | 4,53097686 | | 1 | 2,610 | 11,000 | 2,501 | -2,501 | 2,501 |
| 11 | T [grd K] | 1000 | 1000 | -125625,353 | 631,385036 | | 1 | 2,871 | 10,000 | 2,740 | -2,740 | 2,740 |
| 12 | | | | | | | 2 | 3,047 | 9,200 | 1,691 | -2,367 | |
| 13 | | | p-v-Diagramm | | | | 2 | 3,251 | 8,400 | 1,800 | -2,519 | |
| 14 | | | | | | | 2 | 3,492 | 7,600 | 1,927 | -2,697 | |
| 15 | | 25,000 | | | | | 2 | 3,781 | 6,800 | 2,079 | -2,909 | |
| 16 | | | | | | | 2 | 4,134 | 6,000 | 2,263 | -3,166 | |
| 17 | | 20,000 | | | | | 2 | 4,579 | 5,200 | 2,492 | -3,486 | |
| 18 | | | | | | | 2 | 5,160 | 4,400 | 2,786 | -3,896 | |
| 19 | | 15,000 | | | | | 2 | 5,955 | 3,600 | 3,181 | -4,446 | |
| 20 | | | | | | | 2 | 7,126 | 2,800 | 3,747 | -5,232 | |
| 21 | | 10,000 | | | | | 3 | 8,238 | 2,200 | -1,730 | 1,730 | -1,730 |
| 22 | | | | | | | 3 | 7,552 | 2,400 | -1,579 | 1,579 | -1,579 |
| 23 | | 5,000 | | | | | 3 | 6,971 | 2,600 | -1,452 | 1,452 | -1,452 |
| 24 | | | | | | | 3 | 6,473 | 2,800 | -1,344 | 1,344 | -1,344 |
| 25 | | 0,000 | | | | | 3 | 6,041 | 3,000 | -1,251 | 1,251 | -1,251 |
| 26 | | 0,000 1,000 2,000 3,000 4,000 5,000 6,000 7,000 8,000 9,000 | | | | | 3 | 5,664 | 3,200 | -1,171 | 1,171 | -1,171 |
| 27 | | | | | | | 3 | 5,331 | 3,400 | -1,099 | 1,099 | -1,099 |
| 28 | | | v | | | | 3 | 5,034 | 3,600 | -1,036 | 1,036 | -1,036 |
| 29 | | | | | | | 3 | 4,769 | 3,800 | -0,980 | 0,980 | -0,980 |
| 30 | | | | | | | 4 | 3,563 | 5,600 | -4,646 | 6,475 | |

*Bild 9-20. Auswertung des Beispiels Carnotscher Kreisprozesses*

## Übung 9.3 Polytrope Zustandsänderungen

In Kraft- und Arbeitsmaschinen wird man kaum isotherme noch adiabatische Zustandsänderungen erzeugen können. Diese Prozesse liegen meist zwischen diesen idealen Zustandsänderungen und folgen daher dem Gesetz

$$p \cdot v^n = konst., \tag{9.55}$$

mit einem beliebigen Zahlenwert n. Diese Art der Zustandsänderung bezeichnet man als polytrope Zustandsänderung (Bild 9-21).

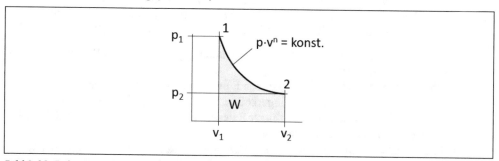

*Bild 9-21. Polytrope Zustandsänderung*

Nehmen Sie die Polytrope mit in die Berechnung auf. So wie sich im p-v-Diagramm die Energiebilanz anschaulich darstellen lässt, gibt es für die Wärmebilanz auch eine Darstellung, das T-S-Diagramm. Betrachten Sie die Definition der Entropie und leiten Sie die Formeln für ein T-S-Diagramm her. Schreiben Sie anschließend ein Programm, mit dem sich der Carnot-Kreisprozess im T-S-Diagramm darstellen lässt.

## Übung 9.4 Der Stirling-Prozess und der Philips-Motor

Im Jahre 1816, rund 70 Jahre bevor Daimler und Maybach ihre Otto-Motoren erprobten, meldete Robert Stirling, ein presbyterianischer Geistlicher aus Schottland, ein Patent für einen Heißluftmotor an. Während Otto- und Diesel-Motor eine gewaltige Entwicklung durchlebten, geriet der Stirling-Motor für lange Zeit in Vergessenheit.

Erst im Jahre 1968 griff die Firma Philips Industries in Eindhoven die Idee wieder auf und entwickelte den Motor weiter. Die Gründe für das Wiederaufgreifen war der nahezu geräuschlose Lauf, die Tatsache, dass der Motor mit beliebigen Wärmequellen betrieben werden kann, und somit auch im Weltraum funktionsfähig ist.

Das gasförmige Arbeitsmedium – meist Wasserstoff und teilweise auch Helium – durchläuft im Stirling-Prozess einen geschlossenen Kreislauf und wird zwischen den beiden Zylinderräumen A und B (Bild 9-22), von denen A auf hoher und B auf niedriger Temperatur gehalten wird, mittels Verdrängerkolben D laufend hin und her geschoben.

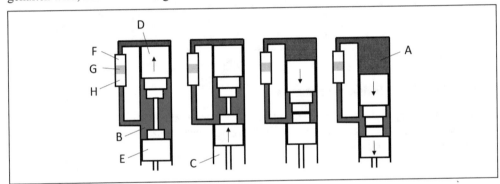

*Bild 9-22. Bewegungsablauf im Stirling-Motor*

Der Verdrängerkolben D ist mit dem Arbeitskolben E über eine spezielle Gestänge-Anordnung und ein so genanntes Rhomben-Getriebe verbunden. Es befindet sich unter dem Pufferraum C. Damit wird der Bewegungsablauf der beiden Kolben synchronisiert.

- In Phase 1 befindet sich das gesamte Gas im kalten Zylinderraum B. Beide Kolben sind in ihren Extremlagen.
- In Phase 2 bewegt sich der Arbeitskolben E nach oben und komprimiert das Gas.
- In Phase 3 bewegt sich der Verdrängerkolben D nach unten und schiebt das Gas über Kühler H, Regenerator G und Erhitzer F in den heißen Raum A. Dabei wird dem Gas durch den Erhitzer Wärme zugeführt.
- In Phase 4 ist das heiße Gas expandiert. Verdränger und Kolben sind in ihrer tiefsten Lage. Der Kolben bleibt stehen, während der Verdränger D das Gas über Erhitzer F, Regenerator G und Kühler H wieder in den kalten Raum B schiebt. Dabei gibt das Gas Wärme an den Kühler ab.

Betrachten wir nun den thermodynamischen Kreisprozess des Philips-Motors. Dabei handelt es sich um einen Kreisprozess (Bild 9-23) mit zwei Isochoren (Überschiebevorgänge) und in erster Näherung mit zwei Isothermen (Wärmeübertragung).

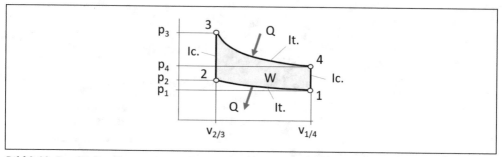

*Bild 9-23. Der Stirling-Prozess im p-v-Diagramm*

Die Wärmeübertragung erfolgt bei konstantem Volumen (Bild 9-24).

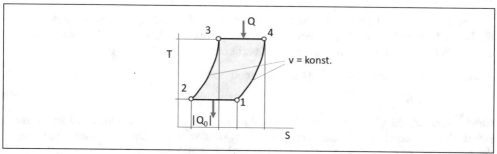

*Bild 9-24. Der Stirling-Prozess im T-S-Diagramm*

Damit sind hier die beim Überschieben umgesetzten Wärmen einander gleich und werden mit denselben Temperaturen übertragen. Für die Bestimmung des Wirkungsgrades ist deshalb nur der Wärmeumsatz während der isothermischen Expansion und Kompression zu betrachten. Es gilt

$$Q = Q_{3-4} = mRT_3 \ln\frac{V_4}{V_3} \tag{9.56}$$

$$|Q_0| = |Q_{1-2}| = mRT_1 \ln\frac{V_1}{V_2}. \tag{9.57}$$

Als Differenz ergibt sich

$$|L| = Q_{3-4} - Q_{1-2} = mR(T_3 - T_1) \ln\frac{V_4}{V_3}. \tag{9.58}$$

Daraus wiederum bestimmt sich der Wirkungsgrad zu

$$\eta = \frac{|L|}{Q_{34}} = \frac{T_3 - T_1}{T_3} = 1 - \frac{T_1}{T_3}. \tag{9.59}$$

Beweisen Sie anhand eines Beispiels die Behauptung, dass der Wirkungsgrad des Stirling-Prozesses gleich dem des Carnot-Prozesses ist.

## Übung 9.5 Zustandsänderungen zwischen Adiabaten

Betrachten Sie einen Kreisprozess der zwischen zwei Adiabaten verläuft (Bild 9-25). Für eine beliebige Zustandsänderung (Expansion) von links nach rechts, so muss in jedem Fall eine Wärmezufuhr erfolgen. Unabhängig davon, wie sich Temperaturen oder Drücke verhalten.

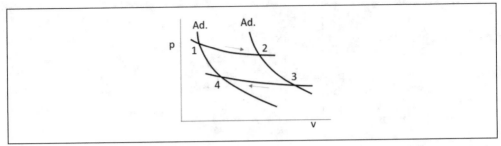

*Bild 9-25. Zustandsänderungen zwischen zwei Adiabaten*

Für eine beliebige Zustandsänderung (Kompression) von rechts nach links, muss in jedem Fall Wärme entzogen werden.

Bei der adiabatischen Expansion wird das Volumen des Gases größer. Dabei verringert sich die innere Energie des Gases und damit sinken Temperatur und Druck. Die Änderung der inneren Energie $U$ ist gleich der vom System verrichteten Arbeit $W$ $(W < 0)$.

Mit $Q = 0$ folgt aus dem 1. Hauptsatz der Thermodynamik

$$\Delta U = W. \tag{9.60}$$

Bei der adiabatischen Kompression wird das Volumen des Gases verringert. Dazu ist äußere Arbeit W erforderlich und die dabei entstehende Wärme wird vollständig in innere Energie des Gases umgewandelt. Temperatur und Druck erhöhen sich.

Aus dem 1. Hauptsatz der Thermodynamik folgt also auch

$$W = \Delta U. \tag{9.61}$$

Lassen sich für die Zustandsänderungen zwischen den Adiabaten Isobare, Isotherme, Isochore oder Polytrope verwenden? Welche Effekte treten bei Expansion und Kompression auf?

Stellen Sie außerdem eine Energiebilanz auf.

# KAPITEL 10

# Berechnungen aus der Elektrotechnik

In der Elektrotechnik wird die technische Anwendung der Elektrizität umgesetzt. So befasst sich die Elektrotechnik, unter anderem, mit der Energieerzeugung (Energietechnik) und der elektromagnetischen Informationsübertragung (Nachrichtentechnik). Die Elektrotechnik entwickelt Bauteile und Schaltungen, welche in der Steuer-, Regel-, und Messtechnik sowie in der Computertechnik ihre Anwendungen finden. Eine besondere Wechselbeziehung besteht zur Informatik. Zum einen liefert die Elektrotechnik die für die angewandte Informatik notwendigen technischen Grundlagen elektronischer Computersysteme, andererseits ermöglichen die Verfahren der Informatik erst die Funktionalität derart komplexer Systeme. Wir wollen uns in diesem Kapitel mit elementaren Themen befassen.

## 10.1 Gleichstromleitung

### 10.1.1 Widerstand

In elektrischen Leitungen (Bild 10-1), die bezüglich des Materials und Leitungsquerschnitts konstant sind, bestimmt sich der Widerstand aus der Gleichung

$$R = \frac{\rho \cdot l}{A} \tag{10.1}$$

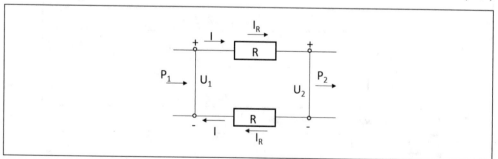

Bild 10-1. Ersatzschaltbild einer Gleichstromleitung

Darin ist $\rho$ der spezifische Widerstand des Leitmaterials in $\Omega\ mm^2/m$, $l$ die Länge des Leiters in m und $A$ der Kreisquerschnitt in $mm^2$.

© Springer Fachmedien Wiesbaden GmbH, ein Teil von Springer Nature 2023
H. Nahrstedt, *Excel + VBA für Ingenieure*,
https://doi.org/10.1007/978-3-658-41504-4_10

Sind $U_1$ und $U_2$ die Spannungen am Anfang bzw. am Ende der Leitung und fließt dabei der Strom I, so tritt an den Widerständen der Hin- und Rückleitung ein Spannungsverlust auf, der Größe I · R. Nach der Maschenregel lautet die Spannungsgleichung der Leitung

$$U_1 = U_2 + 2 \cdot I \cdot R. \tag{10.2}$$

Die Spannung am Ende der Leitung ist um den Spannungsverlust geringer als am Anfang der Leitung

$$U_V = U_1 - U_2 = 2 \cdot I \cdot R. \tag{10.3}$$

Aus der Spannungsgleichung ergibt sich durch Multiplikation mit dem Strom I die Leistungsgleichung der Gleichstromleitung

$$U_1 \cdot I = U_2 \cdot I + 2 \cdot I^2 \cdot R \tag{10.4}$$

bzw.

$$P_1 = P_2 + P_V \tag{10.5}$$

## 10.1.2 Spannungs- und Leistungsverlusten

Ein Programm soll unter Vorgabe der Daten einer Gleichstromleitung die Spannungs- und Leistungsverluste schrittweise über eine minimale bis maximale Leitungslänge berechnen.

📂 7-06-10-01_Gleichstrom.xlsm

*Tabelle 10-1. Struktogramm zur Berechnung von Spannungs- und Leistungsverlusten*

| Eingabe der minimalen und maximalen Leitungslänge, des Leitungsdurchmessers, des spezifischen Widerstands, der Spannung und der Stromstärke | | |
|---|---|---|
| $A = D^2 \dfrac{\pi}{4}$ | | |
| Für alle Längen von Lmin bis Lmax mit (Lmax-Lmin)/2 | $R = \dfrac{\rho \cdot L}{A}$ | |
| | $U_v = 2 \cdot I \cdot R$ | |
| | $P_v = 2 \cdot I^2 \cdot R$ | |
| | $P_p = \dfrac{P_v}{U \cdot I}$ | |
| | Ausgabe | |
| | L, R, $U_v$, $P_v$, $P_p$ | |

*Codeliste 10-2. Prozeduren in modGleichstrom*

```
Private Sub Formblatt()
    Dim wshTmp  As Worksheet
    Dim shpTmp  As Shape
    Set wshTmp = ThisWorkbook.Worksheets("Gleichstrom")
    With wshTmp
        .Activate
        .Cells.Clear
        For Each shpTmp In wshTmp.Shapes
            shpTmp.Delete
        Next
```

```
'Neue Beschriftung
    .Range("A1") = "Minimale Leitungslänge [m]"
    .Range("A2") = "Maximale Leitungslänge [m]"
    .Range("A3") = "Leitungsdurchmesser [mm]"
    .Range("A4") = "Spez. Widerstand [Ohm mm" + ChrW(178) + "/m]"
    .Range("A5") = "Elektr. Spannung [V]"
    .Range("A6") = "Elektr. Strom [A]"
'Ausgabetabelle
    .Range("D1") = "Leitungs-"
    .Range("F1") = "Spannungs-"
    .Range("G1") = "Leistungs"
    .Range("D2") = "Länge"
    .Range("E2") = "Widerst."
    .Range("F2") = "Verlust"
    .Range("G2") = "Verlust"
    .Range("D3") = "[m]"
    .Range("E3") = "[Ohm]"
    .Range("F3") = "[V]"
    .Range("G3") = "[W]"
    .Range("H3") = "[%]"
    .Columns("B:H").Select
    Selection.NumberFormat = "0.000"
    .Columns("A:A").EntireColumn.AutoFit
    .Range("B1").Select
  End With
  Set wshTmp = Nothing
End Sub

Private Sub Testdaten()
  Dim wshTmp  As Worksheet
  Set wshTmp = ThisWorkbook.Worksheets("Gleichstrom")
  With wshTmp
    .Cells(1, 2) = 100
    .Cells(2, 2) = 600
    .Cells(3, 2) = 6
    .Cells(4, 2) = 0.02
    .Cells(5, 2) = 1000
    .Cells(6, 2) = 8
  End With
  Set wshTmp = Nothing
End Sub

Private Sub Auswertung()
  Dim wshTmp  As Worksheet
  Dim dL1   As Double
  Dim dL2   As Double
  Dim dL    As Double
  Dim ddL   As Double
  Dim dw    As Double
  Dim dR    As Double
  Dim dD    As Double
  Dim da    As Double
  Dim dU    As Double
  Dim dI    As Double
  Dim dUv   As Double
  Dim dPv   As Double
  Dim dPp   As Double
  Dim iRow  As Integer

  Set wshTmp = ThisWorkbook.Worksheets("Gleichstrom")
  With wshTmp
    dL1 = Cell2Dez(.Cells(1, 2))
```

```vba
        dL2 = Cell2Dez(.Cells(2, 2))
        dD = Cell2Dez(.Cells(3, 2))
        dw = Cell2Dez(.Cells(4, 2))
        dU = Cell2Dez(.Cells(5, 2))
        dI = Cell2Dez(.Cells(6, 2))
        da = dD ^ 2 * 3.1415926 / 4
        ddL = (dL2 - dL1) / 10
        iRow = 3
        For dL = dL1 To dL2 Step ddL
            dR = dw * dL / da
            dUv = 2 * dI * dR
            dPv = 2 * dI ^ 2 * dR
            dPp = dPv / (dU * dI) * 100
            iRow = iRow + 1
            .Cells(iRow, 4) = dL
            .Cells(iRow, 5) = dR
            .Cells(iRow, 6) = dUv
            .Cells(iRow, 7) = dPv
            .Cells(iRow, 8) = dPp
        Next dL
    End With
    Set wshTmp = Nothing
End Sub

Private Sub VerlusteZeigen()
    Call StromverlustZeigen
    Call LeistungsverlustZeigen
End Sub

Private Sub StromverlustZeigen()
    Dim wshTmp  As Worksheet
    Dim shpTmp  As Shape
    Dim rngTmp  As Range
    Dim chrTmp  As Chart

    Set wshTmp = ThisWorkbook.Worksheets("Gleichstrom")
    With wshTmp
        .Activate
        Set rngTmp = .Range("F4:F14,D4:D14")
        Set shpTmp = .Shapes.AddChart2(240, xlXYScatterSmoothNoMarkers)
    End With
    Set chrTmp = shpTmp.Chart
    With chrTmp
        .SetSourceData Source:=rngTmp, PlotBy:=xlColumns
        .Location Where:=xlLocationAsObject, Name:="Gleichstrom"
        .HasTitle = True
        .ChartTitle.Characters.Text = "Spannungsverluste"
        .Axes(xlCategory, xlPrimary).HasTitle = True
        .Axes(xlCategory, xlPrimary).AxisTitle.Characters.Text = "L [m]"
        .Axes(xlValue, xlPrimary).HasTitle = True
        .Axes(xlValue, xlPrimary).AxisTitle.Characters.Text = "U [V]"
    End With
    Set wshTmp = Nothing
End Sub

Private Sub LeistungsverlustZeigen()
    Dim wshTmp  As Worksheet
    Dim shpTmp  As Shape
    Dim rngTmp  As Range
    Dim chrTmp  As Chart

    Set wshTmp = ThisWorkbook.Worksheets("Gleichstrom")
```

```
With wshTmp
    .Activate
    Set rngTmp = .Range("G4:G14,D4:D14")
    Set shpTmp = .Shapes.AddChart2(240, xlXYScatterSmoothNoMarkers)
End With
Set chrTmp = shpTmp.Chart
With chrTmp
    .SetSourceData Source:=rngTmp, PlotBy:=xlColumns
    .Location Where:=xlLocationAsObject, Name:="Gleichstrom"
    .HasTitle = True
    .ChartTitle.Characters.Text = "Leistungsverluste"
    .Axes(xlCategory, xlPrimary).HasTitle = True
    .Axes(xlCategory, xlPrimary).AxisTitle.Characters.Text = "L [m]"
    .Axes(xlValue, xlPrimary).HasTitle = True
    .Axes(xlValue, xlPrimary).AxisTitle.Characters.Text = "P [W]"
End With
Set wshTmp = Nothing
End Sub
```

Für die Ausgabe verwenden wir ein Arbeitsblatt *Gleichstrom*.

## 10.1.3 Anwendungsbeispiel

Durch eine Gleichstromleitung von 6 mm Durchmesser, mit einem spez. Widerstand von 0,02 Ohm mm²/m, fließt ein Strom von 8 A unter einer Spannung von 1000 V. Wie groß sind die Spannungs- und Leistungsverluste für eine Länge von 100 bis 600 m?

Die Auswertung in Bild 10-2 zeigt lineare Verläufe von Spannungs- und Leistungsverlust.

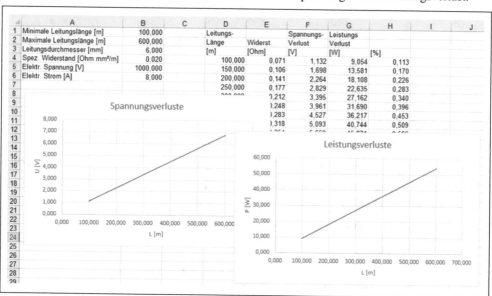

*Bild 10-2. Auswertung der Testdaten*

### Übung 10.1 Temperaturverhalten metallischer Widerstände

Der elektrische Widerstand aller Materialien ist mehr oder weniger stark von seiner Temperatur abhängig. Bei den meisten metallischen Leitern steigt der Widerstand mit zunehmender Temperatur parabelförmig an. Schreiben Sie ein Programm für unterschiedliche Materialien oder ergänzen Sie die Sammlung der Werkstoffe im Kapitel Festigkeit.

## 10.2 Rechnen mit komplexen Zahlen

### 10.2.1 Die komplexe Zahl

Die komplexen Zahlen sind definiert als

$$C = \{z = a + bi, \quad a, b \in R, i = \sqrt{-1}\} \tag{10.6}$$

Sie bestehen aus einem Realteil a und einem Imaginärteil b. a und b (a, b∈R) sind reelle Zahlen. Komplexe Zahlen mit dem Imaginärteil b = 0, sind reelle Zahlen. Komplexe Zahlen lassen sich nicht auf dem Zahlenstrahl darstellen, da es keinen Punkt $\sqrt{-1}$ gibt. Durch Einführung einer imaginären Zahlengeraden zusammen mit einer reellen Zahlengeraden ist eine grafische Darstellung möglich (Bild 10-3). Die von der reellen und imaginären Zahlengeraden aufgespannte Ebene wird als Gaußsche Zahlenebene bezeichnet.

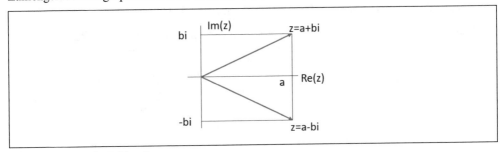

*Bild 10-3. Gaußsche Zahlenebene*

Für das Rechnen mit komplexen Zahlen gibt es einfache Regeln. Die Addition lautet

$$z_1 + z_2 = a_1 + b_1i + a_2 + b_2i = a_1 + a_2 + (b_1 + b_2)i. \tag{10.7}$$

Wie bei den reellen Zahlen gelten auch hier die Kommutativ- und Assoziativ-Gesetze. Die Subtraktion lässt sich bereits vermuten

$$z_1 - z_2 = a_1 + b_1i - a_2 - b_2i = a_1 - a_2 + i(b_1 - b_2). \tag{10.8}$$

Die Multiplikation hat die Form

$$z_1 \cdot z_2 = (a_1 + b_1i) \cdot (a_2 + b_2i) = (a_1a_2 - b_1b_2) + i(a_1b_2 + a_2b_1). \tag{10.9}$$

Ebenso folgt für die *Division*

$$\frac{z_1}{z_2} = \frac{a_1 + b_1i}{a_2 + b_2i} = \frac{a_1a_2 + b_1b_2 + i(a_2b_1 - a_1b_2)}{a_2^2 + b_2^2}. \tag{10.10}$$

🗁 7-06-10-02_KomplexeZahlen.xlsm

## 10.2.2 Rechner für komplexe Zahlen

Es ist ein Rechner für die vier Grundrechenarten komplexer Zahlen zu erstellen. Der erste Schritt dazu ist ein Struktogramm.

*Tabelle 10-2. Struktogramm für ein Rechnen mit komplexen Zahlen*

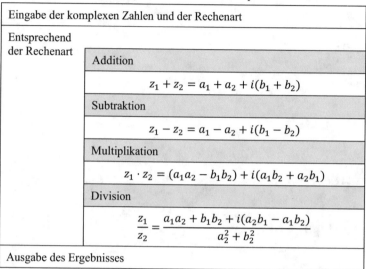

| Eingabe der komplexen Zahlen und der Rechenart | | |
|---|---|---|
| Entsprechend der Rechenart | Addition | |
| | $z_1 + z_2 = a_1 + a_2 + i(b_1 + b_2)$ | |
| | Subtraktion | |
| | $z_1 - z_2 = a_1 - a_2 + i(b_1 - b_2)$ | |
| | Multiplikation | |
| | $z_1 \cdot z_2 = (a_1 a_2 - b_1 b_2) + i(a_1 b_2 + a_2 b_1)$ | |
| | Division | |
| | $\dfrac{z_1}{z_2} = \dfrac{a_1 a_2 + b_1 b_2 + i(a_2 b_1 - a_1 b_2)}{a_2^2 + b_2^2}$ | |
| Ausgabe des Ergebnisses | | |

Damit das Formular aufgerufen werden kann, denn ein Arbeitsblatt wollen wir diesmal nicht benutzen, erstellen wir den Aufruf in *Diese Arbeitsmappe*.

Das Formular ist entsprechend der Darstellung in Bild 10-4 zu erstellen und dann sind die nachfolgenden Prozeduren zu installieren.

*Codeliste 10-3. Aufrufprozedur in DieseArbeitsmappe*

```
Sub Rechner_Komplexe_Zahlen()
    Load frmComCal
    frmComCal.Show
End Sub
```

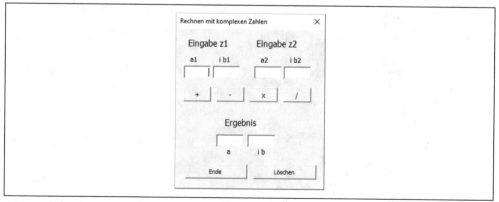

*Bild 10-4. Formular für das Rechnen mit komplexen Zahlen*

*Codeliste 10-4. Prozeduren in frmComCal*

```
Dim da     As Double
Dim da1    As Double
Dim da2    As Double
Dim db     As Double
Dim db1    As Double
Dim db2    As Double

Private Sub Einlesen()
    da1 = Cell2Dez(tbxA1)
    db1 = Cell2Dez(tbxB1)
    da2 = Cell2Dez(tbxA2)
    db2 = Cell2Dez(tbxB2)
End Sub

Private Sub Ausgeben()
    tbxA = Str(da)
    tbxB = Str(db)
End Sub

Private Sub cmdEnde_Click()
    Unload Me
End Sub

Private Sub cmdDelete_Click()
    tbxA1 = ""
    tbxB1 = ""
    tbxA2 = ""
    tbxB2 = ""
    tbxA = ""
    tbxB = ""
End Sub

Private Sub cmdDiv_Click()
    Call Einlesen
    da = da1 + da2
    db = db1 + db2
    Call Ausgeben
End Sub

Private Sub cmdMal_Click()
    Call Einlesen
    da = da1 * da2 - db1 * db2
    db = da1 * db2 + da2 * db1
    Call Ausgeben
End Sub

Private Sub cmdMinus_Click()
    Call Einlesen
    a = a1 - a2
    b = b1 - b2
    Call Ausgeben
End Sub

Private Sub cmdPlus_Click()
    Call Einlesen
    a = a1 + a2
    b = b1 + b2
    Call Ausgeben
End Sub
```

## 10.2.3 Testrechnung

In Bild 10-5 ist eine Multiplikation zweier komplexer Zahlen im Formular mit ihrem Ergebnis dargestellt. Komplexe Zahlen in der Elektrotechnik sind deshalb so beliebt, weil sich große Vorteile bei der Berechnung von Wechselstromgrößen ergeben.

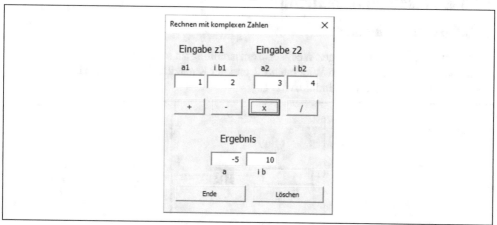

*Bild 10-5. Testrechnung mit komplexen Zahlen*

### Übung 10.2 Trigonometrische Form einer komplexen Zahl

Neben der Darstellung der komplexen Zahlen in algebraischer Form, gibt es noch die Darstellung in trigonometrischer Form (Bild 10-6).

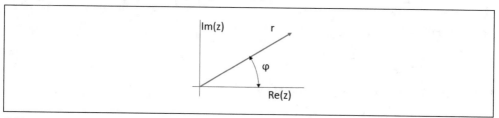

*Bild 10-6. Trigonometrische Form einer komplexen Zahl*

In der Gaußschen Zahlenebene wird die komplexe Zahl z durch einen Zeiger der Länge r und seinen Richtungswinkel φ eindeutig beschrieben

$$z = r(cos\,\phi + i\,sin\,\phi).$$ (10.11)

Ergänzen Sie den Rechner für komplexe Zahlen um die Umrechnung zwischen algebraischer und trigonometrischer Darstellung.

### Übung 10.3 Potenzieren und Radizieren komplexer Zahlen

Erweitern Sie den Rechner für das Rechnen mit komplexen Zahlen um die Rechenarten Potenzieren und Radizieren. Potenzieren:

$$z^n = \left(r \cdot e^{i\phi}\right)^n = r^n \cdot e^{in\phi} = r^n(cos(\,n\phi) + i \cdot sin(\,n\phi))$$ (10.12)

Radizieren:

$$z_k = \sqrt[n]{|z|}\left(cos\frac{\phi+k\cdot 2\pi}{n} + i \cdot sin\frac{\phi+k\cdot 2\pi}{n}\right), k = 0,\dots,n-1 \tag{10.13}$$

# 10.3 Wechselstromschaltung

## 10.3.1 Gesamtwiderstand

Im Bild 10-7 ist das Schema einer Wechselstromschaltung zu sehen. Die Schaltung setzt sich zusammen aus einem ohmschen Widerstand R und der Kapazität C in Reihenschaltung, sowie einer Parallelschaltung mit der Induktivität L.

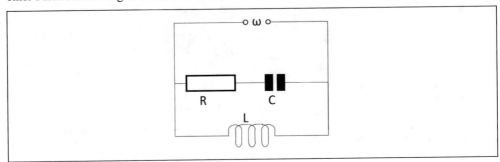

*Bild 10-7. Schema einer Wechselstromschaltung*

Es gilt den Gesamtwiderstand zu berechnen

$$\underline{Z} = R + \frac{1}{i(\omega\cdot L)}. \tag{10.14}$$

Für die Parallelschaltung folgt

$$\frac{1}{\underline{Z}} = \frac{1}{R+\frac{1}{i(\omega\cdot C)}} + \frac{1}{i(\omega\cdot C)}. \tag{10.15}$$

Durch Umstellung folgt daraus die Gleichung

$$\underline{Z} = \frac{\omega^4 C^2\frac{L^2}{R}+i\left(\omega\frac{L}{R^2}-\omega^3 C\left(\frac{L}{R}\right)^2+\omega^3 C^2 L\right)}{\omega^2 C^2+\left(\frac{1}{R}-\omega^2 C\frac{L}{R}\right)^2}. \tag{10.16}$$

Eine weitere Umstellung ergibt den Betrag von Z aus

$$|Z| = \sqrt{\frac{\left(\omega^4 C^2\frac{L^2}{R}\right)^2+\left(\omega\frac{L}{R^2}-\omega^3 C\left(\frac{L}{R}\right)^2+\omega^3 C^2 L\right)^2}{\left(\omega^2 C^2+\left(\frac{1}{R}-\omega^2 C\frac{L}{R}\right)^2\right)^2}}. \tag{10.17}$$

## 10.3.2 Bestimmung des Gesamtwiderstandes

Durch schrittweise Erhöhung von $\omega$ ist der Verlauf des Gesamtwiderstandes zu bestimmen.

🗁 7-06-10-03_Wechselstrom.xlsm

*Tabelle 10-3. Struktogramm für die Berechnung des Gesamtwiderstandes einer Wechselschaltung*

| Eingabe R, C, L |
| --- |

| von $\omega = 0$ bis $\omega = \omega_{max}$ um $\Delta\omega$ | $$\lvert Z \rvert = \sqrt{\dfrac{\left(\omega^4 C^2 \dfrac{L^2}{R}\right)^2 + \left(\omega \dfrac{L}{R^2} - \omega^3 C \left(\dfrac{L}{R}\right)^2 + \omega^3 C^2 L\right)^2}{\left(\omega^2 C^2 + \left(\dfrac{1}{R} - \omega^2 C \dfrac{L}{R}\right)^2\right)^2}}$$ |

| Ausgabe $\omega$ und $\lvert Z \rvert$ |
| --- |

## 10.3.3 Experimenteller Wechselstrom

Ein experimenteller Wechselstromkreis verfügt über einen ohmschen Widerstand von 0,8 $\Omega$, einen kapazitiven Widerstand von 0,002 F und einen induktiven Widerstand von 0,01 H. Gesucht ist der Gesamtwiderstand bei einer Wechselspannung von 0 bis 1000 1/s. Die Auswertung (Bild 10-8) ergibt ein Maximum bei ca. 220 $\text{s}^{-1}$.

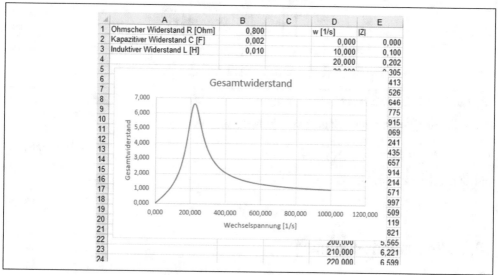

*Bild 10-8. Gesamtwiderstand Wechselstromkreis*

## Übung 10.4 RLC-Reihenschwingkreis

Eine Reihenschaltung von ohmschen, kapazitiven und induktiven Widerständen bezeichnet man als Schwingkreis (Bild 10-9).

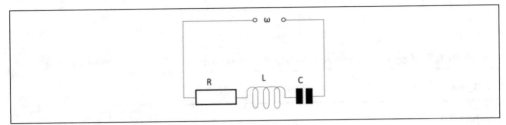

*Bild 10-9. RLC-Reihenschwingkreis*

Die Gesamtimpedanz dieses Wechselstromkreises berechnet sich nach den Kirchhoffschen Regeln durch die Addition der Impedanzen der drei Bauteile

$$\underline{Z} = R + j \cdot \omega \cdot L + \frac{1}{j \cdot \omega \cdot C} = R + j\left(\omega \cdot L - \frac{1}{\omega \cdot C}\right). \tag{10.18}$$

Untersuchen Sie diesen Wechselstromkreis in ähnlicher Form wie die zuvor behandelte Schaltung.

### Übung 10.5 RLC-Parallelschwingkreis

Entgegen dem Reihenschwingkreis sind hier Widerstand, Spule und Kondensator parallelgeschaltet (Bild 10-10).

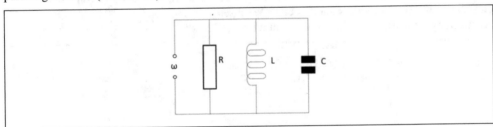

*Bild 10-10. RLC-Parallelschwingkreis*

Die Admittanz $\underline{Y}$ bestimmt sich nach der Formel

$$\underline{Y} = \frac{1}{R} + j\left(\omega \cdot C - \frac{1}{\omega \cdot L}\right) \tag{10.19}$$

und ist der Kehrwert der Impedanz $\underline{Z}$

$$\underline{Y} = \underline{Z}^{-1} = \frac{1}{\underline{Z}}. \tag{10.20}$$

# 10.4 Widerstands-Kennung

## 10.4.1 Farbcode

Der Wert eines Widerstandes lässt sich an seiner Farbkennung ablesen (Bild 10-11).

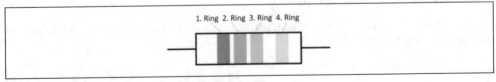

*Bild 10-11. Farbkennung eines elektrischen Widerstands*

*Tabelle 10-4. Widerstands-Farbcode*

| Farbe | 1. Ring<br>1. Ziffer | 2. Ring<br>2. Ziffer | 3. Ring<br>Zahl der Nullen | 4. Ring<br>Toleranz in % |
|---|---|---|---|---|
| Schwarz | 0 | 0 | 0 | |
| Braun | 1 | 1 | 1 | 1 |
| Rot | 2 | 2 | 2 | 2 |
| Orange | 3 | 3 | 3 | |
| Gelb | 4 | 4 | 4 | |
| Grün | 5 | 5 | 5 | 0,5 |
| Blau | 6 | 6 | 6 | |
| Violett | 7 | 7 | 7 | |
| Grau | 8 | 8 | 8 | |
| Weiß | 9 | 9 | 9 | |
| Gold | | | x 0,1 | 5 |
| Silber | | | x 0,01 | 10 |
| ohne | | | | 20 |

Es existieren Tabellen für drei bis sechs Ringe.

🗁 7-06-10-04_FarbCode.xlsm

## 10.4.2 Formular

Die Berechnung des Widerstandswertes durch Angabe eines Farbcodes soll in einem Formular erfolgen (Bild 10-12).

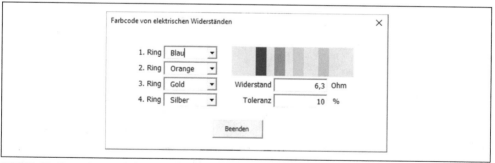

*Bild 10-12. Formular zur Widerstandsbestimmung nach dem Farbcode*

Zur Farbdarstellung der Ringe verwenden wir Labels, ebenso zwischen den Ringen. Zur Auswahl verwenden wir jeweils eine Combobox, deren Listen bereits beim Formularstart gefüllt werden.

*Codeliste 10-1. Formularstart in einem Modul*

```
Private Sub FarbCodeStart()
   Load frmFarbCode
   With frmFarbCode
      Call SelectList(.cbxRing1, 1)
      Call SelectList(.cbxRing2, 2)
      Call SelectList(.cbxRing3, 3)
      Call SelectList(.cbxRing4, 4)
   End With
   frmFarbCode.Show
End Sub

Private Sub SelectList(ByVal objListe As ComboBox, _
   iNr As Integer)
   With objListe
      Select Case iNr
      Case 1, 2
         .AddItem "Schwarz"
         .AddItem "Braun"
         .AddItem "Rot"
         .AddItem "Orange"
         .AddItem "Gelb"
         .AddItem "Grün"
         .AddItem "Blau"
         .AddItem "Violett"
         .AddItem "Grau"
         .AddItem "Weiß"
      Case 3
         .AddItem "Schwarz"
         .AddItem "Braun"
         .AddItem "Rot"
         .AddItem "Orange"
         .AddItem "Gelb"
         .AddItem "Grün"
         .AddItem "Blau"
         .AddItem "Violett"
         .AddItem "Grau"
         .AddItem "Weiß"
         .AddItem "Gold"
         .AddItem "Silber"
      Case 4
         .AddItem "Braun"
         .AddItem "Rot"
         .AddItem "Grün"
         .AddItem "Gold"
         .AddItem "Silber"
         .AddItem "ohne"
      End Select
   End With
End Sub
```

Nach dem Laden der UserForm in den Arbeitsspeicher, können deren Steuerelemente bereits verwendet werden, noch bevor mit der Methode *Show* das Formular sichtbar wird.

Formular mit Code finden Sie im Download.

## Übung 10.6 Erweiterung des Formulars

Ergänzen Sie das Formular um weitere Ring-Tabellen.

# KAPITEL 11

# Berechnungen aus der Regelungstechnik

Die Regelungstechnik befasst sich mit Signalen. Diese geben Information über die augenblicklichen Zustände betrachteter Systeme und werden von Regeleinrichtungen aufgenommen und verarbeitet. Ein Netzwerk aus gegenseitigen Signalbeziehungen bildet die Grundlage eines Wirkplans. Regeltechnische Probleme finden sich nicht nur im Ingenieurbereich, sondern auch im biologischen, soziologischen und wirtschaftlichen Bereich, eigentlich bei allen naturwissenschaftlichen Denkmodellen.

Vom grundlegenden Wirkplan her, führen der eine Weg in die mathematische Theorie und der andere in die Gerätetechnik. Daher versteht sich die Regelungstechnik auch als Verbindung von mathematischen Beschreibungen und gerätetechnischer Gestaltung.

## 11.1 Regler-Typen

### 11.1.1 Regeleinrichtungen

In der Regelungstechnik unterscheidet man unstetig und stetig wirkende Regeleinrichtungen (Bild 11-1).

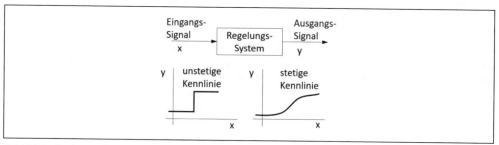

*Bild 11-1. Stetige und unstetige Kennlinien*

Wir wenden uns den unterschiedlichen Formen stetiger Regelungssysteme zu. Im Gegensatz zu unstetigen Reglern können sie jede Stellgröße im Stellbereich annehmen.

Jeder Regelvorgang ist ein geschlossener Wirkkreis, der als Regelkreis bezeichnet wird. Ein Regelkreis besteht aus der Regelstrecke (zu regelnde Anlage) und der Regeleinrichtung. Die

© Springer Fachmedien Wiesbaden GmbH, ein Teil von Springer Nature 2023
H. Nahrstedt, *Excel + VBA für Ingenieure*,
https://doi.org/10.1007/978-3-658-41504-4_11

Regeleinrichtung erfasst die Regelgröße (Temperatur, Druck, Strom, Lage, Drehzahl etc.), vergleicht sie mit dem Sollwert und erstellt ein Signal zur richtigen Beeinflussung der Regelgröße.

Bestandteil der Regeleinrichtung (Bild 11-2) ist neben dem Stellglied der Regler. Grundsätzlich unterscheidet man zwischen einer Festwertregelung und einer Folgeregelung. Der Festwertregler versucht die Regelgröße auf einen bestimmten Wert zu halten. Der Folgeregler führt die Regelgröße einem veränderlichen Sollwert nach.

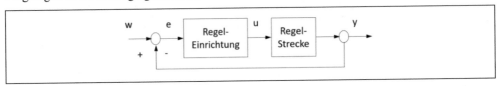

*Bild 11-2. Vereinfachtes Blockschaltbild eines Regelkreises*

Betrachten wir nun einige typische Regler-Arten.

## 11.1.2 P-Regler

Bei einem Proportional-Regler (kurz P-Regler) ist das Ausgangssignal proportional zum Eingangssignal. Folglich ist die Kennlinie dieses Reglers eine Gerade (Bild 11-3).

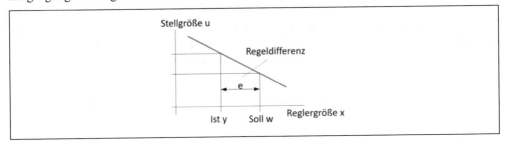

*Bild 11-3. Kennlinie eines P-Reglers*

Die Gleichung des P-Reglers lautet

$$u = K_P \cdot e, \tag{11.1}$$

mit $K_P$ als konstanten Übertragungsbeiwert. Zur Beurteilung eines Reglers betrachtet man sein Verhalten bei einer sprunghaften Änderung der Regelgröße. Eine sprunghafte Änderung der Regelgröße beim P-Regler bedeutet eine sprunghafte Änderung der Stellgröße. Die Übergangsfunktion zeigt das zeitliche Verhalten von Regel- und Stellgröße (Bild 11-4).

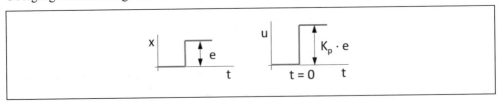

*Bild 11-4. Übergangsfunktion eines P-Reglers*

Der Regler wird vereinfacht auch durch ein Blockschaltbild mit Übergangsfunktion dargestellt (Bild 11-5).

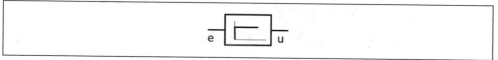

*Bild 11-5. Blockschaltbild eines P-Reglers*

## 11.1.3 I-Regler

Bei einem Integral-Regler sind Regeldifferenz und Stellgeschwindigkeit proportional. In Bild 11-6 ist die Übergangsfunktion dieses Reglertyps dargestellt.

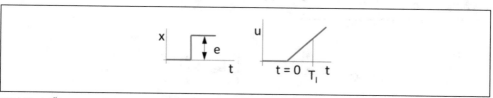

*Bild 11-6. Übergangsfunktion eines I-Reglers*

Eine Regeldifferenz e bewirkt in der Zeitdifferenz $\Delta$t eine Stellgrößenänderung $\Delta$y. Allgemein ergibt sich die Gleichung für den I-Regler somit aus

$$u = K_I \cdot \int e \cdot dt. \tag{11.2}$$

Der Integrierbeiwert $K_I$, bzw. die Integrierzeit $T_I$ sind die Kenngrößen der I-Regelung

$$T_I = \frac{1}{K_I}. \tag{11.3}$$

Der I-Regler verfügt ebenfalls über ein Blockschaltbild (Bild 11-7).

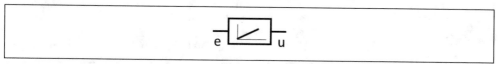

*Bild 11-7. Blockschaltbild des I-Reglers*

Die Änderung der Stellgröße erfolgt langsamer als beim P-Regler.

## 11.1.4 PI-Regler

Die Vorteile des P-Reglers (schnelle Reaktion) und die Vorteile des I-Reglers (angepasste Regelabweichung) vereinigt der PI-Regler. Er ist eine Parallelschaltung der beiden Regler mit P- und I-Anteil (Bild 11-8).

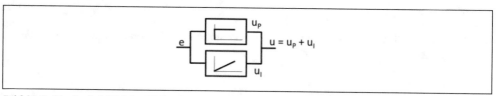

*Bild 11-8. Blockschaltbild des PI-Reglers*

Folglich ist die Gleichung für den PI-Regler

$$u = K_P \cdot e + \frac{1}{T_I} \cdot \int e \cdot dt = K_P \left( e + \frac{1}{T_N} \cdot \int e \cdot dt \right) \tag{11.4}$$

mit

$$T_N = K_P \cdot T_I \tag{11.5}$$

als so genannte Nachstellzeit. Damit ist die Zeit gemeint, die der I-Anteil benötigt, um die gleiche Stellgrößenänderung zu erzielen wie der P-Anteil. Anschaulich im Bild 11-9 wiedergegeben.

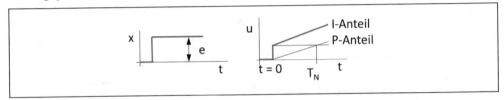

*Bild 11-9. Übergangsfunktion eines PI-Reglers*

## 11.1.5 D-Regelanteil

Zur Verfeinerung des Regelverhaltens wurde ein Regler mit differenzierend wirkendem Anteil (D-Regler) entwickelt. Dabei ist die Stellgröße y proportional zur Änderungsgeschwindigkeit der Regelabweichung e.

Dieses Verhalten zeigt anschaulich die Übergangsfunktion in Bild 11-10.

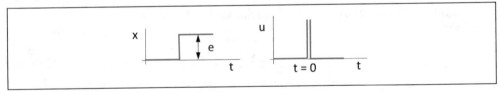

*Bild 11-10. Übergangsfunktion eines D-Anteils*

Ergibt sich in einer kleinen Zeiteinheit $\Delta t$ die Änderung der Regelabweichung $\Delta e$, so ist damit die Änderungsgeschwindigkeit der Regelabweichung

$$v = \frac{\Delta e}{\Delta t}. \tag{11.6}$$

Für die Stellgröße gilt

$$u = K_D \cdot \frac{\Delta e}{\Delta t}. \tag{11.7}$$

In der Grenzbetrachtung wird aus dem Differenzenquotient ein Differentialquotient und die Gleichung lautet

$$u = K_D \cdot \frac{de}{dt}. \tag{11.8}$$

Bei D-Regelanteilen betrachtet man neben der Übergangsfunktion auch die Anstiegsantwort (Bild 11-11). Eine D-Regelung allein ist nicht in der Lage, die Regelgröße der Führungsgröße anzugleichen. D-Anteile treten daher nur in Kombination mit P-Anteilen und I-Anteilen auf.

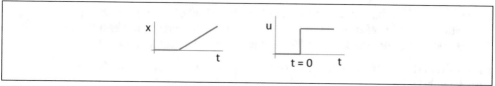

Bild 11-11. Anstiegsantwort des D-Regelanteils

## 11.1.6 PD-Regler

Eine mögliche Kombination ist der PD-Regler. Aus der Darstellung der Anstiegsantwort in Bild 11-12 wird ersichtlich, dass die Stellgröße um die Vorhaltezeit $T_V$ eher als bei reiner P-Regelung erreicht wird.

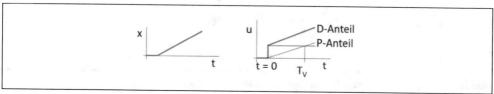

Bild 11-12. Anstiegsantwort des PD-Reglers

Die Vorhaltezeit bestimmt sich aus der Gleichung

$$T_V = \frac{K_D}{K_P}.$$
(11.9)

## 11.1.7 PID-Regler

Die Parallelschaltung des P-, I- und D-Anteils zum PID-Regler (Bild 11-13), fasst die Vorteile aller Regelanteile zusammen.

$$u = K_P \cdot e + K_I \int_0^t e \cdot dt + K_D \cdot \frac{de}{dt} = Kp \left( e + \frac{1}{T_N} \int_0^t e \cdot dt + T_V \frac{de}{dt} \right)$$
(11.10)

Die Übergangsfunktion dieses Reglers zeigt Bild 11-14.

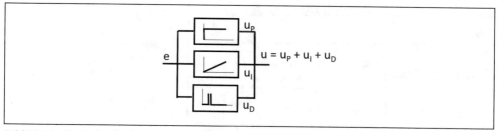

Bild 11-13. Blockschaltbild des PID-Reglers

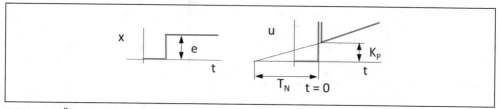

Bild 11-14. Übergangsfunktion des PID-Reglers

Bevor wir den Algorithmus entwerfen, müssen wir uns zuvor noch mit einer numerischen Integrationsmethode befassen, da der I-Anteil einen solchen erfordert. Dazu wählen wir die Trapezmethode. Dabei werden die Flächenanteile durch Trapezflächen ersetzt.

Nach Bild 11-15 ergibt sich eine Rekursionsformel, die auf bereits bekannte Größen zurückgeführt wird

$$u_n = u_{n-1} + K_I \cdot \left(\frac{e_n + e_{n-1}}{2}\right) \cdot \Delta t. \tag{11.11}$$

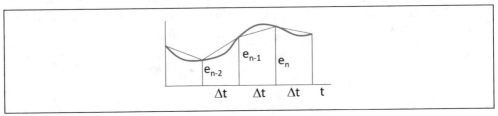

*Bild 11-15. Integration der Regelabweichung nach der Trapezmethode*

## 11.1.8 Algorithmus

Ein Programm soll unter Vorgabe der Regelabweichung über der Zeit das Verhalten der einzelnen Regler-Anteile P, I und D ermitteln, ebenso die Summierung zu einem PI-, PD- und PID-Regler.

📂 7-06-11-01_ReglerTypen.xlsm

*Tabelle 11-1. Struktogramm zur Berechnung der Regler-Anteile*

| Eingabe: | |
|---|---|
| Übertragungsbeiwert $K_P$ <br> Nachstellzeit $T_N$ <br> Vorhaltezeit $T_V$ <br> Schrittweite $\Delta t$ | |
| $u_{n-1} = 0$ | |
| Für 100 Berechnungsschritte | $u_P = -K_P \cdot e$ |
| | $u_{I,n} = u_{I,n-1} - \dfrac{e_n + e_{n-1}}{2} \cdot \dfrac{K_P}{T_N}$ |
| | $u_{I,n-1} = u_{I,n}$ |
| | $\Delta e = e_n - e_{n-1}$ |
| | $u_D = -K_P \cdot T_V \cdot \dfrac{\Delta e}{\Delta t}$ |
| | Ausgabe: $u_P$, $u_I$, $u_D$, $u_{PI}$, $u_{PD}$, $u_{PID}$, |

*Codeliste 11-1. Prozeduren im Modul modRegler*

```
Sub Formblatt()
    Dim wshTmp  As Worksheet
    Dim shpTmp  As Shape
    Set wshTmp = ThisWorkbook.Worksheets("Regler")
    With wshTmp
        .Activate
        .Cells.Clear
        For Each shpTmp In wshTmp.Shapes
            shpTmp.Delete
        Next
'Neue Beschriftung
        .Range("A1") = "Übertragungsbeiwert KP"
        .Range("A2") = "Nachstellzeit TN [s]"
        .Range("A3") = "Vorhaltezeit TV [s]"
        .Range("A4") = "Schrittweite " + ChrW(8710) + " t [s]"
'Ausgabetabelle
        .Range("D1") = "t"
        .Range("E1") = "e"
        .Range("F1") = "u-P"
        .Range("G1") = "u-I"
        .Range("H1") = "u-D"
        .Range("I1") = "u-PI"
        .Range("J1") = "u-PD"
        .Range("K1") = "u-PID"
        .Columns("B:K").Select
        Selection.NumberFormat = "0.000"
        .Columns("A:A").EntireColumn.AutoFit
        .Range("B1").Select
    End With
    Set wshTmp = Nothing
End Sub

Sub Testdaten()
    Dim wshTmp  As Worksheet
    Dim shpTmp  As Shape
    Dim iC1 As Integer, iC2 As Integer

    Set wshTmp = ThisWorkbook.Worksheets("Regler")
    With wshTmp
        .Cells(1, 2) = 0.2
        .Cells(2, 2) = 20
        .Cells(3, 2) = 15
        .Cells(4, 2) = 1
        For iC1 = 1 To 100
            .Cells(iC1 + 1, 4) = iC1
        Next iC1
        iC2 = 1
        For iC1 = 1 To 20
            iC2 = iC2 + 1
            .Cells(iC2, 5) = -10
        Next iC1
        For iC1 = 1 To 20
            iC2 = iC2 + 1
            .Cells(iC2, 5) = -(10 + iC1 * 0.2)
        Next iC1
        For iC1 = 1 To 41
            iC2 = iC2 + 1
            .Cells(iC2, 5) = 10 - (iC1 - 1) * 0.5
        Next iC1
        For iC1 = 1 To 19
```

```
            iC2 = iC2 + 1
            .Cells(iC2, 5) = 0
        Next iC1
    End With
    Set wshTmp = Nothing
End Sub

Sub Auswertung()
    Dim wshTmp  As Worksheet
    Dim dKp  As Double
    Dim de   As Double
    Dim dTN  As Double
    Dim dTV  As Double
    Dim ddt  As Double
    Dim dUp  As Double
    Dim de1  As Double
    Dim de2  As Double
    Dim dde  As Double
    Dim du1  As Double
    Dim du2  As Double
    Dim dud  As Double
    Dim iC   As Integer

    Set wshTmp = ThisWorkbook.Worksheets("Regler")
    With wshTmp
        dKp = .Cells(1, 2)
        dTN = .Cells(2, 2)
        dTV = .Cells(3, 2)
        ddt = .Cells(4, 2)

        du1 = 0
        For iC = 1 To 100
'P-Anteil
            de = .Cells(iC + 1, 5)
            dUp = -dKp * de
            .Cells(iC + 1, 6) = dUp
            If iC = 1 Then
                de1 = .Cells(iC + 1, 5)
                de2 = .Cells(iC + 1, 5)
            Else
                de1 = .Cells(iC, 5)
                de2 = .Cells(iC + 1, 5)
            End If
'I-Anteil
            du2 = du1 - (de1 + de2) / 2 * dKp / dTN
            .Cells(iC + 1, 7) = du2
            du1 = du2
'D-Anteil
            dde = de2 - de1
            dud = -dKp * dTV * dde / ddt
            .Cells(iC + 1, 8) = dud
'PI-Anteil
            .Cells(iC + 1, 9) = .Cells(iC + 1, 5) + .Cells(iC + 1, 6)
'PD-Anteil
            .Cells(iC + 1, 10) = .Cells(iC + 1, 5) + .Cells(iC + 1, 7)
'PID-Anteil
            .Cells(iC + 1, 11) = .Cells(iC + 1, 5) + .Cells(iC + 1, 6) _
                + .Cells(iC + 1, 7)
        Next iC
    End With
    Set wshTmp = Nothing
End Sub
```

```
Sub Diagramm1()
    Dim wshTmp  As Worksheet
    Dim shpTmp  As Shape
    Dim rngTmp  As Range
    Dim chrTmp  As Chart

    Set wshTmp = ThisWorkbook.Worksheets("Regler")
    With wshTmp
        .Activate
        Set rngTmp = .Range("D2:H101")
        Set shpTmp = .Shapes.AddChart2(240, xlXYScatterSmoothNoMarkers)
    End With
    Set chrTmp = shpTmp.Chart
    With chrTmp
        .SetSourceData Source:=rngTmp, PlotBy:=xlColumns
        .SeriesCollection(1).Name = "=""Regelabweichung e"""
        .SeriesCollection(2).Name = "=""P-Anteil"""
        .SeriesCollection(3).Name = "=""I-Anteil"""
        .SeriesCollection(4).Name = "=""D-Anteil"""
        .Location Where:=xlLocationAsObject, Name:="Regler"
        .HasTitle = True
        .ChartTitle.Characters.Text = "Regleranteile 1"
        .Axes(xlCategory, xlPrimary).HasTitle = True
        .Axes(xlCategory, xlPrimary).AxisTitle.Characters.Text = "Zeit [s]"
        .Axes(xlValue, xlPrimary).HasTitle = True
        .Axes(xlValue, xlPrimary).AxisTitle.Characters.Text = "Regelanteil"
        .SetElement (msoElementLegendRight)
    End With
    wshTmp.Range("B5").Select
    Set wshTmp = Nothing
End Sub

Sub Diagramm2()
    Dim wshTmp  As Worksheet
    Dim shpTmp  As Shape
    Dim rngTmp  As Range
    Dim chrTmp  As Chart

    Set wshTmp = ThisWorkbook.Worksheets("Regler")
    With wshTmp
        .Activate
        Set rngTmp = .Range("D2:E101,I2:K101")
        Set shpTmp = .Shapes.AddChart2(240, xlXYScatterSmoothNoMarkers)
    End With
    Set chrTmp = shpTmp.Chart
    With chrTmp
        .SetSourceData Source:=rngTmp, PlotBy:=xlColumns
        .SeriesCollection(1).Name = "=""Regelabweichung e"""
        .SeriesCollection(2).Name = "=""PI-Anteil"""
        .SeriesCollection(3).Name = "=""PD-Anteil"""
        .SeriesCollection(4).Name = "=""PID-Anteil"""
        .Location Where:=xlLocationAsObject, Name:="Regler"
        .HasTitle = True
        .ChartTitle.Characters.Text = "Regleranteile 2"
        .Axes(xlCategory, xlPrimary).HasTitle = True
        .Axes(xlCategory, xlPrimary).AxisTitle.Characters.Text = "Zeit [s]"
        .Axes(xlValue, xlPrimary).HasTitle = True
        .Axes(xlValue, xlPrimary).AxisTitle.Characters.Text = "Regelanteil"
        .SetElement (msoElementLegendRight)
    End With
    wshTmp.Range("B5").Select
```

```
      Set wshTmp = Nothing
End Sub
```

## 11.1.9 Regler-Kennlinien

Gesucht sind die Regler-Anteile zu einem vorgegebenen Signalverlauf nach Bild 11-16. Dabei sind die einzelnen Regler-Typen gefragt und auch die Summierung zum PI-, PD- und PID-Regler. Die erforderlichen Kenndaten zur Berechnung lauten $K_P = 0{,}2$ mm/grd C, $T_N = 20$ s, $T_V = 15$ s und $\Delta t = 1$ s.

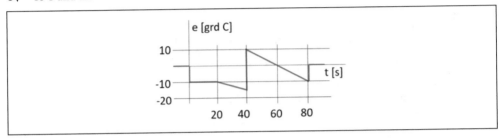

*Bild 11-16. Regelabweichung*

Die Auswertung zeigt Bild 11-17. Diagramm 1 zeigt die P-, I- und D-Regleranteile. Diagramm 2 die Anteile von PI-, PD- und PID-Regler.

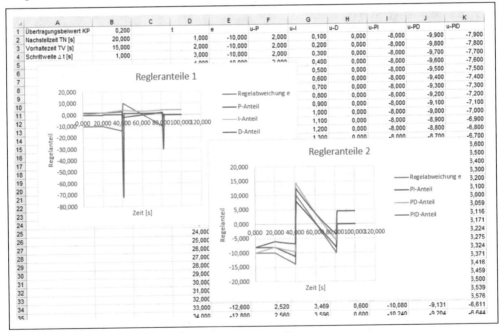

*Bild 11-17. Regler-Anteile*

## Übung 11.1 P-Anteile

Die Sprungantwort eines P-Reglers kann unterschiedlich ausfallen. Je nach Verlauf (Bild 11-18) spricht man von nullter, erster, zweiter oder höherer Ordnung.

Ein P-Regler nullter Ordnung ist zum Beispiel ein Zufluss Regler für Gasverbraucher, der einen konstanten Gasdruck erzeugen soll. Die Totzeit kommt durch den Druckaufbau oder Druckabbau zustande.

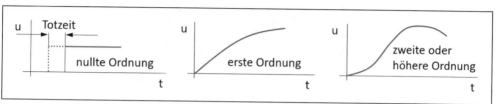

*Bild 11-18. Sprungantwort eines P-Reglers*

Ein P-Regler erster Ordnung ist zum Beispiel ein Drehzahlregler für eine Dampfturbine. Die Anpassung der Drehzahl über mehr oder weniger Dampf ergibt ein Drehzahlverhalten erster Ordnung.

Ein P-Regler zweiter Ordnung ist durch einen Heizkörper in einem Raum gegeben. Der Heißwasserregler der Heizung erzeugt eine Kennlinie zweiter Ordnung.

Die Differentialgleichung eines P-Reglers erster Ordnung lautet:

$$T_s \cdot \frac{de}{dt} + e = K_P \cdot u \tag{11.12}$$

Bei P-Reglern zweiter und höherer Ordnung lautet der Ansatz (hier 3. Ordnung):

$$a_3 \cdot \frac{d^3 e}{dt^3} + a_2 \cdot \frac{d^2 e}{dt^2} + a_1 \cdot \frac{de}{dt} + e = Kp \cdot u. \tag{11.13}$$

Erweitern Sie das Berechnungsprogramm um diese P-Anteile.

## Übung 11.2 Reale Regler

Bei den betrachteten Reglern handelt es sich um ideale Regler, die so in der Praxis selten vorkommen. So tritt beim realen PID-Regler eine Verzögerung nur des D-Anteils auf und die Gleichung für die Stellgröße lautet

$$u = Kp \left( e + \frac{1}{T_N} \int_0^t e \cdot dt + \frac{T_V}{1+T_1} \cdot \frac{de}{dt} \right) \tag{11.14}$$

mit $T_1$ als Verzögerungszeit.

# 11.2 Fuzzy-Regler

Im Jahre 1920 wurden erste Fuzzy-Systeme von Lukasiewicz vorgestellt. Erst 45 Jahre später stellte Zadeh seine Possibilitätstheorie vor. Damit war das Arbeiten mit einem formal logischen System möglich. Zwar wurde die Methode in den USA entwickelt, doch erst Ende der achtziger Jahre von der japanischen Industrie entdeckt und erfolgreich eingesetzt. Seitdem hat die Fuzzy-Regelung schrittweise verschiedene Anwendungsgebiete erobert. Sich mit der Possibilitätstheorie zu beschäftigen ist sicher eine reizvolle Aufgabe und würde garantiert den Rahmen dieses Buches sprengen.

## 11.2.1 Fuzzy-Menge

Wir wollen uns vielmehr über eine Anwendung der Methode nähern. Wenn wir eine gefühlsmäßige Einteilung eines Temperaturbereichs von eisig über kalt und warm bis heiß durchführen müssten, dann käme etwa eine Skala dabei heraus, wie sie im Bild 11-19 dargestellt ist.

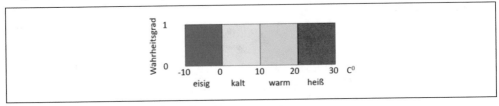

*Bild 11-19. Gefühlsmäßige Einteilung einer Raumtemperatur*

Doch lassen wir diese Einteilung von mehreren Personen durchführen, dann ergeben sich unterschiedliche Einteilungen. Bei einer hinreichend großen Personenzahl erhält man eine Einteilung wie in Bild 11-20 dargestellt.

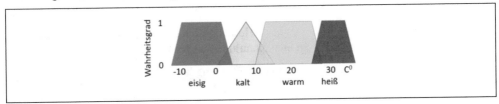

*Bild 11-20. Fuzzyfizierung einer Raumtemperatur*

In der klassischen Mengenlehre kann ein Element nur einer Menge angehören oder nicht. Die Temperatur von z. B. 12,5 Grad Celsius gehört zur Menge der warmen Temperaturen. Im Gegensatz dazu können Fuzzy-Elemente nur zu einem Teil einer Menge angehören. Diese Zugehörigkeit wird durch eine Zahl aus dem Intervall [0,1] angegeben. Null bedeutet keine Zugehörigkeit und 1 eine volle Zugehörigkeit.

Diese Mengen werden auch als Fuzzy-Sets bezeichnet und man spricht von unscharfen Mengen. Diese Einteilung, auch Fuzzyfizierung genannt, ist der erste von drei Schritten eines Fuzzy-Reglers (Bild 11-21), die dieser ständig durchläuft.

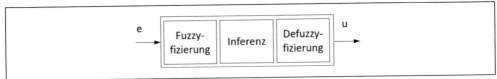

*Bild 11-21. Struktur eines Fuzzy-Reglers*

Zur Fuzzyfizierung wird für jede Regelabweichung eine Mengeneinteilung in der Form erstellt, dass jede Menge den Wahrheitsgrad von 0 bis 1 annimmt.

## 11.2.2 Regelverhalten eines Fuzzy-Reglers

Im Bild 11-22 hat die aktuelle Temperatur den Wahrheitsgrad 0,75 zur Menge der tiefen Temperaturen und den Wahrheitsgrad 0,25 zur Menge der normalen Temperaturen.

Betrachtete man nur die Temperatur, dann hätte man es mit einer einfachen P-Regelung zu tun. Die Stärke der Fuzzy-Regelung liegt aber in der Bildung von Inferenzen. Hier kommt die Beachtung der Temperaturänderung hinzu. Auch hier ergibt sich eine entsprechende Mengeneinteilung (Bild 11-23).

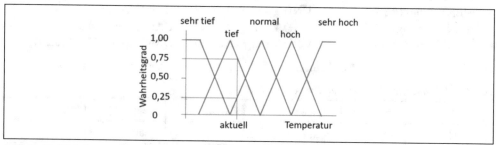

*Bild 11-22. Wahrheitsgrade zur Temperaturbeurteilung*

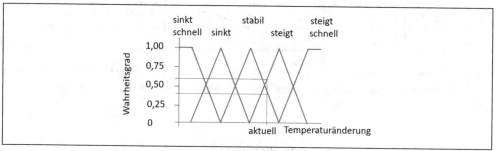

*Bild 11-23. Wahrheitsgrade zur Beurteilung der Temperaturänderung*

Die aktuelle Temperaturänderung hat nach Bild 11-23 den Wahrheitsgrad 0,6 zur Menge der steigenden Temperaturänderungen und den Wahrheitsgrad von 0,4 zur Menge der stabilen Temperaturänderungen.

In der Phase der Inferenz werden den Wahrheitsgraden der Eingangsgrößen Wahrheitswerte der Ausgangsgrößen zugeordnet. Die Ausgangsgröße ist in unserem Beispiel das Stellventil der Raumheizung (Bild 11-24).

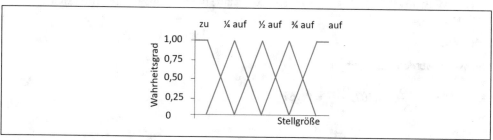

*Bild 11-24. Wahrheitsgrade zur Ventilstellung*

Bezogen auf die Beispieldaten gelten die Inferenzen für die Temperaturen (kurz T):

- WENN T sehr tief (0)      DANN Ventil auf (0)
- WENN T tief (0.75)      DANN Ventil ¾ auf (0.75)
- WENN T normal (0.25)      DANN Ventil ½ auf (0.25)
- WENN T hoch (0)      DANN Ventil ¼ auf (0)

- WENN T sehr hoch (0)          DANN Ventil zu (0)

Unter Berücksichtigung der Temperaturänderung folgt weiterhin:

- WENN T tief (0.75)          UND T stabil (0.4)          DANN Ventil ¾ auf (0.4)
- WENN T tief (0.75)          UND T steigt (0.6)          DANN Ventil ½ auf (0.6)
- WENN T normal (0.25)          UND T stabil (0.4)          DANN Ventil ½ auf (0.25)
- WENN T normal (0.25)          UND T steigt (0.6)          DANN Ventil ¼ auf (0.25)

Die Zusammenhänge lassen sich anschaulicher in einer Matrix zusammenfassen.

*Tabelle 11-2. Inferenzen-Matrix zur Temperaturregelung*

| Temperatur | sinkt schnell | sinkt | stabil (0,4) | steigt (0,6) | steigt schnell |
|---|---|---|---|---|---|
| sehr tief | auf | auf | auf | ¾ auf | ½ auf |
| tief (0,75) | auf | auf | ¾ auf (0,4) | ½ auf (0,6) | ¼ auf |
| normal (0,25) | auf | ¾ auf | ½ auf (0,25) | ¼ auf (0,25) | zu |
| hoch | ¾ auf | ½ auf | ¼ auf | zu | zu |
| sehr hoch | ½ auf | ¼ auf | zu | zu | zu |

In der letzten Phase, der Defuzzyfizierung, wird das gleiche Schema wie zur Fuzzyfizierung angewandt:

1. Schritt:

Für alle logischen Inferenzen werden die Wahrheitsgrade der Ventilstellungen aus den Wahrheitsgraden der Eingangsgrößen berechnet. Hier findet der Minimum-Operator seine Anwendung:

Min (0.75, 0.4) = 0.4, Min (0.75, 0.6) = 0.6, Min (0.25, 0.4) = 0.25 und Min (0.25, 0.6) = 0.25.

2. Schritt:

Die Resultate für gleiche Ventilstellungen werden summiert:

[¾ auf] hat den Wert 0.4, [½ auf] hat 0,85 und [¼ auf] hat 0,25. Insgesamt ergibt sich als Summe 1,5.

3. Schritt:

Die Werte werden auf 1 normiert:

$$\frac{0.4}{1.5} = 0.267, \frac{0.85}{1.5} = 0.567, \frac{0.25}{1.5} = 0.167$$

4. Schritt:

Anpassung der Flächengröße der Mengeneinteilung nach dem Wahrheitsgrad.

5. Schritt:

Bestimmung des Schwerpunktes (Bild 11-25) der resultierenden Flächenstücke. Seine Lage ist die Stellgröße des Ventils:

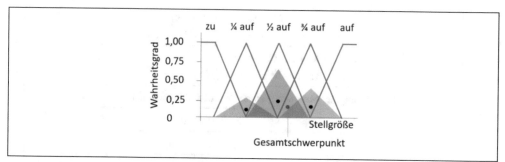

Bild 11-25. *Anpassung der Flächengrößen*

$$u = \frac{\sum_i w_i \cdot A_i \cdot s_i}{\sum_i w_i \cdot A_i} = \frac{0.167^2 \cdot 0.25 + 0.567^2 \cdot 0.5 + 0.267^2 \cdot 0.75}{0.167^2 + 0.567^2 + 0.267^2} = 0.526 \tag{11.15}$$

Darin ist $w_i$ der Wahrheitsgrad, $A_i$ der Flächeninhalt und $s_i$ der Schwerpunkt der einzelnen Flächen. Die Schwerpunktmethode ist nur eine von mehreren Methoden.

## 11.2.3 Temperaturregler

Ein Programm soll die Stellgröße des vorangegangenen Beispiels für einen Temperaturbereich von -10 bis 40 Grad Celsius um jeweils 1 Grad berechnen, wobei die Temperaturänderungen in der Schrittweite 0,25 über den gesamten Bereich berücksichtigt werden. Das entsprechende Fuzzy-Set für die Temperatur zeigt Bild 11-26.

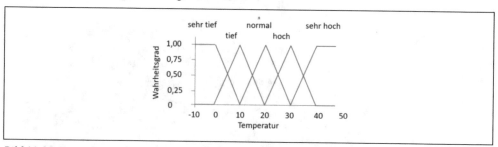

Bild 11-26. *Fuzzy-Set für die Temperatur*

Um mit Datenfeldern in den verschiedenen Prozeduren arbeiten zu können, erstellen wir neben dem Arbeitsblatt *tblFuzzy* noch ein Modul *modFuzzy*.

7-06-11-02_FuzzyRegler.xlsm

Tabelle 11-3. *Struktogramm zur Berechnung des Fuzzy-Reglers*

| Für alle Temperaturen T von -10 bis 50 Grad Celsius | | |
|---|---|---|
| Für alle | Temperaturänderungen von sinkt schnell bis steigt schnell jeweils um ¼ -Anteil verändert | |
| | Fuzzyfizierung der Temperatur $\qquad$ wT(i) = f(Temperatur-Set), i = 0, ..., 4 | |
| | Fuzzyfizierung der Temperaturänderung $\qquad$ aT(i) = f(Temperaturänderungs-Set), i = 0, ..., 4 | |
| | Eintragung der Wahrheitswerte in eine Matrix | |

| | | M(i+1,0) = wT(i), i = 0, …, 4 |
|---|---|---|
| | | M(0,i+1) = aT(i), i = 0, …, 4 |
| | | Auswertung der Matrix, Inferenzen<br>$M(i,j) = Minimum(M(i,0),M(0,j))$, i,j = 1,…,5 |
| | | Normierung der Summen gleicher Ventilstellungen auf 1 |
| | | | $v(i) = \sum M_v(j,k)$, i = 0,…,4, j,k = 1,…,5 |
| | | | s = $\sum v(i)$, i = 0, …, 4 |
| | | | $v_n(i) = v(i)/s$ |
| | | Bestimmung des Gesamtschwerpunktes und damit der Stellgröße<br>$$u = \frac{\sum_i v(i)^2 \cdot s_i}{\sum_i v(i)^2}$$ |
| | | Ausgabe der Temperatur, der Temperaturänderung und der errechneten Ventilstellung |
| | Grafische Anzeige des Kennfeldes |

Das Berechnungsbeispiel ergibt das in Bild 11-27 dargestellte Regelfeld.

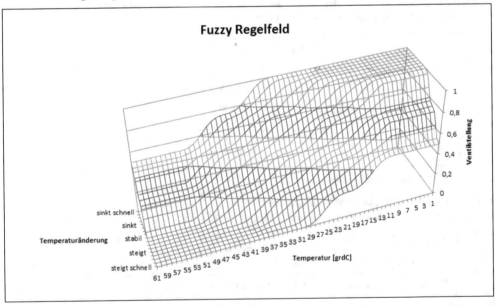

*Bild 11-27. Kennfeld zum Anwendungsbeispiel*

## Übung 11.3 Brennkammer eines Industrieofens

Erstellen Sie das Regelfeld für die Brennkammer eines Industrieofens. Zu regeln sind die Temperatur im Brennraum (Bild 11-28) und der Druck (Bild 11-29), mit dem das Brenngas ansteht. Geregelt wird dies durch die Ventilstellung (Bild 11-30).

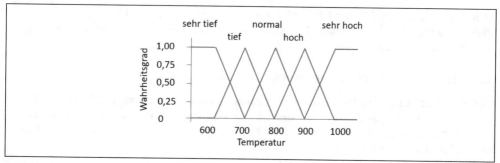

Bild 11-28. Fuzzy-Set Temperatur

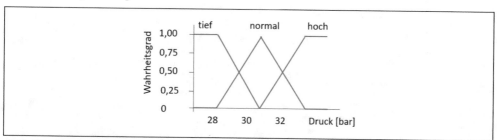

Bild 11-29. Fuzzy-Set Druck

Zu den Inferenzen sollten gehören:

| WENN Temperatur sehr hoch | ODER Druck hoch | DANN Ventil zu. |
| WENN Temperatur hoch | UND Druck normal | DANN Ventil ½ auf. |

Zu beachten ist, dass hier sowohl Oder- als auch Und-Verknüpfungen vorliegen.

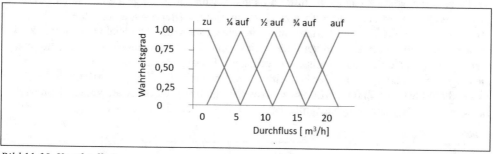

Bild 11-30. Ventilstellungen

Ergänzen Sie die fehlenden Inferenzen und erstellen Sie eine Matrix. Danach können Sie mit der Aufstellung des Algorithmus beginnen.

Weitere Anwendungsgebiete finden sich hauptsächlich in Embedded-Systemen. Unter anderem in Automatikgetrieben und Tempomaten von Autos. In der Gebäudeleittechnik zur Temperaturregelung, Jalousien-Steuerung und in Klimaanlagen. Waschmaschinen besitzen eine Fuzzy-Automatik, die eingelegte Wäsche und deren Verschmutzungsgrad erkennt, und damit Wassermenge, Energiemenge und benötigtes Waschmittel optimiert.

Es ist festzustellen, dass Fuzzy-Logik nicht mehr der Modebegriff der 1980er Jahre ist. Vielmehr dürfte sich Fuzzy ganz selbstverständlich in vielen Embedded-Systems befinden, ohne das damit geworben wird.

## Übung 11.4 Regelung einer Kranbewegung

Dieses Problem ist ein immer wieder gern genanntes Anwendungsgebiet für Fuzzy-Logik. Mithilfe eines Krans (Bild 11-31) soll eine Ladung von A nach B transportiert werden. Die Last hängt an einem Seil und pendelt, sobald sich der Kran in Bewegung setzt. Das Pendeln stört nur beim Absetzen der Last.

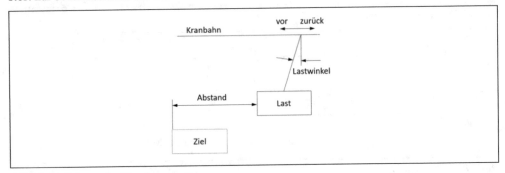

*Bild 11-31. Schema der Kranbewegung*

Ein Mensch ist mit etwas Erfahrung in der Lage, den Kran so zu steuern, dass die Last am Ziel nicht mehr pendelt. Das Problem ist auch mit der klassischen Regelungstechnik lösbar. Allerdings reicht dazu ein einfacher PID-Regler nicht aus, denn die Stabilisierungsstrategie hängt stark nichtlinear von der Position der Last zum Ziel ab. Will man dieses Erfahrungswissen mit Hilfe der Fuzzy-Logik lösen, so muss man zunächst durch Beobachtung des Prozesses gewisse Zustände identifizieren und definieren. Solange die Last noch weit vom Ziel entfernt ist, fährt der Kran mit voller Leistung. Beim Näherkommen verändert sich die Strategie. Pendelt die Last nur gering, dann wird die Geschwindigkeit leicht verringert, damit ein abruptes Abbremsen am Ziel verhindert wird. Pendelt die Last jedoch stark, so wird jetzt bereits versucht, die Pendelbewegung zu verringern. Dies wird durch langsame Bewegung in die entgegengesetzte Richtung der Pendelbewegung erreicht. Die Eingangsgrößen sind der Abstand der Last zum Ziel und der Lastwinkel. Eilt die Ladung dem Kran voraus, dann ist der Lastwinkel positiv. Die Ausgangsgröße ist die Motorleistung des Antriebs.

*Tabelle 11-4. Regeln zur Kransteuerung*

|  | Abstand | | |
|---|---|---|---|
| **Lastwinkel** | groß | klein | null |
| positiv, groß | schnell voraus | schnell voraus | langsam zurück |
| positiv, klein | schnell voraus | langsam voraus | langsam zurück |
| null | schnell voraus | langsam voraus | Stopp |
| negativ, klein | schnell voraus | langsam voraus | langsam voraus |
| negativ, groß | schnell voraus | langsam zurück | schnell voraus |

# KAPITEL 12

# Berechnungen aus der Fertigungstechnik

Die Fertigungstechnik ist ein Fachgebiet des Maschinenbaus. Sie befasst sich mit der wirtschaftlichen Herstellung und dem Einbau von Erzeugnissen. Die Grundbegriffe der Fertigungsverfahren sind in DIN 8580 zusammengefasst. Das Arbeitsfeld der Fertigungstechnik ist das Entwickeln, Weiterentwickeln und das Anwenden der Fertigungsverfahren. Zu den Hauptgruppen zählen das Urformen, Umformen, Trennen, Fügen und Beschichten. Ein weiteres Gebiet befasst sich mit der Veränderung stofflicher Eigenschaften.

## 12.1 Spanlose Formgebung

### 12.1.1 Stauchen

Das Stauchen zählt zu den Massivumformverfahren. Es dient der Herstellung von Massenteilen, wie Schrauben, Kopfbolzen, Stiften, Ventilstößeln, wie sie in Bild 12-1 dargestellt sind.

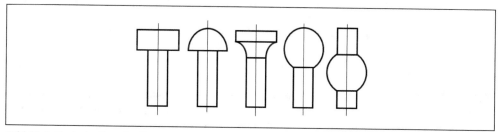

*Bild 12-1. Typische Stauchteile*

Ausgangsmaterial ist ein Rund- oder Profilmaterial. Oft wird auch von einem Drahtbund gearbeitet. Bei der Betrachtung der zulässigen Formänderung (Bild 12-2) unterscheidet man zwei Kriterien.

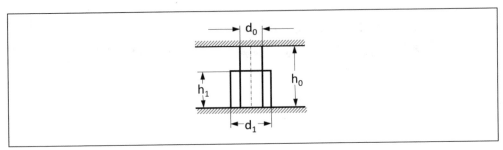

*Bild 12-2. Freies Stauchen zwischen parallelen Flächen*

Das eine Maß ist die Größe der Formänderung, auch als Formänderungsvermögen bezeichnet. Dieses drückt sich durch die Stauchung

$$\varepsilon_h = \frac{h_0 - h_1}{h_0}, \qquad (12.1)$$

aus, die oft auch als Stauchungsgrad

$$\phi_h = \ln\frac{h_1}{h_0}. \qquad (12.2)$$

berechnet wird. Ist das Material für eine Stauchung gegeben, und damit auch die zulässige Formänderung, so bestimmt sich die zulässige Höhe vor dem Stauchen durch Umstellung der Formel aus

$$h_0 = h_1 \cdot e^{\phi_h}. \qquad (12.3)$$

Das zweite Kriterium legt die Grenzen der Rohlingsabmessungen in Bezug auf die Gefahr der Knickung beim Stauchen fest. Es wird als Stauchverhältnis bezeichnet und ist der Quotient aus freier (nicht geführter) Länge zum Außendurchmesser des Rohlings

$$s = \frac{h_0}{d_0}. \qquad (12.4)$$

Als zulässiges Stauchverhältnis für einen Stauchvorgang gilt als Richtgrenzwert s ≤ 2,6. Für einen Stauchvorgang in zwei Arbeitsschritten s ≤ 4,5. Bei einem gegebenen Volumen lässt sich der Ausgangsdurchmesser aus einem bestimmten Stauchverhältnis bestimmen

$$d_0 = \sqrt[3]{\frac{4 \cdot V}{\pi \cdot s}}. \qquad (12.5)$$

Die erforderliche Stauchkraft für rotationssymmetrische Teile (und auf diese wollen wir uns hier beschränken) bestimmt sich über die Formänderungsfestigkeit des Materials $k_{f1}$ am Ende des Stauchvorgangs und dem Reibungskoeffizient $\mu$ (0,1-0,15) zwischen Material und den Stauchflächen aus

$$F_S = A_1 \cdot k_{f1} \left(1 + \frac{1}{3}\mu\frac{d_1}{h_1}\right). \qquad (12.6)$$

Die Staucharbeit bestimmt sich in erster Näherung aus einer mittleren Formänderungsfestigkeit $k_{fm}$, der Hauptformänderung $\varphi_h$ und einem Formänderungswirkungsgrad $\eta_f$, der im Bereich von 0,6 bis 0,9 liegt, durch die Formel

$$W = \frac{V \cdot k_{fm} \cdot \phi_h}{\eta_f}, \qquad (12.7)$$

oder aus einer mittleren Stauchkraft $F_m$ (Bild 12-3) und dem Verformungsweg s vereinfacht

$$W = F_m \cdot s.$$
(12.8)

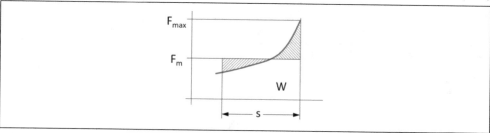

Bild 12-3. Staucharbeit

Doch wir wollen hier etwas genauer hinschauen und die sich ergebende Leistung durch eine numerische Integration bestimmen.

## 12.1.2 Bestimmung der Staucharbeit

Für den Berechnungsalgorithmus gehen wir davon aus, dass sich die Formänderungsfestigkeit linear verändert.

🗁 7-06-12-01_Stauchen.xlsm

Tabelle 12-1. Algorithmus zur Bestimmung der Staucharbeit

| Eingabe $d_0, d_1, h_1, k_{f,0}, k_{f,1}, \mu, \eta_F$ | | |
|---|---|---|
| $A_0 = \dfrac{\pi}{4} d_0^2$ | | |
| $V = \dfrac{\pi}{4} d_1^2 h_1$ | | |
| $h_0 = \dfrac{V}{A_0}$ | | |
| $s = \dfrac{h_0}{d_0}$ | | |
| $\phi_h = ln \dfrac{h_1}{h_0}$ | | |
| Ausgabe $h_0, s, \varphi_h$ | | |
| $h = h_0, \Delta h, h_1$ | | |
| | $A_h = \dfrac{V}{h}$ | |
| | $d_h = \sqrt{\dfrac{4 A_h}{\pi}}$ | |
| | $k_{f,h} = k_{f,0} + \dfrac{h_0 - h}{h_0 - h_1} \left( k_{f,1} - k_{f,0} \right)$ | |

| |
|---|
| $$F_h = \frac{V}{h} k_{f,h} \left(1 + \frac{1}{3}\mu\frac{d_h}{h}\right)$$ |
| $$W_h = W_{h-\Delta h} + F_h \cdot \Delta h$$ |
| Ausgabe $h, d_h, k_{f,h}, F_h, W_h$ |

Codeliste 12-1. Berechnung der Staucharbeit

```
Sub StFormblatt()
    Dim wshTemp      As Object
    Dim shpTemp      As Shape

    Set wshTemp = ThisWorkbook.Worksheets("Stauchen")
    With wshTemp
        .Activate
        .Cells.Clear
        For Each shpTemp In .Shapes
            shpTemp.Delete
        Next
        .Range("A1") = "d0"
        .Range("A2") = "d1"
        .Range("A3") = "h1"
        .Range("A4") = "kf0"
        .Range("A5") = "kf1"
        .Range("A6") = "u"
        .Range("A9") = "h0"
        .Range("A10") = "s"
        .Range("A11") = "ph"
        .Range("C1:C3,C9") = "mm"
        .Range("C4:C5") = "N/mm^2"
        .Range("C6,C10:C11") = "-"
        .Range("E1") = "h [mm]"
        .Range("F1") = "d [mm]"
        .Range("G1") = "kfh [N/mm^2]"
        .Range("H1") = "Fh [N]"
        .Range("I1") = "Wh [Nm]"
    End With
    Set wshTemp = Nothing
End Sub

Sub StTestdaten()
    Dim wshTemp    As Object

    Set wshTemp = ThisWorkbook.Worksheets("Stauchen")
    With wshTemp
        .Activate
        .Cells(1, 2) = 20
        .Cells(2, 2) = 30
        .Cells(3, 2) = 20
        .Cells(4, 2) = 300
        .Cells(5, 2) = 900
        .Cells(6, 2) = 0.13
    End With
    Set wshTemp = Nothing
End Sub

Sub StAuswertung()
    Dim wshTemp    As Object
    Dim d0         As Double
    Dim d1         As Double
    Dim dh0        As Double
```

```
    Dim dh1      As Double
    Dim ddh      As Double
    Dim dkf0     As Double
    Dim dkf1     As Double
    Dim dkfh     As Double
    Dim dFh      As Double
    Dim du       As Double
    Dim dA0      As Double
    Dim dV       As Double
    Dim dAh      As Double
    Dim d        As Double
    Dim ds       As Double
    Dim ph       As Double
    Dim dh       As Double
    Dim dWh      As Double
    Dim lm       As Long
    Dim lp       As Long


    lm = 50
    dWh = 0
    Const PI = 3.14159
    Set wshTemp = ThisWorkbook.Worksheets("Stauchen")
    With wshTemp
        .Activate
        d0 = .Cells(1, 2)
        d1 = .Cells(2, 2)
        dh1 = .Cells(3, 2)
        dkf0 = .Cells(4, 2)
        dkf1 = .Cells(5, 2)
        du = .Cells(6, 2)
        dA0 = PI / 4 * d0 * d0
        dV = PI / 4 * d1 * d1 * dh1
        dh0 = dV / dA0
        ds = dh0 / d0
        ph = Log(dh1 / dh0)
        .Cells(9, 2) = dh0
        .Cells(10, 2) = ds
        .Cells(11, 2) = ph
        lp = 1
        ddh = (dh0 - dh1) / lm
        For dh = dh0 To dh1 Step -ddh
            dAh = dV / dh
            d = Sqr(4 * dAh / PI)
            dkfh = dkf0 + (dh0 - dh) / (dh0 - dh1) * (dkf1 - dkf0)
            dFh = dV / dh * dkfh * (1 + 1 / 3 * du * ddh / dh)
            dWh = dWh + dFh * ddh / 1000
            lp = lp + 1
            .Cells(lp, 5) = dh
            .Cells(lp, 6) = d
            .Cells(lp, 7) = dkfh
            .Cells(lp, 8) = dFh
            .Cells(lp, 9) = dWh
        Next dh
    End With
    Set wshTemp = Nothing
End Sub
```

## 12.1.3 Stauchen eines Kopfbolzen

Der in Bild 12-4 dargestellte Kopfbolzen aus Ck35 soll gefertigt werden.

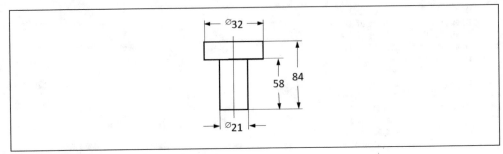

*Bild 12-4. Kopfbolzen aus Ck35*

Für den Stauchvorgang sind gegeben:

| Bezeichnung | Symbol | Wert |
|---|---|---|
| Formänderungswirkungsgrad | $\eta_f$ | 0,82 |
| Reibungskoeffizient | $\mu$ | 0,13 |
| Formänderungsfestigkeit | $K_{f,0}$ | 300 |
| Formänderungsfestigkeit | $K_{f,1}$ | 900 |

Das Ergebnis finden Sie in Bild 12-5.

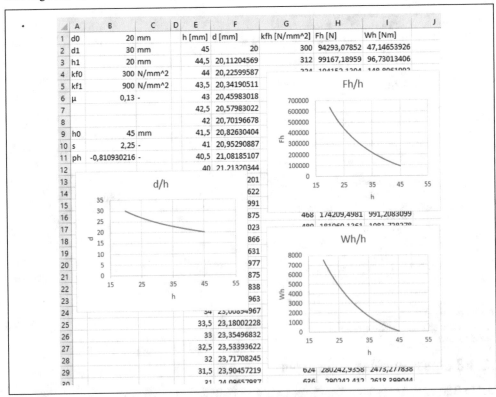

Bild 12-5. Auswertung des Beispiels Kopfbolzen

## 12.2 Spanende Formgebung

Die Berechnung von Schnittkräften, Leistungen und Zeiten haben für Werkzeugmaschinen und Maschinensysteme Allgemeingültigkeit.

### 12.2.1 Längsdrehen

Dennoch betrachten wir nachfolgend ausschließlich das Längsdrehen (Bild 12-6) und führen einige Grundbegriffe ein.

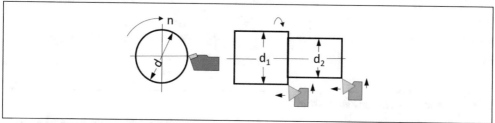

*Bild 12-6. Schnittbewegungen*

Die Formel zur Berechnung der Schnittgeschwindigkeit (z. B. Drehen, Fräsen, Bohren) lautet

$$v_c = \pi \cdot d \cdot n. \tag{12.9}$$

Daraus ist sofort ersichtlich, dass bei gleicher Drehzahl unterschiedliche Wirkdurchmesser auch unterschiedliche Schnittgeschwindigkeiten liefern. Mit dem Vorschub f und der Schnitttiefe a bestimmt sich nach Bild 12-7 der erfolgte Spanungsquerschnitt

$$A = a \cdot f = b \cdot h. \tag{12.10}$$

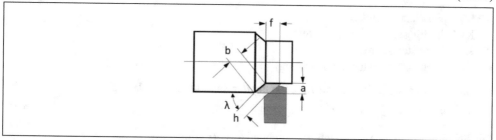

*Bild 12-7. Spangeometrie*

Spanungsdicke h und Spanungsbreite b bestimmen sich aus den Formeln

$$h = f \cdot \sin \chi \tag{12.11}$$

$$b = \frac{a}{\sin \chi} \tag{12.12}$$

Die bei der Spanung auftretende Zerspankraft F setzt sich aus den in Bild 12-8 dargestellten Komponenten zusammen.

Die Komponente Schnittkraft $F_c$ bestimmt sich aus

$$F_c = b \cdot h \cdot k_c = a \cdot f \cdot k_c. \tag{12.13}$$

und ist damit direkt proportional zur querschnittsbezogenen spezifischen Schnittkraft kc, die sich wiederum aus einer auf den Quadratmillimeter bezogenen spezifischen Schnittkraft $K_{c1}$ und der Spanungsdicke berechnet

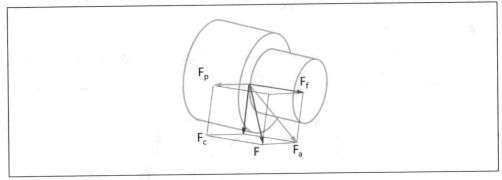

*Bild 12-8. Komponenten der Zerspankraft*

und ist damit direkt proportional zur querschnittsbezogenen spezifischen Schnittkraft kc, die sich wiederum aus einer auf den Quadratmillimeter bezogenen spezifischen Schnittkraft $K_{c1}$ und der Spanungsdicke berechnet

$$k_c = \frac{k_{c1}}{h^{mc}}.$$ (12.14)

Der Spanungsdickenexponent m bestimmt sich aus einer Tabelle. Die Berechnung der Schnittkraft ist nach (12.13) im Ansatz theoretisch richtig, die Praxis hat jedoch gezeigt, dass es verschiedene Einflussfaktoren gibt, die berücksichtigt werden müssen. Diese fasst man in den Faktoren

- $K\gamma$ Spanwinkelkorrektur
- Kv Schnittgeschwindigkeitskorrektur
- Ks Schneidstoffkorrektur
- Kz Verschleißkorrektur (zeitabhängig)

zusammen, sodass die Formel zur Berechnung der Schnittkraft nun lautet

$$F_c = b \cdot h \cdot k_c \cdot K_\gamma \cdot K_v \cdot K_s \cdot K_z$$ (12.15)

Die Schnittleistung bestimmt sich abschließend aus der Gleichung

$$P_c = \frac{v_c \cdot F_c}{1000 \cdot 60}.$$ (12.16)

Unter Berücksichtigung eines Wirkungsgrades folgt damit die Antriebsleistung

$$P_A = \frac{P_c}{\eta}.$$ (12.17)

## 12.2.2 Algorithmus

Zur Berechnung von Schnittkraft und Leistung ergibt sich nachfolgender Berechnungs-algorithmus. Eine Berechnung der Schnittkraft ist auf Grund der vielen Einflussfaktoren nur angenähert möglich. Dies ist für die praktischen Belange aber auch nicht erforderlich.

| Eingabe $v_c, f, \chi, m, k_{c1}, K_\gamma, K_v, K_s, K_z, \eta$ |
|---|
| $h = f \cdot \sin \chi$ |
| $k_c = \dfrac{k_{c1}}{h^m}$ |
| $A = b \cdot h$ |
| $F_c = b \cdot h \cdot k_c \cdot K_\gamma \cdot K_v \cdot K_s \cdot K_z$ |
| $P_c = \dfrac{v_c \cdot F_c}{1000 \cdot 60}$ |
| $P_A = \dfrac{P_c}{\eta}$ |
| Ausgabe $h, F_c, P_c, P_A$ |

## Übung 12.1 Einflussfaktoren

Die Einflussfaktoren bestimmen sich aus verschiedenen Tabellen und Annahmen. Versuchen Sie diese für ein bestimmtes Material zur Auswertung im Programm darzustellen. Wie schon im vorangegangenen Kapitel empfohlen, versuchen Sie dabei durch ein Näherungsverfahren die Auswertung zu erleichtern.

Bestimmen Sie zusätzlich die Spankraft

$$F_f = b \cdot h \cdot k_f \left(\frac{h}{h_0}\right)^{1-m_f} \cdot K_f. \tag{12.18}$$

Wobei sich der Korrekturfaktor wiederum aus mehreren Faktoren ergibt (siehe Literatur), ebenso die Passivkraft

$$F_p = b \cdot h \cdot k_p \left(\frac{h}{h_0}\right)^{1-m_p} \cdot K_p. \tag{12.19}$$

Bestimmung Sie abschließend die Aktivkraft $F_a$ als Resultierende aus Vorschub- und Schnittkraft.

# 12.3 Bauteile fügen

## 12.3.1 Grundlage

Pressverbindungen werden durch Fügen von Bauteilen mit Übermaß erreicht. Dies geschieht bei Längspresspassungen durch eine Fügekraft und bei Querpressverbindungen durch Erwärmung oder Unterkühlung eines Bauteils. Letztere bezeichnet man daher auch als Dehn- oder Schrumpfverbindung. Grundlage aller Pressverbindungen ist die Übertragung von Kräften und Momenten durch eine erhöhte Gefügeverzahnung.

Einen Algorithmus für einen Festigkeitsnachweis einer nach Bild 12-9 dargestellten Pressverbindung ergibt sich aus den üblichen Fachbüchern zur Berechnung von Maschinenelementen.

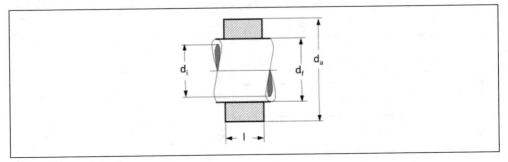

*Bild 12-9. Pressverbindung*

## 12.3.2 Spannungen und Fugenpressung

Wir interessieren uns an dieser Stelle für eine gleichmäßige Belastung des Innen- und Außenteils. Dies führt zur Frage nach dem optimalen Fugendurchmesser $d_f$ bei gegebenem Innendurchmesser $d_i$ (kann auch Null sein) und Außendurchmesser $d_a$. Auch die Passlänge l soll gegeben sein.

Wenn auch der optimale Fugendurchmesser nicht immer erzielt werden kann, so sind doch seine Lage und die Zusammenhänge zwischen Bauteilabmessungen und Festigkeitsbedingungen wichtige Erkenntnisse für die Auslegung einer solchen Verbindung. Eine weitere Restriktion ist die Voraussetzung eines ebenen Spannungszustandes. Zur Verallgemeinerung helfen uns die Durchmesserquotienten

$$q = \frac{d_i}{d_a}, \tag{12.20}$$

$$q_a = \frac{d_f}{d_a} \tag{12.21}$$

und

$$q_i = \frac{d_i}{d_f}. \tag{12.22}$$

Zwischen ihnen besteht die direkte Beziehung

$$q = q_i \cdot q_a. \tag{12.23}$$

Nach der Gestaltänderungs-Hypothese bestimmt sich die Vergleichsspannung am offenen dickwandigen Hohlzylinder für das Außenteil

$$\sigma_{v,a} = p \sqrt{3 + \frac{q_a^4}{1 - q_a^2}}. \tag{12.24}$$

und für das Innenteil

$$\sigma_{v,i} = \frac{2p}{1 - q_i^2}. \tag{12.25}$$

Bei einer Vollwelle mit qi = 0 folgt

$$\sigma_{v,i,0} = p. \tag{12.26}$$

Diese den Belastungsfall charakterisierende Vergleichsspannung darf eine durch Sicherheitsbeiwerte behaftete Spannungsgrenze nicht überschreiten. Diese Grenze wollen wir mit $\sigma_{zul}$ bezeichnen und als gegeben voraussetzen. Da in der Regel auch unterschiedliche Materialien gefügt werden, definieren wir zusätzlich die Beziehung

$$c = \frac{\sigma_{zul,i}}{\sigma_{zul,a}}. \tag{12.27}$$

Die in den Gleichungen 12.24 und 12.25 enthaltene Fugenpressung p darf diese zulässigen Grenzwerte gerade erreichen. Daraus resultiert durch Einsetzen der zulässigen Spannungswerte in die Gleichungen eine relative Fugenpressung für das Außenteil von

$$\frac{p}{\sigma_{zul,a}} = \frac{1-q_a^2}{\sqrt{3+q_a^4}} \tag{12.28}$$

und für das Innenteil

$$\frac{p}{\sigma_{zul,i}} = \frac{1}{2}(1 - q_i^2)c \tag{12.29}$$

bzw.

$$\frac{p}{\sigma_{zuk,a}} = c. \tag{12.30}$$

## 12.3.3 Belastungsoptimaler Fugendurchmesser

Trägt man nun die relative Fugenpressung für Außen- und Innenteil über dem Durchmesserquotienten auf einer logarithmisch unterteilten Abszisse auf, so erhält man ein in Bild 12-10 dargestelltes Diagramm.

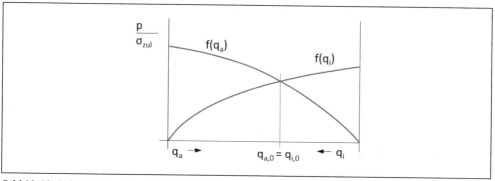

Bild 12-10. Relative Fugenpressung

Für $q_a = q_i = 1$ ist die relative Fugenpressung logischerweise Null. Sie steigt dann mit abnehmenden Durchmesserverhältnissen für das Außen- und Innenteil entgegengesetzt an. Der Schnittpunkt der beiden Kurven zeigt diejenigen Durchmesserverhältnisse an, bei denen Außen- und Innenteil in gleichem Maße belastet werden. Hier ist die größtmögliche Fugenpressung nach den vorhandenen Materialien erzielbar. Den so bestimmten Fugendurchmesser bezeichnen wir im Sinne der Belastung als optimalen Fugendurchmesser.

## 12.3.4 Numerische Lösungsmethode

Methodisch führt uns die Frage nach dem optimalen Fugendurchmesser zur Suche nach der Wurzel einer Gleichung. Eine exakte Bestimmung ist nur für algebraische Gleichungen der allgemeinen Form bis zum 4. Grade möglich. Gleichungen höheren Grades oder transzendente Gleichungen lassen sich nur mit indirekten Methoden lösen. Die numerische Mathematik bietet unter dem Begriff Nullstellenproblem einige Methoden zur näherungsweisen Bestimmung an.

Unter diesen eignet sich die Gruppe der iterativen Verfahren besonders zum Einsatz eines Digitalrechners. Dabei wird als Ausgang der Schätzwert für eine Nullstelle gegeben. Diese Schätzung muss nur für das jeweilige Verfahren hinreichend genau sein. Mithilfe einer Regel oder Vorschrift wird damit eine verbesserte Näherung gefunden. Diese ist wieder Ausgangspunkt für eine neuere Bestimmung einer noch besseren Näherung. Damit entsteht eine Folge von Näherungslösungen. Der Prozess endet, wenn zwei Näherungslösungen mit der gewünschten Genauigkeit nahe genug aneinander liegen. Sie werden praktisch als gleich angesehen und gelten als die Wurzel.

In der Praxis ist die Anwendung iterativer Methoden nicht ganz problemlos. Oft gibt es eine konvergente Näherungsfolge nur in einem Teilgebiet. Wer eine Prozedur für eine iterative Methode schreibt, sollte dies beachten. Notfalls muss eine Vorschrift im Prozess den Abbruch nach einer bestimmten Anzahl von Iterationen durchführen.

Die nachfolgend benutzte Bisektions- oder Intervallhalbierungs-Methode liefert für eine auf einem Intervall stetige und glatte Funktion eine Näherung, die mit Sicherheit bei einer Wurzel konvergiert. Vorgegeben ist ein Intervall, in dem sich eine Nullstelle befindet. Das Kriterium hierfür ist ein unterschiedliches Vorzeichen von Funktionswerten der beiden Intervallgrenzen. Dann wird das Intervall halbiert und es wird diejenige Intervallhälfte gewählt, für die das gleiche Kriterium gilt usw. Auf diese Weise nähern sich beide Intervallgrenzen langsam der Nullstelle.

Unser optimaler Fugendurchmesser bestimmt sich aus der Gleichung

$$\frac{1-q_a^2}{\sqrt{3+q_a^4}} - \frac{c}{2}\left(1 - q_i^2\right) = 0 \tag{12.31}$$

Woraus nach Gleichung 12.20

$$\frac{1-q_a^2}{\sqrt{3+q_a^4}} - \frac{c}{2}\left(1 - \left(\frac{q}{q_a}\right)^2\right) = 0 \tag{12.32}$$

wird. Für die Vollwelle folgt analog die einfachere Beziehung

$$\frac{1-q_a^2}{\sqrt{3+q_a^4}} - \frac{c}{2} = 0. \tag{12.33}$$

Abschließend bestimmen sich die übertragbaren Parameter Axialkraft und Drehmoment aus den Gleichungen

$$F_{a,0} = d_{f,0} \cdot \pi \cdot l \cdot p_0 \cdot v \tag{12.34}$$

und

$$M_{d,0} = d_{f,0}^2 \cdot \frac{\pi}{2} \cdot l \cdot p_0 \cdot v. \tag{12.35}$$

## 12.3.5 Algorithmus

Der nachfolgende Algorithmus bestimmt sowohl das Optimum als auch die Verhältnisse einer abweichenden Lösung.

📁 7-06-12-02_Fuegen.xlsm

*Tabelle 12-3. Algorithmus zur Bestimmung der Pressverbindung*

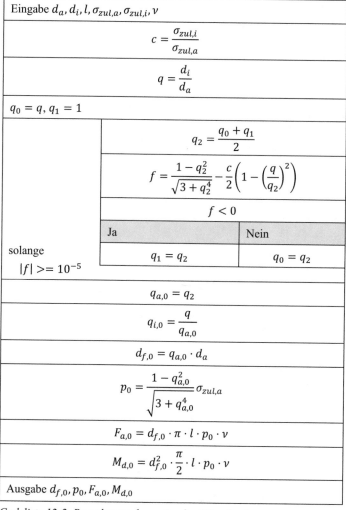

| Eingabe $d_a, d_i, l, \sigma_{zul,a}, \sigma_{zul,i}, v$ | | |
|---|---|---|
| $$c = \frac{\sigma_{zul,i}}{\sigma_{zul,a}}$$ | | |
| $$q = \frac{d_i}{d_a}$$ | | |
| $q_0 = q, q_1 = 1$ | | |
| solange $\|f\| >= 10^{-5}$ | $$q_2 = \frac{q_0 + q_1}{2}$$ | |
| | $$f = \frac{1 - q_2^2}{\sqrt{3 + q_2^4}} - \frac{c}{2}\left(1 - \left(\frac{q}{q_2}\right)^2\right)$$ | |
| | $f < 0$ | |
| | Ja | Nein |
| | $q_1 = q_2$ | $q_0 = q_2$ |
| $q_{a,0} = q_2$ | | |
| $$q_{i,0} = \frac{q}{q_{a,0}}$$ | | |
| $d_{f,0} = q_{a,0} \cdot d_a$ | | |
| $$p_0 = \frac{1 - q_{a,0}^2}{\sqrt{3 + q_{a,0}^4}} \sigma_{zul,a}$$ | | |
| $F_{a,0} = d_{f,0} \cdot \pi \cdot l \cdot p_0 \cdot v$ | | |
| $M_{d,0} = d_{f,0}^2 \cdot \frac{\pi}{2} \cdot l \cdot p_0 \cdot v$ | | |
| Ausgabe $d_{f,0}, p_0, F_{a,0}, M_{d,0}$ | | |

*Codeliste 12-2. Berechnung des optimalen Fügedurchmessers*

```
Sub FgFormblatt()
    Dim wshTemp    As Object
    Set wshTemp = ThisWorkbook.Worksheets("Fügen")
    With wshTemp
        .Activate
        .Cells.Clear
        .Range("A1") = "Äußerer Durchmesser da"
        .Range("A2") = "Innerer Durchmesser di"
        .Range("A3") = "Fügelänge l"
```

```
            .Range("A4") = "zul. Druckspannung außen Szul,a"
            .Range("A5") = "zul. Druckspannung innen Szul,i"
            .Range("A6") = "Haftbeiwert n"
            .Range("A8") = "opt. Fugendurchmesser df"
            .Range("A9") = "vorhandene Fugenpressung"
            .Range("A10") = "übertragbare Axialkraft"
            .Range("A11") = "übertragbares Drehmoment"
            .Range("C1:C3,C8") = "mm"
            .Range("C4,C5,C9") = "N/mm^2"
            .Range("C6") = "-"
            .Range("C10") = "kN"
            .Range("C11") = "kNm"
        End With
        Set wshTemp = Nothing
End Sub

Sub FgTestdaten()
    Dim wshTemp    As Object
    Set wshTemp = ThisWorkbook.Worksheets("Fügen")
    With wshTemp
        .Cells(1, 2) = 200
        .Cells(2, 2) = 80
        .Cells(3, 2) = 220
        .Cells(4, 2) = 630
        .Cells(5, 2) = 480
        .Cells(6, 2) = 0.2
    End With
    Set wshTemp = Nothing
End Sub

Sub FgAuswertung()
    Dim wshTemp    As Object
    Dim da    As Double
    Dim di    As Double
    Dim dLf   As Double
    Dim dSa   As Double
    Dim dSi   As Double
    Dim dNy   As Double
    Dim dq    As Double
    Dim dq0   As Double
    Dim dq1   As Double
    Dim dq2   As Double
    Dim df    As Double
    Dim dA0   As Double
    Dim di0   As Double
    Dim dqa0  As Double
    Dim dqi0  As Double
    Dim ddf   As Double
    Dim dp0    As Double
    Dim dF0   As Double
    Dim dMd0  As Double
    Dim dc    As Double

    Const PI = 3.14159
    Const e = 0.00001
    Set wshTemp = ThisWorkbook.Worksheets("Fügen")
    With wshTemp
        da = .Cells(1, 2)
        di = .Cells(2, 2)
        dLf = .Cells(3, 2)
        dSa = .Cells(4, 2)
        dSi = .Cells(5, 2)
```

```
        dNy = .Cells(6, 2)
        dc = dSi / dSa
        dq = di / da
        dq0 = dq
    .   dq1 = 1
        Do
            dq2 = (dq0 + dq1) / 2
            df = (1 - dq2 ^ 2) / Sqr(3 + dq2 ^ 4) - dc / _
                2 * (1 - (dq / dq2) ^ 2)
            If df < e Then
                dq1 = dq2
            Else
                dq0 = dq2
            End If
        Loop While Abs(df) >= e
        dqa0 = dq1
        dqi0 = dq / dqa0
        ddf = dqa0 * da
        dp0 = (1 - dqa0 ^ 2) / Sqr(3 + dqa0 ^ 4) * dSa
        dF0 = ddf * PI * dLf * dp0 * dNy
        dMd0 = PI / 2 * ddf ^ 2 * dLf * dp0 * dNy
        .Cells(8, 2) = ddf
        .Cells(9, 2) = dp0
        .Cells(10, 2) = dF0 / 1000
        .Cells(11, 2) = dMd0 / 1000000
    End With
    Set wshTemp = Nothing
End Sub
```

## 12.3.6 Anwendungsbeispiel

Die vorgegebenen Testdaten liefern das in Bild 12-11 dargestellte Ergebnis.

| | A | B | C |
|---|---|---|---|
| 1 | Äußerer Durchmesser da | 200 | mm |
| 2 | Innerer Durchmesser di | 80 | mm |
| 3 | Fügelänge l | 220 | mm |
| 4 | zul. Druckspannung außen Szul,a | 630 | N/mm^2 |
| 5 | zul. Druckspannung innen Szul,i | 480 | N/mm^2 |
| 6 | Haftbeiwert n | 0,2 | - |
| 7 | | | |
| 8 | opt. Fugendurchmesser df | 144,508057 | mm |
| 9 | vorhandene Fugenpressung | 166,443425 | N/mm^2 |
| 10 | übertragbare Axialkraft | 3324,76448 | kN |
| 11 | übertragbares Drehmoment | 240,227627 | kNm |

*Bild 12-11. Bestimmung des optimalen Fugendurchmessers*

## Übung 12.2 Belastung bei gesetztem Fugendurchmesser

Nicht immer lässt sich der optimale Fugendurchmesser verwirklichen. Ergänzen Sie diese Berechnung um die Eingabe eines gesetzten Fugendurchmessers. Versuchen Sie außerdem, den Spannungsverlauf nach Bild 12-10 nachzurechnen und ihn auch grafisch darzustellen.

## Übung 12.3 Auslegung eines thermischen Pressverbandes

Die Teile müssen durch Erwärmung des Außenteils oder Abkühlung des Innenteils gefügt werden. Bei der Auslegung eines thermischen Pressverbandes gibt es zwei Formen. Bei einer rein elastischen Auslegung sind die Fugenpressung und damit die übertragbaren Umfangs- bzw. Axialkräfte erheblich eingeschränkt. Eine elastisch-plastische Auslegung dagegen erlaubt es, den Werkstoff besser auszunutzen. Außerdem wirken sich Toleranzen weniger stark auf die Fugenpressung aus. Bei der zweiten Art der Auslegung wird die Fließgrenze des Werkstoffs planmäßig überschritten. Der Grenzwert für die Fugenpressung ist bei thermischen Pressverbindungen oft mit dem Abfall der Werkstofffestigkeit gekoppelt. Die während des Fügeprozesses niedrigere Streckgrenze führt dazu, dass der im Außenteil der Verbindung entstehende Spannungszustand vom theoretisch zu erwartenden deutlich abweicht.

## Übung 12.4 Eingeschränkte Übertragung

Die Übertragungsfähigkeit der Pressverbindung wird eingeschränkt, wenn die Fugenpressung nicht in voller möglicher Höhe erreicht wird. Die Kenntnis der tatsächlichen Spannungs- verhältnisse nach dem Fügevorgang ist daher wichtig für eine sichere Auslegung. Dazu gibt es auch verschiedene Ansätze. Zu den angesetzten Radial- und Umfangskräften können auch ein Biegemoment und/oder eine Radialkraft (Bild 12-12) Berücksichtigung finden.

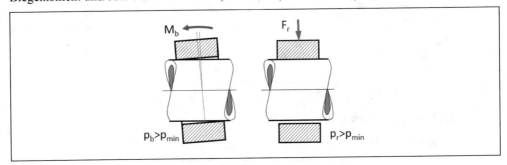

*Bild 12-12. Zusatzbelastungen einer Pressverbindung*

Die Formeln der zusätzlichen Pressungen bestimmen sich nach Gropp und Hartmann aus

$$p_b = \frac{9}{2} \cdot \frac{M_b}{(2-Qw) \cdot d \cdot l^2}$$

$$(12.36)$$

und

$$p_r = \frac{F_r}{d \cdot l}.$$

$$(12.37)$$

Um ein sogenanntes Fugenklaffen zu vermeiden, muss die Bedingung $p_{min} > p_b + p_r$ unbedingt eingehalten werden.

# KAPITEL 13

# Berechnungen aus der Antriebstechnik

Die Getriebetechnik als Fachgebiet des Maschinenbaus umfasst praktisch alle für den Ingenieur wichtigen Aspekte bei der Umsetzung von Kräften und Momenten. Die Basis zur Bestimmung der Lageänderung von Elementen bilden Berechnungen der Bahnen, Geschwindigkeiten und Beschleunigungen bewegter Systeme. Aus der Bestimmung von Kräften resultieren ebenso Festigkeitsbetrachtungen wie auch Standzeitverhalten. Ich stelle mit den nachfolgenden Themen den Festigkeitsaspekt in den Vordergrund und werde aber auf meiner Homepage auch Berechnungen zu Bewegungsabläufen abhandeln.

## 13.1 Geradverzahnte Stirnräder

### 13.1.1 Hertzsche Pressung

Die Grundlage dieser Nachrechnung ist die Theorie der *Hertzschen* Pressung. Danach bestimmt sich die Oberflächenspannung zweier sich berührender Flächen nach Bild 13-1 aus der Gleichung

$$\sigma = \sqrt{\frac{FE}{\pi(1-v^2)\cdot 2rb}}.$$

(13.1)

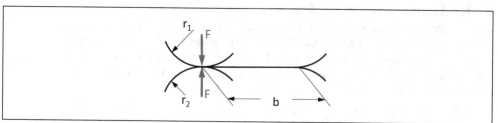

*Bild 13-1. Ersatzzylinder der Zahnräderpaarung*

In Gleichung 13.1 ist

$$\frac{1}{r} = \frac{1}{r_1} + \frac{1}{r_2} = \frac{r_1+r_2}{r_1 \cdot r_2}$$

(13.2)

© Springer Fachmedien Wiesbaden GmbH, ein Teil von Springer Nature 2023
H. Nahrstedt, *Excel + VBA für Ingenieure*,
https://doi.org/10.1007/978-3-658-41504-4_13

die relative Krümmung der Verzahnung. Die Ableitung gilt näherungsweise bei relativ ruhig beanspruchten Walzen und bei Druckspannungen unterhalb der Proportionalitätsgrenze. Die Hertzsche Pressung erfasst die wirkliche Beanspruchung der Zahnräder also nur annähernd.

Angewandt auf den Eingriff eines Zahnradpaares bedeutet dies nun, dass im Berührungspunkt auf dem Betriebswälzkreis mit dem Radius $r_b$ nach Bild 13-2 die Evolventen durch die Radien $r_1$ und $r_2$ angenähert werden. Bei der Annahme von Spielfreiheit auf den Betriebswälzkreisen muss die Summe der Zahndicken gleich der Teilung auf den Betriebswälzkreisen sein

$$s_{b,1} + s_{b,2} = t_b. \tag{13.3}$$

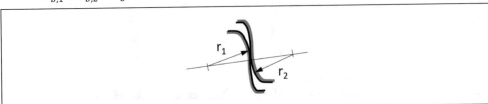

*Bild 13-2. Die Krümmungsradien eines Eingriffspunktes*

Die Zahndicke auf dem Betriebswälzkreis bestimmt sich aus

$$s_{b,i} = 2r_{b,i} \left[ \frac{1}{z_i} \left( \frac{\pi}{2} + 2x_i \tan \alpha \right) - (ev\alpha_w - ev\alpha) \right], \text{ i=1,2.} \tag{13.4}$$

Aus den Gleichungen (13.3) und (13.4) folgt durch Umstellung

$$ev\alpha_w = 2 \frac{x_1 + x_2}{z_1 + z_2} \tan \alpha + ev\alpha. \tag{13.5}$$

Damit ist der Radius des Betriebswälzkreises

$$r_{b,i} = r_{0,i} \frac{\cos \alpha_w}{\cos \alpha}, \text{ i=1,2.} \tag{13.6}$$

Als Nebenprodukt fällt damit auch der Achsabstand ab

$$a = \left( r_{0,1} + r_{0,2} \right) \frac{\cos \alpha}{\cos \alpha_w}. \tag{13.7}$$

Nach Bild 13-2 setzt man die Näherungsradien

$$r_i = r_{0,i} \sin \alpha_w, \text{ i=1,2.} \tag{13.8}$$

## 13.1.2 Bestimmung der Flankenbelastung

Mithilfe üblicher Funktionstabellen lässt sich aus $ev\alpha$ nach Gleichung (13.5) dann $\alpha$ bestimmen. Aber nicht immer ist eine Funktionstabelle zur Hand. Mit einer einfachen Iterationsschleife kann dies auch erfolgen. Tabelle 13.1 zeigt den Berechnungsalgorithmus. Danach zeigt Tabelle 13.2 den Algorithmus zur Ermittlung der Flankenbelastung geradverzahnter Stirnräder.

🗁 7-06-13-01_Stirnraeder.xlsm

*Tabelle 13-1. Algorithmus zur Bestimmung von $\alpha$ aus $ev\alpha$*

| Eingabe $ev\alpha$ | | |
|---|---|---|
| | $\Delta\alpha = 5$ | |
| | $\alpha_i = 0$ | |
| | | |

| $\Delta\alpha >= 10^{-5}$ | $\alpha_i = \alpha_i + \Delta\alpha$ | |
|---|---|---|
| | $ev\alpha_i = tan\,\alpha_i - \hat{\alpha}_i$ | |
| | $ev\alpha_i < ev\alpha$ | |
| | Nein | Ja |
| | $ev\alpha_i = ev\alpha$ | ./. |
| | Nein | Ja |
| | $\alpha_i = \alpha_i - \Delta\alpha$ | Ausgabe $\alpha$ |
| | $\Delta\alpha = \dfrac{\Delta\alpha}{10}$ | |

Bei Getrieben mit unterschiedlichen Werkstoffpaarungen gibt man einen gemeinsamen E-Modul ein nach

$$E = \frac{2E_1 E_2}{E_1 + E_2}. \tag{13.9}$$

*Tabelle 13-2. Algorithmus zur Ermittlung der Flankenbelastung geradverzahnter Stirnräder*

| Eingabe $E, v, F, \alpha, b, x_1, x_2, m, z_1, z_2$ |
|---|
| $r_{0,1} = m \cdot z_1$ |
| $r_{0,2} = m \cdot z_2$ |
| $ev\alpha_w = 2\dfrac{x_1 + x_2}{z_1 + z_2} tan\,\alpha + ev\alpha$ |
| **Unterprogramm** $\alpha_w = f(ev\alpha_w)$ |
| $r_{b,1} = r_{0,1}\dfrac{cos\,\alpha_w}{cos\,\alpha}, \qquad r_{b,2} = r_{0,2}\dfrac{cos\,\alpha_w}{cos\,\alpha}$ |
| $a = \left(r_{0,1} + r_{0,2}\right)\dfrac{cos\,\alpha}{cos\,\alpha_w}$ |
| $r_1 = r_{0,1}\,sin\,\alpha_w, \qquad r_2 = r_{0,2}\,sin\,\alpha_w$ |
| $r = \dfrac{r_1 r_2}{r_1 + r_2}$ |
| $\sigma = \sqrt{\dfrac{FE}{\pi(1 - v^2) \cdot 2 \cdot r \cdot b}}$ |
| Ausgabe $r_{0,1}, r_{0,2}, r_{b,1}, r_{b,2}, a, \sigma$ |

Für die Umrechnung vom Gradmaß ins Bogenmaß und für die Evolventen-Funktion benutzen wir eine Funktion. Für die iterative Umrechnung vom Evolventenwert in das zugehörige Gradmaß bietet sich eine Prozedur an.

*Codeliste 13-1. Berechnung der Zahnflankentragfähigkeit geradverzahnter Stirnräder*

```
Const PI As Double = 3.1415962

Sub StirnFormblatt()
    Dim wshTemp As Object
    Set wshTemp = ThisWorkbook.Worksheets("Stirnrad")
    With wshTemp
        .Activate
        .Cells.Clear
        .Range("A1") = "E-Modul"
        .Range("A2") = "Poisson-Zahl"
        .Range("A3") = "Eingriffskraft"
        .Range("A4") = "Eingriffswinkel"
        .Range("A5") = "Eingriffsbreite"
        .Range("A6") = "Profilverschiebung 1.Rad"
        .Range("A7") = "Profilverschiebung 2.Rad"
        .Range("A8") = "Modul"
        .Range("A9") = "Zähnezahl 1.Rad"
        .Range("A10") = "Zähnezahl 2.Rad"
        .Range("A12") = "Teilkreisradius 1.Rad"
        .Range("A13") = "Teilkreisradius 2.Rad"
        .Range("A14") = "Betriebskreisradius 1.Rad"
        .Range("A15") = "Betriebskreisradius 2.Rad"
        .Range("A16") = "Achsabstand"
        .Range("A17") = "Oberflächenspannung"
        .Range("C1,C17") = "N/mm^2"
        .Range("C2,C6:C10") = "-"
        .Range("C3") = "N"
        .Range("C4") = "Grad"
        .Range("C5,C12:C16") = "mm"
    End With
    Set wshTemp = Nothing
End Sub

Sub StirnTestdaten()
    Dim wshTemp As Object
    Set wshTemp = ThisWorkbook.Worksheets("Stirnrad")
    With wshTemp
        .Cells(1, 2) = 206000
        .Cells(2, 2) = 0.33
        .Cells(3, 2) = 2200
        .Cells(4, 2) = 12
        .Cells(5, 2) = 210
        .Cells(6, 2) = 0.15
        .Cells(7, 2) = -0.2
        .Cells(8, 2) = 4
        .Cells(9, 2) = 21
        .Cells(10, 2) = 50
    End With
    Set wshTemp = Nothing
End Sub

Function Bog(x)
    Bog = x / 180 * PI
End Function

Function Evol(x)
    Evol = Tan(x) - x
End Function

Sub Umrechnung(Evaw, aw)
```

```
      Dim da    As Double
      Dim ai    As Double
      Dim ab    As Double
      Dim Evai As Double
      da = 0.5
      ai = 0
      Do
          ai = ai + da
          ab = Bog(ai)
          Evai = Evol(ab)
          If Evai > Evaw Then
              ai = ai - da
              da = da / 10
          End If
      Loop While Not Abs(Evai - Evaw) < 0.00001
      aw = ai
End Sub

Sub StirnRechnung()
    Dim wshTemp As Object
    Dim dE       As Double
    Dim dny      As Double
    Dim dF       As Double
    Dim da0      As Double
    Dim db       As Double
    Dim dx1      As Double
    Dim dx2      As Double
    Dim dm       As Double
    Dim dz1      As Double
    Dim dz2      As Double
    Dim dr01     As Double
    Dim dr02     As Double
    Dim dEvaw    As Double
    Dim daw      As Double
    Dim drb1     As Double
    Dim drb2     As Double
    Dim da       As Double
    Dim dr1      As Double
    Dim dr2      As Double
    Dim dr       As Double
    Dim dS       As Double

    Set wshTemp = ThisWorkbook.Worksheets("Stirnrad")
    With wshTemp
        dE = .Cells(1, 2)
        dny = .Cells(2, 2)
        dF = .Cells(3, 2)
        da0 = .Cells(4, 2)
        db = .Cells(5, 2)
        dx1 = .Cells(6, 2)
        dx2 = .Cells(7, 2)
        dm = .Cells(8, 2)
        dz1 = .Cells(9, 2)
        dz2 = .Cells(10, 2)

        dr01 = dm * dz1
        dr02 = dm * dz2
        dEvaw = Evol(Bog(da0)) + 2 * (dx1 + dx2) / (dz1 + dz2) * Tan(Bog(da0))
        Call Umrechnung(dEvaw, daw)
        drb1 = dr01 * Cos(Bog(da0)) / Cos(Bog(daw))
        drb2 = dr02 * Cos(Bog(da0)) / Cos(Bog(daw))
        da = (dr01 + dr02) * Cos(Bog(da0)) / Cos(Bog(daw))
```

```
      dr1 = dr01 * Sin(Bog(daw))
      dr2 = dr02 * Sin(Bog(daw))
      dr = dr1 * dr2 / (dr1 + dr2)
      dS = Sqr(dF * dE / (PI * (1 - dny ^ 2) * 2 * dr * db))

      .Cells(12, 2) = dr01
      .Cells(13, 2) = dr02
      .Cells(14, 2) = drb1
      .Cells(15, 2) = drb2
      .Cells(16, 2) = da
      .Cells(17, 2) = dS
   End With
   Set wshTemp = Nothing
End Sub
```

In Bild 13-3 ist das Ergebnis der vorgegebenen Testdaten abgebildet.

| | A | B | C | D |
|---|---|---|---|---|
| 1 | E-Modul | 206000 | N/mm^2 | |
| 2 | Poisson-Zahl | 0,33 | - | |
| 3 | Eingriffskraft | 2200 | N | |
| 4 | Eingriffswinkel | 12 | Grad | |
| 5 | Eingriffsbreite | 210 | mm | |
| 6 | Profilverschiebung 1.Rad | 0,15 | - | |
| 7 | Profilverschiebung 2.Rad | -0,2 | - | |
| 8 | Modul | 4 | - | |
| 9 | Zähnezahl 1.Rad | 21 | - | |
| 10 | Zähnezahl 2.Rad | 50 | - | |
| 11 | | | | |
| 12 | Teilkreisradius 1.Rad | 84 | mm | |
| 13 | Teilkreisradius 2.Rad | 200 | mm | |
| 14 | Betriebskreisradius 1.Rad | 83,87757676 | mm | |
| 15 | Betriebskreisradius 2.Rad | 199,7085161 | mm | |
| 16 | Achsabstand | 283,5860928 | mm | |
| 17 | Oberflächenspannung | 180,0130524 | N/mm^2 | |

*Bild 13-3. Ergebnis zu den Testdaten*

### Übung 13.1 Zahnfußtragfähigkeit geradverzahnter Stirnräder

Erstellen Sie die Berechnung zur Zahnfußtragfähigkeit geradverzahnter Stirnräder.

## 13.2 Schneckengetriebe

Die zwischen Schnecke und Schneckenrad eines Schneckengetriebes wirkenden Kräfte lassen sich nach Bild 13-4 bezogen auf ein räumliches Koordinatensystem mit drei Komponenten ausdrücken.

### 13.2.1 Lagerreaktionen

Wir wollen diese Komponenten Fx, Fy, Fz als gegeben voraussetzen. Sie bestimmen sich aus Festigkeitsnachweisen und Konstruktionsmerkmalen, die wir ebenfalls als gegeben betrachten.

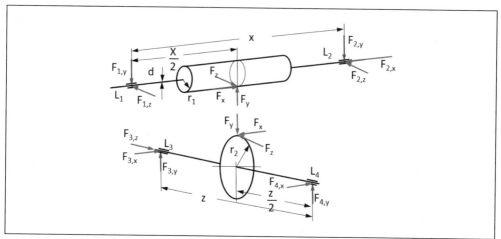

Bild 13-4. Kräfte an Schnecke und Schneckenrad

Aus der Gleichgewichtsbedingung für die Schneckenwelle folgt

$$F_{1,y} = \frac{F_y}{2} - \frac{r_1}{x} F_x \qquad (13.10)$$

$$F_{1,z} = \frac{F_z}{2} \qquad (13.11)$$

$$F_{2,x} = F_x \qquad (13.12)$$

$$F_{2,y} = \frac{F_y}{2} + \frac{r_1}{x} F_x \qquad (13.13)$$

$$F_{2,z} = \frac{F_z}{2} \qquad (13.14)$$

Und für die Schneckenradwelle

$$F_{3,x} = \frac{F_x}{2} \qquad (13.15)$$

$$F_{3,y} = \frac{F_y}{2} + \frac{r_2}{z} F_z \qquad (13.16)$$

$$F_{3,z} = F_z \qquad (13.17)$$

$$F_{4,x} = \frac{F_x}{2} \qquad (13.18)$$

$$F_{4,y} = \frac{F_y}{2} - \frac{r_2}{z} F_z \qquad (13.19)$$

Die Axialkräfte $F_{2,x}$ und $F_{3,z}$ müssen durch ein spezielles Axiallager aufgefangen werden. Da sie gleich der Komponenten $F_x$ und $F_z$ sind, finden sie bei unserer weiteren Betrachtung keine Verwendung. Für die Radiallager $L_1$ ... $L_4$ bestimmt sich die resultierende Lagerkraft allgemein bei zwei Komponenten $F_1$ und $F_2$ aus

$$F_R = \sqrt{F_1^2 + F_2^2}. \qquad (13.20)$$

Bei Eingabe der Kraftkomponenten muss die Richtung (d. h. das Vorzeichen) Beachtung finden. Die Biegespannung der Schneckenwelle bestimmt sich nach der Grundgleichung

$$\sigma_b = \frac{M_b}{W} \qquad (13.21)$$

durch Einsetzen der vorhandenen Größen.

Das Biegemoment in der x-y-Ebene ist maximal

$$M_{bz} = \frac{x}{4}F_y + \frac{r_1}{z}F_x \qquad (13.22)$$

und das in der x-z-Ebene

$$M_{by} = \frac{x}{4}F_z. \qquad (13.23)$$

Daraus bestimmt sich ein resultierendes Biegemoment von

$$M_{bR} = \sqrt{M_{bz}^2 + M_{by}^2}. \qquad (13.24)$$

Das Widerstandsmoment einer Vollwelle ist

$$W = \frac{\pi}{32}d^3. \qquad (13.25)$$

Zusätzlich tritt durch die Axiallager eine Zug- bzw. Druckspannung auf. Sie ist

$$\sigma_{z,a} = \frac{F_x}{\frac{\pi}{4}d^2}. \qquad (13.26)$$

Bleibt als dritte Belastungsart noch eine Torsionsspannung von

$$\tau_t = \frac{T}{W_p}. \qquad (13.27)$$

Das Torsionsmoment darin hat die Größe

$$T = F_z \cdot r_1 \qquad (13.28)$$

und das polare Widerstandsmoment der Welle ist

$$W_p = \frac{\pi}{16}d^3 \qquad (13.29)$$

Nach der Gestaltänderungshypothese bestimmt sich für die drei Belastungsarten eine Vergleichsspannung

$$\sigma_V = \sqrt{\left(\sigma_b + \sigma_{z,d}\right)^2 + 2\tau_t^2} \qquad (13.30)$$

mit dem Massenträgheitsmoment der Schneckenwelle von

$$I = \frac{\pi}{64}d^4. \qquad (13.31)$$

Ergibt sich abschließend deren maximale Durchbiegung mit den Anteilen der Ebenen

$$f_y = \frac{F_y \cdot x^3}{48EI} \qquad (13.32)$$

und

$$f_z = \frac{F_z \cdot x^3}{48EI} \qquad (13.33)$$

aus

$$f_R = \sqrt{f_y^2 + f_z^2}. \qquad (13.34)$$

## 13.2.2 Bestimmung der Lagerbelastungen

Da es sich beim Vorgang zur Bestimmung der Lagerbelastung um eine einfache Folge von Formeln handelt, erspare ich mir das Struktogramm und zeige sofort die Codeliste.

🗁 7-06-13-02_Schneckengetriebe.xlsm

*Codeliste 13-2. Berechnung der Lagerreaktionen beim Schneckengetriebe*

```vba
Const PI = 4*Atn(1)

Sub SchneckeFormblatt()
    Dim wshTemp As Object
    Set wshTemp = ThisWorkbook.Worksheets("Stirnrad")
    With wshTemp
        .Activate
        .Cells.Clear
        .Range("A1") = "E-Modul"
        .Range("A2") = "Kraftkomponente in x-Achse"
        .Range("A3") = "Kraftkomponente in y-Achse"
        .Range("A4") = "Kraftkomponente in z-Achse"
        .Range("A5") = "Lagerabstand x"
        .Range("A6") = "Lagerabstand z"
        .Range("A7") = "Wälzradius Schnecke"
        .Range("A8") = "Wälzradius Schneckenrad"
        .Range("A9") = "Wellendurchmesser"
        .Range("A11") = "Lagerbelastungen:"
        .Range("A12") = "1. Lager"
        .Range("A16") = "2. Lager"
        .Range("A20") = "3. Lager"
        .Range("A24") = "4. Lager"
        .Range("A37") = "Durchbiegung:"
        .Range("A28") = "Biegemomente:"
        .Range("A21,A25") = "   x-Komponente"
        .Range("A13,A17,A22,A26,A30,A38") = "   y-Komponente"
        .Range("A14,A18,A29,A39") = "   z-Komponente"
        .Range("A15,A19,A23,A27,A31,A40") = "   Resultierende"
        .Range("A32") = "Spannungen:"
        .Range("A33") = "   Biegung"
        .Range("A34") = "   Zug/Druck"
        .Range("A35") = "   Torsion"
        .Range("A36") = "   Vergleichsspannung"
        .Range("C1,C33:C36") = "N/mm^2"
        .Range("C2:C4,C13:C15,C17:C19,C21:C23,C25:C27") = "N"
        .Range("C5:C9,C38:C40") = "mm"
        .Range("C29:C31") = "Nmm"
    End With
    Set wshTemp = Nothing
End Sub

Sub SchneckeTestdaten()
    Dim wshTemp As Object
    Set wshTemp = ThisWorkbook.Worksheets("Stirnrad")
    With wshTemp
        .Cells(1, 2) = 208000
        .Cells(2, 2) = 2100
        .Cells(3, 2) = 1400
        .Cells(4, 2) = 1860
        .Cells(5, 2) = 1850
        .Cells(6, 2) = 1460
        .Cells(7, 2) = 208.6
        .Cells(8, 2) = 448.8
        .Cells(9, 2) = 130
    End With
    Set wshTemp = Nothing
End Sub

Sub SchneckeBerechnung()
    Dim wshTemp As Object
```

```vba
Dim dE      As Double
Dim dFx     As Double
Dim dFy     As Double
Dim dFz     As Double
Dim dx      As Double
Dim dz      As Double
Dim dr1     As Double
Dim dr2     As Double
Dim dD      As Double
Dim dI      As Double
Dim dF1y    As Double
Dim dF1z    As Double
Dim dF1R    As Double
Dim dF2y    As Double
Dim dF2z    As Double
Dim dF2R    As Double
Dim dF3x    As Double
Dim dF3y    As Double
Dim dF3R    As Double
Dim dF4x    As Double
Dim dF4y    As Double
Dim dF4R    As Double
Dim dMbz    As Double
Dim dMby    As Double
Dim dMbR    As Double
Dim dSb     As Double
Dim dSzd    As Double
Dim dTt     As Double
Dim dSv     As Double
Dim duy     As Double
Dim duz     As Double
Dim duR     As Double

Set wshTemp = ThisWorkbook.Worksheets("Stirnrad")
With wshTemp
   dE = .Cells(1, 2)
   dFx = .Cells(2, 2)
   dFy = .Cells(3, 2)
   dFz = .Cells(4, 2)
   dx = .Cells(5, 2)
   dz = .Cells(6, 2)
   dr1 = .Cells(7, 2)
   dr2 = .Cells(8, 2)
   dD = .Cells(9, 2)

   dI = PI / 32 * dD ^ 4
   dF1y = dFy / 2 - dr1 / dx * dFx
   dF1z = dFz / 2
   dF1R = Sqr(dF1y ^ 2 + dF1z ^ 2)
   dF2y = dFy / 2 + dr1 / dx * dFx
   dF2z = dFz / 2
   dF2R = Sqr(dF2y ^ 2 + dF2z ^ 2)
   dF3x = dFx / 2
   dF3y = dFy / 2 + dr2 / dz * dFz
   dF3R = Sqr(dF3x ^ 2 + dF3y ^ 2)
   dF4x = dFx / 2
   dF4y = dFy / 2 - dr2 / dz * dFz
   dF4R = Sqr(dF4x ^ 2 + dF4y ^ 2)
   dMbz = dx / 4 * dFy + dr1 / dz * dFx
   dMby = dx / 4 * dFz
   dMbR = Sqr(dMbz ^ 2 + dMby ^ 2)
   dSb = 32 * dMbR / PI / dD ^ 3
```

```
        dSzd = 4 * dFx / PI / dD ^ 2
        dTt = 16 * dr1 * dFz / PI / dD ^ 3
        dSv = Sqr((dSb + dSzd) ^ 2 + 2 * dTt ^ 2)
        duy = dFy * dx ^ 3 / 48 / dE / dI
        duz = dFz * dx ^ 3 / 48 / dE / dI
        duR = Sqr(duy ^ 2 + duz ^ 2)
        .Cells(13, 2) = dF1y
        .Cells(14, 2) = dF1z
        .Cells(15, 2) = dF1R
        .Cells(17, 2) = dF2y
        .Cells(18, 2) = dF2z
        .Cells(19, 2) = dF2R
        .Cells(21, 2) = dF3x
        .Cells(22, 2) = dF3y
        .Cells(23, 2) = dF3R
        .Cells(25, 2) = dF4x
        .Cells(26, 2) = dF4y
        .Cells(27, 2) = dF4R
        .Cells(29, 2) = dMbz
        .Cells(30, 2) = dMby
        .Cells(31, 2) = dMbR
        .Cells(33, 2) = dSb
        .Cells(34, 2) = dSzd
        .Cells(35, 2) = dTt
        .Cells(36, 2) = dSv
        .Cells(38, 2) = duy
        .Cells(39, 2) = duz
        .Cells(40, 2) = duR
    End With
    Set wshTemp = Nothing
End Sub
```

## 13.2.3 Anwendungsbeispiel

Die Auswertung der vorgegebenen Testdaten liefert ein umfangreiches Datenblatt (Bild 13-5).

| | A | B | C |
|---|---|---|---|
| 1 | E-Modul | 208000 | N/mm^2 |
| 2 | Kraftkomponente in x-Ach | 2100 | N |
| 3 | Kraftkomponente in y-Ach | 1400 | N |
| 4 | Kraftkomponente in z-Ach | 1860 | N |
| 5 | Lagerabstand x | 1850 | mm |
| 6 | Lagerabstand z | 1460 | mm |
| 7 | Wälzradius Schnecke | 208,6 | mm |
| 8 | Wälzradius Schneckenrad | 448,8 | mm |
| 9 | Wellendurchmesser | 130 | mm |
| 10 | | | |
| 11 | Lagerbelastungen: | | |
| 12 | 1. Lager | | |
| 13 | y-Komponente | 463,2108108 | N |
| 14 | z-Komponente | 930 | N |
| 15 | Resultierende | 1038,972692 | N |
| 16 | 2. Lager | | |
| 17 | y-Komponente | 936,7891892 | N |
| 18 | z-Komponente | 930 | N |
| 19 | Resultierende | 1320,028024 | N |
| 20 | 3. Lager | | |

| | A | B | C |
|---|---|---|---|
| 21 | x-Komponente | 1050 | N |
| 22 | y-Komponente | 1271,758904 | N |
| 23 | Resultierende | 1649,203053 | N |
| 24 | 4. Lager | | |
| 25 | x-Komponente | 1050 | N |
| 26 | y-Komponente | 128,2410959 | N |
| 27 | Resultierende | 1057,802334 | N |
| 28 | Biegemomente: | | |
| 29 | z-Komponente | 647800,0411 | Nmm |
| 30 | y-Komponente | 860250 | Nmm |
| 31 | Resultierende | 1076882,053 | Nmm |
| 32 | Spannungen: | | |
| 33 | Biegung | 4,99273545 | N/mm^2 |
| 34 | Zug/Druck | 0,158213332 | N/mm^2 |
| 35 | Torsion | 0,899430619 | N/mm^2 |
| 36 | Vergleichsspannung | 5,305678489 | N/mm^2 |
| 37 | Durchbiegung: | | |
| 38 | y-Komponente | 0,031663995 | mm |
| 39 | z-Komponente | 0,042067879 | mm |
| 40 | Resultierende | 0,052652778 | mm |

*Bild 13-5. Auswertung der Testdaten*

## Übung 13.2 Geometrische Berechnungen

Erweitern Sie dieses Programm um weitere geometrische und festigkeitsorientierte Berechnungen, als da sind Steigungshöhe, Steigungswinkel, Mittenkreisdurchmesser, Zahnhöhen, Kopfhöhen, Fußhöhen, Eingriffswinkel, Kopfkreisdurchmesser, Fußkreisdurchmesser, Schneckenlänge, Umfangsgeschwindigkeit, Gleitgeschwindigkeit, Mittenkreisdurchmesser, Profilverschiebung sowie eine Tragfähigkeitsberechnung. Zusätzlich lassen sich dann noch Umfangskräfte, Drehmomente und Wirkungsgrad berechnen.

## Übung 13.3 Nockenantrieb

Befassen Sie sich zur weiteren Übung mit einem Nockenantrieb. Die einfachste Form ist eine Scheibe, die exzentrisch zur Achse angebracht ist (Bild 13-6). Durch unterschiedliche Nockenformen können unterschiedliche Bewegungen erzeugt werden. Die Umrisslinie eines Nockens ist somit ein Bewegungsprogramm. Entwerfen Sie einen Algorithmus für unterschiedliche Anforderungen und setzen Sie ihn um.

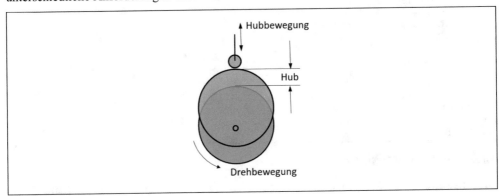

*Bild 13-6. Nockenantrieb*

Erstellen Sie ein Programm zur Darstellung der Hubbewegung

$$h = f(\phi), \tag{13.35}$$

der Hubgeschwindigkeit

$$v = f(\phi) \tag{13.36}$$

und der Beschleunigung

$$a = f(\phi) \tag{13.37}$$

als Funktion des Drehwinkels $\varphi$.

Verwenden Sie auch Nockenbahnen, die sich aus Kreisbögen zusammensetzen. Man spricht bei Nocken, die eine Hubbewegung ohne Beschleunigungssprünge erzeugen, von ruckfreien Nocken. Die Beschleunigungskurve (13.37) muss insbesondere am Anfang der Hubbewegung von null aus mit endlicher Steigung ansteigen und am Ende wieder mit endlicher Steigung auf null abfallen.

# KAPITEL 14

# Berechnungen aus der Fördertechnik

Die Fördertechnik ist eine Teildisziplin des Maschinenbaus und befasst sich mit der Bewegung von Stückgut, Schüttgut und Personen durch technische Hilfsmittel in beliebiger Richtung über begrenzte Wege. Fördertechnik spielt auch in Unternehmen eine zentrale Rolle, wenn es um den Materialfluss geht.

## 14.1 Transportprobleme

Transportprobleme stammen aus dem Bereich Operation Research und bieten meistens problemangepasste Algorithmen zur Lösung.

### 14.1.1 Rekursive Prozeduren

Man spricht von einer rekursiven Methode, wenn in einer Prozedur ein Aufruf von ihr selbst steht. Ein anschauliches Beispiel ist die rekursive Bestimmung von n-Fakultät (kurz n!), dabei bestimmt sich n! aus seinem Vorgänger (n-1)!

$$n! = n \cdot (n - 1)! \tag{14.1}$$

Damit die Rekursion terminiert, muss ein Rekursionsanfang gegeben sein. Für null-Fakultät gilt per Definition

$$0! = 1 \tag{14.2}$$

Bei jeder rekursiven Prozedur ist ihr Abbruchkriterium von besonderer Bedeutung.

### 14.1.2 Das Jeep-Problem

Ein sehr bekanntes Beispiel für das Rückwärtsrechnen ist das Jeep-Problem, das sich auch auf ähnliche Probleme übertragen lässt. Ein Fahrer möchte mit seinem Jeep eine Wüste durchqueren und muss dazu 1500 km zurücklegen. An seinem Ausgangspunkt steht ihm ein unbegrenztes Tanklager zur Verfügung. Der Jeep verbraucht 10 Liter auf 100 Kilometer und kann für eine Fahrt immer nur 60 Liter Treibstoff laden. Damit kann der Fahrer 600 km fahren. Er ist also gezwungen, in der Wüste ein Depot anzulegen, auf das er bei seiner Durchquerung zurückgreifen kann. Die Lösung des Problems ergibt sich durch Rückwärtsrechnen (Bild 14-1).

© Springer Fachmedien Wiesbaden GmbH, ein Teil von Springer Nature 2023
H. Nahrstedt, *Excel + VBA für Ingenieure*,
https://doi.org/10.1007/978-3-658-41504-4_14

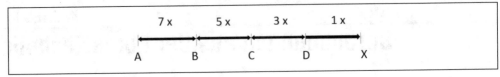

*Bild 14-1. Fahrstrecken beim Jeep-Problem*

Wir betrachten den Vorgang rückwirkend.

- Um vom letzten Depot D zum Ziel X zu gelangen, ist eine einzige Tankfüllung erforderlich.
- Die Strecke zwischen den Depots C und D muss er dreimal fahren. Kommt er das erste Mal nach D, kann er 1/3 der Tankladung zurücklassen. Beim zweiten Mal hat er noch 2/3 der Tankfüllung. C muss also 1/3 der Tankladung von D entfernt sein = 600 / 3 = 200 km.
- Um vom Depot B nach Depot C zwei Tankladungen zu bringen, muss er fünfmal hin- und herfahren. Zweimal kann er eine 3/5 Tankladung deponieren und beim dritten Mal besitzt er noch 4/5 der Tankfüllung. B muss also von C = 600 / 5 = 120 km entfernt sein

Allgemein betrachtet ergibt sich

$$600 \left(1 + \frac{1}{3} + \frac{1}{5} + \frac{1}{7} + \cdots\right).$$ (14.3)

Diese Summe divergiert und so lässt sich mit dieser Methode jede beliebige Strecke zurücklegen.

## 14.1.3 Algorithmus

🗁 7-06-14-01_JeepProblem.xlsm

Mit Hilfe variabler Eingabedaten sollen die Anzahl Depots bestimmt werden, die zur Überbrückung einer bestimmten Entfernung notwendig sind.

*Tabelle 14-1. Algorithmus zur Lösung des Problems*

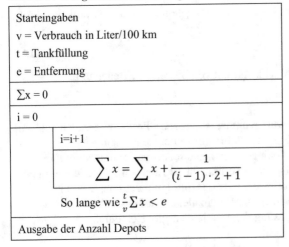

| Starteingaben |
|---|
| v = Verbrauch in Liter/100 km |
| t = Tankfüllung |
| e = Entfernung |
| $\sum x = 0$ |
| i = 0 |
| i=i+1 |
| $\sum x = \sum x + \dfrac{1}{(i-1) \cdot 2 + 1}$ |
| So lange wie $\frac{t}{v} \sum x < e$ |
| Ausgabe der Anzahl Depots |

*Codeliste 14-1. Bestimmung der Depots*

```vba
Private Sub Formular()
    Dim wshTmp As Worksheet
    Set wshTmp = Worksheets("JeepProblem")
    With wshTmp
        .Activate
        .Cells.ClearContents
        .Range("A1") = "Tankfüllung [L]"
        .Range("A2") = "Verbrauch [L/100km]"
        .Range("A3") = "Entfernung [km]"
        .Range("D1") = "Depot"
        .Range("E1") = "Entfernung"
        .Range("F1") = "Differenz"
        .Range("A1:A3").Select
        Selection.Font.Bold = True
        Selection.Font.Italic = True
        .Range("D1:F1").Select
        Selection.Font.Bold = True
        Selection.Font.Italic = True
        .Range("A:A").ColumnWidth = 20
        .Range("C:C").ColumnWidth = 5
        .Range("B1").Select
    End With
    Set wshTmp = Nothing
End Sub

Private Sub Testdaten()
    Dim wshTmp As Worksheet
    Set wshTmp = Worksheets("JeepProblem")
    With wshTmp
        .Activate
        .Cells(1, 2) = 80
        .Cells(2, 2) = 10
        .Cells(3, 2) = 1500
    End With
    Set wshTmp = Nothing
End Sub

Private Sub Auswertung()
    Dim wshTmp As Worksheet
    Dim dv As Double
    Dim dt As Double
    Dim de As Double
    Dim ds As Double
    Dim du As Double
    Dim dw As Double
    Dim iR As Integer
    Set wshTmp = Worksheets("JeepProblem")
    With wshTmp
        .Activate
        dt = Cell2Dez(.Cells(1, 2))
        dv = Cell2Dez(.Cells(2, 2))
        de = Cell2Dez(.Cells(3, 2))
        iR = 0
        ds = 0
        du = 0
        Do
            iR = iR + 1
            ds = ds + 1 / ((iR - 1) * 2 + 1)
            .Cells(iR + 1, 4) = iR
            dw = dt / dv * 100 * ds
```

```
            .Cells(iR + 1, 5) = dw
            .Cells(iR + 1, 6) = dw - du
            du = dw
        Loop While dt / dv * 100 * ds < de
    End With
    Set wshTmp = Nothing
End Sub
```

## 14.1.4 Testbeispiel

In dem Testbeispiel ist eine Entfernung von 1500 km zurückzulegen. Bei einer Tankfüllung von 80 Liter und einem Verbrauch von 10 Liter auf 100 Kilometer sind 6 Depots erforderlich (Bild 14-2).

| | A | B | C | D | E | F |
|---|---|---|---|---|---|---|
| 1 | Tankfüllung [L] | 80 | | Depot | Entfernung | Differenz |
| 2 | Verbrauch [L/100km] | 10 | | 1 | 800 | 800 |
| 3 | Entfernung [km] | 1500 | | 2 | 1066,66667 | 266,666667 |
| 4 | | | | 3 | 1226,66667 | 160 |
| 5 | | | | 4 | 1340,95238 | 114,285714 |
| 6 | | | | 5 | 1429,84127 | 88,8888889 |
| 7 | | | | 6 | 1502,56854 | 72,7272727 |

*Bild 14-2. Ergebnis zum Testbeispiel*

### Übung 14.1 Reservetank

Erweitern Sie die Berechnung so, dass zusätzliche Reservetanks mitgeführt werden können.

## 14.2 Routenplanung

Viele Probleme der Routenplanung führen zurück auf das klassische Modell des Handelsreisenden, der nacheinander verschiedene Orte besuchen möchte und dazu den kürzesten Weg sucht. Alternativ zu verschiedene Lösungsverfahren wollen wir einen Algorithmus aus der Natur verwenden.

### 14.2.1 Der Ameisenalgorithmus

Der Ameisenalgorithmus wurde in der Tat den Ameisen abgeschaut. Es war der italienische Wissenschaftler Marco Dorigo, der 1991 erstmals diesen Algorithmus einsetzte.

Die Ameisen errichten zwischen ihrem Ameisenhaufen und einer Futterquelle stets direkte Straßen. Doch wie machen sie das, wenn sie schlecht sehen können und jeder Grashalm für sie ein fast unüberwindbares Hindernis ist? Dafür hat ihnen die Natur eine wunderbare Einrichtung gegeben. Ameisen besitzen am Hinterleib eine Drüse, mit der sie den Lockstoff Pheromon produzieren können. Nachfolgende Ameisen orientieren sich an diesem Stoff und folgen mit hoher Wahrscheinlichkeit den Wegen, die die stärkste Markierung aufweisen.

Doch wie kommt es dabei in der Regel zu den kürzesten machbaren Wegen?

Betrachten wir als einfaches Modell (Bild 14-3) einen Ameisenhaufen und eine Futterquelle. Zwischen beiden liegt nun ein Hindernis, das die Ameisen zwingt einen Umweg zu nehmen. Für eine Gruppe von Ameisen, die die Futterquelle zum ersten Mal besucht, ergeben sich zwei Möglichkeiten, links oder rechts um das Hindernis herum.

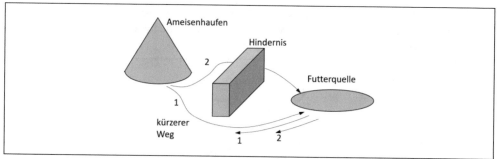

*Bild 14-3. Kürzeste machbare Wege*

Während ihres Weges, sondern die Ameisen einen Sexuallockstoff, also ein Pheromon ab. Da aber noch kein Pheromon vorliegt ist anzunehmen, dass sich die Gruppe teilt und die erste Gruppe nimmt den kürzeren Weg (1) und erreicht die Futterquelle zuerst. Sie wählt als Rückweg wieder den kürzeren Weg, da sie nun vom eigenen Pheromon des Hinwegs auch zurückgeleitet wird. Die zweite Gruppe (2) mit dem längeren Weg kommt danach auch zur Futterquelle und nimmt nun, da der kürzere Weg bereits doppelt mit dem Pheromon der ersten Gruppe gekennzeichnet ist als der längere (nur einmal durch Gruppe 2), nun ebenfalls diesen Rückweg. So kommt es zu einer erneuten Verstärkung der Wegkennzeichnung. Für alle nachfolgenden Ameisen ist der Weg vorgegeben und wird immer stärker gekennzeichnet. Es entsteht eine Ameisenstraße. Eine einfache aber sehr wirksame Methode der Natur. Die Natur regelt dieses System aber noch weiter. Wind, Regen, Waldtiere und andere Einflüsse sorgen dafür, dass nur die aktuellen Wege gekennzeichnet bleiben.

## 14.2.2 Modell

Ein klassisches Beispiel ist das *Traveling Salesman Problem* (TSP), bei dem ein Handelsreisender verschiedene Orte besuchen und dazu die kürzeste Route bestimmen möchte. Der Algorithmen wird gerne neben anderen Verfahren zur Routenplanung eingesetzt.

Als Beispiel wählen wir die Orte

1. Berlin
- Hamburg
- Bremen
- Hannover
- Münster
- Leipzig.

Ihre Entfernungen zueinander tragen wir in eine Matrix unterhalb der Diagonalen ein (Bild 14-4). Die Matrix werden wir allgemein für n Orte gestalten.

| | A | B | C | D | E | F | G |
|---|---|---|---|---|---|---|---|
| 1 | 6 | 1 | 2 | 3 | 4 | 5 | 6 |
| 2 | 1 | | | | | | |
| 3 | 2 | 256 | | | | | |
| 4 | 3 | 316 | 95 | | | | |
| 5 | 4 | 250 | 152 | 100 | | | |
| 6 | 5 | 399 | 239 | 149 | 151 | | |
| 7 | 6 | 149 | 294 | 311 | 215 | 335 | |

*Bild 14-4. Entfernungen der Orte untereinander*

Den Bereich über der Diagonalen verwenden wir als Pheromon-Matrix. Befindet sich unsere Pseudoameise im Ort i und soll den nächsten Ort j wählen, so bedient sie sich folgender Informationen (Bild 14-5).

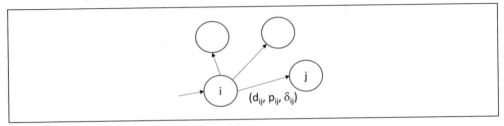

*Bild 14-5. Auswahlparameter*

Ein Kriterium ist die Distanz zum nächsten Ort. Das entspricht zwar nicht dem Informationsstand einer natürlichen Ameise ist aber sehr hilfreich, wenn die ersten Pseudoameisen loslaufen und noch keine Pheromone vorhanden sind. Wir definieren diese heuristische Information $\delta_{ij}$ aus der Distanz $d_{ij}$

$$\delta_{ij} = \frac{1}{d_{ij}}. \tag{14.4}$$

Dieser Wert ist eine konstante Größe. Die Pheromon-Konzentration $p_{ij}$ drücken wir durch eine Summe der Anzahl Ameisen aus, die diesen Weg bereits gelaufen sind. Damit wir die beiden Anteile noch beeinflussen können, führen wir zusätzliche Faktoren $\alpha$ und $\beta$ ein. Die vereinfachte Auswahlwahrscheinlichkeit bestimmt sich aus

$$\omega_{ij} = \frac{\alpha \, p_{ij}}{\beta \, \delta_{ij}}. \tag{14.5}$$

Der Ort mit der größten Auswahlwahrscheinlichkeit ist dann der nächste Ort. Die Pseudoameise darf auf ihrer Route jeden Ort nur einmal besuchen. Normalerweise wird die Pheromon-Matrix noch mit einer Verdunstungsrate belegt, so dass ältere Einträge mit der Zeit verschwinden. Dieser Einfluss bleibt hier unberücksichtigt. Die Pheromon-Matrix bekommt beim Start für jede Kombination einen Wert 1 damit beim Start ein Anteil in die Auswahl eingeht.

## 14.2.3 Prozeduren

Alle Prozeduren stehen im Modul *modAmeisen* und wirken zusammen mit dem aktuellen Arbeitsblatt (*ActiveSheet*).

🗁 7-06-14-02_Ameisenalgorithmus.xlsm

*Codeliste 14-2. Formular zur Routenplanung*

```
Sub Formular()
    Dim wshTmp  As Worksheet
    Dim iZ      As Integer
    Dim iAnzahl As Integer
    Dim sTx     As String

    Set wshTmp = ActiveSheet
    With wshTmp
        .Activate
        .Cells.Clear
        iAnzahl = 6 'für 6 Orte
```

```
        sTx = "A1:" & Chr(65 + iAnzahl) & "1"
        .Range(sTx).Select
        With Selection
            .HorizontalAlignment = xlCenter
            .EntireColumn.AutoFit
            .Font.Bold = True
            .Font.Italic = True
        End With
        sTx = "A1:A" & LTrim(Str(iAnzahl + 1))
        .Range(sTx).Select
        With Selection
            .HorizontalAlignment = xlCenter
            .ColumnWidth = 6
            .Font.Bold = True
            .Font.Italic = True
        End With
        sTx = "B1:" & Chr(65 + iAnzahl) & LTrim(Str(iAnzahl + 1))
        .Range(sTx).Select
        Selection.HorizontalAlignment = xlCenter
        For iZ = 1 To iAnzahl
            .Cells(1, iZ + 1) = LTrim(Str(iZ))
            .Cells(iZ + 1, 1) = LTrim(Str(iZ))
            .Cells(iZ + 1, iZ + 1).Interior.ColorIndex = 15
        Next iZ
        .Cells(1, 1) = iAnzahl
        .Cells(1, 1).Select
    End With
    Set wshTmp = Nothing
End Sub
```

Mit der Variablen *iAnzahl* werden die Orte angegeben und ein entsprechendes Formular aufgebaut. Dazu passend sind dann die Entfernungen einzugeben. Eine Prozedur erstellt Testdaten für die am Anfang genannten Orte.

*Codeliste 14-3. Testdaten zur Routenplanung*

```
Sub Testdaten()
    Dim wshTmp  As Worksheet
    Set wshTmp = ActiveSheet
    With wshTmp
        If Val(.Cells(1, 1)) = 6 Then '6 Orte erforderlich
            .Cells(3, 2) = 256
            .Cells(4, 2) = 316
            .Cells(5, 2) = 250
            .Cells(6, 2) = 399
            .Cells(7, 2) = 149
            .Cells(4, 3) = 95
            .Cells(5, 3) = 152
            .Cells(6, 3) = 239
            .Cells(7, 3) = 294
            .Cells(5, 4) = 100
            .Cells(6, 4) = 149
            .Cells(7, 4) = 311
            .Cells(6, 5) = 151
            .Cells(7, 5) = 215
            .Cells(7, 6) = 335
        Else
            MsgBox "Formular fehlerhaft!"
        End If
    End With
    Set wshTmp = Nothing
End Sub
```

Die Startbelegung der Pheromon-Matrix übernimmt eine weitere Prozedur.

*Codeliste 14-4. Startbelegung der Pheromon-Matrix*

```
Sub StartPheromone()
    Dim wshTmp  As Worksheet
    Dim iZ1     As Integer
    Dim iZ2     As Integer
    Dim iAnzahl As Integer
    Dim df      As Double

    Set wshTmp = ActiveSheet
    iAnzahl = Val(wshTmp.Cells(1, 1))
    df = 1
    With wshTmp
        .Cells(1, 1) = iAnzahl
        For iZ1 = 2 To iAnzahl
            For iZ2 = iZ1 + 1 To iAnzahl + 1
                .Cells(iZ1, iZ2) = df
            Next iZ2
        Next iZ1
        .Cells(1, 1).Select
    End With
    Set wshTmp = Nothing
End Sub
```

Nun schicken wir zehn Pseudoameisen auf den Weg.

*Codeliste 14-5. Tourenauswertung*

```
Sub Auswertung()
    Dim wshTmp As Worksheet
    Dim inO    As Integer 'n Orte
    Dim iO     As Integer 'aktieller Ort
    Dim iiO    As Integer 'Zähler über alle Orte
    Dim iO1    As Integer 'erster Ort einer Tour
    Dim iOv    As Integer 'vorheriger Ort
    Dim iOn    As Integer 'letzter Ort einer Tour
    Dim inA    As Integer 'Anzahl Ameisen
    Dim iA     As Integer 'aktuelle Ameise
    Dim dz     As Double  'Zufallszahl
    Dim iT()   As Integer 'Tourfolge
    Dim iiT    As Integer 'Tourposition
    Dim iZ     As Integer 'Zähler
    Dim iRow   As Integer 'aktuelle Zeile
    Dim dP1    As Double  'Pheromonanteil
    Dim dD1    As Double  'Distanzanteil
    Dim dSuD   As Double  'Summe Distanzen
    Dim dDM    As Double  'Distanz Merker
    Dim dWP    As Double  'Wichtung Pheromone
    Dim dWD    As Double  'Wichtung Distanz
    Dim dP()   As Double  'Auswahlwahrscheinlichkeiten
    Dim bVorh  As Boolean 'boolescher Merker

    Set wshTmp = ActiveSheet
    dz = Time
    inA = 100
    iRow = 0
    dWP = 0.1
    dWD = 0.5
    Randomize Timer
    With wshTmp
        inO = Val(.Cells(1, 1))
```

```
        ReDim iT(inO)
        ReDim dP(inO)
'Erzeuge n Ameisen
    For iA = 1 To inA
        dSuD = 0
        For iZ = 1 To inO
            iT(iZ) = 0
            dP(iZ) = 0
        Next iZ
    'bestimme zufälligen Ausgangsort
        dz = Rnd(Time)
        iO1 = Int(1 + dz * 6)
        iO = iO1
        iT(1) = iO1
        iRow = iRow + 1
        .Cells(iRow, inO + 3) = "'" & Str(iO1)
    'suche alle Orte auf
        dSuD = 0
        For iiT = 2 To inO
        'wähle aus den anderen Orten
            For iiO = 1 To inO
            'teste ob Ort bereits vorhanden
                bVorh = False
                For iZ = 1 To inO
                    If iT(iZ) = iiO Then bVorh = True
                Next iZ
            'Ort nicht vorhanden, bestimme Anteile
                If bVorh = False Then
                    If iO < iiO Then
                        dP1 = .Cells(iO + 1, iiO + 1) 'Pheromonanteil
                        dD1 = .Cells(iiO + 1, iO + 1) 'Distanzanteil
                    Else
                        dP1 = .Cells(iiO + 1, iO + 1) 'Pheromonanteil
                        dD1 = .Cells(iO + 1, iiO + 1) 'Distanzanteil
                    End If
                    'eine höhere Wahrscheinlichkeit wird vermerkt
                    If dWP * dP1 * dWD / dD1 > dP(iiT) Then
                        dP(iiT) = dWP * dP1 * dWD / dD1
                        iT(iiT) = iiO
                        iOn = iiO
                        dDM = dD1
                    End If
                End If
            Next iiO
        'vermerke gefundenen Ort
            iO = iT(iiT)
            iOv = iT(iiT - 1)
            .Cells(iRow, inO + 3) = .Cells(iRow, inO + 3) & "-" & iO
            dSuD = dSuD + dDM
        'Pheromon eintragen
            If iO > iOv Then
                .Cells(iOv + 1, iO + 1) = .Cells(iOv + 1, iO + 1) + 1
            Else
                .Cells(iO + 1, iOv + 1) = .Cells(iO + 1, iOv + 1) + 1
            End If
        Next iiT
    'Tour schließen
        If iO1 < iOn Then
            dDM = .Cells(iOn + 1, iO1 + 1) 'Distanzanteil
            .Cells(iO1 + 1, iOn + 1) = .Cells(iO1 + 1, iOn + 1) + 1
        Else
            dDM = .Cells(iO1 + 1, iOn + 1) 'Distanzanteil
```

```
            .Cells(iOn + 1, iO1 + 1) = .Cells(iOn + 1, iO1 + 1) + 1
        End If
        dSuD = dSuD + dDM
        .Cells(iRow, inO + 4) = dSuD
    Next iA
  End With
  Set wshTmp = Nothing
End Sub
```

## 14.2.4 Anwendungsbeispiele

Die zehn Ameisen reichen aus, um mit mehrfacher Auswertung ein optimales Ergebnis zu finden (Bild 14-6). Die Folgen werden zusammen mit der Entfernung neben der Matrix angegeben. In der Pheromon-Matrix werden gefragte Strecken deutlich.

| | A | B | C | D | E | F | G | H | I | J |
|---|---|---|---|---|---|---|---|---|---|---|
| 1 | 6 | 1 | 2 | 3 | 4 | 5 | 6 | | 3-2-4-5-6-1 | 1198 |
| 2 | 1 | | 10 | 2 | 1 | 1 | 11 | | 2-3-4-5-6-1 | 1086 |
| 3 | 2 | 256 | | 11 | 2 | 1 | 1 | | 4-3-2-1-6-5 | 1086 |
| 4 | 3 | 316 | 95 | | 10 | 1 | 1 | | 6-1-2-3-4-5 | 1086 |
| 5 | 4 | 250 | 152 | 100 | | 11 | 1 | | 4-3-2-1-6-5 | 1086 |
| 6 | 5 | 399 | 239 | 149 | 151 | | 11 | | 2-3-4-5-6-1 | 1086 |
| 7 | 6 | 149 | 294 | 311 | 215 | 335 | | | 4-3-2-1-6-5 | 1086 |
| 8 | | | | | | | | | 4-3-2-1-6-5 | 1086 |
| 9 | | | | | | | | | 1-6-5-4-3-2 | 1086 |
| 10 | | | | | | | | | 4-3-2-1-6-5 | 1086 |

*Bild 14-6. Ein beliebiges Ergebnis der Auswertung*

Es gibt mehrere Lösungen mit der vermutlich geringsten Routenlänge von 1086 km. Eine Garantie, die wirklich optimalste Lösung gefunden zu haben gibt es bei diesem Verfahren nicht.

Interessanter wird die Auswertung, wenn eine Matrix mit 40 Orten eingesetzt wird (Bild 14-7).

| | |
|---|---|
| 5-15-19-33-33-28-4-11-6-7-22-24-16-30-27-9-21-1-20-10-13-40-29-5-32-20-2-38-36-17-23-34-37-12-23-14-31-8-18-39 | 5375 |
| 6-11-4-28-33-35-19-15-5-39-18-8-3-29-40-13-10-20-1-21-9-27-30-16-24-22-7-32-26-2-38-36-17-25-34-37-12-23-14-31 | 5622 |
| 2-26-32-31-14-23-12-37-34-25-17-36-38-40-13-10-20-1-21-9-27-30-16-24-22-7-6-11-4-28-33-35-19-15-5-39-18-8-3-29 | 5239 |
| 1-21-9-27-30-16-24-22-7-6-11-4-28-33-35-19-15-5-39-18-8-3-29-40-13-10-20-37-34-25-17-36-38-2-26-32-31-14-23-12 | 5159 |
| 2-26-32-31-14-23-12-37-34-25-17-36-38-40-13-10-20-1-21-9-27-30-16-24-22-7-6-11-4-28-33-35-19-15-5-39-18-8-3-29 | 5239 |
| 2-26-32-31-14-23-12-37-34-25-17-36-38-40-13-10-20-1-21-9-27-30-16-24-22-7-6-11-4-28-33-35-19-15-5-39-18-8-3-29 | 5239 |

*Bild 14-7. Optimale Route (gelb) zu den 40 Orten*

Die geringste Routenlänge zwischen den 40 Orten wird mit 5159 km ausgewiesen.

## Übung 14.2 Auswahlkriterium

Wie verhalten sich die Lösungen, wenn nur die Distanz oder nur der Pheromon-Anteil berücksichtigt wird. Gibt es noch andere Gleichungen für das Auswahlkriterium?

# 14.3 Fließbandarbeit

Die Betrachtung von Fließbandarbeiten und deren Optimierung führt oft zu einem Engpassproblem und einer damit verbundenen Warteschlange. Um sie zu verhindern, muss das Zusammenwirken von Material, Mensch und Informationen betrachtet werden. Gerade am Fließband spielt die Anordnung von Objekten eine wichtige Rolle.

## 14.3.1 Permutationen

Jede vollständige Zusammenstellung einer endlichen Anzahl von Elementen in beliebiger Reihenfolge heißt Permutation. Aus der Mathematik ergeben sich für n Elemente n! Permutationen. Da n! eine sehr schnell wachsende Funktion ist, lassen sich Berechnungen auf Permutationen nur im unteren Zahlenbereich sinnvoll auf Rechenanlagen einsetzen.

Ähnlich, wie wir n! rekursiv auf (n-1)! zurückgeführt haben, lässt sich dies auch bei den Permutationen bewerkstelligen. Setzt man die Permutationen n-1 voraus, so erhält man n Permutationen, indem eine Ziffer n an jede mögliche Stelle eingefügt wird. Dazu nachfolgend der Algorithmus in Struktogramm-Form.

*Tabelle 14-2. Rekursiver Algorithmus zur Erzeugung von Permutationen*

| Eingabe der Anzahl n | |
|---|---|
| i = 1 (1) n | |
| x(i) = i | |
| Permutation (1) | |
| Permutation (k) | |
| y = x(k) | |
| i = k (1) n | |
| x(k) = x(i) | |
| x(i) = y | |
| Ist k < n | |
| Ja | Nein |
| Permutation (k+1) | Ausgabe von x(i) |
| x(i) = x(k) | |
| x(k) = y | |

Zunächst wird nach der Eingabe der Anzahl n ein Vektor x() definiert und mit natürlichen Zahlen von 1 bis n gefüllt. Schon für diese Berechnung legen wir ein Tabellenblatt Permutationen an und programmieren den Algorithmus.

*Codeliste 14-6. Erzeugung von Permutationen natürlicher Zahlen*

```
Dim iAnz     As Integer
Dim iX()     As Integer
Dim iRow  As Integer

Sub Auswertung()
   Dim wshTmp  As Worksheet
```

```
    Dim iZ        As Integer
    Set wshTmp = Worksheets("Permutationen")
    With wshTmp
        .Activate
        .Cells.Clear
        iAnz = InputBox("Anzahl")
        ReDim iX(iAnz)
        iRow = 0
        For iZ = 1 To iAnz
            iX(iZ) = iZ
        Next iZ
        Call Permutation(1)
    End With
    Set wshTmp = Nothing
End Sub

Private Sub Permutation(ByVal iNum As Integer)
    Dim iZ    As Integer
    Dim iY    As Integer
    iY = iX(iNum)
    For iZ = iNum To iAnz
        iX(iNum) = iX(iZ)
        iX(iZ) = iY
        If iNum < iAnz Then
            Call Permutation(iNum + 1)
        Else
            Call Ausgabe
        End If
        iX(iZ) = iX(iNum)
    Next iZ
    iX(iNum) = iY
End Sub

Private Sub Ausgabe()
    Dim wshTmp As Worksheet
    Dim iZ As Integer
    Set wshTmp = Worksheets("Permutationen")
    With wshTmp
        iRow = iRow + 1
        For iZ = 1 To iAnz
            .Cells(iRow, iZ) = iX(iZ)
        Next iZ
    End With
    Set wshTmp = Nothing
End Sub
```

Das Programm liefert für n = 4 genau 4! = 24 Permutationen (Bild 14-8).

| | A | B | C | D |
|---|---|---|---|---|
| 1 | 1 | 2 | 3 | 4 |
| 2 | 1 | 2 | 4 | 3 |
| 3 | 1 | 3 | 2 | 4 |
| 22 | 4 | 3 | 1 | 2 |
| 23 | 4 | 1 | 3 | 2 |
| 24 | 4 | 1 | 2 | 3 |

*Bild 14-8. Permutationen zu n = 4 (Zeilen ausgeblendet)*

## 14.3.2 Fließbandaufgabe

Ein Fließband hat n Stationen zur Bearbeitung. Der auf der Station i postierte Arbeiter k, übernimmt das Werkstück von der Station i - 1 und übergibt sie nach der Bearbeitung an die Station i + 1 (Bild 14-9).

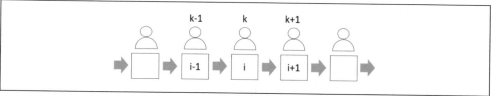

*Bild 14-9. Schema der Fließbandarbeit*

Die eingesetzten Arbeiter haben an den Stationen ein unterschiedliches Arbeitsvermögen. Allgemein hat ein Arbeiter k an der Station i das Arbeitsvermögen $a_{ik}$. Dieses wird zum Beispiel in Stückzahl / Zeiteinheit ausgedrückt.

Das Problem besteht nun darin, die Arbeiter so den einzelnen Stationen zuzuordnen, dass der kleinste Ausstoß einer einzelnen Station maximiert wird. Dieser Wert entspricht dem Gesamtausstoß und kann auch durch erhöhte Beschickung des Fließbandes nicht überschritten werden.

Gesucht ist also die Permutation $(p_1, ..., p_n)$ der Arbeitsvermögen der Arbeiter $(1, ..., n)$, so dass gilt

$$\min_{i=1,...,n} a_{ip_i} \rightarrow Maximum \ . \tag{14.6}$$

Entsprechend müssen wir den vorherigen Algorithmus abändern.

*Tabelle 14-3. Algorithmus zur Lösung des Engpassproblems*

| Bestimmung der Anzahl n | |
|---|---|
| i = 1 (1) n | |
| x(i) = i | |
| K = 1 (1) n | |
| a(i,k) = Zelle(i,k) | |
| Permutation (1) | |
| Permutation (k) | |
| y = x(k) | |
| i = k (1) n | |
| x(k) = x(i) | |
| x(i) = y | |
| Ist k < n | |
| Ja | Nein |

| Permutation (k+1) | Ausgabe von x(i) | |
|---|---|---|
| x(i) = x(k) | | |
| x(k) = y | | |
| $\sum$ = 0 | | |
| i = i (1) n | | |
| $\sum$ = $\sum$ + a(i,x(i)) | | |
| Ist $\sum$ > Max | | |
| Ja | | Nein |
| Max=$\sum$ | | |
| i = 1 (1) n | | |
| Zelle(n+2,i) = x(i) | | ./. |
| Zelle(n+3,i) = a(i,x(i)) | | |
| Zelle(n + 3, n + 1) = $\sum$ | | |

In das neue Tabellenblatt *Engpass* können die Prozeduren zunächst übernommen und dann ergänzt werden.

*Codeliste 14-7. Prozeduren zum Engpassproblem*

```
Dim iAnz      As Integer
Dim iX()      As Integer
Dim dA()      As Double
Dim dMax      As Double

Private Sub Formular()
   Dim wshTmp As Worksheet
   Set wshTmp = Worksheets("Engpass")
   With wshTmp
      .Activate
      .Cells.Clear
      DrawingObjects.Delete
   End With
   Set wshTmp = Nothing
End Sub

Private Sub Testdaten()
   Dim wshTmp As Worksheet
   Set wshTmp = Worksheets("Engpass")
   With wshTmp
      .Activate
      .Range("A1:F1") = Array(7, 5, 11, 13, 14, 9)
      .Range("A2:F2") = Array(3, 6, 15, 6, 3, 11)
      .Range("A3:F3") = Array(10, 6, 3, 1, 2, 7)
      .Range("A4:F4") = Array(4, 7, 5, 1, 6, 8)
      .Range("A5:F5") = Array(5, 7, 8, 3, 10, 6)
      .Range("A6:F6") = Array(4, 5, 3, 6, 12, 9)
   End With
   Set wshTmp = Nothing
End Sub

Private Sub Auswertung()
```

```vba
      Dim wshTmp As Worksheet
      Dim iRow As Integer
      Dim iCol As Integer
      Set wshTmp = Worksheets("Engpass")
      With wshTmp
          .Activate
          iAnz = .UsedRange.Rows.Count
          dMax = 0
          ReDim iX(iAnz), dA(iAnz, iAnz)
          For iRow = 1 To iAnz
              iX(iRow) = iRow
              For iCol = 1 To iAnz
                  dA(iRow, iCol) = .Cells(iRow, iCol)
              Next iCol
          Next iRow
          Call Permutation(1)
      End With
End Sub

Private Sub Permutation(iP As Integer)
    Dim iZ As Integer
    Dim iy As Integer
    iy = iX(iP)
    For iZ = iP To iAnz
        iX(iP) = iX(iZ)
        iX(iZ) = iy
        If iP < iAnz Then
            Call Permutation(iP + 1)
        Else
            Call Ausgabe
        End If
        iX(iZ) = iX(iP)
    Next iZ
    iX(iP) = iy
End Sub

Private Sub Ausgabe()
    Dim wshTmp As Worksheet
    Dim iZ As Integer
    Dim dz As Double
    Set wshTmp = Worksheets("Engpass")
    With wshTmp
        .Activate
        dz = 0
        For iZ = 1 To iAnz
            dz = dz + dA(iZ, iX(iZ))
        Next iZ
        If dz > dMax Then
            dMax = dz
            For iZ = 1 To iAnz
                .Cells(iAnz + 2, iZ) = iX(iZ)
                .Cells(iAnz + 3, iZ) = dA(iZ, iX(iZ))
            Next iZ
            .Cells(iAnz + 3, iAnz + 1) = dz
        End If
    End With
    Set wshTmp = Nothing
End Sub
```

## 14.3.3 Testbeispiel

Als Beispieldaten sind sechs Arbeitsstationen mit sechs Arbeitern besetzt, deren Arbeitsvermögen an den einzelnen Stationen durch Messdaten ausgedrückt werden (Bild 14-10).

| | A | B | C | D | E | F | G |
|---|---|---|---|---|---|---|---|
| 1 | 7 | 5 | 11 | 13 | 14 | 9 | |
| 2 | 3 | 6 | 15 | 6 | 3 | 11 | |
| 3 | 10 | 6 | 3 | 1 | 2 | 7 | |
| 4 | 4 | 7 | 5 | 1 | 6 | 8 | |
| 5 | 5 | 7 | 8 | 3 | 10 | 6 | |
| 6 | 4 | 5 | 3 | 6 | 12 | 9 | |
| 7 | | | | | | | |
| 8 | 4 | 3 | 1 | 6 | 2 | 5 | |
| 9 | 13 | 15 | 10 | 8 | 7 | 12 | 65 |

*Bild 14-10. Auswertung der Messdaten*

Der Maximalwert von 65 wird erreicht, wenn in der ersten Zeile der 4. Spaltenwert, nämlich 13, genommen wird. Dann in der zweiten Zeile und der 3. Spalte der Wert 15 usw. Von allen Werten 13, 15, 10, 8, 7 und 12 ist 7 der Minimalwert. Folglich ist der Arbeitswert $a_{5,2}$ der Engpass.

Der Algorithmus lässt sich auch auf das Leistungsvermögen von Maschinen in einer Fertigungsstraße anwenden. Neben der Bestimmung von Schwachstellen kommen dann noch Ausfallprobleme hinzu.

### Übung 14.3 Parallele Arbeiten

Ist die Reihenfolge der auszuführenden Arbeiten nicht fest vorgegeben und kann damit parallel erfolgen, so ist der Engpass derjenige Auftrag, der die längste Arbeitszeit erfordert. Mathematisch bedeutet dies

$$\max_{i=1,\ldots,n} a_{ip_i} \to Minimum \ . \tag{14.7}$$

Das Problem ist mit dem gleichen Programm lösbar, wenn die Werte negativ eingegeben werden. Prüfen Sie dies nach.

# KAPITEL 15

# Berechnungen aus der Technischen Statistik

Die Anfänge zum Einsatz statistischer Methoden in der Technik gehen auf die 20er-Jahre des 19. Jahrhunderts zurück. Karl Daeves fand die ersten Gesetzmäßigkeiten in der beginnenden Massenproduktion. Seine Untersuchungsmethodik stand damals unter dem Begriff Großzahlforschung. In den letzten Jahrzehnten standen immer mehr Probleme der Industrie im Vordergrund. Beurteilung von Messreihen, Stichproben in Produktionen und vieles mehr. So hat sich der Begriff *Technische Statistik* gebildet. In diesem Wissenschaftsgebiet unterscheidet man zwei grundsätzliche Bereiche.

Der erste Bereich befasst sich mit der Untersuchung und Auswertung von Datenmengen. Im Wesentlichen sind dies statistische Prüfverfahren, sowie Regressions- und Korrelationsanalysen zur Darstellung von Wirkzusammenhängen.

Der zweite Bereich befasst sich mit Methoden der Eingangs- und Endkontrolle und der Überwachung von Produktionsprozessen. Hier hat sich der Begriff Statistische Qualitätskontrolle heraus geprägt.

## 15.1 Gleichverteilung und Klassen

Es ist gewöhnlich sehr schwierig und kostspielig, Originaldaten in ihrer Fülle zu beurteilen. Zu diesem Zweck entnimmt man der Gesamtmenge (man spricht von Grundgesamtheit) einzelne Stichproben. Doch wie beurteilt man die so gewonnenen Daten?

### 15.1.1 Klassen

Eine Methode zur Beurteilung von großen Datenmengen ist das Zusammenfassen in Klassen. Dazu wird die ganze Variationsbreite der Daten in n Klassen unterteilt und die Daten den Klassen zugeordnet. Die Betrachtung der Klassen zeigt dann schnell erste Ergebnisse. Doch in wie viele Klassen unterteilt man eine Datenmenge? Zu viele oder nur wenige Klassen bringen möglicherweise nicht die richtigen Aussagen. Eine oft angewandte empirische Formel zur Bestimmung der Anzahl Klassen lautet

$$k = 1 + 3{,}3 \cdot {}^{10}log(n). \tag{15.1}$$

Darin ist k die Anzahl Klassen und n der Stichprobenumfang.

H. Nahrstedt, *Excel + VBA für Ingenieure*,
https://doi.org/10.1007/978-3-658-41504-4_15

Um Aussagen über eine größere Datenmenge machen zu können, muss man diese Datenmenge erst einmal besitzen. Einen Datengenerator haben wir bereits kennen gelernt, den Pseudozufallszahlengenerator.

## 15.1.2 Pseudozufallszahlen

Mittels eines Zufallszahlengenerators sollen n Zahlen erzeugt werden. Die so erhaltene Datenmenge soll in Klassen nach der Formel 15.1 eingeteilt werden.

📂 7-06-15-01_ZufallsZahlen.xlsm

Tabelle 15-1. Struktogramm zur Erzeugung und Auswertung von Pseudozufallszahlen

| Eingabe n | |
|---|---|
| Randomize (Start des Zufallsgenerators) | |
| i = 1 bis n | |
| | Zelle(i,1) = Rnd(x) |
| $k = 1 + 3,3\,log(n)$ | |
| i = 1 bis k | |
| | Zelle(i,2) = i / k |

In das neu angelegtes Modul *modZufall* schreiben wir die nachfolgenden Prozeduren von Codeliste 15-1. Die Daten tragen wir in das Arbeitsblatt *Zufallszahlen* ein.

Codeliste 15-1. Aufteilung von Pseudozufallszahlen in Klassen

```
Sub Zufallszahlen()
    Dim wshTmp   As Worksheet
    Dim lRow     As Long
    Dim lN       As Long
    Dim lK       As Long
    Dim dx       As Double

    lN = InputBox("Bitte eingeben..", "Anzahl Zufallszahlen", 1000)
    Set wshTmp = Worksheets("Zufallszahlen")
    With wshTmp
        .Activate
        .Cells.Clear
        DrawingObjects.Delete
        Randomize
        For lRow = 1 To lN
            dx = Rnd(dx)
            .Cells(lRow, 1) = dx
        Next lRow
        lK = Int(1 + 3.3 * Log(lN) / Log(10#))
        dx = 1 / lK
        For lRow = 1 To lK
            .Cells(lRow, 2) = lRow * dx
        Next lRow
    End With
    Set wshTmp = Nothing
End Sub
```

Die Prozedur erzeugt die vorgegebene Anzahl Pseudozufallszahlen in der Spalte A. In Spalte B werden die Obergrenzen der Klassen eingetragen.

## 15.1.3 Histogramm

Excel verfügt über ein Add-In *Analyse-Funktionen – VBA*, dass wir unter *Datei / Optionen / Add-Ins* und dort unter *Verwalten / Excel-Add-Ins* finden und auswählen müssen. Danach finden wir im Menüband unter *Daten / Analyse* den Eintrag *Datenanalyse*. Danach können wir per VBA die Methode *Histogramm* in der *Datenanalyse* verwenden.

*Codeliste 15-2. Aufruf der Methode Histogramm in der Datenanalyse*

```
Sub Histogramm()
    Dim rngDaten As Range
    Dim rngKlassen As Range

    Set rngDaten = Range("A1", Range("A1").End(xlDown))
    Set rngKlassen = Range("B1", Range("B1").End(xlDown))
    Application.Run "ATPVBAEN.XLAM!Histogram", _
        rngDaten, _
        ActiveSheet.Range("$D$1"), _
        rngKlassen, _
        False, False, True, False
    Set rngDaten = Nothing
    Set rngKlassen = Nothing
End Sub
```

Die Spalten mit den Daten und Klassengrenzen bekommen ein Range-Objekt und danach wird das Histogramm aufgerufen (Bild 15-1).

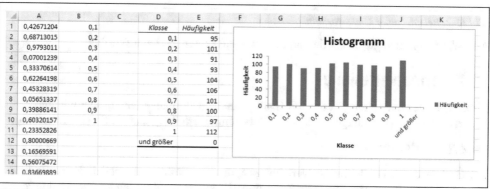

*Bild 15-1. Erzeugte Pseudozufallszahlen und ihre Darstellung im Histogramm*

Eine wichtige Eigenschaft der Pseudozufallszahlen ist ihre Gleichverteilung auf dem Intervall (0,1), wenn nur hinreichend viele Zahlen erzeugt werden. Dies haben wir bereits bei der Monte-Carlo-Methode genutzt. Es liegt also nahe, diese Gesetzmäßigkeit für Pseudozufallszahlen auch auf unserem Rechner bestätig zu finden.

### Übung 15.1 Gleichverteilung

In der nachfolgenden Tabelle sind Werte angegeben, wie sie sich in ähnlicher Form auf jedem anderen Rechner auch ergeben. Es ist leicht zu erkennen, dass mit zunehmender Anzahl Pseudozufallszahlen die prozentuale Abweichung zwischen den Klassen gegen Null konvergiert und damit bei einer hinreichenden Anzahl von Pseudozufallszahlen eine Gleichverteilung gegeben ist.

*Tabelle 15-2. Klasseneinteilung von Pseudozufallszahlen*

| Anzahl Zahlen | In einer Klasse | | Größte Abweichung in % |
|---|---|---|---|
| | Maximale Anzahl von Zufallszahlen | Größte Abweichung zur maximalen Anzahl | |
| 1.000 | 117 | 31 | 26,5 |
| 10.000 | 787 | 125 | 15,9 |
| 100.000 | 5983 | 195 | 3,3 |
| 1.000.000 | 50437 | 1108 | 2,2 |
| 10.000.000 | 417562 | 1874 | 0,5 |

Lässt man die Klassenzahl gegen Unendlich gehen, gelangt man zur Funktion der Gleichverteilung (Bild 15-2), die auch als Dichtefunktion bezeichnet wird.

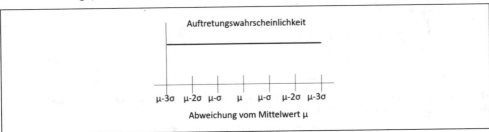

*Bild 15-2. Beispiel einer Gleichverteilung*

Alle Werte kommen gleich häufig vor, etwa wie die Ereignisse beim Würfeln.

# 15.2 Normalverteilung

Neben der Gleichverteilung ist die von Gauß gefundene Normalverteilung sehr wichtig. Weitere wichtige Verteilungen sind noch die Binomialverteilung und die Poissonverteilung.

## 15.2.1 Dichtefunktion

Der Grundgedanke bei der Normalverteilung ist, dass die Wahrscheinlichkeit des Auftretens mit dem Abstand zum Mittelwert stark abnimmt. Es kommt zu der auch als Glockenkurve bezeichneten Funktion (Bild 15-3).

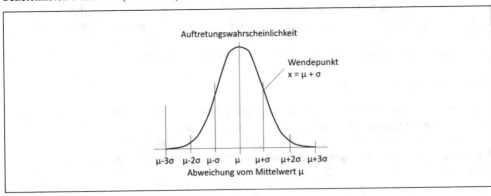

*Bild 15-3. Dichtefunktion der Normalverteilung*

Die Normalverteilung selbst bestimmt sich aus der Gleichung

$$f_n(x) = \frac{1}{\sqrt{2\pi}\cdot\sigma} \cdot e^{-\frac{(x-\mu)^2}{2\sigma}} \tag{15.2}$$

mit $\mu$ als Mittelwert der Normalverteilung und $\sigma$ als Standardabweichung.

## 15.2.2 Normalverteilte Pseudozufallszahlen

Man kann eine solche Normalverteilung auch mittels Pseudozufallszahlen erzeugen. Dazu bedient man sich des zentralen Grenzwertsatzes, der besagt, dass die Summe von unendlich vielen Zufallszahlen einer Gleichverteilung eine Zufallszahl mit Gaußscher Verteilung ergibt. Mit

$$f(x_i) = 1, 0 \leq x_i < 1 \tag{15.3}$$

wird

$$\lim_{n\to\infty} p[\textstyle\sum_{i=1}^{n} x_i] \to Gau\beta scheVerteilung. \tag{15.4}$$

mit dem Mittelwert n/2 und der Standardabweichung $\sqrt{(n/12)}$. Für endliche Werte N erhält man eine Zufallszahl y mit dem Mittelwert 0 und der Standard-Abweichung 1 durch

$$y = \frac{[\sum_{i=1}^{N} x_i] - \frac{N}{2}}{\sqrt{\frac{N}{12}}}. \tag{15.5}$$

Bereits für N=12 wird die Gaußverteilung hinreichend angenähert und die Formel vereinfacht sich zu

$$y = \sum_{i=1}^{12} x_i - 6. \tag{15.6}$$

Allgemein jedoch, mit einer Standardabweichung $\sigma$ und $\mu$ als Mittelwert gilt

$$y = \sigma(\textstyle\sum_{i=1}^{12} x_i - 6) + \mu. \tag{15.7}$$

## 15.2.3 Erzeugung normalverteilter Pseudozufallszahlen

Mittels einer Prozedur sollen normalverteilte Pseudozufallszahlen erzeugt werden. Nach deren Sortierung soll eine Grafik die Funktion darstellen.

7-06-15-02_NormalVerteilung.xlsm

*Codeliste 15-3. Erzeugung normalverteilter Pseudozufallszahlen*

```
Sub Normalverteilung()
    Dim wshTmp   As Worksheet
    Dim dx       As Double
    Dim dy       As Double
    Dim ds       As Double
    Dim iZ       As Long
    Dim lN       As Long
    Dim jZ       As Integer
    Set wshTmp = Worksheets("Normalverteilung")
    With wshTmp
        .Activate
        .Cells.Clear
        lN = InputBox("Bitte eingeben..", "Anzahl Zufallszahlen", 1000)
        dx = 0
        Randomize
```

```
        For iZ = 1 To lN
            ds = 0
            For jZ = 1 To 12
                dx = Rnd(dx)
                ds = ds + dx
            Next jZ
            dy = ds - 6
            .Cells(iZ, 1) = dy
        Next iZ
        .Columns("A:A").Select
        Selection.Sort Key1:=Range("A1"), _
            Order1:=xlAscending, _
            Header:=xlGuess, _
            OrderCustom:=1, MatchCase:=False, _
            Orientation:=xlTopToBottom, _
            DataOption1:=xlSortNormal
    End With
    Set wshTmp = Nothing
End Sub

Sub NormalverteilungsDiagramm()
    Dim wshTmp As Worksheet
    Dim shpTmp As Shape
    Dim rngTmp As Range
    Dim chrTmp As Chart
    Set wshTmp = Worksheets("Normalverteilung")
    With wshTmp
        .Activate
        .Range("A1").Select
        Set rngTmp = Selection.CurrentRegion
        Set shpTmp = .Shapes.AddChart2(240, xlXYScatterSmoothNoMarkers)
    End With
    Set chrTmp = shpTmp.Chart
    With chrTmp
        .SetSourceData Source:=rngTmp, PlotBy:=xlColumns
        .HasTitle = True
        .ChartTitle.Characters.Text = "Normalverteilung"
        .Axes(xlCategory, xlPrimary).HasTitle = True
        .Axes(xlCategory, xlPrimary).AxisTitle.Characters.Text = "x"
        .Axes(xlValue, xlPrimary).HasTitle = True
        .Axes(xlValue, xlPrimary).AxisTitle.Characters.Text = "y"
    End With
    Set chrTmp = Nothing
    Set rngTmp = Nothing
    Set wshTmp = Nothing
End Sub
```

Ein Start der *Normalverteilung* liefert die Werte in Bild 15-4.

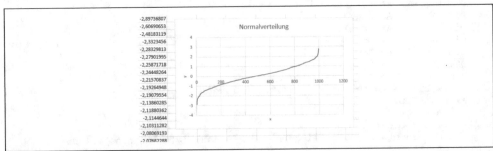

*Bild 15-4. Normalverteilung erzeugter Pseudozufallszahlen*

Die Normalverteilung ist gut zu erkennen. Mit ihr lassen sich per Simulation viele Produktionsprozesse ohne große Kosten und Zeitaufwand untersuchen.

## 15.2.4 Fertigungssimulation

Auf einer automatischen Fertigungsanlage wird ein Bauteil mit einer Bohrung versehen. Der Durchmesser wird als normal verteilt erwartet. Der Erwartungswert ist 45 mm bei einer Standardabweichung von 0,12 mm.

🗁 7-06-15-03_Fertigung.xlsm

Zu bestimmen ist der prozentuale Anteil an Ausschuss bei einer erlaubten Toleranz von $\pm 0,15$ mm. Der Anteil an Ausschuss soll durch eine Umrüstung der Maschine verringert werden. Zu bestimmen ist die Standardabweichung, bei der mindestens 92% der Bauteile im Toleranzbereich liegen.

*Codeliste 15-4. Prozeduren im Modul modFertigung*

```
Sub Formblatt()
    Dim wshTmp As Worksheet
    Set wshTmp = Worksheets("Fertigung")
    With wshTmp
        .Activate
        .Cells.Clear
        .Range("A1") = "Mittelwert"
        .Range("A2") = "Standardabweichung"
        .Range("A3") = "Toleranzbereich +/-"
        .Range("A4") = "Anzahl Zufallszahlen"
        .Range("A6") = "Ausschuss - Anzahl"
        .Range("A7") = "            - %"
        .Range("A:A").ColumnWidth = 20
        .Range("B:B").ColumnWidth = 10
    End With
    Set wshTmp = Nothing
End Sub

Sub Normalverteilung()
    Dim wshTmp   As Worksheet
    Dim dx       As Double
    Dim dy       As Double
    Dim dSu      As Double
    Dim dMi      As Double
    Dim dAb      As Double
    Dim dTb      As Double
    Dim lZ       As Long
    Dim lN       As Long
    Dim lM       As Long
    Dim iL       As Integer
    Dim iK       As Integer

    Set wshTmp = Worksheets("Fertigung")
    With wshTmp
        .Activate
        DoEvents
        dMi = Cell2Dez(Cells(1, 2))
        dAb = Cell2Dez(.Cells(2, 2))
        dTb = Cell2Dez(.Cells(3, 2))
        lN = Cell2Dez(.Cells(4, 2))
        dx = 0
        Randomize
        For iK = 1 To 10
```

```
        lM = 0
        For lZ = 1 To lN
            dSu = 0
            For iL = 1 To 12
                dx = Rnd(dx)
                dSu = dSu + dx
            Next iL
            dy = dAb * (dSu - 6) + dMi
            If Abs(dMi - dy) > dTb Then lM = lM + 1
        Next lZ
        .Cells(6, 1 + iK) = lM
        .Cells(7, 1 + iK) = Int(1000 / lN * lM) / 10
      Next iK
    End With
    Set wshTmp = Nothing
End Sub
```

Die Auswertung ist so aufgebaut, dass gleichzeitig 10 Auswertungen ausgeführt werden. Mit den Beispieldaten wird ein Ausschuss von ca. 21,5% erreicht (Bild 15-5).

| ⬜ | A | B | C | D | E | F | G | H | I | J | K |
|---|---|---|---|---|---|---|---|---|---|---|---|
| 1 | Mittelwert | 45 | | | | | | | | | |
| 2 | Standardabweichung | 0,12 | | | | | | | | | |
| 3 | Toleranzbereich +/- | 0,15 | | | | | | | | | |
| 4 | Anzahl Zufallszahlen | 100000 | | | | | | | | | |
| 5 | | | | | | | | | | | |
| 6 | Ausschuss - Anzahl | 21282 | 21539 | 21589 | 21491 | 21543 | 21492 | 21368 | 21264 | 21458 | 21630 |
| 7 | - % | 21,2 | 21,5 | 21,5 | 21,4 | 21,5 | 21,4 | 21,3 | 21,2 | 21,4 | 21,6 |

*Bild 15-5. Auswertung mit der Standardabweichung 0,12*

Reduziert man die Standardabweichung nur um 0,01, so erhält man die Werte in Bild 15-6.

| ⬜ | A | B | C | D | E | F | G | H | I | J | K |
|---|---|---|---|---|---|---|---|---|---|---|---|
| 1 | Mittelwert | 45 | | | | | | | | | |
| 2 | Standardabweichung | 0,11 | | | | | | | | | |
| 3 | Toleranzbereich +/- | 0,15 | | | | | | | | | |
| 4 | Anzahl Zufallszahlen | 100000 | | | | | | | | | |
| 5 | | | | | | | | | | | |
| 6 | Ausschuss - Anzahl | 17593 | 17509 | 17415 | 17565 | 17468 | 17258 | 17616 | 17487 | 17667 | 17509 |
| 7 | - % | 17,5 | 17,5 | 17,4 | 17,5 | 17,4 | 17,2 | 17,6 | 17,4 | 17,6 | 17,5 |

*Bild 15-6. Auswertung mit der Standardabweichung 0,11*

## Übung 15.2 Lebensdauer eines Verschleißteils

Untersuchen Sie weitere Fertigungsprobleme. Zum Beispiel ist die Lebensdauer eines Verschleißteils normal verteilt mit $\mu = 22$ Monaten und $\sigma = 6$ Monaten gegeben. Wie groß ist die Wahrscheinlichkeit, dass die Lebensdauer 24 bis 26, 28 bis 30 und 32 bis 34 Monate beträgt (1 Monat = 30 Tage)?

## Übung 15.3 Binomial- und Poisson-Verteilung

Die Binomial-Verteilung ist eine der wichtigsten diskreten Wahrscheinlichkeitsverteilungen von gleichartigen und unabhängigen Versuchen, die nur zwei Ereignisse haben. Diese Verteilung wird auch oft Bernoulli- oder Newton-Verteilung genannt. Sie ist bei allen Problemen anwendbar, denen folgende Fragestellung zugrunde liegt.

In einem Behälter befinden sich schwarze und weiße Kugeln, zusammen N Stück. Es wird jeweils eine Kugel gezogen und wieder zurückgelegt. Die Wahrscheinlichkeit für das Ziehen einer schwarzen Kugel, also dem Ereignis E, sei p. Geschieht das Ziehen einer schwarzen Kugel mit der Wahrscheinlichkeit p, so ist das Ziehen einer weißen Kugel von der Wahrscheinlichkeit 1-p. Gefragt wird nach der Wahrscheinlichkeit, dass in einer Reihe von n Zügen, k-mal das Ereignis E eintritt, und somit (n-k)-mal nicht eintritt.

Von k schwarzen Kugeln und (n-k) weißen Kugeln gibt es

$$\binom{n}{k} = \frac{n!}{k!(n-k)!}$$

(15.8)

verschiedene Permutationen. Nach dem Additionsgesetz folgt die gesuchte Wahrscheinlichkeit aus der Formel

$$P_n(k) = \binom{n}{k} p^k (1-p)^{n-k}.$$

(15.9)

Der Poisson-Verteilung liegt dasselbe Problem zugrunde wie bei der Binomial-Verteilung. Es unterscheidet sich nur dadurch, dass die Anzahl der Ereignisse E sehr groß und die Wahrscheinlichkeit p sehr klein ist. Die Poisson-Verteilung ist die Grenzverteilung der Binomial-Verteilung für n → ∞ und für p → 0. Zusätzlich wird angenommen, dass das Produkt n · p konstant ist.

### Übung 15.4 Regression und Korrelation

Wir haben Verfahren zur Analyse von Stichproben behandelt, bei denen nur jeweils ein Wert betrachtet wird. Oft jedoch liegt mehr als nur ein Wert vor und es ist nach deren Beziehung untereinander gefragt. Hier kommen die Begriffe *Regression* und *Korrelation* ins Spiel. Versuchen Sie die Begriffe zu thematisieren und programmieren Sie einen Anwendungsfall.

# 15.3 Probabilistische Simulation

Der klassische Wahrscheinlichkeitsbegriff ist definiert mit

$$W = \frac{m}{n}, \quad (0 \le W \le 1)$$

(15.10)

mit der Anzahl m der möglichen Fälle, bei denen das Ereignis eintritt und der Anzahl n aller möglichen Fälle. Danach hat ein unmögliches Ereignis die Wahrscheinlichkeit W = 0 und ein sicheres Ereignis die Wahrscheinlichkeit W = 1.

Als Probabilistische Simulation werden die Algorithmen bezeichnet, die mit Wahrscheinlichkeitsmodellen arbeiten. Eine der ersten Anwendungen war die Diffusion von Neutronen durch die Bleiwand eines Kernreaktors. Weitere bekannte Anwendungen sind die Simulation des Verkehrsflusses an einer Kreuzung, die Simulation eines Flughafens, die Abfertigung an Tankstellen und vieles mehr. Also auch Warteschlangenprobleme lassen sich mit dieser Methode betrachten.

Grundlage dieser Methode ist die Erzeugung von Wahrscheinlichkeiten durch gleichverteilte Zufallszahlen auf einem Intervall. Damit lassen sich dann nach dem Gesetz der großen Zahl Wahlvorhersagen ziemlich genau erstellen und auch Probabilistische Simulationen erzeugen.

Hat man früher diese Zufallszahlen durch Funktionen erreicht, so können diese heute auf dem PC mit einer Funktion erstellt werden. Und eben mit dieser so wichtigen Eigenschaft, dass bei der Erzeugung hinreichend vieler Zufallszahlen eine Gleichverteilung im PC auf dem Intervall von 0 bis 1 erfolgt.

## 15.3.1 Probabilistische Simulation einer Werkzeugausgabe

Wir betrachten als einfaches Warteschlangenproblem eine Werkzeugausgabe. Diese ist mit vier Leuten als Bedienpersonal besetzt. Nun kommen im Schnitt elf Ausleiher pro Minute und belegen zusammen mit einem Bedienpersonal eine bestimmte Bedienzeit. Sind alle Bediener besetzt, so muss der Ausleiher warten. Die Bedienzeiten sind ebenfalls unterschiedlich und nach einer Studie (hinreichend viele nach dem Gesetz der großen Zahl) ermittelt worden. Wichtig ist, dass die Summe der Wahrscheinlichkeiten 1 ergibt. Damit ist unser Wahrscheinlichkeitsmodell anwendbar.

📂 7-06-15-04_Simulation.xlsm

Betrachten wir zunächst den im nachfolgenden Flussdiagramm dargestellten Algorithmus. Eine Zufallszahl benötigen wir an zwei Stellen. Die Wahrscheinlichkeit pro Sekunde, dass ein Ausleiher erscheint, ist

$$w_A = \frac{Anzahl\_Ausleiher\_pro\_Minute}{60}. \tag{15.11}$$

Ist die Zufallszahl $x <= w_A$, dann erscheint ein Ausleiher. Es können auch mehr als die vorgegebene Anzahl Ausleiher pro Minute erscheinen. Aber lässt man die Simulation nur hinreichend lange laufen (Gesetz der großen Zahl), dann stellt sich im Schnitt diese Verteilung ein.

*Tabelle 15-3. Struktogramm zur Simulation einer Werkzeugausgabe*

| i = 0 (Bedienzeit und Wahrscheinlichkeit als Vektor speichern) | | | |
|---|---|---|---|
| | Solange eine Wahrscheinlichkeit gegeben ist | | |
| | Tabellenwert der Wahrscheinlichkeit w in Vektor w(i) speichern | | |
| | Summierung der Wahrscheinlichkeiten $\sum w = \sum w + w$ | | |
| | Tabellenwert der Bedienzeit z in Vektor z(i) speichern | | |
| Zeit=0 | | | |
| Ausleiher=0 | | | |
| Zufallszahlenstart | | | |
| | Solange Zeit < Gesamtzeit | | |
| | Zeit = Zeit + 1 Sekunde | | |
| | Über alle Bediener | (Vorhandene Bedienzeiten um eine Sekunde reduzieren) | |
| | | Ist BZ(i)>0? (Bediener hat Bedienzeit) | |
| | | Ja | Nein |
| | | BZ(i) = BZ(i) - 1 | ./. |
| | Erzeugung einer Zufallszahl x | | |
| | Ist x <= w? (Erscheint ein Ausleiher?) | | |

| Ja | | | Nein |
|---|---|---|---|
| Ausleiher = Ausleiher + 1 | | | |
| Ist AL > 0? | | | |
| Sind Ausleiher vorhanden, dann zuteilen falls möglich | | | |
| Ja | | | Nein |
| Über alle Bediener | Bediener hat keine Bedienzeit | | |
| | Ja | Nein | |
| | Bedienzeit nach Wahrscheinlichkeit zuweisen | | |
| | Erzeugung einer Zufallszahl x | | |
| | Finde zutreffende Wahrscheinlichkeit | | |
| | BZ(i) = z(i) | | |
| | Ausleiher = Ausleiher - 1 | | |
| | (Zuordnung abbrechen) | | |

Die Prozeduren zur Simulation finden Sie im Download.

## 15.3.2 Visualisierung der Testdaten

Unser Testbeispiel liefert eine Grafik der wartenden Ausleiher (Bild 15-7). Interessant ist diese Analyse erst, wenn man bedenkt, dass mit den wartenden Ausleihern unter Umständen auch die Produktion wartet.

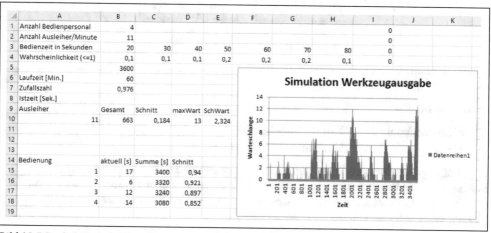

Bild 15-7 Probabilistische Simulation einer Werkzeugausgabe

## Übung 15.5 Ergänzungen

Simulationen in dieser Form bilden in ihrer Einfachheit nicht den wirklichen Prozess ab. So haben die Leute des Bedienpersonals auch Pausenzeiten und es wäre besser, man würde zu jeder Person ein Zeitmodell hinterlegen. Auch die Gleichverteilung der Ausleiher über den

Tag als lineare Funktion entspricht nicht der Wirklichkeit. Analysen zeigen, dass es Zeiten mit größerem Andrang und Zeiten mit geringem Andrang gibt. Die Darstellung durch eine Funktion mittels Approximation oder Interpolation wäre eine Erweiterung. Auch Simulationen mit der Normalverteilung können Sie programmieren.

## Übung 15.6 Reparaturzeiten

Ein Arbeiter betreut mehrere Maschinen. Beim gleichzeitigen Ausfall mehrerer Maschinen kann dieser sich nur um eine Maschine kümmern. Erst nach dem Ende einer Reparatur kann sich der Arbeiter um die nächste kümmern. Bestimmt man die Wahrscheinlichkeit eines Maschinenausfalls und die Wahrscheinlichkeiten der Reparaturzeiten, so lässt sich damit auch ein anschauliches Modell konstruieren. Interessant ist dann die Frage nach der gesamten Ausfallzeit der Maschinen, bedingt durch Wartezeiten.

Das in der Anwendung programmierte Diagramm sollten Sie auch so umstellen, dass es für andere Anwendungen ebenfalls genutzt werden kann. Orientieren Sie sich an dem Modul *modDiagramm* in Kapitel 5. Möglicherweise lassen sich beide Prozeduren in einem Modul zusammenfassen, eventuell durch einen Parameter innerhalb der gleichen Prozedur.

## Übung 15.7 Fertigungsstraße

Ein Produktionsbetrieb besitzt unter anderem eine Fertigungsstraße aus vier Maschinen. Die Fertigungsstraße erhält die zu bearbeitenden Teile aus einem vorgeschalteten Rohteillager und liefert die bearbeiteten Teile in ein nachgeschaltetes Fertigteillager (Bild 15-8).

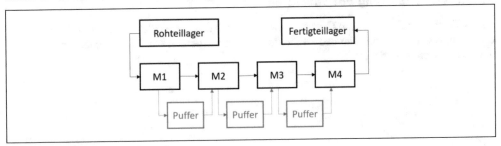

*Bild 15-8. Schema der Fertigungsstraße*

Festgelegt werden

- Bearbeitungszeit $t_i$ [Min] für Maschine $M_i$
- Bei $x_i$% der Teile tritt eine Störzeit von $t_{si}$ [Min] auf

Eine Entkopplung der Maschinen durch Pufferlager zwischen den Maschinen ist zu untersuchen. Als Ergebnis der Simulation sind die durchschnittliche Bearbeitungszeit, die Maschinenauslastungen, die gefertigten Stückzahlen und die Stillstandszeiten der Maschinen gefragt.

# KAPITEL 16

# Wirtschaftliche Berechnungen

Wirtschaftlichkeit ist ein Zentralbegriff der Betriebswirtschafts- und Managementlehre über den sparsamen Umgang mit den Ressourcen Material, Personal und Maschinen. Durch niedrige Kosten und kurze Durchlaufzeiten kann in der Fertigung viel zur Wirtschaftlichkeit beigetragen werden. Die Wirtschaftlichkeit ist eine Kennzahl, die das Verhältnis von Ertrag zum Aufwand misst. Ein Handeln nach dem Wirtschaftlichkeitsprinzip bedeutet, aus Alternativen die zu wählen, die die höchste Wirtschaftlichkeit aufweist. Bei einer rein mengenmäßigen Betrachtung spricht man auch von technischer Wirtschaftlichkeit, Technizität oder Produktivität. Meist genügt eine Mengenrelation nicht, dann stehen als Beispiel auch Leistung, Nutzen für Output und Kosten für Input. Gelegentlich wird mit Wirtschaftlichkeit der Grad angegeben, der für bestimmte Vorgaben erreicht wurde.

## 16.1 Reihenfolgeprobleme

Ein Reihenfolgeproblem ist auch immer ein Optimierungsproblem und die Lösung eine Permutation einer Menge. Bereits im Kapitel 14 haben wir solche schon angesprochen, wie das Problem eines Handelsreisenden oder das Fließbandproblem, allerdings unter einem anderen Aspekt. Auch das Thema Permutationen wurde dort vorgestellt, sodass wir direkt das Anwendungsbeispiel Maschinenbelegung betrachten können.

### 16.1.1 Maschinenbelegung

Zur Herstellung von n Produkten sind eine Reihe von m Maschinen gegeben (Bild 16-1). Jedes Produkt $P_i$ (i = 1, 2, 3, ..., n) durchläuft in der gleichen Reihenfolge die Maschinen $M_k$ (k = 1, 2, 3, ..., m). Die Gesamtbearbeitungszeit hängt von der Folge ab, in der die Produkte bearbeitet werden. Sie ist in der Regel für jede Permutation

$$1, 2, 3, ..., n \quad mit \quad i_1, i_2, ..., i_n \tag{16.1}$$

eine andere.

Die zu fertigende Menge eines Produktes wird als Los bezeichnet. Losgrößen können, je nach Produkt, einige hundert bis tausend Stück betragen. Der Einfachheit halber nehmen wir an, dass ein Produkt $P_i$ erst dann von einer Maschine $M_k$ auf die Maschine $M_{k+1}$ wechselt, wenn das ganze Los auf der Maschine $M_k$ bearbeitet ist. Dabei kann der Fall eintreten, dass die

© Springer Fachmedien Wiesbaden GmbH, ein Teil von Springer Nature 2023
H. Nahrstedt, *Excel + VBA für Ingenieure*,
https://doi.org/10.1007/978-3-658-41504-4_16

nachfolgende Maschine noch das vorherige Produkt $P_{i-1}$ bearbeitet, sodass das i-te Los warten muss bis die Maschine $M_{k+1}$ frei wird.

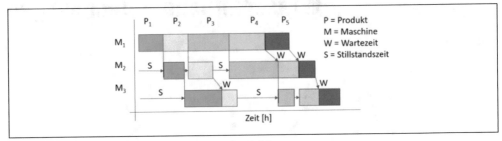

*Bild 16-1. Maschinen-Belegungszeiten in einer Produktion*

Gesucht ist nun die optimale Durchlaufreihenfolge, für die die Gesamtbearbeitungszeit ein Minimum wird. Dabei sind durchaus mehrere Lösungen möglich.

Bezeichnet man mit $t_{ik}$ die Bearbeitungszeit des Produktes $P_i$ auf der Maschine $M_k$, so braucht dieses Produkt für den Durchlauf durch alle m Maschinen die Zeit

$$T_i = \sum_{k=1}^{m} t_{ik} + \sum_{k=1}^{m} w_{ik} \qquad (16.2)$$

Darin sind $w_{ik}$ die Wartezeiten für den Einsatz auf den Maschinen. Meistens sind diese jedoch Null. Sind keine Zwischenlager vorhanden und tritt eine Wartezeit $w_{ik}$ von Produkt $P_i$ auf der Maschine $M_k$ auf, so darf erst mit der Bearbeitung von $P_i$ auf der Maschine $M_{k-1}$ nach der Wartezeit $w_{ik}$ begonnen werden, damit der Produktionsprozess ohne Wartezeit durchgeführt werden kann.

Für n Produkte erhält man die gesamte Durchlaufzeit dadurch, dass man sämtliche Wartezeiten und die gesamte Bearbeitungszeit des letzten Produktes addiert

$$T_i = \sum_{k=1}^{m} t_{nk} + \sum_{i=1}^{n-1} \max_{1 \le k \le n} \left\{ \sum_{j=1}^{k} t_{ij} - \sum_{j=1}^{k-1} t_{i+1,j} \right\} \qquad (16.3)$$

Wollte man alle möglichen n Permutationen durchspielen, so ergeben sich n! Möglichkeiten und damit stoßen wir schnell an die Grenze eines durchführbaren Rechenaufwandes.

## 16.1.2 Algorithmus von Johnson

Nun gibt es in diesem Fall einen einfachen Algorithmus, der von Johnson gefunden wurde. Das Verfahren ist für eine <u>zweistufige</u> Bearbeitung gedacht, also <u>Vorsicht</u> mit mehr als zweistufiger Fertigung. Dass es dennoch auch hier Lösungen geben kann, zeigt das nachfolgende Beispiel.

Das Verfahren von Johnson wird mit folgenden Schritten ausgeführt:

1. Es werden $P_i$ (i=1, 2, 3, ..., n) Produkte auf $M_k$ Maschinen (k=1, 2, 3, ..., m) hergestellt. Zu bestimmen ist x = Min ($t_{1,1}$, ..., $t_{m,1}$, $t_{1,n}$, ..., $t_{m,n}$ ). Gibt es mehrere x, so kann ein beliebiges gewählt werden.

2. Ist x = $t_{i,1}$ so wird das Produkt $P_i$ zuerst bearbeitet. Ist x = $t_{i,n}$, so wird das Produkt $P_i$ zuletzt bearbeitet.

3. Streiche das Produkt $P_i$ und gehe zurück zu 1., bis alle Produkte eingeplant sind.

Um diesen Algorithmus auf m Maschinen in der Fertigungsfolge betrachten zu können, ändern wir die Betrachtung auf die erste Maschine $M_1$ und die letzte Maschine $M_m$ ab.

Zuerst erfolgt die Initialisierung eines Produktvektors. Er soll festhalten, welches Produkt bei der Vergabe der Fertigungsreihenfolge bereits verplant ist. Zunächst wird dieser Merker auf den Index des Produkts gesetzt und später bei der Vergabe auf null.

Eine einfache Grafik mittels Shapes soll die Maschinenbelegung darstellen. Sie vermittelt Aussagen, die aus den berechneten Daten nicht sofort ersichtlich sind, wie etwa die auftretenden Wartezeiten. Eine weitere Möglichkeit wäre die Darstellung in einem Balkendiagramm.

Tabelle 16-1. Optimale Maschinenbelegung nach einer modifizierten Johnson-Methode

| i = 0 | | |
|---|---|---|
| i = 1 bis n | | |
| | M(i) = i | |
| i = 0 | | |
| Solange i < n | | |
| | Suche das erste nicht verplante Produkt und setze den Zeitaufwand auf das Minimum. | |
| | Suche in allen nicht verplanten Produkten die minimale Zeit, die auf der ersten oder letzten Maschine belegt wird. | |
| | Ordne je nach Lage des Minimums (erste oder letzte Maschine) das Produkt einem weiteren Merker zu. | |
| | i = i + 1 | |
| | M(x) = 0 | |

Die grau gekennzeichneten Prozeduren müssen noch genauer beschrieben werden.

Tabelle 16-2. Suche erstes Produkt

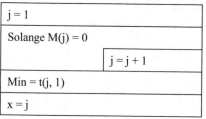

| j = 1 | |
|---|---|
| Solange M(j) = 0 | |
| | j = j + 1 |
| Min = t(j, 1) | |
| x = j | |

Tabelle 16-3. Suche Minimum

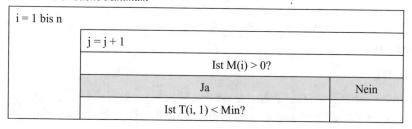

| i = 1 bis n | |
|---|---|
| | j = j + 1 |
| | Ist M(i) > 0? |
| | Ja / Nein |
| | Ist T(i, 1) < Min? |

| Ja | Nein | |
|---|---|---|
| Min = T(i, 1) | | |
| x = i | | |
| y = 1 | | |
| Ist T(i, m) < Min? | | |
| Ja | Nein | |
| Min = T(i, m) | | |
| x = i | | |
| y = m | | |

*Tabelle 16-4. Ordne je nach Lage des Minimums*

| Ist j = 1? | |
|---|---|
| Ja | Nein |
| $i_1 = i_1 + 1$ | $i_2 = i_2 + 1$ |
| $M_1(i_1) = x$ | $M_2(i_2) = x$ |

Die Merker $M_1()$ und $M_2()$ enthalten am Ende die Fertigungsreihenfolge der Produkte in der Form

$$M_{11}, \ldots, M_{1p}, M_{2q}, \ldots, M_{21},$$

d. h. im ersten Merker in aufsteigender Reihenfolge und im zweiten Merker in absteigender Reihenfolge.

🗀 7-06-16-01_Maschinenbelegung.xlsm

Eine neu angelegte Tabelle *Belegung* werden wir diesmal nur als Ausgabeelement benutzen. Die eigentlichen Prozeduren schreiben wir in ein Modul und die notwendigen Eingaben erhalten wir über ein Formblatt. Die Prozedur *FormularBelegung* ruft das Formblatt zur Eingabe der Anzahl Maschinen und Produkte auf (Bild 16-2).

*Bild 16-2. Formular zur Dateneingabe*

## 16.1.3 Testbeispiel

In einem Produktionsbetrieb werden fünf Produkte auf drei Maschinen in gleicher Reihenfolge produziert (Bild 7-3). Die Belegungszeiten der Maschinen ($M_1$, $M_2$, $M_3$) in Stunden je Produkt

sind: $P_1(5, 3, 8)$, $P_2(5, 3, 4)$, $P_3(12, 4, 2)$, $P_4(4, 2, 7)$ und $P_5(8, 2, 9)$. Die Auswertung liefert
eine Durchlaufzeit von 40 Stunden (Bild 16-3).

| | A | B | C | D | E | F | G | H | I | J | K | L | M | N | O |
|---|---|---|---|---|---|---|---|---|---|---|---|---|---|---|---|
| 1 | Maschinen | 3 | | | | | | | | | | | | | |
| 2 | Produkte | 5 | | | | | | | | | | | | | |
| 3 | | | M01 | M02 | M03 | FARBE | Gesetzte Reihenfolge | Optimierte Reihenfolge | FOLGE | M01 | | M02 | | M03 | |
| 4 | | P01 | 5 | 3 | 8 | | 16 | 21 | 2 | 4 | 9 | 9 | 12 | 13 | 21 |
| 5 | | P02 | 5 | 3 | 4 | | 20 | 34 | 4 | 17 | 22 | 22 | 25 | 30 | 34 |
| 6 | | P03 | 12 | 4 | 2 | | 28 | 40 | 5 | 22 | 34 | 34 | 38 | 38 | 40 |
| 7 | | P04 | 4 | 2 | 7 | | 35 | 13 | 1 | 0 | 4 | 4 | 6 | 6 | 13 |
| 8 | | P05 | 8 | 2 | 9 | | 45 | 30 | 3 | 9 | 17 | 17 | 19 | 21 | 30 |
| 9 | | | | | | | Durchlaufzeit: 45 | Durchlaufzeit: 40 | | | | | | | |
| 10 | | | | | | | | Einsparung: 11,00 % | | | | | | | |
| 11 | | | | | | | | | | | | | | | |
| 12 | | | | | | | | | | | | | | | |
| 13 | | | | | | | | | | | | | | | |
| 14 | | | | | | | | | | | | | | | |

*Bild 16-3. Auswertung der Testdaten*

### Übung 16.1 Losgrößenteilung

Lassen Sie eine Teilung der Losgrößen zu. Vermeiden Sie Wartezeiten durch eine verzögerte
Produktion wie anfangs beschrieben.

# 16.2 Optimale Losgröße

Aus dem Bereich der Produktion gibt es aus Kostensicht folgende Überlegungen. Wird der
Verkauf eines Produktes x mit der Menge m pro Jahr eingeschätzt, so könnte man diese
Menge auf einmal produzieren. Zwar fallen dann die Rüstkosten nur einmal an, dafür gibt es
aber Lagerkosten. Ebenso müssen Material und Löhne vorfinanziert werden. Es fallen also
Bankzinsen an. Mit kleiner werdenden Losgrößen werden zwar die Lagerkosten und
Bankzinsen weniger, dafür werden aber die Rüstkosten höher.

### 16.2.1 Kostenanteile

Der Verlauf der Rüstkosten über der Losgröße ist der einer Hyperbel, während Lagerkosten
und Kapitalbindung in Form einer Geraden verlaufen. Addiert man beide Kurven zu den
Gesamtkosten so zeigt sich, dass diese an einer Stelle ein Minimum annehmen (Bild 16-4).
Man spricht hier von einem Optimum und bezeichnet die zugehörige Losgröße als optimale
Losgröße.

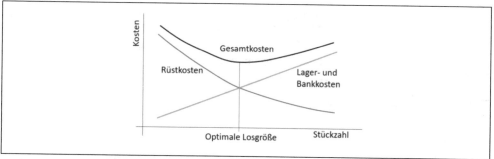

*Bild 16-4. Optimale Losgröße*

Sind $x_{Ges}$ die voraussichtliche Gesamtstückzahl pro Jahr und $K_R$ die Rüstkosten in Euro/Los so ergeben sich die Gesamtrüstkosten für jede Losgröße x aus der Formel

$$G_R = \frac{x_{Ges}}{x} \cdot K_R \qquad (16.4)$$

Sind $K_H$ die Herstellkosten ohne Rüstanteil pro Stück, $z_B$ der Zinssatz für Bankzinsen in [%/Jahr] und $z_L$ der Zinssatz für Lagerkosten ebenfalls in [%/Jahr], so werden damit die Gesamtlagerkosten

$$G_L = \frac{x}{2} \cdot K_H \cdot \frac{z_B + z_L}{100} \qquad (16.5)$$

Die Gesamtkosten pro Jahr sind damit

$$G = G_R + G_L \qquad (16.6)$$

Und daraus wiederum die Gesamtkosten pro Stück

$$G_S = \frac{G}{x_{Ges}} \qquad (16.7)$$

## 16.2.2 Bestimmung der optimalen Losgröße

Mit einer Aufteilung von z. B. $x_{Ges}$ / 100 werden die Kosten schrittweise berechnet und so rechnerisch und grafisch die optimale Losgröße ermittelt.

📂 7-06-16-02_OptimaleLosgroesse.xlsm

*Tabelle 16-5. Struktogramm zur Bestimmung der optimalen Losgröße*

| Eingabe der Rüstkosten $K_R$, Herstellkosten $K_H$, Jahresbedarf $x_{Ges}$, Bankzinssatz $z_B$ und Lagerzinssatz $z_L$ | | |
|---|---|---|
| $\Delta x = \frac{x_{Ges}}{100}, x = 0$ | | |
| *solange:* $x \le x_{Ges}$ | | |
| | $G_R = \frac{x_{Ges}}{x} \cdot K_R$ | |
| | $G_L = \frac{x}{2} \cdot K_H \cdot \frac{z_B + z_L}{100}$ | |
| | $G = G_R + G_L$ | |
| | $G_S = \frac{G}{x_{Ges}}$ | |
| | $x = x + \Delta x$ | |
| | Ausgabe der optimalen Losgröße | |

*Codeliste 16-1. Prozeduren in der UserForm frmLosgröße*

```
Private Sub cmdTest_Click()
    tbxRK = "450"
    tbxHK = "22"
    tbxVJ = "1000"
    tbxBZ = "12"
    tbxZL = "15"
End Sub

Private Sub cmdStart_Click()
```

```
        Dim Kr As Double
        Dim Kh As Double
        Dim xj As Double
        Dim Bz As Double
        Dim Lz As Double

        Kr = Val(tbxRK)
        Kh = Val(tbxHK)
        xj = Val(tbxVJ)
        Bz = Val(tbxBZ)
        Lz = Val(tbxZL)
        Call LosgrößeBestimmen(Kr, Kh, xj, Bz, Lz)
        Unload Me
End Sub
```

*Codeliste 16-2. Prozeduren im Modul modLosgröße*

```
Private Sub LosgrößeEingabe()
    Load frmLosgröße
    frmLosgröße.Show
End Sub

Sub LosgrößeBestimmen( _
    ByVal Kr As Double, ByVal Kh As Double, ByVal xj As Double, _
    ByVal Bz As Double, ByVal Lz As Double)
    Dim wshTemp As Worksheet
    Dim Kgr  As Double
    Dim Kgl  As Double
    Dim Kg   As Double
    Dim Kgs  As Double
    Dim KMin As Double
    Dim i    As Integer
    Dim iMin As Integer
    Dim sZl  As String
    Dim x    As Double

    Set wshTemp = Worksheets("Losgröße")
    With wshTemp
        .Activate
        .Cells.Clear
        .Range("A1").Value = "Losgröße" & vbLf & "[Stück]"
        .Range("B1").Value = "Gesamt-" & vbLf & "Rüstkosten" & _
            vbLf & "[Euro]"
        .Range("C1").Value = "Gesamt-" & vbLf & "Lagerkosten" & _
            vbLf & "[Euro]"
        .Range("D1").Value = "Gesamt-" & vbLf & "Kosten" & vbLf & "[Euro]"
        .Range("E1").Value = "Gesamt-" & vbLf & "Kosten/Stück" & _
            vbLf & "[Euro]"
        .Columns("A:E").EntireColumn.AutoFit
        .Columns("B:E").Select
        Selection.NumberFormat = "0.00"
        i = 1
        iMin = 0
        KMin = 0
        For x = xj / 100 To xj Step (xj / 100)
            Kgr = xj / x * Kr                    'Gesamtrüstkosten
            Kgl = x / 2 * Kh * (Bz + Lz) / 100   'Gesamtlagerkosten
            Kg = Kgr + Kgl                       'Gesamtkosten
            Kgs = Kg / xj                        'Gesamtkosten/Stück
            i = i + 1
'Minimum bestimmen
            If iMin = 0 Then
                KMin = Kg
```

```
            iMin = i
        Else
            If Kg < KMin Then
                KMin = Kg
                iMin = i
            End If
        End If
'Eintrag in Tabelle
        sZl = Right("000" & LTrim(Str(i)), 3)
        .Range("A" & sZl).Value = Round(x, 2)
        .Range("B" & sZl).Value = Round(Kgr, 2)
        .Range("C" & sZl).Value = Round(Kgl, 2)
        .Range("D" & sZl).Value = Round(Kg, 2)
        .Range("E" & sZl).Value = Round(Kgs, 2)
    Next x
    sZl = Right("000" & LTrim(Str(iMin)), 3)
    .Range("A" & sZl & ":E" & sZl).Interior.Color = vbYellow
    .Range("A" & sZl & ":E" & sZl).Select
    End With
    Set wshTemp = Nothing
End Sub
```

Zur Eingabe benutzen wir ein Formular (Bild 16-5).

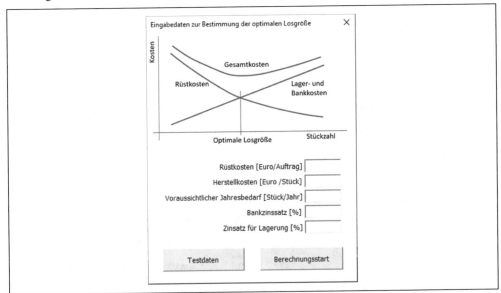

*Bild 16-5. Formular zur Dateneingabe*

Ein Formular besitzt die Eigenschaft *Picture* und mit einem Doppelklick auf diese Eigenschaft können wir über ein Dialogfenster eine Grafik als Hintergrundbild einblenden. Neben dieser Grafik, die noch einmal die funktionalen Zusammenhänge zeigt, enthält das Formular Textfelder zur Dateneingabe. Sie sind durch Labels entsprechend beschriftet.

## 16.2.3 Testbeispiel

Mit der Schaltfläche *Testdaten* werden die Textfelder mit Testdaten gefüllt (Bild 16-6). Mit der Schaltfläche *Berechnungsstart* erfolgt dann die Auswertung.

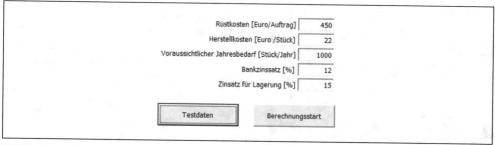

| Rüstkosten [Euro/Auftrag] | 450 |
| Herstellkosten [Euro /Stück] | 22 |
| Voraussichtlicher Jahresbedarf [Stück/Jahr] | 1000 |
| Bankzinssatz [%] | 12 |
| Zinsatz für Lagerung [%] | 15 |

| Testdaten | Berechnungsstart |

*Bild 16-6. Testdaten*

Die berechneten Daten sollen natürlich auch in einem Linien-Diagramm dargestellt werden.

*Codeliste 16-3. Kostenverläufe im Liniendiagramm*

```
Sub KostenDiagramm()
    Dim wshTmp As Worksheet
    Dim shpTmp As Shape
    Dim rngTmp As Range
    Dim chrTmp As Chart
    Dim lRow    As Long
'Verweis auf Worksheet mit Daten
    Set wshTmp = ThisWorkbook.Worksheets("Losgröße")
    With wshTmp
        .Activate
        lRow = .UsedRange.Rows.Count
        Set rngTmp = .Range("A11:D" + LTrim(Str(lRow)))
        Set shpTmp = .Shapes.AddChart2(240, xlXYScatterSmoothNoMarkers)
    End With
    Set chrTmp = shpTmp.Chart
    With chrTmp
        .SetSourceData Source:=rngTmp, PlotBy:=xlColumns
        .HasTitle = True
        .ChartTitle.Characters.Text = "Optimale Losgröße"
        .SeriesCollection(1).Name = "=""Gesamt-Rüstkosten"""
        .SeriesCollection(2).Name = "=""Gesamt-Lagerkosten"""
        .SeriesCollection(3).Name = "=""Gesamtkosten"""
        .Location Where:=xlLocationAsObject, Name:="Losgröße"
        .Axes(xlCategory, xlPrimary).HasTitle = True
        .Axes(xlCategory, xlPrimary).AxisTitle.Characters.Text = "Stückzahl"
        .Axes(xlValue, xlPrimary).HasTitle = True
        .Axes(xlValue, xlPrimary).AxisTitle.Characters.Text = "Kosten [Euro]"
        .ChartArea.Select
        .SetElement (msoElementLegendRight)
    End With
    Range("A2").Select
    Set shpTmp = Nothing
    Set rngTmp = Nothing
    Set chrTmp = Nothing
    Set wshTmp = Nothing
End Sub

Sub LosgrößeDiagrammLöschen()
    Dim wshTemp As Worksheet
    Dim shpTemp As Shape
    Set wshTemp = Worksheets("Losgröße")
    For Each shpTemp In wshTemp.Shapes
        shpTemp.Delete
    Next
    Set wshTemp = Nothing
```

Die Auswertung der Testdaten liefert als optimale Losgröße den Wert von 390 Stück (Bild 16-7).

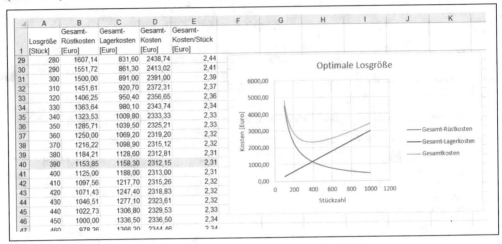

*Bild 16-7. Auswertung der Testdaten*

## Übung 16.2 Produktionsbetrieb

In einem Produktionsbetrieb werden 1000 Bauteile pro Jahr produziert. Die Rüstkosten betragen 450 Euro/Auftrag. Die Herstellkosten betragen 22 Euro/Stück. Die Bankzinsen liegen bei 12 % und die Lagerkosten bei 15 %.

Das Programm berechnet schrittweise die Kostenverhältnisse für unterschiedliche Losgrößen. Ein gelber Balken in der Tabelle (Bild 7-7) markiert die optimale Losgröße. Um eine bessere Auflösung der Funktionsverläufe zu erhalten, beginnt der Abszissenwert erst mit 100.

## Übung 16.3 Optimale Bestellmengen

Ein ähnliches Problem wie die Bestimmung der optimalen Losgröße ist die Bestimmung der optimalen Bestellmenge (Bild 16-8). Auch bei diesem Problem gibt es gegenläufige Kostenentwicklungen.

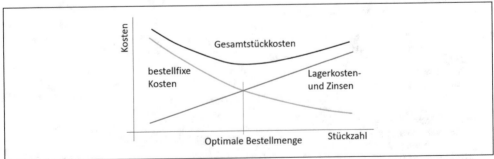

*Bild 16-8. Stückkosten in Abhängigkeit von der Bestellmenge*

Zu den bestellfixen Kosten zählen die Kosten, die bei der Angebotseinholung und Angebotsprüfung anfallen. Um diese möglichst klein zu halten, würden große Bestellmengen sinnvoll sein. Andererseits werden damit die schon beschriebenen Lagerhaltungs- und Bankzinsen höher. Auch hier gilt es bestellfixe Kosten und Lagerhaltungskosten so zu wählen, dass diese ein Minimum werden. Die so gewonnene Menge ist die optimale Bestellmenge. Oft sind jedoch die Bestellkosten einer Bestelleinheit abhängig von der Bestellmenge, beispielsweise aufgrund von Mengennachlässen und Transportkosten. Auch die Lagerhaltungskosten haben viele Einflüsse, wie Wertminderung, Schwund, Versicherungskosten für Lagerräume etc.

## Übung 16.4 Break-Even-Analyse

Eine weitere, oft angewandte Berechnung, ist die Break-Even-Analyse. Diese Methode ermittelt die Absatzmenge, bei der die Umsatzerlöse die fixen und variablen Kosten decken. Die Break-Even-Methode zeigt die Wirkung von Umsatz- und Kostenänderungen auf den Gewinn (Bild 16-9).

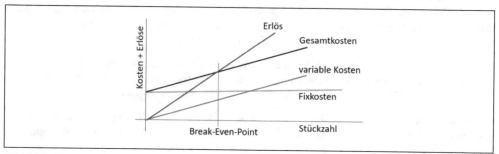

*Bild 16-9. Kosten und Erlöse in Abhängigkeit von der Bestellmenge*

Es gibt den mengenmäßigen B-E-P:

$$\text{Break} - \text{Even} - \text{Point} = \frac{\sum \text{Fixkosten}}{\text{Deckungsbeitrag je Stück}}, \tag{16.8}$$

und den wertmäßigen B-E-P:

$$\text{Break} - \text{Even} - \text{Point} = \frac{\sum \text{Fixkosten}}{\text{Deckungsquote je Stück}}. \tag{16.9}$$

Darin ist

$$\frac{Deckungsbeitrag}{Stück} = \frac{Verkaufspreis}{Stück} - \frac{variable\ Kosten}{Stück} \tag{16.10}$$

und

$$\frac{Deckungsquote}{Stück} = \frac{\frac{Deckungsbeitrag}{Stück}}{\frac{Verkaufspreis}{Stück}} \tag{16.11}$$

In Mehrproduktunternehmen führen unterschiedliche Absatzmengenkombinationen der Produkte zu unterschiedlichen Gewinnpunkten. Hier kann die Gewinnschwelle nicht mehr über die Break-Even-Menge bestimmt werden. Die Mengen der verschiedenen Produkte können wegen ihrer spezifischen Deckungsbeiträge nicht mehr addiert werden. Der absolute Deckungsbeitrag einer Periode kann auch relativ als prozentualer Anteil vom Umsatz ausgedrückt werden

$$DB(\%) = \frac{DB}{\text{Umsatz}}, \tag{16.12}$$

sodass sich zum Erreichen des Break-Even-Points der erforderliche Break-Even-Umsatz aus

$$BEU = \frac{Fixkosten}{DB(\%)}$$

(16.13)

bestimmt.

## Übung 16.5 Nutzwertanalyse

Ein weiteres Anwendungsbeispiel aus diesem Bereich ist die Nutzwertanalyse. Sie wurde in den USA unter dem Begriff *utility analysis* entwickelt und seit den 70er Jahren auch in Deutschland eingesetzt. Die Nutzwertanalyse priorisiert verschiedene Lösungen. Dies geschieht durch deren Gewichtung im Hinblick zur Erreichung eines oder mehrerer Ziele.

Zunächst gilt es festzustellen, welche Kriterien für eine Projektentscheidung wichtig und maßgeblich sein sollen. In den meisten Fällen können schon im ersten Schritt k. o. -Kriterien formuliert werden, die zwingend erfüllt werden müssen. Lösungen, die diese Bedingung nicht erfüllen, scheiden sofort aus. Diese Muss-Kriterien können durch Soll-Kriterien ergänzt werden, deren Erfüllung erwünscht, aber nicht notwendig ist.

In einem zweiten Schritt müssen nun die einzelnen Soll-Ziele in eine Ordnung gebracht werden. Möglich ist eine Systematisierung in Form von Oberzielen und dazugehörigen Unterzielen. Den einzelnen Zielen werden Gewichtungsfaktoren zugeordnet (Bild 16-10).

Der Vorteil bei der Anwendung der Nutzwertanalyse ist die Flexibilität in der Erfassung einer großen Anzahl von Erfordernissen. Übersichtlich werden einzelne Alternativen vergleichbar, auch wenn sie vorher unvergleichbar scheinen. Der Nachteil ist aber auch, dass nicht immer gewährleistet ist, dass die richtigen Kriterien ausgewählt wurden. Dies gilt ebenso für die Gewichtung der Kriterien. Damit der persönliche Faktor geringgehalten wird, sollten mehrere Personen bei einer Nutzwertanalyse mitwirken.

| Lösungen | Teilnutzen 1 x Ziel 1 (Faktor 2) | Teilnutzen 2 x Ziel 2 (Faktor 4) | Teilnutzen 3 x Ziel 3 (Faktor 3) | Nutzen |
|---|---|---|---|---|
| A | 3 x 2 = 6 | 2 x 4 = 8 | 4 x 3 = 12 | 26 |
| B | 3 x 2 = 6 | 3 x 4 = 12 | 2 x 3 = 6 | 24 |
| C | 2 x 2 = 4 | 2 x 4 = 8 | 1 x 3 = 3 | 15 |

*Bild 16-10. Beispiel einer Nutzwertanalyse*

# KAPITEL 17

# Berechnungen aus der Energietechnik

Energie ist eine physikalische Größe, die in allen Teilgebieten der Physik eine fundamentale Rolle spielt. Auch in der Technik, Chemie, Biologie, Wirtschaft und vielen anderen Bereichen spielt sie eine zentrale Rolle. Entsprechend dem Energieerhaltungssatz ändert sich in einem abgeschlossenen System die Gesamtenergie nicht. Sie kann jedoch teilweise in verschiedene Energieformen umgewandelt werden. Der Begriff Energie ist sehr allgemein und beschreibt das einem System innewohnende Wirkpotential.

## 17.1 Energieformen

Die physikalische Größe *Energie* kann in unterschiedlichen Energieformen auftreten.

*Tabelle 17-1. Die wichtigsten Energieformen*

| Energieform | Erscheinungsformen |
|---|---|
| Potentielle Energie, Lagenenergie | Kran, Aufzug, schiefe Ebene, Flaschenzug |
| Kinetische Energie, Bewegungsenergie | Fahrzeug, Rakete, Geschoss, Freier Fall |
| Rotationsenergie | Windrad, Turbine, Motor, Karussel, Simulator |
| Elektrische Energie | Strom, Blitz, Induktion, Galvanisieren, Batterien |
| Magnetische Energie | Kompass, Hubvorrichtung, Relais, Telefon, Radio |
| Thermische Energie, Wärme | Solarenergie, Dampfkraft, Verbrennung, Kochen |
| Chemische Energie | Brennstoffe, molekulare Reaktionen, Akkumulator |
| Lichtenergie | Solarenergie, Lampe, Röntgenstrahlen, Lichttherapie |
| Kernenergie | Stromerzeugung, Nuklearmedizin, Altersbestimmung |

## 17.2 Arbeit und Leistung

Während Energie den Zustand eines Systems beschreibt, charakterisiert Arbeit einen Prozess, bei dem Energie zwischen Systemen übertragen oder in andere Energieformen umgewandelt wird. Bezieht sich die Arbeit auf einen Zeitraum, beziehungsweise wird die Energie in einem Zeitraum umgesetzt, so spricht man von Leistung.

Als Formel ist die mechanische Arbeit W definiert als Produkt von eingesetzter Kraft F und zurückgelegtem Weg s

$$W = \vec{F} \cdot \vec{s}. \tag{17.1}$$

Kraft und Weg sind in der Formel als Vektoren gekennzeichnet, besitzen also eine bestimmte Richtung. Entsprechend dem SI-Einheitensystem gelten als Maßeinheiten für Energie die Angaben

- Joule (Kurzzeichen J)
- Wattsekunde (Kurzzeichen Ws)

Die Maßeinheit für die Energie ist auch die Maßeinheit für die Arbeit und es gilt die Beziehung

$$1J = 1N \cdot 1m = 1W \cdot 1s, \tag{17.2}$$

mit der Kraft in Newton (N) und dem Weg in Metern (m). Es existieren noch viele, teilweise nationale, Einheiten. Die nachfolgende Tabelle ist nur ein Auszug.

*Tabelle 17-2. Häufige Energieeinheiten*

| Einheit | Bezeichnung | Umrechnung in kJ bzw. kWh |
|---------|-------------|---------------------------|
| J | Joule | 1 000 J = 1 000 Ws = 1 kJ |
| cal | Kalorie | 1 000 cal = 1 kcal = 4,186 kJ |
| Wh | Wattstunde | 1 Wh = 3,6 kJ |
| (kg) SKE | (Kilogramm) Steinkohleeinheit | 1 kg SKE = 29 308 kJ |
| (kg) RÖE | (Kilogramm) Rohöleinheit | 1 kg RÖE = 41 868 kJ |
| oe oder OE | Oil Equivalent | 1 (kg) oe = 41 868 kJ |
| m³ Erdgas | Kubikmeter Erdgas | 1 m³ Erdgas = 31 736 kJ |
| BTU | British Thermal Unit | 1 BTU = 0,000293071 kWh = 1,05506 kJ |
| kpm | Kilopondmeter | 1 kpm = $2,72 \cdot 10^{-6}$ kWh = 0,00980665 kJ |
| erg | Erg | 1 erg = $2,78 \cdot 10^{-14}$ kWh = $1 \cdot 10^{-10}$ kJ |
| eV | Elektronenvolt | 1 eV = $1,60217733 \cdot 10^{-19}$ J = $1,60217733 \cdot 10^{-22}$ kJ |

Die Leistung P ist definiert als Quotient von Arbeit W und Zeit t

$$P = \frac{W}{t}, \tag{17.3}$$

mit der Maßeinheit

$$\frac{1J}{1s} = 1W. \tag{17.4}$$

## 17.3 Berechnung der Energie

### 17.3.1 Potentielle Energie

Die potentielle Energie ist eine mechanische Energie und wird auch als Lagenenergie bezeichnet. Ein System der Masse m mit einer Höhe h zu einem Bezugspunkt, z. B. die Erdoberfläche mit einer Erdbeschleunigung g von rund 9,81 m/s², so besitzt dieses die potentielle Energie

$$E_{pot} = m \cdot h \cdot g. \tag{17.5}$$

Das Produkt aus Masse m und Erdbeschleunigung g bestimmt die Gewichtskraft F (Bild 17-1).

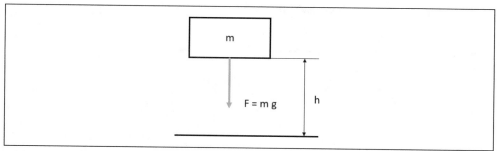

*Bild 17-1. Parameter potententieller Energie*

### 17.3.2 Kinetische Energie

Die kinetische Energie ist ebenfalls eine mechanische Energie und wird auch als Bewegungsenergie bezeichnet.

Ein System der Masse m wird mit einer gleichbleibenden Geschwindigkeit v über eine Strecke s bewegt (Bild 17-2). Dazu ist die folgende kinetische Energie erforderlich

$$E_{kin} = \frac{1}{2}m \cdot v^2. \tag{17.6}$$

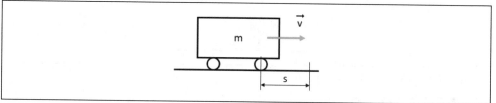

*Bild 17-2. Parameter einer gleichförmigen Bewegung*

Einflüsse wie Rollreibung und Luftwiderstand bleiben unberücksichtigt.

Ein System der Masse m mit der Anfangsgeschwindigkeit v wird mit einer gleichbleibenden Beschleunigung a in der Zeit t über eine Strecke s bewegt (Bild 17-3). Dazu ist die folgende kinetische Energie erforderlich

$$E_{kin} = \frac{1}{2}m \cdot a^2 \cdot t^2. \tag{17.7}$$

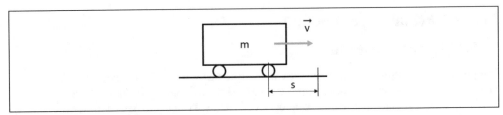

*Bild 17-3. Parameter einer gleichmäßig beschleunigten Bewegung*

### 17.3.3 Rotationsenergie

Damit ein System eine bestimmte Winkelgeschwindigkeit erfährt, muss Rotationsenergie aufgewendet werden (Bild 17-4). Die Rotationsenergie ist das Produkt aus Trägheitsmoment J eines Systems und seiner Winkelgeschwindigkeit ω

$$E_{rot} = \frac{1}{2} J \cdot \omega^2. \tag{17.8}$$

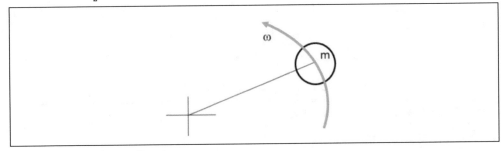

*Bild 17-4. Parameter einer Rotation*

Für ein rollendes System (Bild 17-5) bestimmt sich die kinetische Energie als Summe aus Bewegungs- und Rotationsenergie

$$E_{kin} = E_{bew} + E_{rot} = \frac{1}{2} m \cdot v^2. \tag{17.9}$$

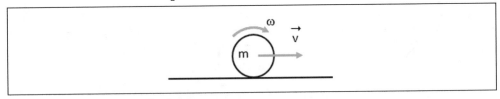

*Bild 17-5. Parameter einer rollen Bewegung*

### 17.3.4 Elektrische Energie

Die elektrische Energie, die in einem Stromkreis oder Bauteil umgewandelt wird (Bild 17-6), ist das Produkt aus Spannung U, Stromstärke I und der Zeit t, in der der Strom fließt.

$$E_{ele} = U \cdot I \cdot t. \tag{17.10}$$

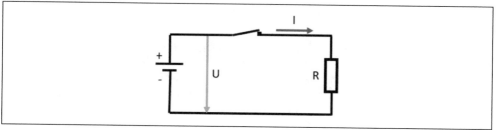

*Bild 17-6. Parameter eines einfachen Stromkreises*

Die elektrische Feldenergie eines Kondensators (Bild 17-7) bestimmt sich aus dessen Kapazität C und durch die am Kondensator anliegende Spannung U.

$$E_{ele} = \frac{1}{2} C \cdot U^2 \tag{17.11}$$

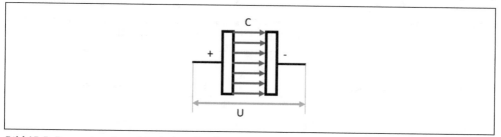

*Bild 17-7. Parameter eines elektrischen Kondensators*

## 17.3.5 Magnetische Energie

Analog zur Bestimmung der Energie eines elektrischen Feldes bestimmt sich die Energie des Magnetfeldes einer Spule (Bild 17-8) durch dessen Induktivität L und dem fließenden Strom I.

$$E_{mag} = \frac{1}{2} L \cdot I^2 \tag{17.12}$$

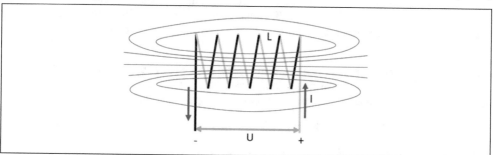

*Bild 17-8. Parameter einer magnetischen Spule*

## 17.3.6 Thermische Energie

Thermische Energie ist die Energie, die einem System zum Erhitzen zugeführt oder zum Abkühlen abgeführt wird (Bild 17-9) und bestimmt sich aus der Masse m, der Temperaturdifferenz ΔT und der spezifischen Wärmekapazität des Stoffes c.

$$E_{the} = c \cdot m \cdot (T_2 - T_1) = \Delta Q \tag{17.13}$$

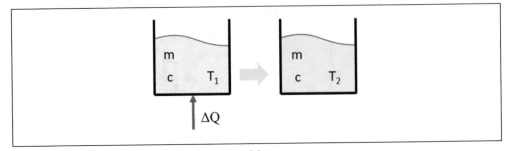

*Bild 17-9. Parameter einer thermischen Energiezufuht*

## 17.3.7 Chemische Energie

Chemische Reaktionen sind Stoffumwandlungen, bei denen Bindungen von Teilchen gespalten und neue hergestellt werden, wodurch Stoffe mit neuen Eigenschaften entstehen. Diese Umordnung erfordert Aktivierungsenergie $E_A$ und bei endothermer Reaktion weitere Energie $\Delta E_{end}$ bzw. setzt bei exothermer Reaktion Energie $\Delta E_{exo}$ frei (Bild 17-10).

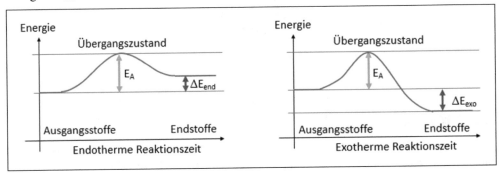

*Bild 17-10. Energiebilanz bei endothermer und exothermer Reaktion*

Eine Möglichkeit die Reaktionswärme zu bestimmen ist die Verwendung eines Kalorimeters. Dazu wird die Masse des im Thermogefäß enthaltenen Wassers und deren Temperatur vor und nach der Reaktion bestimmt. Damit wird die thermische Wärme nach Gleichung (17.13) bestimmt.

Bei chemischen Reaktionen, bei denen Ausgangsstoffe zu einer chemischen Verbindung reagieren, wird die Reaktionswärme als *Bildungsenthalpie* bezeichnet. Als Beispiel bestimmt sich die Bildungsenthalpie von Magnesiumoxid aus Magnesium und Sauerstoff

$$Mg_{(s)} + \frac{1}{2}O_{2\,(g)} \rightarrow MgO(s); \; \Delta_b H_m^0 = -601 \; kJ \cdot mol^{-1}.$$

Um die Wärme zu bestimmen, die ein Brennstoff in einer Heizungsanlage entwickelt, sind Enthalpiebestimmungen weniger geeignet. In der Praxis wird die Masse bzw. das Volumen zur Energiebestimmung zugrunde gelegt.

Als *Brennwert* wird die Wärmemenge bezeichnet, die bei der Verbrennung eines Kilogramms, Kubikmeters oder Liters eines Brennstoffs und abschließender Abhühlung der Abgase auf 25 °C freigesetzt wird. Der *Heizwert* ist um die Wärmemenge des Brennwertes reduziert, die bei der Kondensation des Wassers frei wird.

Die Bestimmung des Energieverbrauchs von Gas in kWh erfolgt mit der Formel

$$E_{gas} = \text{Kubikmeter} \cdot \text{Brennwert} \cdot \text{Zustandszahl} \tag{17.14}$$

Bei einem geschützten Jahresverbrauch von 3000 m³, einem Brennwert der Heizung von 10 und einer Zustandszahl von 0,95 liegt der jährliche Gasverbrauch bei

$$E_{gas/jahr} = 3000 \cdot 10 \cdot 0,95 = 28.500 \ kWh.$$

### 17.3.8 Lichtenergie

In der Quantenphysik wird Licht als Strom vieler Teilchen betrachtet, die als Photonen bezeichnet werden. Die Energie eines Photons wird durch seine Lichtfrequenz f mit der Einhait 1/s bestimmt. Eine weitere Erkenntnis ist, dass die Energie eines Photons mit dem Wirkungsquantum h verbunden ist, eine wichtigste Konstante der Physik

$$h = 6,626 \cdot 10^{-34} \ [Js].$$

Eine Vielzahl von n Photonen besitzt die Energie

$$E_{pho} = n \cdot h \cdot f. \tag{17.15}$$

Eine andere Formel geht auf den Physiker Albert Einstein zurück und bezieht sich auf die Masse m eines Photons und der Lichtgeschwindigkeit c mit

$$E_{pho} = n \cdot m \cdot c^2. \tag{17.16}$$

### 17.3.9 Kernenergie

Bei Kernfusion und Kernspaltung ergibt sich ein Massendefekt $\Delta m$ zwischen Ausgangs- und Endprodukt. Entsprechend der Einsteinschen Formel (17.16) ergibt sich ein Energiegewinn

$$E_{ker} = \Delta m \cdot c^2. \tag{17.17}$$

Bei der Uranspaltung werden nichtstabile Isotope U-235 durch langsame Neutronen U-236 beschossen und zerfallen unter Bildung von Ba-139, Kr-94 und Neutronen. Dabei entsteht etwa 200 MeV (Bild 17-11).

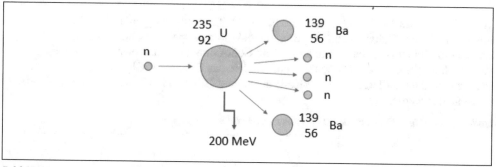

*Bild 17-11. Schema der Kernspaltung*

Bei der Kernfusion eines Deuterium- und eines Tritiumkerns entstehen ein $\alpha$-Teilchen $^4He^{2+}$ und ein Neutron (Bild 17-12). Dabei wird eine Energie von 17,6 MeV ausgestrahlt.

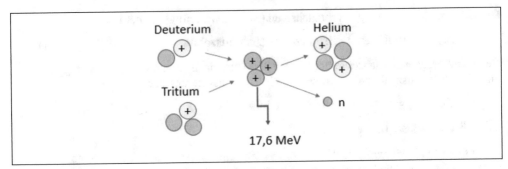

*Bild 17-12. Schema der Kernfusion*

Ein großes Problem bei einer Fusion auf der Erde ist die extreme Reaktionstemperatur, die mehr als 10 Millionen Grad beträgt. Dazu muss das Plasma auf einer stabilen Position fern von jeglichem Material gehalten werden.

## 17.4 Energieeinheiten

Alle gängigen Energieeinheiten können mithilfe von Faktoren umgerechnet werden. Die folgende Tabelle zeigt die wichtigsten.

*Tabelle 17-3. Umrechnungsfaktoren zwischen Energieeinheiten*

|  | kJ | kcal | kWh | kg SKE | kg RÖE | m³ Erdgas |
|---|---|---|---|---|---|---|
| 1 kJ | 1 | 0,2388 | 0,000278 | 0,000034 | 0,000024 | 0,000032 |
| 1 kcal | 4,1868 | 1 | 0,001163 | 0,000143 | 0,0001 | 0,00013 |
| 1 kWh | 3 600 | 860 | 1 | 0,123 | 0,086 | 0,113 |
| 1 kg SKE | 29 308 | 7 000 | 8,14 | 1 | 0,7 | 0,923 |
| 1 kg RÖE | 41 868 | 10 000 | 11,63 | 1,428 | 1 | 1,319 |
| 1 m³ Erdgas | 31 736 | 7 580 | 8,816 | 1,083 | 0,758 | 1 |

Wir nehmen diese Tabelle als Grundlage für ein Umrechnungsprogramm. Um die unterschiedlichen Einheiten und Umrechnungsfaktoren zu speichern, benutzen wir eine *Dictionary*-Objektliste. Dazu erstellen wir ein Code-Modul mit dem Namen *modDictionary*, dass die Initialisierung des Dictionarys enthält. Um das Dictionary-Objekt nutzen zu können, muss zuvor unter EXTRAS / VERWEISE die Objekt-Bibliothek *Microsoft Scripting Runtime* eingebunden werden.

*Codeliste 17-1. Initialisierung des Dictionarys im Modul modDictionary*

```
Public objUmr As Dictionary

Sub CreateDictionary()
    Set objUmr = New Dictionary
    With objUmr
        .Add Key:="kJ_kJ", Item:=1
        .Add Key:="kJ_kcal", Item:=0.2388
        .Add Key:="kJ_kWh", Item:=0.000278
        .Add Key:="kJ_kg SKE", Item:=0.000034
        .Add Key:="kJ_kg RÖE", Item:=0.000024
        .Add Key:="kJ_cbm Erdgas", Item:=0.000032
```

```
        .Add Key:="kcal_kJ", Item:=4.1868
        .Add Key:="kcal_kcal", Item:=1
        .Add Key:="kcal_kWh", Item:=0.001163
        .Add Key:="kcal_kg SKE", Item:=0.000143
        .Add Key:="kcal_kg RÖE", Item:=0.0001
        .Add Key:="kcal_cbm Erdgas", Item:=0.00013

        .Add Key:="kWh_kJ", Item:=3600
        .Add Key:="kWh_kcal", Item:=860
        .Add Key:="kWh_kWh", Item:=1
        .Add Key:="kWh_kg SKE", Item:=0.123
        .Add Key:="kWh_kg RÖE", Item:=0.086
        .Add Key:="kWh_cbm Erdgas", Item:=0.113

        .Add Key:="kg SKE_kJ", Item:=29308
        .Add Key:="kg SKE_kcal", Item:=7000
        .Add Key:="kg SKE_kWh", Item:=8.14
        .Add Key:="kg SKE_kg SKE", Item:=1
        .Add Key:="kg SKE_kg RÖE", Item:=0.7
        .Add Key:="kg SKE_cbm Erdgas", Item:=0.923

        .Add Key:="kg RÖE_kJ", Item:=41868
        .Add Key:="kg RÖE_kcal", Item:=10000
        .Add Key:="kg RÖE_kWh", Item:=11.63
        .Add Key:="kg RÖE_kg SKE", Item:=1.428
        .Add Key:="kg RÖE_kg RÖE", Item:=1
        .Add Key:="kg RÖE_cbm Erdgas", Item:=1.319

        .Add Key:="cbm Erdgas_kJ", Item:=31736
        .Add Key:="cbm Erdgas_kcal", Item:=7580
        .Add Key:="cbm Erdgas_kWh", Item:=8.816
        .Add Key:="cbm Erdgas_kg SKE", Item:=1.083
        .Add Key:="cbm Erdgas_kg RÖE", Item:=0.758
        .Add Key:="cbm Erdgas_cbm Erdgas", Item:=1
    End With
End Sub
```

Für den Rechner verwenden wir ein Arbeitsblatt mit dem Namen *Rechner*. Zellen für die Eingabe eines Wertes und der Energieeinheiten werden farblich markiert (Bild 17-13).

| ▲ | A | B | C | D | E | F |
|---|---|---|---|---|---|---|
| 1 | | | | | | |
| 2 | | EINGABE | | | UMRECHNUNG | |
| 3 | | 200 kWh | | | 22,60 cbm Erdgas | |
| 4 | | | | | | |

*Bild 17-13. Aufbau des Rechners auf dem Arbeitsblatt Rechner*

Gitternetzlinien, Überschriften und Bearbeitungsleiste werden zum Abschluss unter Register ANSICHT / ANZEIGEN ausgeblendet.

Für die Vorgaben der jeweiligen Einheiten in den Zellen C3 und F3 erstellen wir unter Register DATEN / DATENTOOLS / DATENÜBERPRÜFUNG eine Liste der gültigen Eingaben (Bild 17-14). Unter *Quelle* werden die zulässigen Einheiten in der Form

kJ;kcal;kWh;kg SKE;kg RÖE;cbm Erdgas

eingetragen. Sie können auch in einem Bereich stehen und daraus übertragen werden.

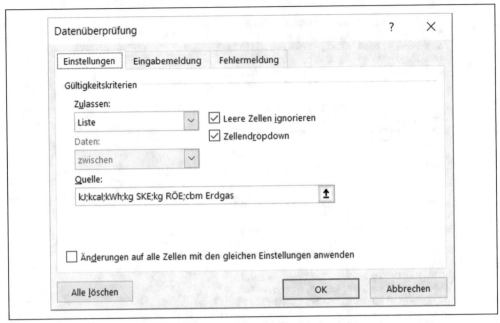

*Bild 17-14. Vorgabe der zulässigen Einheiten als Auswahlliste*

Die Einheiten können jederzeit geändert werden (Bild 17-15).

*Bild 17-15. Auswahl der Einheiten*

Werden nun auf dem Arbeitsblatt in den Zellen B3, C3 oder F3 Änderungen vorgenommen, so muss darauf reagiert werden. Die Ereignisprozedur *Worksheet_Change* kann dazu verwendet werden. Sie liefert die Adresse der geänderten Zelle. Ist eine der genannten Zellen betroffen, erfolgt die Umrechnung mit den Vorgaben im Arbeitsblatt.

*Codeliste 17-2. Die Prozeduren im Arbeitsblatt Rechner triggern bei Zelländerungen die Umrechnung*

```
Private Sub Worksheet_Change(ByVal Target As Range)
    Select Case Target.Address
    Case "$B$3", "$C$3", "$F$3"
        Call Umwandlung
    End Select
End Sub

Sub Umwandlung()
    Dim sKey    As String
    Dim dFak    As Double
    Dim dWert   As Double
    Dim dRes    As Double
```

```
    dWert = Val(Range("B3"))
    sKey = Range("C3").Text & "_" & Range("F3")
    Call CreateDictionary
    dFak = objUmr.Item(sKey)
    Set objUmr = Nothing
    dRes = dWert * dFak
    Range("E3") = Str(Format(dRes, "#,##0.0000"))
End Sub
```

🗁 7-06-17-01_EnergieUmwandlung.xlsm

### Übung 17-1. Spannenergie und Arbeitsblatt

Die Energie, die in einer gestauchten oder gespannten Feder steckt, wird als Spannenergie
bezeichnet (Bild 17-16).

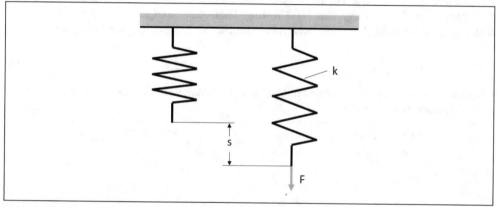

*Bild 17-16. Gespannte Feder*

Je größer die Spannstrecke bzw. Stauchstrecke s und die Federkonstante k, desto größer ist die
gespeicherte Spannenergie. Sie bestimmt sich aus der Formel

$$E_{spann} = \frac{1}{2} \cdot k \cdot s^2.$$
(17.18)

Die Spannenergie gehört zur potentiellen Energie.

Ein Arbeitsblatt soll die Energie der zuvor aufgeführten Energieformen unter Vorgabe der
notwendigen Parameter berechnen. Dazu wird für jede Energieform eine UserForm erstellt,
auf der sich ein Schaubild und Eingabefelder für die Parameter befinden. Mit einer
Schaltfläche wird die Berechnung gestartet und in einem Textfeld wird das Ergebnis
angezeigt.

# 17.5 Solarkollektor

Wir betrachten eine senkrecht zu den Sonnenstrahlen ausgerichtete Fläche eines
Sonnenkollektors (Bild 17-17).

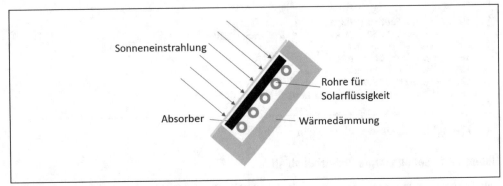

Bild 17-17. Schema eines Sonnenkollektors

Die Energie in Joule bzw. kWh, die so gewonnen werden kann, bestimmt sich aus der Solarkonstanten $K_{sum}$ mit ungefähr 1000 Watt/m² für Deutschland, der Anzahl n von Kollektoren, der Fläche $A_{SK}$ eines Solarkollektors und der Einstrahlungszeit t in Sekunden, mit

$$E_{sol} = k_{sum} \cdot n \cdot A_{SK} \cdot t. \tag{17.19}$$

Die Berechnung des Energiegewinns mit einem Arbeitsblatt lässt sich anschaulich in einem XY-Diagramm darstellen (Bild 17-18).

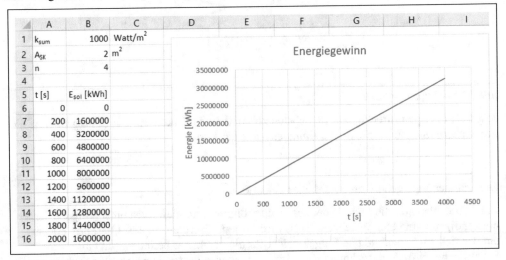

Bild 17-18. Berechnung des Energiegewinns

Für den Transport der Solarenergie aus dem Solarkollektor wird ein Wasser-Frostschutzmittel-Gemisch mit einer Dichte von etwa 1 kg/dm³ verwendet, das einen Energiegehalt von 3,6 kJ/kg transportieren kann. Aus der Gleichung für thermische Energie (17.13) lässt sich die Gemischmenge berechnen, wenn eine Temperaturdifferenz von $\Delta T$ gegeben ist.

$$m = \frac{E_{sol}}{c \cdot \Delta T} \tag{17.20}$$

In der Formel ist c die Wärmekapazität des Gemisches, je nach Mischung von 2,5 bis 4,2 kJ/kg. Die Berechnung im Arbeitsblatt wird erweitert (Bild 17-19) und ein neues Diagramm eingefügt (Bild 17-20).

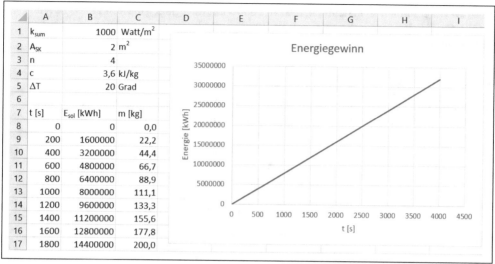

Bild 17-19. Erweiterte Berechnung

Tabelle 17-4. Bereichsnamen und Formeln

| Bereich | Name | | Bereich | Formel | Übertragen auf |
|---------|------|---|---------|--------|----------------|
| B1 | ks | | B8 | =ks*n*As*A8 | B9:B28 |
| B2 | As | | C8 | =B8/(cg*dT) | C9:C28 |
| B3 | N | | | | |
| B4 | cg | | | | |
| B5 | dT | | | | |

📂 7-06-17-02_Solarkollektor.xlsm

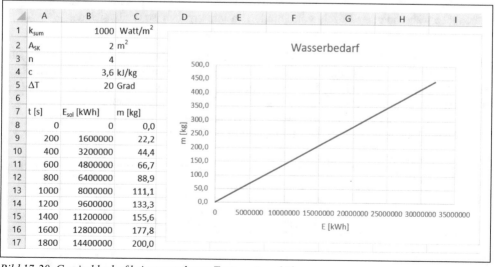

Bild 17-20. Gemischbedarf bei vorgegebener Temparaturerhöhung

Aus den Diagrammen ist ersichtlich, dass in 2600 s ein Energiegewinn von 20800 MWh anfällt, für die eine Gemischmenge von ca. 290 kg erforderlich ist, wenn eine Temperaturerhöhung von 20 Grad erzielt werden soll.

## 17.6 Windrad

Einen großen Beitrag zur Energiewende liefern Windkraftanlagen. Ein hoher Stellenwert ergibt sich aus der Tatsache, dass Windkraft überall verfügbar ist.

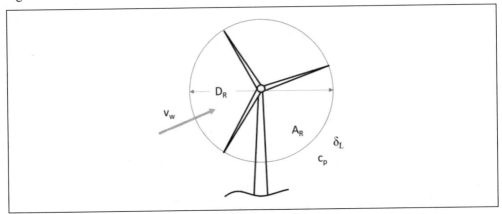

*Bild 17-21. Windradfläche*

Die Energie in Joule bzw. kWh, die von einer Windanlage (Bild 17-21) gewonnen werden kann, bestimmt sich aus dem Leistungsbeiwert $c_p$, der Luftdichte $\delta_L$, der Rotorfläche $A_R$, der Windgeschwindigkeit $v_W$ und der Auftrittshäufigkeit der jeweiligen Windgeschwindigkeit t mit

$$E_{win} = \frac{1}{2} \cdot c_p \cdot \delta_L \cdot A_R \cdot v_W^3 \cdot t. \tag{17.21}$$

Summiert man die Einzelbeträge, die sich aus den jeweiligen Windgeschwindigkeiten in Nabenhöhe während einer Anzahl von Stunden im Jahr ergeben, so ergibt sich der Jahresertrag.

Der Leistungsbeiwert gibt den Anteil der im Wind enthaltenen kinetischen Energie wieder, die vom Windrad genutzt wird und liegt in der Praxis zwischen 40 und 50 Prozent. Die Luftdichte beträgt 1,14 kg/m³. Der wichtige Faktor für den Energieertrag ist die Windgeschwindigkeit, die in der Formel mit der dritten Potenz eingeht. Das bedeutet, bei doppelter Windgeschwindigkeit ergibt sich eine achtfache Steigerung des Ertrags. Daher ist die Standortbestimmung von großer Bedeutung (Bild 17-22).

*Tabelle 17-5. Bereichsnamen und Formeln*

| Bereich | Name | Bereich | Formel | Übertragen auf |
|---------|------|---------|--------|----------------|
| B1 | cp | E2 | =dr^2*PI()/4 | |
| B2 | dr | B7 | =cp*dl*AR*vw^3*A7/2000000000 | B8:B25 |
| B3 | dl | | | |
| B4 | vw | | | |

| ▲ | A | B | C | D | E | F | G | H | I |
|---|---|---|---|---|---|---|---|---|---|
| 1 | $c_p$ | 0,45 | | | | | | | |
| 2 | $d_R$ | 100 | m | $A_R$ | 7853,981634 | $m^2$ | | | |
| 3 | $\delta_L$ | 1,14 | $kg/m^3$ | | | | | | |
| 4 | $v_W$ | 12 | m/s | | | | | | |
| 5 | | | | | | | | | |
| 6 | t [h] | $E_{win}$ [Mio kWh] | | | | | | | |
| 7 | 0 | 0,00 | | | | | | | |
| 8 | 500 | 1,74 | | | | | | | |
| 9 | 1000 | 3,48 | | | | | | | |
| 10 | 1500 | 5,22 | | | | | | | |
| 11 | 2000 | 6,96 | | | | | | | |
| 12 | 2500 | 8,70 | | | | | | | |
| 13 | 3000 | 10,44 | | | | | | | |
| 14 | 3500 | 12,18 | | | | | | | |
| 15 | 4000 | 13,92 | | | | | | | |
| 16 | 4500 | 15,67 | | | | | | | |
| 17 | 5000 | 17,41 | | | | | | | |
| 18 | 5500 | 19,15 | | | | | | | |
| 19 | 6000 | 20,89 | | | | | | | |
| 20 | 6500 | 22,63 | | | | | | | |
| 21 | 7000 | 24,37 | | | | | | | |

*Bild 17-22. Berechnung des Energiegewinns*

## 17.7 Energieertrag aus Erdwärme

Eine Wärmepumpe nimmt, unter Einsatz elektrischer Energie, thermische Energie aus einem Reservoir mit niedigerer Temperatur auf und überträgt sie, zusammen mit der Antriebsenergie, auf ein System als Nutzwärme (Bild 17-23).

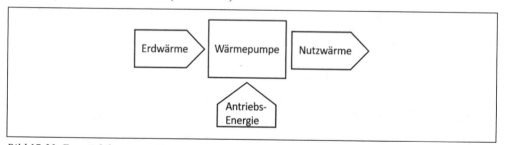

*Bild 17-23. Energiebilanz einer Wärmepumpe*

Die Funktion der Wärmepumpe lässt sich mithilfe eines linkslaufenden Carnot-Prozesses (siehe Kapitel Thermodynamik) erklären (Bild 17-24).

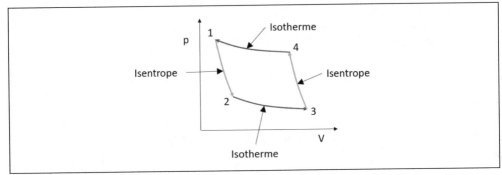

*Bild 17-24. Linkslaufender Carnot-Prozess im p-V-Diagramm*

Eine Wärmepumpen-Heizungsanlage besteht aus der eigentlichen Wärmequellenanlage, die der Umgebung die benötigte Energie entzieht (Wärmepumpe) und dem Organisationssystem (Wärmespeicher), dass die Wärme zwischenspeichert und verteilt (Bild 17-25).

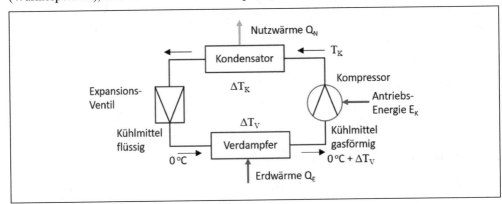

*Bild 17-25. Funktionsschema einer Wärmepumpen-Anlage*

Die sogenannte Leistungszahl $\epsilon$ des Carnot-Prozesses auch kurz mit COP (Coefficient of Performance) bezeichnet, bestimmt sich aus der Temperaturdifferenz von Verdampfer $\Delta T_V$ und Kondensator $\Delta T_K$

$$\epsilon = \frac{Q_N}{E_K} = \frac{T_0 + \Delta T_K}{(T_0 + \Delta T_K) - (T_0 + \Delta T_V)}, \tag{17.22}$$

darin entspricht $T_0 = 273{,}15$ K gleich 0 Grad Celsius. Die Leistungszahl beschreibt auch das Verhältnis zwischen erzielter Nutzwärme $Q_N$ und erforderlicher Antriebsenergie $E_K$.

Die Verluste, die bei der Wärmeübertragung und Verdichtung des Gases entstehen, werden durch einen Wirkungsgrad berücksichtigt.

$$\epsilon = \eta \cdot \frac{Q_N}{E_K} = \eta \cdot \frac{T_0 + \Delta T_K}{(T_0 + \Delta T_K) - (T_0 + \Delta T_V)}, \tag{17.23}$$

Hat zum Beispiel der Verdampfer eine Eintrittstemperatur von 0 °C und eine Austrittstemperatur von 5 °C ($\Delta T_V = 5$ °C) und die Eintrittstemperatur des Kondensators beträgt 60 °C ($\Delta T_K = 60$ °C), der Wirkungsgrad sei mit 0,6 (60 %) angenommen, dann bestimmt sich die Leistungszahl aus

$$\epsilon = 0{,}6 \cdot \frac{273{,}15\ K + 60\ K}{(273{,}15\ K + 60\ K) - (273{,}15\ K + 5\ K)} = 3{,}634\overline{36}.$$

Die Verhältnisse lassen sich in einem Diagramm darstellen (Bild 17-26).

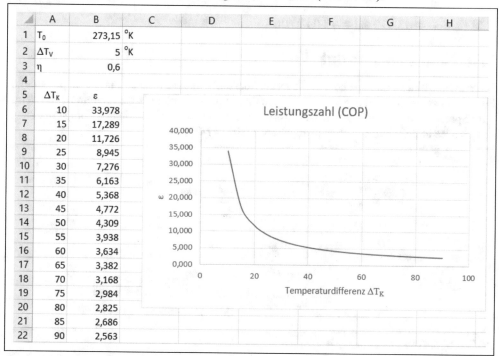

| ◢ | A | B | C | D | E | F | G | H |
|---|---|---|---|---|---|---|---|---|
| 1 | $T_0$ | 273,15 | °K | | | | | |
| 2 | $\Delta T_V$ | 5 | °K | | | | | |
| 3 | η | 0,6 | | | | | | |
| 4 | | | | | | | | |
| 5 | $\Delta T_K$ | ε | | | | | | |
| 6 | 10 | 33,978 | | | | | | |
| 7 | 15 | 17,289 | | | | | | |
| 8 | 20 | 11,726 | | | | | | |
| 9 | 25 | 8,945 | | | | | | |
| 10 | 30 | 7,276 | | | | | | |
| 11 | 35 | 6,163 | | | | | | |
| 12 | 40 | 5,368 | | | | | | |
| 13 | 45 | 4,772 | | | | | | |
| 14 | 50 | 4,309 | | | | | | |
| 15 | 55 | 3,938 | | | | | | |
| 16 | 60 | 3,634 | | | | | | |
| 17 | 65 | 3,382 | | | | | | |
| 18 | 70 | 3,168 | | | | | | |
| 19 | 75 | 2,984 | | | | | | |
| 20 | 80 | 2,825 | | | | | | |
| 21 | 85 | 2,686 | | | | | | |
| 22 | 90 | 2,563 | | | | | | |

*Bild 17-26. Beziehung zwischen Leistungszahl und Temperaturdifferenz*

*Tabelle 17-6. Bereichsnamen und Formeln im Arbeitsblatt*

| Bereich | Name | | Bereich | Formel | Übertragen auf |
|---|---|---|---|---|---|
| B1 | T0 | | B6 | =fN*((T0+A6)/((T0+A6)-(T0+TV))) | B7:B22 |
| B2 | TV | | | | |
| B3 | fN | | | | |

Das Diagramm zeigt anschaulich, dass der COP-Wert mit geringerer Temperaturdifferenz wächst und damit auch die Effizienz der Wärmepumpe.

## Übung 17-2. Latentwärmespeicher

Latentwärmespeicher sind eine interessante Entwicklung, denn sie nutzen die Schmelzwärme. Bei der Verwendung von Wasser als Speichermedium, mit einer Schmelztemperatur von 0° C, beträgt die Schmelzenergie 334 kJ/kg und die spezifische Wärmekapazität 4,19 kJ/kgK. Die Schmelzenergie entspricht dem Energieaufwand, der notwendig ist, um die gleiche Wassermenge um ca. 80° C zu erhöhen.

In der Praxis werden kleine dehnbare Behälter verwendet, da sich Eis ausdehnt, die von einer nicht gefrierenden Flüssigkeit wie z. B. Wasser mit Frostschutzmittel umspült wird. Es soll ein Arbeitsblatt erstellt werden, das die Schmelzenergie berechnet, die sich aus verschiedenen Temperaturdifferenzen ergibt.

Für einen 100 kg fassenden Behälter lautet die Berechnung

$$E_{Lat} = m_W \cdot (c_W \cdot \Delta T + c_{Schmelz}) = 100 \; kg \cdot \left(4{,}19\frac{kJ}{kg \; K} \cdot (95 - 0)K + 334\frac{kJ}{kg}\right)$$

$$E_{Lat} = 43{,}319 \; MJ = 12{,}04 \; \text{kWh}.$$

## 17.8 Pumpspeicherwerk

Die Aufgabe eines Pumpspeicherwerks ist es, überschüssige elektrische Energie in potentielle Energie zu speichern und in Spitzenlastzeiten diese wieder in elektrische Energie zu wandeln. Zum Speichervorgang wird zunächst Wasser mit einer elektrisch betriebenen Pumpe in einen Speichersee auf ein höheres Niveau angehoben (Bild 17-27).

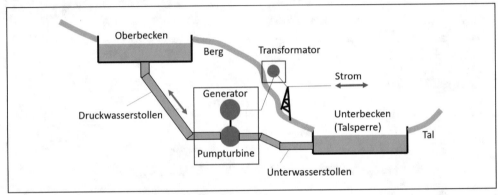

*Bild 17-27. Schema eines Pumpspeicherwerks*

Bei Bedarf lässt man Wasser den Druckstollen herabstürzen. Dabei wird die potentielle Energie des Wassers in kinetische Energie umgewandelt, die wiederum über eine Turbine mit einem angeschlossenen Generator in elektrische Energie umgewandelt wird.

Der Gesamtwirkungsgrad der Anlage beträgt

$$\eta_{Ges} = \eta_{Speicher} \cdot \eta_{Rückgewinnung}. \tag{17.24}$$

Zur Speicherung bestimmt sich die notwendige elektrische Energie für die Pumpleistung aus

$$\eta_{Speicher} = \frac{E_{Pot}}{E_{EleP}} \tag{17.25}$$

durch Umstellung

$$E_{EleP} = \frac{E_{Pot}}{\eta_{Speicher}}. \tag{17.26}$$

Unter der Annahme, dass eine bestimmte elektrische Energie aus der Rückgewinnung E_{El-R} zur Verfügung gestellt werden soll, muss unter Berücksichtigung des Wirkungsgrades

$$\eta_{Rückgewinnung} = \frac{E_{EleR}}{E_{Pot}} \tag{17.27}$$

der Wert aus

$$E_{Pot} = \frac{E_{EleR}}{\eta_{Rückgewinnung}} \tag{17.28}$$

bestimmt werden.

Geht man von einer durchschnittlichen Fallhöhe $h_{mittel}$ aus, dann bestimmt sich das notwendige Wasservolumen aus

$$E_{Pot} = m \cdot g \cdot h_{mittel} = \rho_{Wasser} \cdot V \cdot g \cdot h_{mittel} \tag{17.29}$$

durch Umstellung folgt

$$V = \frac{E_{Pot}}{\rho_{Wasser} \cdot g \cdot h_{mittel}}. \tag{17.30}$$

Bei einer angegebenen Wasserfläche des Oberbeckens $A_O$ bestimmt sich der Höhenunterschied $\Delta h$ des Seespiegels aus

$$\Delta h = \frac{V}{A_O}. \tag{17.31}$$

📂 7-06-17-05_Pumpspeicherwerk.xlsm

Im Arbeitsblatt werden die erforderlichen Parameter (grüne Felder) vorgegeben. Daraus bestimmt sich der Gesamtwirkungsgrad (gelbes Feld), sowie Volumenumsatz und Höhenunterschied abhängig vom erforderlichen Energiebedarf in MWh (Bild 17-28).

| | A | B | C | D | E | F | G | H |
|---|---|---|---|---|---|---|---|---|
| 1 | $\eta_{Speicher}$ | 0,89 | | $E_{EleR}$ [MWh] | $E_{Pot}$ [MWh] | $E_{EleP}$ [MWh] | V [km³] | $\Delta h$ [m] |
| 2 | $\eta_{Rückgewinnung}$ | 0,85 | | 10 | 11,76 | 13,22 | 0,44 | 0,04 |
| 3 | $\rho_{Wasser}$ | 1000 | kg/m³ | 20 | 23,53 | 26,44 | 0,88 | 0,08 |
| 4 | $h_{mittel}$ | 100 | m | 30 | 35,29 | 39,66 | 1,32 | 0,12 |
| 5 | $A_O$ | 1,07E+01 | km² | 40 | 47,06 | 52,88 | 1,76 | 0,16 |
| 6 | | | | 50 | 58,82 | 66,09 | 2,20 | 0,21 |
| 7 | $\eta_{Gesamt}$ | 0,7565 | | 60 | 70,59 | 79,31 | 2,64 | 0,25 |
| 8 | | | | 70 | 82,35 | 92,53 | 3,08 | 0,29 |
| 9 | | | | | | 5,75 | 3,52 | 0,33 |
| 10 | | | | | | 3,97 | 3,96 | 0,37 |
| 11 | | | | | | 2,19 | 4,40 | 0,41 |
| 12 | | | | | | 5,41 | 4,84 | 0,45 |
| 13 | | | | | | 3,63 | 5,28 | 0,49 |
| 14 | | | | | | 1,84 | 5,72 | 0,53 |
| 15 | | | | | | 5,06 | 6,16 | 0,58 |
| 16 | | | | | | 3,28 | 6,60 | 0,62 |
| 17 | | | | | | 1,50 | 7,04 | 0,66 |
| 18 | | | | | | 1,72 | 7,48 | 0,70 |
| 19 | | | | | | 7,94 | 7,92 | 0,74 |
| 20 | | | | | | 1,16 | 8,36 | 0,78 |
| 21 | | | | | | 1,38 | 8,80 | 0,82 |
| 22 | | | | | | | | |
| 23 | | | | | | | | |

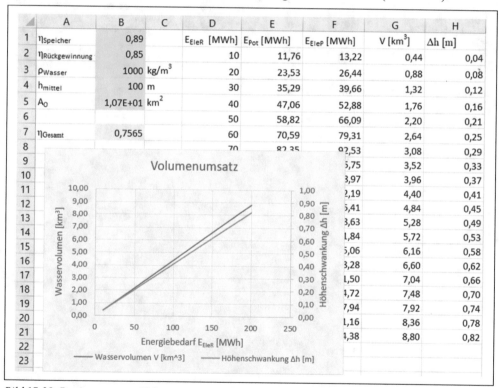

*Bild 17-28. Bestimmung von Volumenumsatz und Höhenschwankungen*

Das Speicherkraftwerk erzeugt Energie mit einem von oberhalb gelegenen Speicher aus herunterfließendem Wasser. Das Wasser kann auch wieder nach oben gepumpt werden, dann ist es ein *Pumpspeicherkraftwerk*.

Die Formel zur Berechnung der Energie ist fast die gleiche wie für die Berechnung der Leistung eines Wasserkraftwerks. Da beim Speicherkraftwerk aber mit Volumen statt mit Volumenstrom gerechnet wird, erhält man hier die Energie, welche mit einer bestimmten Menge an durchfließendem Wasser erzeugt wird, nicht die Leistung (Bild 17-29).

$$E_{Pot} = \eta \cdot \rho \cdot g \cdot h \cdot V \tag{17.32}$$

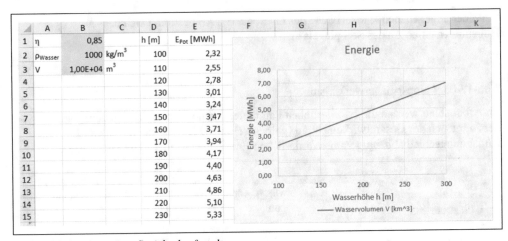

Bild 17-29. Leistung eines Speicherkraftwerks

# KAPITEL 18

# Berechnungen aus der Umwelttechnik

Unter Umwelt wird etwas bezeichnet, das in einer kausalen Beziehung mit Lebewesen steht, in diesem Fall mit dem Menschen. Ein Bundesamt befasst sich mit allem, was die Umwelt betrifft. Die Industriebereiche Umwelttechnik und Umweltschutz befassen sich mit technischen und technologischen Verfahren zum Schutz der Umwelt und der Wiederherstellung bereits geschädigter Ökosysteme. So gibt es technische Verfahren

- zur Abfallbeseitigung, Mülllagerung, Müllverbrennung, Recycling, Abwasserreinigung
- zum Gewässer-, Boden-, Lärm- und Strahlenschutz
- zur Minderung der Luftverschmutzung wie Rauchgasentschwefelung, Abgasreinigung und Entstaubung
- zur Nutzung erneuerbarer Energien wie Sonnenenergie, Erdwärme und Biokraftstoffe
- zur Erfassung und Überwachung von Schadstoffen und Umweltschäden.

Darüber hinaus gibt es Konzepte und Maßnahmen

- zur umweltschonenden Produktion
- zum Energiesparen
- zur Verminderung und Vermeidung von Emissionen und Abfällen.

## 18.1 Lebenszyklusanalyse

Eine Lebenszyklusanalyse (Life Cycle Assessment), man spricht auch von einer Ökobilanz, ist eine systematische Erfassung potenzieller Umweltauswirkungen und dem Ressourcenverbrauch von Produkten oder Dienstleistungen während ihres gesamten Lebenszyklus. Man unterscheidet aus Nutzerperspektive die Phasen

- Anschaffung
- Nutzung
- Wartung
- Entsorgung.

© Springer Fachmedien Wiesbaden GmbH, ein Teil von Springer Nature 2023
H. Nahrstedt, *Excel + VBA für Ingenieure*,
https://doi.org/10.1007/978-3-658-41504-4_18

Die Grundsätze für die Ökobilanz sind durch internationale Standards geregelt und wurden auch in DIN-Normen übertragen (ISO 14040). Das Umweltbundesamt fasst sie in vier Schritten zusammen (Bild 18-1).

- Was genau soll untersucht werden, sowohl bei Produkten wie bei Dienstleistungen.
- In einer Sachbilanz werden alle verfügbaren Daten gesammelt, zu verwendeten Ressourcen und Energien, entstehenden Emissionen und Abfällen, Transportwegen.
- Wirkungsabschätzung auf die Umwelt, auch die Gesundheitsrisiken auf Menschen und andere Lebewesen.
- Zusammenfassung in einer Ökobilanz.

```
┌──────────────────────────────────────────────────────────────┐
│        ┌──────────────────┐                                    │
│        │  Zieldefinition  │◄────────►┌──────────────────┐     │
│        └──────────────────┘          │                  │     │
│              ▲                        │                  │     │
│              ▼                        │                  │     │
│        ┌──────────────────┐          │  Interpretation  │     │
│        │   Sachbilanz     │◄────────►│                  │     │
│        └──────────────────┘          │                  │     │
│              ▲                        │                  │     │
│              ▼                        │                  │     │
│        ┌──────────────────┐          │                  │     │
│        │   Wirkungs-      │◄────────►└──────────────────┘     │
│        │   abschätzung    │                                    │
│        └──────────────────┘                                    │
└──────────────────────────────────────────────────────────────┘
```

*Bild 18-1. Phasen der Lebenszyklusanalyse*

Das Umweltbundesamt bietet dazu die kostenlose Datenbank *ProBas* an, mit der sich die Ökobilanzen bestimmter Produkte und Dienstleistungen erstellen lassen. Auch die europäische Kommission stellt eine Datenbank zur Verfügung. In der ISO 14040 wird auch darauf hingewiesen, dass weitere Methoden Informationen zur Ökobilanz beisteuern können, wie die ABC-Analyse und CML-Methode [ ], die Treibhausbilanz, kumulierter Energieaufwand, kritische Volumina, Methode der ökologischen Knappheit u.a.

In der Literatur und im Internet werden viele Formulare und Programme zur Lebenszyklusanalyse angeboten. Sie sind so vielfältig wie die Produkte und Dienstleistungen, die sie beschreiben. Daher beschränke ich mich hier auf ein Schema (Bild 18-2), in dem ich meine eigenen Umwelt-Belastungs-Punkte (0-9) vergebe.

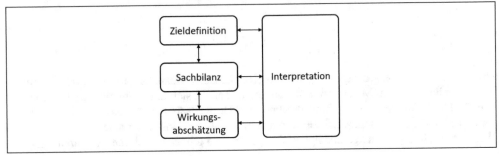

| | A | B | C | D Einführung | E Wachstum | F Reife | G Sättigung | H Rückgang | I Nachlauf | J Gesamt |
|---|---|---|---|---|---|---|---|---|---|---|
| 1 | Phase des Lebenszyklus | | | | | | | | | |
| 2 | Jahr | | | | | | | | | |
| 3 | Emissionen | | | 118 | 145 | 106 | 118 | 149 | 122 | 758 |
| 4 | | Luft | | 7 | 8 | 2 | 8 | 2 | 7 | 34 |
| 5 | | | CO2 | 7 | 8 | 9 | 8 | 9 | 7 | 48 |
| 6 | | | HFCKW | 5 | 7 | 3 | 2 | 5 | 3 | 25 |
| 7 | | | NMVOC | 2 | 7 | 8 | 1 | 8 | 1 | 27 |
| 8 | | | NOx | 2 | 7 | 1 | 4 | 4 | 1 | 19 |
| 9 | | | SO2 | 1 | 9 | 3 | 3 | 4 | 5 | 25 |
| 10 | | | Salzsäure | 1 | 3 | 6 | 6 | 7 | 1 | 24 |
| 11 | | | Ammoniak | 8 | 1 | 3 | 6 | 9 | 5 | 32 |
| 12 | | | Partikel | 4 | 8 | 6 | 2 | 4 | 2 | 26 |

*Bild 18-2. Schema einer Analyse*

Das Schema ist nach Kategorien gruppenweise geordnet und nach Phasen des Lebenszyklus unterteilt. Hier kann eine weitere Unterteilung nach Jahren erfolgen (Bild 18-3).

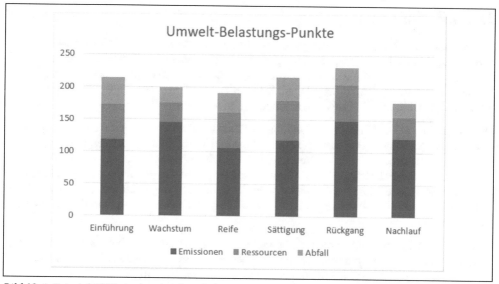

| | Phase des Lebenszyklus | | Einführung | Wachstum | Reife | Sättigung | Rückgang | Nachlauf | Gesamt |
|---|---|---|---|---|---|---|---|---|---|
| 1 | | | | | | | | | |
| 2 | Jahr | | | | | | | | |
| 3 | Emissionen | | 118 | 145 | 106 | 118 | 149 | 122 | 758 |
| 4 | | Luft | 7 | 8 | 2 | 8 | 2 | 7 | 34 |
| 16 | | Lärm | 7 | 8 | 2 | 4 | 9 | 5 | 35 |
| 19 | | Wasser | 4 | 2 | 4 | 1 | 3 | 7 | 21 |
| 27 | | Boden | 2 | 6 | 6 | 8 | 2 | 7 | 31 |
| 30 | Ressourcen | | 54 | 31 | 55 | 62 | 56 | 33 | 291 |
| 31 | | Naturstoffe | 6 | 4 | 7 | 2 | 5 | 4 | 28 |
| 38 | | Elemente | 6 | 4 | 3 | 6 | 6 | 4 | 29 |
| 41 | Abfall | | 42 | 23 | 30 | 36 | 27 | 23 | 181 |
| 42 | | Allgemein | 6 | 9 | 3 | 6 | 6 | 1 | 31 |
| 45 | | Sondermüll | 8 | 1 | 1 | 6 | 8 | 5 | 29 |
| 48 | | | | | | | | | |

*Bild 18-3. Beispieldaten im Schema*

Aus den Punkten ergibt sich anschaulich ein Säulendiagramm (Bild 18-4).

*Bild 18-4. Beispiel-UBPs in den einzelnen Lebenszyklus-Phasen*

7-06-18-01_Lebenszyklusanalyse.xlsx

Ein Vergleich verschiedener Produkte oder Dienstleistungen nach dem gleichen Schema gibt Auskunft über ihre Ökobilanz.

### Übung 18-1. Lebenszykluskostenrechnung mit der Kapitalwertmethode

Der Kapitalwert eines Produkts bestimmt sich aus der Summe der diskontierten Ein- bzw. Auszahlungsüberschüsse der einzelnen Jahre des Produktlebenszyklus nach dem folgenden Schema:

*Tabelle 18-1. Schema einer Lebenszykluskostenrechnung*

| Jahr | 2022 | 2023 | 2024 | 2025 | 2026 |
|---|---|---|---|---|---|
| Einzahlungen | | | | | |
| (Aufzählung aller Positionen) | | | | | |
| Summe Einzahlungen | | | | | |
| Auszahlungen | | | | | |
| (Aufzählung aller Positionen) | | | | | |
| Summe Auszahlungen | | | | | |
| Überschuss | | | | | |
| Überschuss abgezinst | | | | | |

Ein positiver Kapitalwert bedeutet, dass das Produkt die gewünschte Verzinsung über seinen Lebenszyklus übersteigt, während ein negativer Kapitalwert sie nicht erreicht. Die gewünschte Verzinsung wird zunächst gewählt.

# 18.2 $CO_2$-Emission

Da $CO_2$ das bedeutendste Treibhausgas ist, werden zur Ökobilanz oft nur diese Emissionen herangezogen. Mit der Nutzung der Energieträger können aber auch Emissionen anderer klimarelevanter Gase verbunden sein. Zum Beispiel durch unvollständige Verbrennung oder Entweichen aus undichten Förderanlagen. Sie werden näherungsweise, entsprechend ihrer Klimawirksamkeit, in $CO_2$-Emissionen hinzugefügt.

Die unmittelbar bei der Energieumwandlung anfallenden Emissionen werden als *direkte Emissionen* bezeichnet. Aber auch die Herstellung und Vorbereitung der Energieträger ist mit Emissionen verbunden, die für die Betrachtung ebenfalls relevant sind. Sie werden als *indirekte Emissionen* bezeichnet. Die Gesamt-Emissionen bilden die Summe der direkten und indirekten Emissionen. Die im Beispiel verwendeten Umrechnungsfaktoren sind aus einem Berechnungsmodul des Bayerischen Landesamts für Umwelt entnommen und dienen nur zur Demonstration.

Im ersten Berechnungsblatt werden die betrachteten Energieträger mit ihren Einheiten aufgeführt. Die Mengen sind frei wählbar. In einer ersten Gruppierung werden die direkten Emissionen entsprechend den eingetragenen Faktoren bestimmt (Bild 18-5).

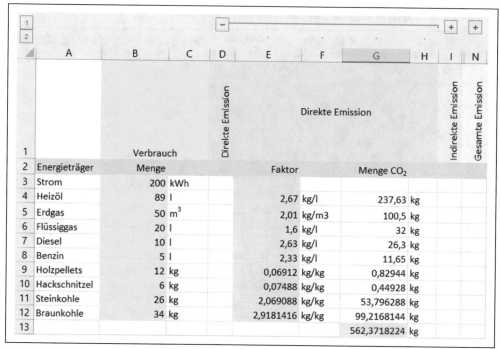

| Energieträger | Verbrauch Menge | | Direkte Emission Faktor | Menge CO$_2$ |
|---|---|---|---|---|
| Strom | 200 | kWh | | |
| Heizöl | 89 | l | 2,67 kg/l | 237,63 kg |
| Erdgas | 50 | m³ | 2,01 kg/m3 | 100,5 kg |
| Flüssiggas | 20 | l | 1,6 kg/l | 32 kg |
| Diesel | 10 | l | 2,63 kg/l | 26,3 kg |
| Benzin | 5 | l | 2,33 kg/l | 11,65 kg |
| Holzpellets | 12 | kg | 0,06912 kg/kg | 0,82944 kg |
| Hackschnitzel | 6 | kg | 0,07488 kg/kg | 0,44928 kg |
| Steinkohle | 26 | kg | 2,069088 kg/kg | 53,796288 kg |
| Braunkohle | 34 | kg | 2,9181416 kg/kg | 99,2168144 kg |
| | | | | 562,3718224 kg |

*Bild 18-5. Beispiel zur Bestimmung direkter Emissionen*

In der nächsten Gruppe werden die indirekten Emissionen bestimmt (Bild 18-6).

| Energieträger | Verbrauch Menge | | Indirekte Emission Faktor | Menge CO$_2$ |
|---|---|---|---|---|
| Strom | 200 | kWh | | |
| Heizöl | 89 | l | 0,424164529 kg/l | 37,75064309 kg |
| Erdgas | 50 | m³ | 0,401960949 kg/m3 | 20,09804743 kg |
| Flüssiggas | 20 | l | 0,208523495 kg/l | 4,170469897 kg |
| Diesel | 10 | l | 0,529499845 kg/l | 5,294998454 kg |
| Benzin | 5 | l | 0,547930205 kg/l | 2,739651023 kg |
| Holzpellets | 12 | kg | 0,2736 kg/kg | 3,2832 kg |
| Hackschnitzel | 6 | kg | 0,1584 kg/kg | 0,9504 kg |
| Steinkohle | 26 | kg | 0,327208 kg/kg | 8,507408 kg |
| Braunkohle | 34 | kg | 0,434302 kg/kg | 14,766268 kg |
| | | | | 97,56108589 |

*Bild 18-6. Beispiel zur Bestimmung indirekter Emissionen*

In der dritten Gruppe erfolgt die Zusammenfassung (Bild 18-7).

| A | B | C | D | I | N | O | P | Q | R |
|---|---|---|---|---|---|---|---|---|---|
| | | | Direkte Emission | Indirekte Emission | Gesamte Emission | | Gesamte Emission | | |
| | Verbrauch | | | | | | | | |
| Energieträger | Menge | | | | | Faktor | | Menge $CO_2$ | |
| Strom | 200 | kWh | | | | 0,402 | kg/kWh | 80,4 | kg |
| Heizöl | 89 | l | | | | 3,09416453 | kg/l | 275,380643 | kg |
| Erdgas | 50 | m³ | | | | 2,41196095 | kg/m3 | 120,598047 | kg |
| Flüssiggas | 20 | l | | | | 1,80852349 | kg/l | 36,1704699 | kg |
| Diesel | 10 | l | | | | 3,15949985 | kg/l | 31,5949985 | kg |
| Benzin | 5 | l | | | | 2,8779302 | kg/l | 14,389651 | kg |
| Holzpellets | 12 | kg | | | | 0,34272 | kg/kg | 4,11264 | kg |
| Hackschnitzel | 6 | kg | | | | 0,23328 | kg/kg | 1,39968 | kg |
| Steinkohle | 26 | kg | | | | 2,396296 | kg/kg | 62,303696 | kg |
| Braunkohle | 34 | kg | | | | 3,3524436 | kg/kg | 113,983082 | kg |
| | | | | | | | | 740,332908 | kg |

*Bild 18-7. Beispiel zur Bestimmung der gesamten Emission*

Die Berechnung der eingesparten Emissionen durch den Einsatz erneuerbarer Energien erfolgt durch Gegenüberstellung mit den Emissionen aus alternativem Strom-/Wärmebezug (Referenzsystem). Auf einem zweiten Arbeitsblatt werden zunächst die Emissionen erneuerbarer Energien zu den angegebenen Mengen berechnet (Bild 18-8).

| A | B | C | D | E | F | G | H | I | N |
|---|---|---|---|---|---|---|---|---|---|
| | Verbrauch | | Emission EE | Emission EE | | | | Emission Referenz | Eingesparte Emission |
| Energieträger | Menge | | | Faktor | | Menge $CO_2$ | | | |
| Photovoltaik | 600 | kWh | | 0,06673 | | 40,038 | kg | | |
| Geothermie | 450 | kWh | | 0,18263 | kg/l | 82,1835 | kg | | |
| Pellets | 400 | kWh | | 0,138883333 | kg/m3 | 55,55333333 | kg | | |
| Hackschnitzel | 300 | kWh | | 0,03220125 | kg/l | 9,660375 | kg | | |
| Biogas | 100 | kWh | | 0,16680947 | kg/l | 16,680947 | kg | | |
| Biomasse | 100 | kWh | | 0,021505479 | kg/l | 2,150547945 | kg | | |
| | | | | | | 206,2667033 | kg | | |

*Bild 18-8. Beispiel von Enissionen erneuerbarer Energien*

In einer weiteren Gruppe werden zu den Mengen die Emissionen bezogen auf ein Referenzsystem berechnet (Bild 18-9).

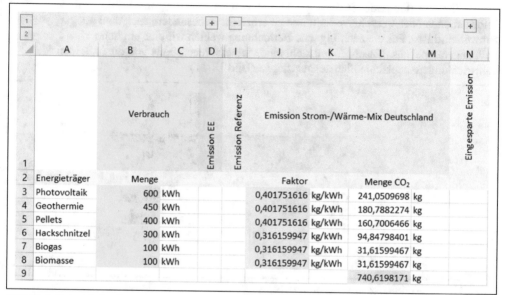

*Bild 18-9. Beispiel der Emissionen zu einem Referenzsystem*

Die Differenz von beiden Gruppen ergibt die eingesparten Emissionen (Bild 18-10).

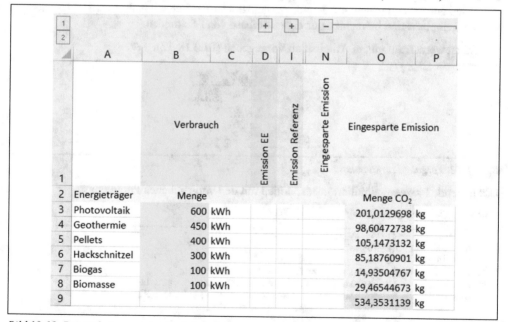

*Bild 18-10. Beispiel eingesparter Emissionen*

🗁 7-06-18-02_CO2-Emissionen.xlsx

# 18.3 Ampelsimulation

Probabilistische Simulationen, in Kapitel 15 eingeführt, sind ein gutes Mittel, um Informationen über Verkehrsverhältnisse zu erhalten, insbesondere auch über Umwelteinflüsse. Für die nachfolgende Betrachtung wählen wir eine einfache Fußgängerampel aus. Unser Modell sieht eine vielbefahrene Straße vor, die in beiden Fahrtrichtungen unterschiedlich ausgelastet ist (Bild 18-11).

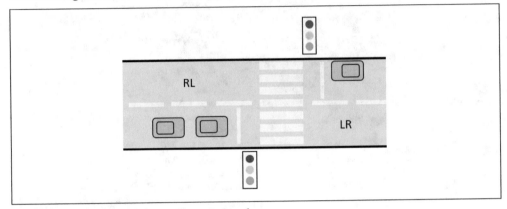

*Bild 18-11. Schema eines Zebrastreifens mit Ampel*

In Fahrtrichtung von Links nach Rechts (LR) werden $n_{LR}$ Fahrzeuge/Stunde gezählt. In der anderen Richtung von Rechts nach Links (RL) sind es $n_{RL}$ Fahrzeuge/Stunde. Die Fußgängerampel wird m-mal pro Stunde ausgelöst. Der Einfachheit halber vernachlässigen wir die Gelbphase und betrachten nur eine Rotphase von r Sekunden.

Die Daten werden auf einem Arbeitsblatt vorgegeben (Bild 18-12).

|   | A | B | C |
|---|---|---|---|
| 1 | $n_{LR}$ | 1000 | 1/h |
| 2 | $n_{RL}$ | 800 | 1/h |
| 3 | m | 1000 | 1/h |
| 4 | r | 5 | s |

*Bild 18-12. Vorgaben zur Simulation*

Die folgende Prozedur simuliert unser Modell mit den vorgegebenen Parametern.

*Codeliste 18-1. Ampelsimulation*

```
Sub Simulation()
    Dim wshTmp  As Worksheet
    Dim lT      As Long
    Dim dx      As Double   'Zufallszahl
    Dim dLR     As Double   'Fahrzeugwahrscheinlichkeit LR
    Dim dRL     As Double   'Fahrzeugwahrscheinlichkeit RL
    Dim dm      As Double   'Ampelwahrscheinlichkeit
    Dim iR      As Integer  'Rotdauer
    Dim iA      As Integer  'Ampelstatus
    Dim iLR     As Integer  'Anzahl Fahrzeuge LR
    Dim iRL     As Integer  'Anzahl Fahrzeuge RL
'Vorgaben
    dLR = Cells(1, 2)
```

```
        dRL = Cells(2, 2)
        dm = Cells(3, 2)
        iR = Cells(4, 2)
    'Simulationsstart
        Set wshTmp = ActiveSheet
        wshTmp.Range("E:H").ClearContents
        Randomize (Timer)
        dx = Time
        iA = 0
        iLR = 0
        iRL = 0
        For lT = 1 To 1000
    'Ampelschaltung
            dx = Rnd(dx)
            If iA = 0 Then
                If dx <= dm / 3600 Then
                    iA = 1
                End If
            Else
                iA = iA + 1
                If iA > iR Then
                    iA = 0
                End If
            End If
    'neues Fahrzeug LR
            dx = Rnd(dx)
            If dx <= dLR / 3600 Then
                iLR = iLR + 1
            End If
    'neues Fahrzeug RL
            dx = Rnd(dx)
            If dx <= dRL / 3600 Then
                iRL = iRL + 1
            End If
    'Ampelzustand
            If iA = 0 Then
                If iLR > 0 Then iLR = iLR - 1
                If iRL > 0 Then iRL = iRL - 1
            End If
    'Ausgabe
            wshTmp.Cells(lT, 5) = lT
            wshTmp.Cells(lT, 6) = iA
            wshTmp.Cells(lT, 7) = iLR
            wshTmp.Cells(lT, 8) = iRL
        Next lT
        Set wshTmp = Nothing
    End Sub
```

Die Simulation zeigt, dass sich Warteschlangen auf- und immer wieder auch abbauen (Bild 18-13).

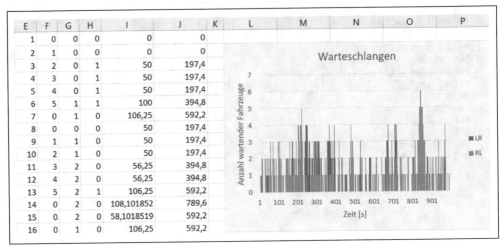

*Bild 18-13. Ergebnis einer Simulation*

Nun bringen wir die Auswirkungen auf die Umwelt ins Spiel und betrachten die Lärm- und $CO_2$-Emissionen. Im Internet gibt es Angaben in dB für bestimmte Lärmquellen.

*Tabelle 18-2. Lärmbeispiele*

| Lautstärke in dB | Beschreibung |
|---|---|
| 70 | Pkw mit 50 km/h |
| 75 | PS-starkes Auto |
| 55 | Verkehrslärm am Tag |
| 45 | Verkehrslärm in der Nacht |
| 40 – 60 | Normales Gespräch, Radio |
| 60 – 80 | lautes Gespräch |
| 80 | Rasenmäher |

Leider gibt es keine Angaben für wartende Fahrzeuge. Wir gehen von 50 dB für ein wartendes Fahrzeug aus und berechnen den Lärm von n Fahrzeugen vereinfacht aus der Formel

$$L = \sum_{i=1}^{n} \frac{50}{i^3}. \tag{18.1}$$

Für die $CO_2$-Emission eines Fahrzeugs verwenden wir die Faustformel

$$m_{CO2} = Verbrauch \left[\frac{l}{100\ km}\right] \cdot 2370\ \left[\frac{g}{l}\right], \tag{18.2}$$

sodass ein Verbrauch von 6 l/100km eine $CO_2$-Emission von

$$m_{CO2} = 6 \left[\frac{l}{100\ km}\right] \cdot 2370\ \left[\frac{g}{l}\right] = 14220\ \left[\frac{g}{100\ km}\right] = 14,22\ \left[\frac{g}{m}\right]$$

erreicht. Bei einer Geschwindigkeit von 50 km/h ergibt sich

$$\dot{m}_{CO2} = 14,22\ \left[\frac{g}{m}\right] \cdot 13,\overline{88}\ \left[\frac{m}{s}\right] = 197,4\ \left[\frac{g}{s}\right].$$

Die Simulation erhält die folgende Ergänzung.

*Codeliste 18-2. Ergänzung der Simulation*

```
    Dim dLrm    As Double    'Lärmpegel
    Dim dCO2    As Double    'CO2-Emission
    Dim iC      As Integer   'Zähler

    For lT = 1 To 1000

'Emissionen
        dLrm = 0
        dCO2 = 0
        If iLR > 0 Then
            For iC = 1 To iLR
                dLrm = dLrm + 50 / iC ^ 3
                dCO2 = dCO2 + 197.4
            Next iC
        End If
        If iRL > 0 Then
            For iC = 1 To iRL
                dLrm = dLrm + 50 / iC ^ 3
                dCO2 = dCO2 + 197.4
            Next iC
        End If

        wshTmp.Cells(lT, 9) = dLrm
        wshTmp.Cells(lT, 10) = dCO2
    Next lT
```

Die berechneten Emissionswerte werden in den Diagrammen Lärm-Emission (Bild 18-14) und $CO_2$-Emissionen (Bild 18-15) dargestellt.

7-06-18-03_Simulation.xlsm

Ähnliche Simulationen lassen sich auch für den Bahn- und Flugverkehr erstellen.

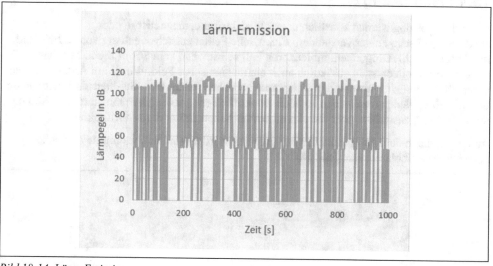

*Bild 18-14. Lärm-Emission*

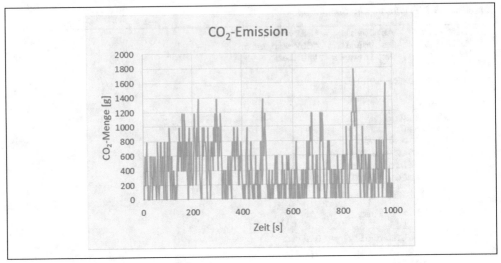

*Bild 18-15. CO₂-Emission*

## Übung 18-2. Feinstaubbestimmung

Das Simulationsmodell soll um Feinstaubwerte erweitert werden. Dazu wird ein durchschnittliche Partikelmasse von 4,5 μg/km angenommen. Weitaus höher ist der durchschnittliche Reifenabrieb von 76 mg/km, der bei allen Fahrzeugen, auch bei E-Autos, auftritt. Er enthält verschiedene kritische Stoffe wie Zink, Blei, Cadmium und Weichmacher und ist daher besonders gefährlich.

# 18.4 Elektrosmog

Unter Elektrosmog werden künstlich erzeugte elektrische, magnetische oder elektromagnetische Felder verstanden. Elektrische Felder entstehen entlang von Kabeln und im Umfeld von Elektrogeräten, im letzteren Fall selbst wenn kein Strom fließt. Mit dem Fließen von Strom entsteht zusätzlich auch ein magnetisches Feld. Wurde am Anfang nur die Gesamtheit der nichtionisierenden elektromagnetischen Felder bzw. Strahlen als Elektrosmog bezeichnet, so zählen inzwischen auch die wesentlich energiereicheren ionisierenden Strahlen, wie etwa Röntgenstrahlen oder die elektromagnetischen Felder der Mobilfunknetze, dazu.

Antennen, die in der Mobilfunktechnik verwendet werden, sind auf bestimmte Bereiche konzentrierte Richtantennen (Bild 18-16).

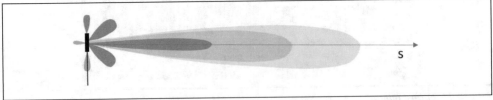

*Bild 18-16. Schematischer Verlauf der Leistungsflussdichte in Abhängigkeit von der Entfernung*

Bei einer Mobilfunkanlage berechnet sich die äquivalente Sendeleistung (EIRP - Equivalent Isotropically Radiated Power) aus

$$EIRP = G \cdot P = 10^{\frac{g}{10}} \cdot P \ [W] \tag{18.3}$$

in Watt. Darin ist G der Antennengewinnfaktor und P die Sendeleistung in Watt. Der Faktor g bezeichnet den Antennengewinn in dBi, bezogen auf einen isotropen Kugelstrahler. Der Antennengewinn wird vom Hersteller ermittelt und berücksichtigt, dass die ausgesandte Leistung nicht auf einen kugelförmigen Bereich verteilt, sondern gebündelt auf die Richtwirkung konzentriert wirkt. Übliche Sektorantennen haben einen Antennengewinn von 17 bis 19 dBi und entsprechen einem Faktor von 50 bis 80. Ein Sender von 15 Watt und einem Antennengewinn von 17 dBi hat damit eine äquivalente Sendeleistung von 750 Watt. Mit Hilfe des Antennengewinns G und der Sendeleistung P lässt sich die in Hauptsenderichtung entfernungsabhängige Leistungsflussdichte (kurz Leistungsdichte) bestimmen mit

$$S = \frac{G \cdot P}{4 \cdot \pi \cdot d^2} = \frac{E^2}{Z_0} \ \left[\frac{W}{m^2}\right]. \tag{18.4}$$

Darin ist d die Entfernung zur Antenne und E bezeichnet die elektrische Feldstärke in V/m und $Z_0$ den Feldwellenwiderstand mit 377 Ohm. Durch Umstellung der Formel ergibt sich die elektrische Feldstärke (Bild 18-17)

$$E = \frac{\sqrt{30 \cdot G \cdot P}}{d} \ \left[\frac{V}{m}\right]. \tag{18.5}$$

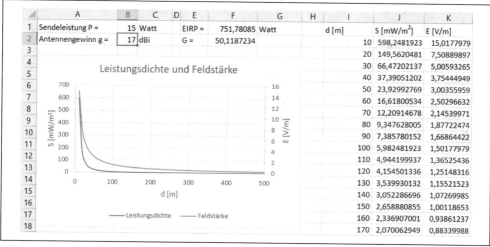

Bild 18-17. Leistungsflussdichte und Feldstärke

7-06-18-04_Elektrosmog.xlsx

## Niederfrequente Felder

Eine andere Art von Elektrosmog lässt sich unter Hochspannungsleitungen messen. In ihnen fließen bis zu 380 kV und die elektrische Feldstärke kann in Bodennähe bis zu 5.000 V/m betragen. Ihre Felder sind sogar in einem Abstand von einigen hundert Metern messbar. Die hohe Spannung wird durch mehrmaliges Umspannen auf 400 V bzw. 230 V in standardisierten Steckdosen zur Verfügung gestellt.

Um die jeweiligen Leitungen entstehen dabei zwei Felder:

- Das magnetische Feld (abhängig vom elektrischen Feld)
- Das elektrische Feld (abhängig von der elektrischen Spannung)

Bei Motoren, Heizungen, Haushaltsgeräten, Beleuchtung etc., bei denen Strom und Spannung die Arbeitsleistung bestimmt, haben wir es mit beiden Feldarten zu tun. Besonders ausgebildet sind sie bei Hochspannungsleitungen. Bei sehr hohen Spannungen überwiegt das elektrische Feld.

In Haushalten sind es vergleichbar geringe Spannungen. Dafür sind oft rundum Leitungen für das Lichtnetz und für Steckdosen vorhanden. Die in Wänden und Decken verlegten Leitungen erzeugen in ihrer Nähe elektrische und magnetische Felder. Werden an einer Leitung viele Verbraucher betrieben und tritt daher ein hoher Strom auf, so überwiegt das magnetische Feld.

Eine Besonderheit stellen erforderliche Umspannwerke oder Trafostationen dar. Transformatoren wandeln permanent die gesamte elektrische in magnetische Energie und wieder zurück. In der Umgebung entsteht daher ein sehr starkes magnetisches Feld.

Auch im Haushalt gibt es Kleintransformatoren z. B. in Radioweckern, Lampen und Ladegeräten arbeiten oft Transformatoren und erzeugen, je nach Bauart und Qualität, starke magnetische Felder.

## Hochfrequente Felder

Hochfrequente Felder werden in der Regel zur Übermittlung von Nachrichten benutzt. Bekannte Ausnahmen sind Mikrowellengeräte und medizinische Anwendungen. Bei der Nachrichtenübertragung werden die Felder von einem Sender über eine Antenne gesendet und von einem (oder vielen) Empfänger(n) wiederum mittels einer Antenne empfangen.

So kompliziert die pysikalischen und technischen Zusammenhänge der hochfrequenten Nachrichtenübertragung auch sind, so einfach kann man sie unter dem Gesichtspunkt des Elektrosmogs betrachten (im Gegensatz zu den niederfrequenten Feldern).

# KAPITEL 19

# Berechnungen aus der Aufbereitungstechnik

Die Aufbereitungstechnik ist ein Teilgebiet der Verfahrenstechnik und beschreibt die unterschiedlichen Methoden zur Aufarbeitung einzusetzender Rohstoffe für Produktionsprozesse. Sie werden eingeteilt nach

- Methoden zur Änderung der Stoffeigenschaften wie Zerkleinern, Trocknen, Kühlen, Verdampfen etc.
- Methoden zur Änderung der Stoffanordnung wie Filtern, Mischen, Sedimentieren, Destillieren, Kondensieren etc.

## 19.1 Schüttgüter

Ein Schüttgut besteht aus Teilchen unterschiedlicher Form und Größe. Sie bilden eine Anhäufung mit Leerräumen zwischen den Partikeln (Bild 19-1).

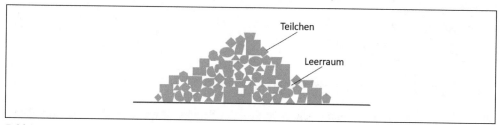

*Bild 19-1. Aufbau eines Schüttguts*

Als *Feststoffanteil* φ wird der Quotient

$$\varphi = \frac{V_F}{V_S} \tag{19.1}$$

aus dem Feststoffvolumen $V_F$ und dem Volumen $V_S$ der Schüttung bezeichnet.

Unter *Porosität* ε wird der Quotient

$$\varepsilon = \frac{V_H}{V_S} \tag{19.2}$$

© Springer Fachmedien Wiesbaden GmbH, ein Teil von Springer Nature 2023
H. Nahrstedt, *Excel + VBA für Ingenieure*,
https://doi.org/10.1007/978-3-658-41504-4_19

aus dem Hohlraumvolumen $V_H$ und dem Schüttgutvolumen $V_S$ bezeichnet.

Unter *Schüttdichte* $\rho_S$ wird der Quotient

$$\rho_S = \frac{m_S}{V_S} \tag{19.3}$$

aus der Schüttgutmasse $m_S$ und dem Schüttgutvolumen $V_S$ bezeichnet.

Zwischen den definierten Parametern besteht die Beziehung

$$\rho_S = \rho_T(1 - \epsilon). \tag{19.4}$$

Darin ist $\rho_T$ die *Stoffdichte* der Teilchen ohne Hohlräume.

Während sich kugelförmige Teilchen durch Angabe eines konkreten Durchmessers beschreiben lassen, werden andere Formen durch einen *Vergleichsdurchmesser* $d_V$ beschrieben, der sich

- bevorzugt aus dem Durchmesser eines volumengleichen kugelförmigen Teilchens
- aus dem Durchmesser eines projektionsgleichen kugelförmigen Teilchens

bestimmt. Bei nicht kugelförmigen Teilchen wird die Abweichung von der Kugelform durch einen Formfaktor f angepasst.

*Tabelle 19-1. Teilchenform und Formfaktor*

| Form | Formfaktor |
|------|------------|
| Kugelform | 1 |
| Tropfenform | 1,1 … 1,2 |
| Vieleckform | 1,3 … 1,5 |
| Nadelform | 1,5 … 2,2 |
| Plättchenform | 2,5 … 4,0 |
| Sperrige Formen | 10 … 10.000 |

## 19.2 Oberflächen an Schüttgütern

Unter einer *volumenspezifischen Oberfläche* $S_V$ eines Schüttguts aus kugelförmigen Teilchen mit dem Durchmesser $d_K$ wird der Quotient

$$S_V = \frac{Kugeloberfläche}{Kugelvolumen} = \frac{\pi \cdot d_K^2}{\frac{\pi}{6} \cdot d_K^3} = \frac{6}{d_K} \tag{19.5}$$

bezeichnet. Die Gesamtoberfläche eines Schüttguts aus kugelförmigen Teilchen bestimmt sich aus

$$O_S = S_V \cdot V_S. \tag{19.6}$$

Die *massenspezifische Oberfläche* $S_m$ ergibt sich aus

$$S_m = \frac{S_V}{\rho_T}, \tag{19.7}$$

sodass ebenfalls gilt

$$O_S = S_m \cdot m_S. \tag{19.8}$$

## Übung 19-1. Vergleichswerte

In einer Presse werden Erzpellets in Form von Quadern hergestellt (Bild 19-2).

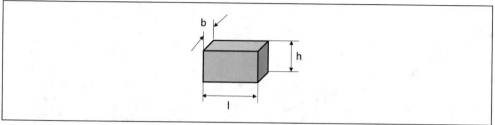

*Bild 19-2. Form von Erzpellets*

Mithilfe eines Arbeitsblatts sollen durch Eingabe der Maße b, h und l der Formfaktor und der Vergleichsdurchmesser bestimmt werden

# 19.3 Siebanalyse

Zur Bestimmung der Teilchengrößenverteilung und ihrer Mengenanteile im Schüttgut werden verschiedene Verfahren genutzt. Dazu gehört auch die nach DIN 66165-2 genormte Siebanalyse. Sie ist apparativ einfach und daher ein oft verwendetes Analyseverfahren (Bild 19-3).

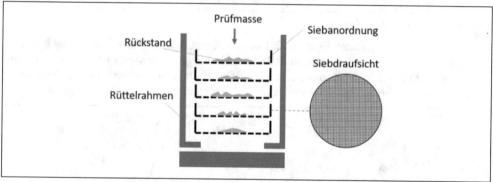

*Bild 19-3. Schema einer Siebanalyse*

Durch die Siebanalyse wird die Korngrößenverteilung bestimmt. Zu diesem Zweck gibt man die Probe einer Schüttung auf das oberste Sieb. Analysesiebmaschinen tragen Prüfsiebe mit nach untenlaufenden abnehmender Maschenweite. Die Teilchen werden auf den Sieben durch die von der Siebmaschine erzeugte Vibration gegeneinander und gegenüber den Siebgeweben bewegt. Feinere Teilchen fallen dabei durch die Maschen der Siebe, während größere zurückgehalten werden.

Die Auswertung der Siebanalyse wird üblicherweise in einem Arbeitsblatt vorgenommen (Bild 19-4).

| | A | B | C | D | E | F | G |
|---|---|---|---|---|---|---|---|
| 1 | Siebsatz ISO 3310 | Kornklassenbreite | Masse-Rückstand | Massenanteil | Rückstandssumme | Durchgangssumme | Verteilungsdichte |
| 2 | | ab Δd [µm] | R [g] | w_R [%] | R_S [%] | D_S [%] | ρ [%/100 µm] |
| 3 | | 1000 | 13,2 | 5,6% | 5,6% | 94,4% | 5,7% |
| 4 | | 710 | 38,7 | 16,5% | 22,1% | 77,9% | 10,2% |
| 5 | | 500 | 50,4 | 21,4% | 43,5% | 56,5% | 17,8% |
| 6 | | 355 | 60,6 | 25,8% | 69,3% | 30,7% | 14,7% |
| 7 | | 250 | 36,3 | 15,4% | 84,8% | 15,2% | 11,1% |
| 8 | | 180 | 18,2 | 7,7% | 92,5% | 7,5% | 8,3% |
| 9 | | 125 | 10,7 | 4,6% | 97,1% | 2,9% | 5,7% |
| 10 | | 90 | 4,7 | 2,0% | 99,1% | 0,9% | 3,5% |
| 11 | | 63 | 2,2 | 0,9% | 100,0% | 0,0% | 0,0% |
| 12 | | | | | | | |
| 13 | Gesamtmasse | | 235 g | | | | |
| 14 | | | | | | | |

| ◄ ► | Cover | **Material ABC** | ⊕ |

*Bild 19-4. Beispieldaten im Schema*

Mit der Auswahl der einzelnen Siebe nach Kornklassenbreite erfolgt die Anwendung im Rüttelverfahren über einen bestimmten Zeitraum. Die Eingabe der Massen-Rückstände (grüne Felder), die sich aus dem Wiegen der einzelnen Rückstände in den Sieben ergeben, sind die Voraussetzung für die Analyse, die sich auch als Histogramm darstellen lässt (Bild 19-5).

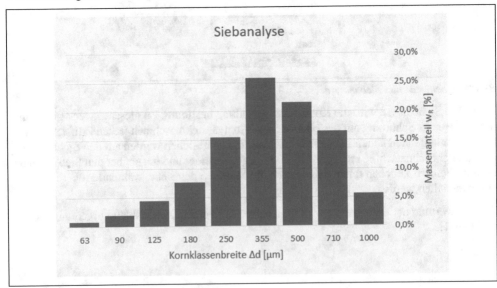

*Bild 19-5. Histogramm zur Siebanalyse (Beispieldaten)*

*Tabelle 19-2. Bereichsnamen und Formeln*

| Bereich | Name | Formel | Ziehen nach |
|---------|------|--------|-------------|
| C13 | mG | =SUMME(C3:C11) | |
| D3 | | =C3/mG | D4:D11 |
| E3 | | =D3 | |
| E4 | | =E3+D4 | E5:E11 |
| F3 | | =100%-E3 | F4:F11 |
| G3 | | =(F3-F4)/(B3-B4)*100 | G4:G11 |

7-06-19-01_Siebanalyse.xlsm

# 19.4 Schüttgutverteilung

Durch die Vorgabe der Massenanteile für ein bestimmtes Schüttgut lassen sich per Simulation auch die Massenrückstände für eine vorgegebene Gesamtmasse bestimmen (Bild 19-6).

*Codeliste 19-1. Prozedur im Modul modSimulation zur SiebSimulation*

```
Sub SiebSimulation()
    Dim wshSim As Worksheet
    Dim iCount As Integer
    Dim iMax As Integer
    Dim iRow As Integer
    Dim dx As Double
    Dim dy As Double
    Dim dz As Double
    Dim dm As Double

    Set wshSim = Worksheets("Simulation")
    wshSim.Range("D3:D11").ClearContents
    dm = wshSim.Cells(13, 2)
    Randomize Timer
    iMax = 10000
    For iCount = 1 To iMax
        dx = Rnd(dx)
        For iRow = 3 To 11
            dy = wshSim.Cells(iRow, 3)
            If dx <= dy Then
                dz = wshSim.Cells(iRow, 4) + dm / iMax
                wshSim.Cells(iRow, 4) = dz
                Exit For
            End If
        Next iRow

    Next iCount
    Set wshSim = Nothing
End Sub
```

Durch Vorgabe der Gesamtmasse in Zelle B13 werden die Rückstände durch Simulation bestimmt.

| | A | B | C | D |
|---|---|---|---|---|
| | | Kornklassenbreite | Rückstandssumme | Masse-Rückstand |
| 1 | Siebsatz ISO 3310 | | | |
| 2 | | ab Δd [μm] | R$_S$ [%] | R [g] |
| 3 | | 1000 | 5,6% | 53,7 |
| 4 | | 710 | 22,1% | 166,4 |
| 5 | | 500 | 43,5% | 213,2 |
| 6 | | 355 | 69,3% | 255,4 |
| 7 | | 250 | 84,8% | 155,1 |
| 8 | | 180 | 92,5% | 79,5 |
| 9 | | 125 | 97,1% | 46,1 |
| 10 | | 90 | 99,1% | 21,2 |
| 11 | | 63 | 100,0% | 9,4 |
| 12 | | | | |
| 13 | Summe | 1000 | | 1000 |

*Bild 19-6. Simulationsformular*

🗁 7-06-19-02_SiebSimulation.xlsm

## 19.5 Verteilungsdiagramme

Das Histogramm der Verteilungsdichte (Bild 19-4) liefert eine grobe Vorstellung von der Verteilung des Stückguts. Wegen der unterschiedlich großen Kornklassen Δd stellt das Histogramm die Verteilungsdichte verzerrt dar. Einen besseren Eindruck liefert die *Verteilungssummenkurve* (Bild 19-7).

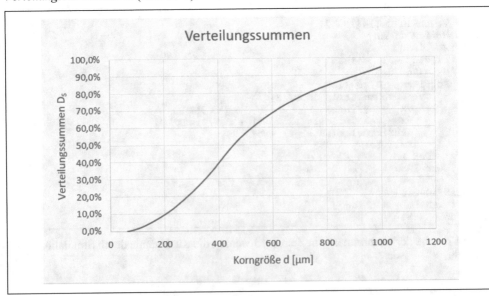

*Bild 19-7. Verteilungssummen-Diagramm (Beispieldaten)*

Das Verteilungssummen-Diagramm liefert neben der minimalen und maximalen Korngröße, welcher Massenanteil $D_S$ unter einer bestimmten Korngröße d vorliegt. Ebenso lassen sich die Feinheitswerte des Schüttguts bestimmen, so ist in den Beispieldaten $d_{45} = 400$ µm, der Feinheitskennwert bei 45%.

Aus der Verteilungssummenkurve bestimmt sich die *Verteilungsdichtekurve*, die der Steigung der Verteilungssummenkurve entspricht (Bild 19-8)

$$\rho = \frac{\Delta D}{\Delta d}.$$ (19.9)

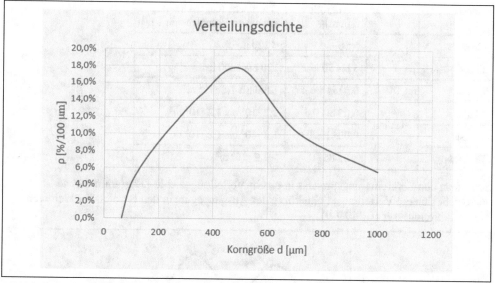

Bild 19-8. Verteilungsdichte-Diagramm (Beispieldaten)

# 19.6 Zerkleinern

Als Zerkleinern (Size Reduction, Comminution) wird das Zerteilen fester Teilchen unter der Wirkung mechanischer Kräfte bezeichnet. Da die Nutzung fester Rohstoffe bei Zwischen- und Endprodukten oft mit Zerkleinern verbunden ist, kommt dieser Aufbereitung eine große wirtschaftliche Bedeutung zu.

Das Zerkleinern dient in erster Linie zur Vergrößerung der Oberfläche und damit zur Beschleunigung des Wärme- und / oder Stofftransports zwischen Feststoffen und Fluiden. Durch Zerkleinern lassen sich anschließend Rohstoffe von unerwünschten Bestandteilen besser trennen, auch bei pflanzlichen Rohstoffen. Ein weiterer Vorteil durch Zerkleinerung ist die bessere Dosier- und Transportierbarkeit.

Zerkleinerungsverfahren werden nach der Härte (Tabelle 19-3) oder nach der mittleren Korngröße (Tabelle 19-4) des Stoffs unterteilt.

*Tabelle 19-3. Einteilung der Zerkleinerungsverfahren nach der Härte des Stoffs*

| Bezeichnung | Härte nach Mohs | Beispiele |
|---|---|---|
| Hartzerkleinern | 5 bis 10 | Quarz, Zement |
| Mittelhartzerkleinern | 3 bis 4 | Kohle, Salze |
| Weichzerkleinern | bis 2 | Kreide, Talk |

*Tabelle 19-4. Einteilung der Zerkleinerungsverfahren nach der Korngröße des Stoffs*

| Bezeichnung | | Korngröße d [mm] | Oberfläche Kugelschüttung mit einem Volumen von 1 m³ |
|---|---|---|---|
| Grob- | Brechen | > 50 | < 120 m² |
| Fein- | | 5 bis 50 | 120 bis 1200 m² |
| Grob- | Mahlen | 0,5 bis 5 | 1200 bis $1,2 \cdot 10^4$ m² |
| Fein- | | 0,05 bis 0,5 | $1,2 \cdot 10^4$ bis $1,2 \cdot 10^5$ m² |
| Feinst- | | 0,005 bis 0,05 | $1,2 \cdot 10^5$ bis $1,2 \cdot 10^6$ m² |
| Kolloid- | | < 0,005 | > $1,2 \cdot 10^6$ m² |

Stellt man den Zerkleinerungsprozess in einem Verteilungsdichte-Diagramm dar, so verschiebt sich die Verteilungsdichtekurve des Ausgangsguts in den Bereich der kleineren Teilchendurchmesser (Bild 19-9).

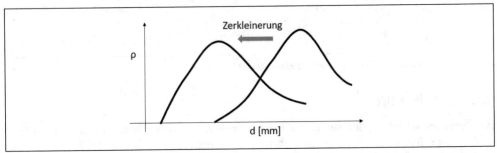

*Bild 19-9. Verschiebung der Verteilungsdichtekurve durch Zerkleinerung*

Die gleiche Verschiebung ergibt sich auch im Verteilungssummen-Diagramm (Bild 19-10).

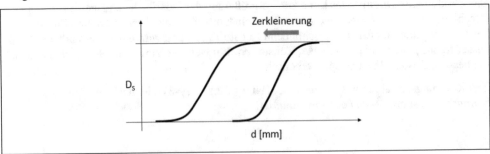

*Bild 19-10. Verschiebung der Verteilungssummenkurve durch Zerkleinerung*

Als Maß für die Effektivität des Zerkleinerungsprozesses wird der *Zerkleinerungsgrad* $Z$ definiert

$$Z = \frac{D_x}{d_x}.$$  (19.9)

### Übung 19-2. Roherz-Zerkleinerung

Die Siebanalyse von einem Roherz liefert die Durchgangssumme in Tabelle 19-5.

*Tabelle 19-5. Durchgangssummen von Roherz*

| d [mm] | 10 | 30 | 50 | 70 | 100 | 120 | 200 |
|---|---|---|---|---|---|---|---|
| Ds [%] | 3 | 20 | 40 | 61 | 81 | 91 | 99 |

Nach einer Zerkleinerung besitzt das Erz die Durchgangssummen in Tabelle 19-6.

*Tabelle 19-6. Durchgangssummen von zerkleinertem Roherz*

| d [mm] | 0,5 | 1,0 | 1,5 | 2,0 | 3,0 | 4,0 | 6,0 |
|---|---|---|---|---|---|---|---|
| Ds [%] | 5 | 16 | 32 | 47 | 74 | 88 | 99 |

Gesucht ist ein Arbeitsblatt, das die Verteilungssummen-Diagramme zeigt und den Zerkleinerungsgrad ausweist.

# 19.7 Produktmischung

Oft müssen Rohstoffe aus verschiedenen Grundstoffen zusammen gemischt werden. Dazu sind in der Regel in den Rezepturen die Anteile der Grundstoffe in Prozent vorgegeben. Ein einfaches Excel-Arbeitsblatt bestimmt die Mengenanteil und Kosten der Grundstoffe für die Menge eines gewünschten Rohstoffs (Bild 19-11).

| ◢ | A | B | C | D | E | F | G |
|---|---|---|---|---|---|---|---|
| 1 | Rohstoffmenge | 5,00 kg | | Grundstoff | Preis/kg | Anteil [%] | Kosten |
| 2 | | | | A | 1,20 € | 23% | 1,38 € |
| 3 | | | | B | 0,87 € | 9% | 0,39 € |
| 4 | | | | C | 6,23 € | 22% | 6,85 € |
| 5 | | | | D | 9,12 € | 31% | 14,14 € |
| 6 | | | | E | 4,56 € | 15% | 3,42 € |
| 7 | | | | | | | |
| 8 | | | | Summe | | 100% | 26,18 € |

*Bild 19-11. Bestimmung einer Mischung aus Grundstoffen*

*Tabelle 19-7. Bereiche und Formeln*

| Bereich | Name | | Bereich | Name | Formel |
|---|---|---|---|---|---|
| B1 | Menge | | G2:G6 | Kosten | =Menge*Anteil*Preis |
| E2:E6 | Preis | | F8 | | =SUMME(Anteil) |
| F2:F6 | Anteil | | G8 | | =SUMME(Kosten) |

Ein Kombidiagramm zeigt anschaulich die Anteile der Grundstoffe (Bild 19-12).

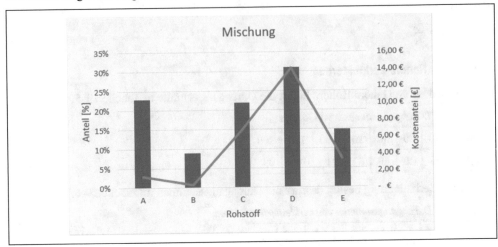

*Bild 19-12. Anteile der Grundstoffe*

Der Grundstoffe sind durch Buchstaben bezeichnet. Beschreibung und Anzahl können im Arbeitsblatt durch Einfügen leicht angepasst werden.

🗁 7-06-19-03_Mischung.xlsm

# Excel + VBA für Ingenieure

[1] Bamberg G.; Bauer, F.; Krapp, M.: Statistik-Arbeitsbuch, Oldenbourg Verlag, 2007

[2] Bamberg G.; Bauer, F.; Krapp, M.: Statistik, Oldenbourg Verlag, 2012

[3] Braun A.: Grundlagen der Regelungstechnik, Hanser Verlag, 2005

[4] Brommund E.: Technische Mechanik, Oldenbourg Verlag, 2006

[5] Cerbe G.; Wilhelms, G.: Technische Thermodynamik, Hanser Verlag, 2013

[6] Degner W.; Lutze, H.; Smejkal, E.:Spanende Formung, Hanser Verlag, 2015

[7] Dörrscheid F.; Latzel W.: Grundlagen der Regelungstechnik, Teubner Verlag, 1993

[8] Schulze G.; Fritz A. H.: Fertigungstechnik, Springer Vieweg, 2015

[9] Geering H. P.: Regelungstechnik, Springer Verlag, 2013

[10] Grassmann P.; Widmer F.; Sinn H.: (Hrsg.) Einführung in die thermische Verfahrenstechnik, Walter de Gruyter, 1996

[11] Gross D.; Hauger W.: Technische Mechanik, Springer Verlag, 2006-2008

[12] Haase H.; Garbe H.: Elektrotechnik, Springer Verlag, 1998

[13] Hansmann K.-W.: Industrielles Management, Oldenbourg Verlag, 2006

[14] Heimann B. et al.: Mechatronik, Hanser Verlag, 2015

[15] Hering E.; Martin R.; Stohrer M: Physik für Ingenieure, Springer Verlag, 2012

[16] Hesse C.: Angewandte Wahrscheinlichkeitstheorie, Vieweg+Teubner Verlag, 2003

[17] Hinzen H.: Maschinenelemente, Oldenbourg Verlag, 2 Bde, 2009, 2010

[18] Elle C.; Dreyer H. J.; Altenbach H.; Dreyer H. J.: Holzmann / Meyer / Schumpich Technische Mechanik, Springer Vieweg, 3 Bde, 2015, 2016

[19] Jehle E.; Müller K.: Produktionswirtschaft, Verlag Recht und Technik, 1999

[20] Johnson R. A.; Bhattacharyya, G. K.: Statistics, Wiley, 2014

[21] Kahlert J.: Simulation technischer Systeme, Vieweg Verlag, 2004

[22] Kalide W.; Sigloch, H.: Energieumwandlung in Kraft- und Arbeitsmaschinen, Hanser Verlag, 2010

[23] Kämper S.: Grundkurs Programmieren mit Visual Basic, Vieweg+Teubner Verlag, 2009

[24] Kerle H.; Pittschellis R.; Corves B. J.: Einführung in die Getriebelehre, Vieweg+Teubner, 2007

[25] Körn B.; Weber M.: Das Excel-VBA Codebook, Addison-Wesley Verlag, 2002

© Springer Fachmedien Wiesbaden GmbH, ein Teil von Springer Nature 2023
H. Nahrstedt, *Excel + VBA für Ingenieure*,
https://doi.org/10.1007/978-3-658-41504-4

[26] Fischer R.; Linse H.: Elektrotechnik für Maschinenbauer, Springer Vieweg, 2012

[27] Müller W. H.; Ferber F.: Technische Mechanik für Ingenieure, Hanser Verlag, 2011

[28] Nahrstedt H.: Algorithmen für Ingenieure, Springer Vieweg, 2018

[29] Nahrstedt H.: Excel + VBA für Controller, Springer Vieweg, 2019

[30] Nahrstedt H.: Excel in Perfektion, Springer Vieweg, 2018

[31] Nahrstedt H.: Die Welt der VBA-Objekte, Springer Vieweg, 2016

[32] Nahrstedt H.: Excel + VBA in der Stochastik, Springer Vieweg, 2021

[33] Niemann G.; Neumann B.; Winter H.: Maschinenelemente, Springer Verlag, 3 Bde, 2005

[34] Oertel H. (Hrsg.), Prandtl - Führer durch die Strömungslehre, Springer Vieweg, 2016

[35] Ose R.: Elektrotechnik für Ingenieure, Hanser Verlag, 2013

[36] Richard H. A.; Sander M.: Technische Mechanik, Statik, Springer Vieweg, 2016

[37] Wittel H. et al.: Roloff/ Matek Maschinenelemente, Springer Vieweg, 2015

[38] Schade H. et al.: Strömungslehre, Verlag Walter de Gruyter, 2013

[39] Schmidt J.: Starthilfe Thermodynamik, B. G. Teubner Verlag, 1999

[40] Schulz G.: Regelungstechnik 2, Oldenbourg Verlag, 2013

[41] Schuöcker D.: Spanlose Fertigung, Oldenbourg Verlag, 2006

[42] Schweickert H.: Voith Antriebstechnik, Springer Verlag, 2006

[43] Spurk J.; Aksel N.: Strömungslehre, Springer Verlag, 2010

[44] Stephan P. et al.: Thermodynamik Band 2, Springer Verlag, 2010

[45] Stephan P. et al.: Thermodynamik Band 1, Springer Vieweg, 2013

[46] Strauß K.: Strömungsmechanik, VCH Verlag, 1991

[47] Unbehauen H.: Regelungstechnik I+II, Vieweg+Teubner Verlag, 2008, 2007

[48] Windisch H.: Thermodynamik, Oldenbourg Verlag, 2014

[49] Fiedler R.: Controlling von Projekten, Springer Vieweg, 2016

[50] Busch R.: Elektrotechnik und Elektronik, Springer Vieweg Verlag, 2015

[51] Fischer Elektrotechnik für Maschinenbauer, Springer Vieweg Verlag, 2016

[52] Zahoransky R.: Energietechnik, Springer Vieweg, 2022

[53] Fritsche H.; Häberle H. O.: Fachwissen Umwelttechnik, Europa-Lehrmittel, 2017

[54] Ignatowitz E.: Chemietechnik, Europa-Lehrmittel, 2022

# Technik

## A

Abgesetzte Achsen und Wellen [6] 182
Abmessungen eines Biegeträgers [5] 150
Achsen [6] 182
Adiabatische Zustandsänderung [9] 235
Algorithmus von Johnson [16] 332
Ameisenalgorithmus [14] 306
Ampelsimulation [18] 370
Anker [4] 131
Arbeit [17] 344
Aufbereitungstechnik [19] 377
Axiale Flächenträgheitsmomente [3] 119
Axiale Massenträgheitsmomente [4] 122

## B

Bauteile fügen [12] 283
Beidseitig aufliegende Wellen [6] 186
Beidseitig eingesp. Biegeträger [3] 116
Belastungsfall Einzelkraft [5] 156
Belastungsopt. Fugendurchmesser [12] 285
Beschleunigte Drehbewegung [4] 121
Beschleunigte Horizontalbewegung [8] 218
Biegeträger [3] 110
Biegeträger mit Dreieckslast [5] 151
Biegeträger, zusammengesetzter [5] 143
Bogenmaß [3] 110
Break-Even-Analyse [16] 341
Brennkammer eines Industrieofens [11] 272

## C

Canotscher Kreisprozess [9] 237
Chemische Energie [17] 348
$CO_2$-Emission [18] 366

## D

Dämpfungskraft [4] 136
Das Jeep-Problem [14] 303
Dichtefunktion [15] 322
Differenzen-Approximation [9] 228
D-Regelanteil [11] 260
Drehbewegung [4] 121
Dreifach aufliegende Welle [6] 187
Druckmittelpunkt [7] 205
Druckübersetzung [7] 201
Durchbiegung [6] 182
Dyname [3] 99

## E

Einseitig eingespannter Biegeträger [3] 110
Elektrische Energie [17] 346
Elektrosmog [18] 374
Energie [17] 345
Energieeinheiten [17] 350
Energieformen [17] 343
Erdwärme [17] 357
Erzwungene Schwingung [4] 136
Experimenteller Wechselstrom [10] 253

© Springer Fachmedien Wiesbaden GmbH, ein Teil von Springer Nature 2023
H. Nahrstedt, *Excel + VBA für Ingenieure*,
https://doi.org/10.1007/978-3-658-41504-4

## F

Fall mit Ludtwiderstand [4] 142
Farbcode von Widerständen [10] 254
Federkannlinie [4] 136
Federnde Fundamente [4] 138
Feinstaubbestimmung [18] 374
Fertigungssimulation [15] 325
Finite Elemente [4] 123
Finite Elemente [6] 179
Flächenbestimmung [5] 152
Flächenträgheitsmomente [3] 119
Flankenbelastung [13] 292
Fließbandarbeit [14] 313
Flüssigkeitsoberfläche [8] 218
Freie gedämpfte Schwingung [4] 132
Freier Fall [4] 138
Fugendurchmesser [12] 285
Fugenpressung [12] 284
Fuzzy-Menge [11] 268
Fuzzy-Regler [11] 267

## G

Gesamtwiderstand [10] 252
Gleichstromleitung [10] 243
Gleichverteilung und Klassen [15] 319

## H

Hertzsche Pressung [13] 291
Histogramm [15] 321
Hochfrequente Felder [18] 376
Hydrostatischer Druck [7] 199

## I

I-Regler [11] 259
Isobare Zustandsänderung [9] 234
Isochore Zustandsänderung [9] 234
Isotherme Zustandsänderung [9] 235

## K

Kapitalwertmethode [18] 366
Kerbempfindlichkeit [6] 197
Kernenergie [17] 349
Kinetische Energie [17] 345
Klasseneinteilung [15] 319
Kleinstes Volumen [5] 151
Kolbenwege [7] 203

Komplexe Zahlen [10] 249
Kraft [3] 93
Kräfte im Raum [3] 93
Kräfte in Tragwerken [3] 100
Kreisprozesse [9] 236

## L

Lagerreaktionen Getriebe [13] 296
Laminare Strömung [8] 211
Längsdrehen [12] 281
Laufschiene eines Werkkrans [5] 150
Lebenszyklusanalyse [18] 363
Leistung [17] 344
Lichtenergie [17] 349
Losgröße [16] 335

## M

Magnetische Energie [17] 347
Maschinenbelegung [16] 331
Maschinenelemente [6] 179
Massenträgheitsmomente [4] 121
Mechanische Schwingungen [4] 132
Mehrdimensionale Wärmeströmung [9] 227
Moment [3] 93
Monte-Carlo-Methode [5] 150

## N

Nicht lineare Federkennlinie [4] 136
Nichtstationäre Wärmeströmung [9] 219
Niederfrequente Felder [18] 375
Nockenantrieb [13] 302
Normalvert. Pseudozufallszahlen [15] 323
Normalverteilung [15] 322
Nutzwertanalyse [16] 342

## O

Optimale Bestellmenge [16] 340
Optimale Losgröße [16] 335
Oszilierende Massen [4] 137

## P

P-Anteile [11] 267
PD-Regler [11] 261
Permutationen [14] 313
Philips-Motor [9] 240
PID-Regler [11] 261
PI-Regler [11] 259
Polytrope Zustandsänderung [9] 239

Potentielle Energie [17] 345
P-Regler [11] 258
Probabilistische Simulation [15] 327
Produktmischung [19] 385
Pseudozufallszahlen [15] 320
Pumpspeicherwerk [17] 360

## R

Reale Regler [11] 267
Rechnen mit komplexen Zahlen [10] 249
Regeleinrichtungen [11] 257
Regelung einer Kranbewegung [11] 274
Regelverhalten Fuzzy-Reglers [11] 268
Regler-Kennlinien [11] 266
Regler-Typen [11] 257
Reihenfolgeprobleme [16] 331
Resultierende [3] 94
Richtungswinkel [3] 99
RLC-Parallelschwingkreis [10] 254
RLC-Reihenschwingkreis [10] 253
Rohrströmung [8] 215
Rohrströmung gasf. Flüssigkeiten [8] 216
Rotation von Flüssigkeiten [8] 207
Rotationsenergie [17] 346
Rotierende Massen [4] 136
Rotierender Wasserbehälter [8] 210
Routenplanung [14] 306

## S

Schneckengetriebe [13] 296
Schüttgüter [19] 377
Schüttgutverteilung [19] 381
Schweißnahtspannungen [5] 144
Schwerpunkt Rechtecke [5] 143
Schwingungen [4] 132
Seitendruckkraft [7] 204
Siebanalyse [19] 379
Solarkollektor [17] 353
Spanende Formgebung [12] 281
Spanlose Formgebung [12] 275
Spannenergie [17] 353
Spannungen am Biegeträger [5] 144
Spannungs- und Leistungsverluste [10] 244
Staucharbeit [12] 277
Stauchen [12] 275
Stirling-Prozess [9] 240

Stirnräder [13] 291
Strömungsverhalten [8] 211

## T

Temperaturen in einem Kanal [9] 229
Temperaturregler [11] 271
Temperaturverlauf in einer Wand [9] 219
Temperaturverteilung [9] 228
Thermische Energie [17] 347
Torsionsbelastung von Wellen [6] 197
Träger mit konst. Biegebelastung [3] 118
Tragwerke [3] 100
Transportprobleme [14] 303
Trigonometr. Form kompl. Zahl [10] 251

## U

Umwelttechnik [18] 363

## V

Verteilungsdiagramm [19] 382
Volumenberechnung [6] 179

## W

Wandlager [6] 181
Wärmeströmung [9] 219
Wechselstromschaltung [10] 252
Wellen [6] 182
Werkstoff-Sammlung [5] 174
Werkzeugausgabe [15] 328
Widerstand elektr. [10] 243
Widerstands-Kennung [10] 254
Widerstandsmomente [3] 119
Windrad [17] 356
Winkelmaß [3] 110

## Z

Zerkleinern [19] 383
Zustandsänderungen Adiabaten [9] 241
Zustandsgleichungen [9] 232

## A

Abweisend bedingte Schleife [1] 25
Aktivitätsdiagramm [1] 31
Algorithmen [1] 27
Application-Objekt [1] 34
Ausführend bedingte Schleife [1] 25

## B

Bedingte Auswahl [1] 24
Bedingte Schleifen [1] 25
Bedingte Verzweigung [1] 24
Benutzerdefinierte Aufzähl-Variable [1] 21
Benutzerdefinierte Datentypen [1] 21
Bereichsnamen für Range-Objekte [1] 40
Bestimmungssystem [5] 153

## C

Codefenster teilen [2] 74
Collection [1] 57
Collection [4] 140

## D

Datenflussdiagramm [1] 29
Datentypen Konstante / Variable [1] 18
Datentyp-Informationen [2] 90
Definition einer Klasse [1] 49
Destruktor [1] 50
Dictionary [1] 58
Dictionary [4] 141
Direkte Adressierung [1] 38

Direktfenster [1] 5
DoEvents einsetzen [2] 84

## E

Editor [1] 2
Editorformat [1] 2
Eigene Funktionen [2] 78
Eigene Klassen und Objekte [1] 46
Eigenschaftsfenster [1] 4
Einfügen von Zellen, Zeilen, Spalten [1] 40
Events und eigene Objekte [1] 66
Events und Excel-Objekte [1] 64
Excel-Anwendung Namen [2] 70
Excel-Anwendung starten [2] 69
Excel-Arbeitsblatt Namen [2] 70

## F

Fehlerbehandlung in Prozeduren [1] 26
Funktionen [1] 17

## G

Geltungsbereiche [1] 25
Gruppierung Spalten und Zeilen [5] 170

## H

Haltepunkte verwenden [2] 74

## I

IDE [1] 1
Indirekte Adressierung [1] 38
Indizierte Objektliste [4] 140
Indizierte Objektvariable [1] 56

© Springer Fachmedien Wiesbaden GmbH, ein Teil von Springer Nature 2023
H. Nahrstedt, *Excel + VBA für Ingenieure*,
https://doi.org/10.1007/978-3-658-41504-4

Instanziierung von Objekten [1] 50
Interface [1] 60, [5] 164

**K**

Klasse Freier Fall [4] 139
Klasse Werkstoffe [5] 176
Klassen und ihre Objekte [5] 153
Klassendiagramm [1] 46
Knotenpunktverfahren [3] 100
Konstruktor [1] 50
Kreisfläche berechnen [1] 8

**L**

Listenfeld mit mehreren Spalten [2] 81
Lokalfenster [1] 5
Löschen von Zellinhalten [1] 40

**M**

Makros [1] 7
Makros aufrufen [2] 75
Module [1] 16

**N**

Neues Excel-Arbeitsblatt [2] 70
Notizzuweisungen [1] 39

**O**

Objektdiagramm [1] 46
Objekte [1] 6
Objekte unter Excel [1] 34
Objektkatalog [1] 4
Objektliste Collection [4] 140
Objektliste Dictionary [4] 141
Objektlisten [1] 56
Objekt-Namen ändern [2] 71
Objektvariable [1] 42
Operatoren [1] 22
Optionale Parameter [1] 20

**P**

Parameterlisten [1] 19
Polymorphie [5] 164
Projekt [1] 3
Projekt anlegen [1] 5
Projekt-Explorer [1] 3
Projekt-Objekte [2] 79
Property-Funktionen [1] 53
Prozeduren [1] 17

Prozeduren als Add-In nutzen [2] 77

**R**

Range-Objekte [1] 37
Rekursive Prozeduren [14] 299

**S**

Satz des Heron [1] 28
Schleifen über Daten-/Objektlisten [1] 25
Schleifenabbruch [1] 25
Schnittstelle [5] 164
Schnittstellen [1] 60
Sequenzdiagramm [1] 48
Shapes [5] 149
ShowModal-Eigenschaft [2] 83
Softwareschalter [1] 24
Spalten [1] 38
Standardfunktionen [1] 22
Steuerelemente [1] 9
Steuerelemente erzeugen [2] 88
Struktogramm [1] 30
Strukturen für Prozedurabläufe [1] 24
Suchen in Range-Objekten [1] 41
Symbolleiste [2] 71
Syntax von VBA [1] 16

**T**

Top-Down-Design [1] 28

**U**

Überwachungsfenster [1] 5

**V**

VBA-Entwicklungsumgebung [1] 1
Vererbung [5] 171
Visual Basic-Editor [1] 2

**W**

Wartezeiten in Prozeduren planen [2] 85
Wertzuweisung [1] 39
Workbook-Objekte [1] 35
Worksheet-Objekte [1] 36

**Z**

Zählschleife [1] 24
Zeilen [1] 38
Zellbereiche & Zellen [1] 38
Zyklische Jobs konstruieren [2] 85

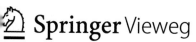

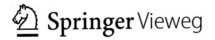

Printed in the United States
by Baker & Taylor Publisher Services